高职高专"十三五"规划教材

# 化学与生活

第二版

陈浩文　李铁军　主　编

何晓春　副主编

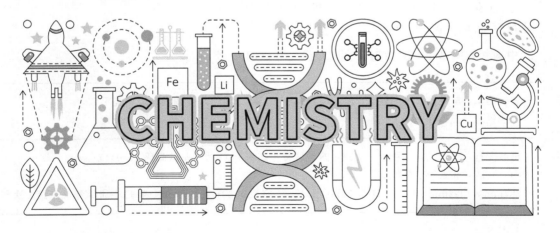

化学工业出版社

·北京·

## 内容简介

　　《化学与生活》旨在让学生获取与生活息息相关的化学知识，并引导学生认识和理解生活中的化学现象，关注社会和生活中的化学问题，增强环境保护意识，提高基本的科学素养。同时，增强学生分析、解释生活中化学问题的能力，提高学生的综合素质。全书共分七章，主要内容包括：化学与生命、化学与环境、化学与能源、化学与材料、化学与食品、化学与日用品和绿色化学。

　　本书注重基本概念和基本应用。同时，加入了新能源、新材料以及食品安全等当前热点知识，内容涵盖人们日常生活中衣食住行的各个领域。语言通俗易懂，图文并茂，实例生动，可读性强。为方便教学，本书配有电子课件。

　　本书可作为高（中）等职业类院校非化工类专业的公共选修课教材，也可作为科普知识的读本。

**图书在版编目（CIP）数据**

　　化学与生活/陈浩文，李铁军主编. —2 版. —北京：化学工业出版社，2021.1（2024.11重印）
　　高职高专"十三五"规划教材
　　ISBN 978-7-122-36009-0

　　Ⅰ.①化…　Ⅱ.①陈…②李…　Ⅲ.①化学-高等职业教育-教材　Ⅳ.①O6

　　中国版本图书馆 CIP 数据核字（2020）第 003158 号

责任编辑：旷英姿　林　媛　　　　　　　　　装帧设计：王晓宇
责任校对：王佳伟

出版发行：化学工业出版社（北京市东城区青年湖南街13号　邮政编码100011）
印　　装：北京天宇星印刷厂
787mm×1092mm　1/16　印张16½　彩插1　字数413千字　2024 年 11 月北京第 2 版第 2 次印刷

购书咨询：010-64518888　　　　　　　　　售后服务：010-64518899
网　　址：http://www.cip.com.cn
凡购买本书，如有缺损质量问题，本社销售中心负责调换。

定　　价：48.00 元

当今社会科学技术飞速发展，科技进步正在深刻地改变人们的生活。无论是科技发展、社会进步，还是人们的日常生活，无时无处不与化学有着密切的联系。

生命和化学是紧密相连的，生命的过程充满各种各样的化学反应。若没有化学变化，地球上就不会有生命，更不会有人类本身。本书第一章"化学与生命"从生命的化学基础、细胞、遗传与基因等四个方面介绍了化学与生命的关系，让学生了解生命、关注营养与健康、热爱生命。

在世界人口日益增长、生产不断发展、人类生活水平不断提高的过程中，环境保护已成为当前和未来一项全球性的重大课题。保护和改善生产与生态环境，防治环境污染和其他公害是我国一项重要国策。在大多数情况下，环境污染主要是由化学污染造成的。本书在第二章"化学与环境"中，比较全面地介绍了环境污染的主要方面：大气污染、水体污染、固体废物污染、室内污染、食品污染、重金属污染、农药污染等，并介绍了上述污染防治的重要措施。使学生了解环境和社会发展的关系，并认识到环境污染的严重性、环境保护与环境改造的迫切性和可能性，进一步增强环境意识。

能源是维持人类生存和发展的物质条件，发展工业、农业、国防以及提高人民生活水平都需要充足的能源。面对新技术革命的挑战，常规能源已无法满足需要，人类面临的迫切问题是一方面要想方设法提高常规能源的使用效率，另一方面要积极探索和开发新型能源。在开发新能源的过程中，化学学科发挥了巨大的优势。本书在第三章"化学与能源"中先介绍了常规能源，后又介绍了太阳能、氢能、核能、生物质能等几种新型能源的基本知识及其发展情况，并且在化学电源中介绍了几种新型化学电池的构造、工作原理及主要用途。

材料是人类社会进步的重要标志，新材料的发明和利用与技术进步的关系非常密切。如果没有半导体材料的工业化生产就不可能有目前的计算机技术；没有现代化的高温、高强度结构材料就没有今天的航天工业；没有低损耗的光导纤维就没有当前正在快速发展的光通信……这些说明新材料是新兴技术的基础，是高新技术的突破口。本书在第四章"化学与材料"中重点介绍了金属材料、无机非金属材料、有机高分子材料和复合材料的基本知识，并对新型材料的主要类别进行了简要介绍。

"民以食为天"，食物是人类赖以生存的必需品。人体通过不断摄取食物来获取机体对各种营养物质的需要。食品安全关系到每个人的健康与生命，它不仅是人们预防疾病、增强体质的保证，更关系着国计民生。造成食品安全问题的因素是多方面的，化学物质就是影响食品安全的主要因素之一。本书在第五章"化学与食品"中系统介绍了化学与食品的关系，重点阐述了天然化学物、对人体有害化学元素、化学肥料、农药、兽药、化学添加剂、着色剂、防腐剂、保鲜剂、化学合成包装材料等与食品安全相关的内容以及相应的解决措施。

随着化学工业的高速发展，各种化学合成剂大量使用，化学已与人们的日常生活紧密相关，它在改善人们的吃穿住行等方面起着非常重要的作用。化学的世界多姿多彩，在学习和生活实践中多掌握一些化学知识总是能够为我们的日常生活增添一些亮丽的色彩和更多的便捷。本书第六章"化学与日用品"中详细介绍了生活中家庭日用品与化学的关系，包括洗涤用品、护肤美容用品、口腔卫生用品以及穿戴用品。帮助读者在学习和理解日用品与化学关系的同时，合理地选用化学制品，保障健康生活。

20世纪化学工业的发展对人类寿命的延长、食品的供给、生活质量的提高发挥了关键的作用，同时许多化学品的生产和使用也对生态环境造成了严重的破坏。面对日益恶化的生存环境，传统的先污染后治理的方案往往难以奏效，因为不仅浪费了大量的资源和能源，而且在解决这一问题的同时又带来新的问题。进入21世纪以来，人们对绿水青山的向往逐渐强烈，"绿色化学"不仅能遏制化学工业对环境污染的加剧，而且在一定程度上能解决现在的环境污染问题，也是实现经济和社会可持续发展的有效手段。本书在第七章介绍了"绿色化学"，其核心是利用化学原理从源头上减少或消除化学工业对环境的污染，实现清洁生产，充分利用参与反应的原料原子来实现"零排放"，以获得最佳原子经济性，因而它对解决能源危机及环境污染起着关键作用。

目前，我国（中）高职院校的化工类专业及相关专业都开设了化学类专业基础课程，而非化工专业的学生已不再开设该类课程，仅靠职业高中或普通高中所学的化学知识，难以满足全面提高学生综合素质的要求。化学与生活是一门与人们的日常生活和人体健康紧密相关的化学课程，以公共选修课的形式开设，可以提高学生的综合素质，普及化学与健康、环境、能源、材料、食品、日用品等之间联系的知识，为学生将来的就业和生活提供有效帮助。

本次修订版由陈浩文、李铁军主编，何晓春任副主编。第一章由邱鑫、何晓春、刘瑞霞编写，第二、第三章由何晓春、严进编写，第四章由马群峰、何晓春、刘瑞霞编写，第五章由李铁军、陈浩文编写，第六章由陈浩文、何晓春编写，第七章由陈海峰、邱鑫编写。全书由陈浩文统稿。

由于水平有限，加之时间仓促，难免有疏漏、不妥之处，恳请读者予以批评指正。

编者
2020 年 1 月

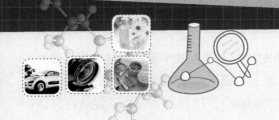

# 第一版前言

当今社会科学技术飞速发展，科技进步正在深刻地改变人们的生活。无论是科技发展、社会进步，还是人们的日常生活，无时无处不与化学有着密切联系。生命、环境、能源和材料成为当今与化学密切相关的四大科技和社会领域。

生命和化学是紧密相连的，生命的过程充满各种各样的化学反应。若没有化学变化，地球上就不会有生命，更不会有人类本身。教材在第一章"化学与生命"中从生命的化学基础、细胞、遗传与基因等四个方面介绍了化学与生命的关系，让学生了解生命、关注营养与健康、热爱生命。

在世界人口日益增长、生产不断发展、人类生活水平不断提高的过程中，环境保护已成为当前和未来一项全球性的重大课题。保护和改善生产与生态环境，防治环境污染和其他公害是我国的一项重要国策。化学与环境有着密切联系，在大多数情况下，环境污染主要是由化学污染造成的。在第二章"化学与环境"中，比较全面地介绍了环境污染的主要方面：大气污染、水污染、固体废弃物污染、食品污染、重金属污染、农药污染、室内污染等，并介绍了上述污染防治的重要措施。使学生了解环境和社会发展的关系，并认识到环境污染的严重性，环境保护和环境改造的迫切性和可能性，进一步增强学生的环保意识。

能源是维持人类生存和发展的物质条件，发展工业、农业、国防、科学技术以及提高人民生活水平都需要有充足的能源。面对新技术革命的挑战，常规能源已无法满足需要，人类面临的迫切问题是一方面要想方设法提高常规能源的使用效率，另一方面要积极探索和开发新型能源。在开发新能源的过程中，化学学科发挥了巨大的优势。教材在第三章"化学与能源"中介绍了太阳能、核能、氢能、生物质能等几种新型能源的基本知识及其发展情况，并且在化学电源中介绍了几种新型化学电池的构造、工作原理及主要用途。

材料是人类社会进步的重要标志，新材料的发明和利用与技术进步的关系非常密切。如果没有半导体材料的工业化生产就不可能有目前的计算机技术；没有现代化的高温、高强度结构材料就没有今天的航天工业；没有低损耗的光导纤维就没有当前正在快速发展的光通信……这些说明新材料是新兴技术的基础，是高新技术的突破口。教材在第四章"化学与材料"中重点介绍了金属材料、无机非金属材料、有机高分子材料和复合材料的基本知识，并对新型材料的主要类别进行了简要介绍。

20世纪化学工业的发展对人类寿命的延长、食品的供给、生活质量的提高发挥了关键的作用，同时许多化学品的生产和使用也对生态环境造成严重的破坏。面对日益恶化的生存环境，传统的先污染后治理的方案往往难以奏效，因为不仅浪费大量的资源和能源，而且在解决这一问题的同时又带来新的问题。 20世纪90年代后期绿色化学的兴起，为人类解决化学工业对环境污染问题、实现经济和社会可持续发展提供了有效手段。教材在第五章介绍了"绿色化学"，其核心是利用化学原理从源头上减少或消除化学工业对环境的污染，实现清洁生产，充分利用参与反应的原料原子来实现"零排放"，以获得最佳原子经济性，因而它对解决能源危机及环境污染起着关键作用。

我国目前的教育体系中高（中）等职业学校非化工专业的学生就不再开设化学课程，但仅依靠中学、职业高中或普通高中所学的化学知识，难以满足全面提高学生综合素质的要求，所以我们积极倡导在高（中）等职业学校开设与社会、生活紧密相关的化学课程作为公共选修课，旨在普及化学与生命、环境、能源和材料等方面关系的知识，提高学生的综合素质，培养能够贯彻国家在能源、环境和可持续发展等方面的国策的后备军，为国家经济建设服务。

本书由何晓春主编，严进、刘瑞霞副主编，张正竞主审。第一章由邱鑫、何晓春、刘瑞霞编写，第二、三章由何晓春、严进编写，第四章由马群峰、何晓春、刘瑞霞编写，第五章由陈海峰、邱鑫编写。全书由何晓春统稿。

本书配套有电子课件，供教学时使用。

由于水平有限，加之时间仓促，难免有疏漏、不妥之处，恳请读者予以批评指正。

编者

2007 年 11 月

# 目录

## 第一章
### 化学与生命

## 第二章
### 化学与环境

# 目 录

## 第三章
### 化学与能源

# 目录

## 第四章
### 化学与材料

# 目 录

## 第五章
### 化学与食品

# 第六章
## 化学与日用品

# 目录

## 第七章
### 绿色化学

元素周期表

# 第一章

## 化学与生命

生命和化学是紧密相关的，一切生命的起源离不开化学变化，生命过程中充满着各种生物化学反应，一切生命的延续也离不开化学变化。可以说人体是一个化学反应的综合体，若没有化学变化，地球上就不会有生命，更不会有人类本身。

　　20世纪初，科学家们在谜一样的人体中发现了能解开生命奥秘的基本因子——基因。伴随而来的，必将是生命科学和技术在21世纪的飞速发展。

# 第一节

## 生命的化学基础

### 一、生命的定义

1. 从生物学角度的定义

　　生命是由核酸和蛋白质等物质组成的多分子体系，它具有不断自我更新、繁殖后代以及对外界产生反应的能力。

2. 从物理学角度的定义——"负熵"

　　根据热力学第二定律：任何自发过程总是朝着使体系越来越混乱、越来越无序的方向，即朝着熵增加的方向变化。生命的演化过程总是朝着熵减少的方向进行，一旦负熵的增加趋近于零，生命将趋向终结，走向死亡。

3. 其他几种生命的"定义"

　　① 生命的物质基础是蛋白质和核酸。

　　② 生命运动的本质特征是不断自我更新，是一个不断与外界进行物质和能量交换的开放系统。

　　③ 生命是物质的运动，是物质运动的一种高级的特殊的存在形式。

### 二、生命起源与早期生物进化的探索

　　地球上的生物是如此的种类繁多，那么地球上这些生物最初是怎样起源的？后来又是怎样演变和进化的？

　　经科学证明，地球刚形成时是没有生命的，地球上原始的生命是在地球漫长的演变过程中，由非生命物质产生的。

1. 构成生物体的物质

　　科学实验证明，生物体都是由C、H、N、O等元素组成的物质所构成，而这些元素在非生物环境里都能找到。也就是说，组成生物体物质的元素，没有一种是生物体本身独有的。这说明了组成生物和非生物物质的元素都是共通的。

　　生命的起源是一个长期的演化过程，这个过程是在原始地球条件下开始进行的。原始大气成分中由C、H、N、O等元素组成的甲烷、氨和水汽等物质，在大自然各种射线和闪电等因素的作用下，形成了许多与生命有关的较为简单的有机物，并通过雨水作用，经湖泊、河流最后汇集到原始海洋中。在原始海洋中，这些有机物不断地相互作用，经过极其漫长的岁月，生成了蛋白质和核酸等较为复杂的有机物。后来，这些有机物经过原始海洋中各种条

件的剧烈变化，逐渐形成了既能吸取外界物质，又能排除自身废物，具有原始新陈代谢和自我繁殖的、有一定结构的原始生命体。原始生命体再经过漫长的历程，从而逐步进化成现在所看到的丰富多彩的生物世界。

## 2. 生物进化的证据

构成地球表层的层层岩石，叫做地层。通常，先沉积的地层在下面，后沉积的地层在上面，所以，下面的地层的年代比上面的古老。人们在挖掘地层时，常能发现一些古代生物的遗体和遗迹。这些生物的遗体和遗迹，经过若干万年矿物质的填充和交换作用，逐渐形成了生物化石。因此，生物化石就成了证明生物进化的可靠证据。从不同地层出土的古代生物化石显示：结构越简单的生物化石，出现在越古老的地层里；相反，结构越复杂的生物化石，出现在越新近的地层里，这充分说明，生物是由结构简单逐渐向结构复杂进化的。

例如，在距今 35 亿多年以前的地层里，发现的只是结构简单的细菌和蓝藻化石。而在距今 3 亿多年以前的地层里，已开始出现原始的蕨类植物——裸蕨（见图 1-1）。它是由一些古代绿藻演变而来的最古老、最原始的陆生植物。

图 1-1　裸蕨

图 1-2　种子蕨

随后，鱼类繁盛，两栖类开始出现。在距今 1 亿 5 千万年以前的地层里，发现了始祖鸟的化石。它既有爬行动物的一些特征，又有鸟类的特征。这证明了鸟类是由古代的爬行动物进化而来的。在这个地层里，也看到了裸子植物已进入极盛时期，而在此之前，又曾经出现过种子蕨（见图 1-2），这是蕨类植物和种子植物之间的过渡类型，说明了种子植物是从蕨类植物进化而来的。

另外，在脊椎动物发育过程中所出现的许多相似的地方，也是动物进化的有力证据。例如，鱼、鸡、猪和人，彼此之间形态差异极为显著，但它们的胚胎早期却很相似，都有鳃裂和尾；以后出现乳头突起，分别演变为鱼鳍（鱼）、鸟翼（鸡）、四肢（猪和人）；最后才表现出各自形态。

上述事实说明，现在地球上形形色色的生物，并不是从地球一开始就有的，而是自从地球上出现了最原始的生命体以后，经过几十亿年的漫长时间逐步进化而来的。

## 3. 生物进化的历程

科学家从一些生物化石里面发现，某些物种，既具有动物的特征，也具有植物的特征（如绿眼虫），这说明动、植物起源于共同的祖先，只不过这些共同的祖先后来在不同的外界环境影响下，由于不同的营养方式，分别进化成动物、植物等类群。

（1）植物进化历程

植物的进化遵循由简单到复杂、由水生到陆生的方向进行。原始单细胞绿藻在原始海洋中，经过漫长的年代，进化为多细胞藻类。后来，由于地壳的剧烈运动，不少水域变成陆地，某些绿藻进化为蕨类植物，以适应陆地环境。由于陆地气候干燥，以后蕨类植物进化为裸子植物，用种子繁殖，完全摆脱对水域的依赖。再经过一段时期，某些裸子植物变为被子植物，更能适应外界不良条件，成为今天植物界的主角。植物的这一进化历程，可用植物界进化系统图（见图1-3）表示。或可以比喻为一棵有树杈的大树，通常称为植物进化系统树。

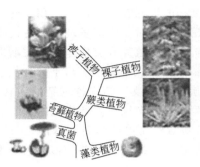

图 1-3　植物界进化系统图

图 1-4　动物界进化系统图

（2）动物进化历程

对化石的研究表明，在无脊椎动物中，原始海洋中出现最早的是单细胞的原生动物，经过漫长的时间，它进化为原始的多细胞动物。以后才出现腔肠动物、扁形动物、线形动物、环节动物、软体动物、棘皮动物和节肢动物等越来越高等的多细胞无脊椎动物。而脊椎动物是由无脊椎动物进化来的。最早出现的脊椎动物是原始鱼类。经过漫长的年代，由于气候发生季节性干旱，某些鱼类开始向陆地发展，因而进化成两栖动物。一些两栖动物再进化成原始爬行动物。一些爬行动物又进化成鸟类和哺乳动物。哺乳动物和鸟类的体温稳定，增强了对环境的适应性，分布范围广。因此动物界的进化，同样是从单细胞向多细胞方向进行，身体的结构由简单逐渐趋向复杂，生活环境则由水生生活逐渐过渡到陆生生活。图1-4为动物界进化系统图（也比喻为动物进化系统树）。

（3）人类的起源

从人类也具有体温恒定、胎生、哺乳等哺乳动物的基本特征来看，人类与哺乳动物有较近的亲缘关系。而在哺乳动物中，则要数类人猿与人最为相似了。类人猿属于哺乳动物中最高等的灵长类动物，包括黑猩猩、猩猩、大猩猩和长臂猿，它们由于跟人相似，所以叫做类人猿。

① 类人猿与人的相似和区别　类人猿与人类最为相近的体质特征是：具有复杂的大脑和宽阔的胸廓，具有盲肠、蚓突以及扁平的胸骨。此外，类人猿在牙齿的数目与结构、眼的位置、外耳的形状、血型以及怀孕时间和寿命长短等方面与人类也十分相近。但是，类人猿具有前肢长于后肢、半直立行走以及善于臂行等特点，这些则与人类具有明显的区别。

② 人由森林古猿进化而来　化石和地质上的材料，证明了人和类人猿都是由森林古猿进化来的。古猿原来生活在茂密的森林里过着树栖的生活，以植物种子和小动物为食。后来，由于地球的气候变得非常干燥、寒冷，森林面积大大减少了。这些地区的森林古猿被迫下地生活，前肢用于取食，后肢多用于行走、奔跑，即能直立行走，并逐渐学会了制造和使用简单的工具。制造和使用工具不但要动手，更重要的是要动脑。多动脑，即引起脑的发达。为了抵御自然灾害和猛兽的侵袭，为了获取基本食物，他们还必须过群居生活，从事集体劳动。在群居和集体劳动的过程中需要相互交流感情、传递信息，这样便逐渐产生了语言。随着社会的发展，逐渐产生了文字。在语言和文字的基础上又发

展了推理、想象、思维和计算等能力，这样又促进了大脑的发达，古猿也就转变成人。

（4）生物进化的原因

我们已经知道了现代的生物是由古代的生物经过长期进化而来的。那么，生物进化的原因是什么？生物进化的过程又是怎样的？

① 自然选择　英国博物学家达尔文（C. R. Darwin，1809—1882）经过多年考察和研究，认为自然界中物种多样性是自然选择的结果。达尔文认为，动植物都具有很强的繁殖能力，但是实际上每种生物的后代，能够发育长大而生存下来的个体却很少，为什么会有这样的现象？达尔文认为，这是由于过度繁殖而导致个体间生存斗争的结果。

地球上生物赖以生存的生活条件（食物、空间和水体等）是有一定限度的，过度繁殖的大量生物个体要生存下去，就得进行生存斗争。生物的生存斗争，除了个体（同种生物或不同种生物）之间在争夺有限的生活条件而进行殊死斗争以外，还有生物与自然条件（干旱、寒冷等）之间的斗争。在生存斗争过程中，那些具有有利于生存的变异个体，就容易生存下来并且繁殖后代；那些具有不利于生存的变异的个体，则容易被淘汰。地球上的各种生物通过激烈的生存斗争，适应者生存下来，不适应者则被淘汰。达尔文把在生存斗争中适者生存，不适者被淘汰的过程，叫做自然选择。

达尔文的自然选择学说，正确地解释了生物界的多样性和适应性，这对于人们正确认识生物界具有重要的意义。

【例 1】长颈鹿是自然选择的结果。

长颈鹿的祖先，有的颈和前肢长些，有的颈和前肢短些，而颈和前肢长短的性状是可以遗传的。后来，它们生活的地区气候变得干旱了，地上的青草减少了，这时，颈和前肢长的由于能够吃到树上高处的树叶而容易生存下来，并且繁殖后代；而那些颈和前肢短的由于吃不到足够的食物而容易被淘汰。就是这样，经过漫长年代的一代代选择，颈和前肢短的就一代代被淘汰，而颈和前肢长的就逐渐地变得越来越长而成为现代的长颈鹿。由此可见，长颈鹿的长颈和长的前肢，是自然选择的结果。

【例 2】桦尺蛾的体色为什么变深了？

英格兰西北部的曼彻斯特村，山清水秀，绿树成荫。那里的森林中生活着一种桦尺蛾，它们夜间活动，白天栖息在树干上。1850 年，一些生物学家在这一地区采集了数百只桦尺蛾标本，发现大多数桦尺蛾的体色是浅色的，只有少数是深色的。

100 年以后，也就是 1950 年，曼彻斯特已经变成了一个工业城市。这里工厂林立，烟雾弥漫，层层煤灰把树干染成了黑色。这时候，又有一些生物学家来此地采集桦尺蛾标本。他们惊讶地发现，在这次采集的标本中，深色桦尺蛾成了多数，浅色桦尺蛾却成了少数。这是什么原因呢？后来，一些生物学家来此地考察，他们先把数量相等的浅色桦尺蛾和深色桦尺蛾同时放到树干上，然后用望远镜观察树干上所发生的情况。一群爱吃桦尺蛾的鸟儿飞过之后，他们发现，浅色桦尺蛾所剩无几，而大部分深色桦尺蛾却逃过了这场灾难。

② 人工选择　在自然界里，对于动物和植物起选择作用的是各种自然条件。而在人工饲养和栽培的情况下，对于动物和植物起选择作用的却是人的意愿。

随着人类历史的进展，人类有了原始的农业和畜牧业。人们在长期的饲养动物和栽培植物过程中，逐渐有意识地给予动物或植物一定的生活条件，有计划地根据人类生活和生产的需要以及观赏方面的嗜好，不断地选择优良的，淘汰低劣的。并且逐渐发展到运用杂交、嫁接、人工诱导变异等方法来培育、改良动植物，以创造经济效益显著的新类型。这种根据人们的需要和爱好，利用自然发生或人工诱发的变异，进行定向选择和培育创造生物新类型的过程，叫做人工选择。在生产实践中，通过人工选择而育出的农作物、家禽、家畜和观赏动植物等新品种的例子比比皆是。

品种不是分类学上的单位，是人类按照自身的要求，经过长期的选择、培育而得到的具有一定的经济价值、遗传性比较稳定和一致的一种栽培植物或家养动物的群体。

# 三、生命的基本特征

生物种类非常多，数量非常巨大，生命现象十分错综复杂，可以从错综复杂的生命现象中提出生物的一些共性，即生命的属性。

## 1. 化学成分的同一性

### （1）生命的元素组成

尽管生命形态有着千差万别，但是它们在化学组成上却表现出了高度的相似性；所有生物大分子的构筑都是以非生命界的材料和化学规律为基础，反映了在生命界和非生命界之间并不存在截然不同的界限；生物大分子结构与其功能紧密相关，即生命的各种生物学功能正是起始于化学水平。例如，叶绿素分子仅仅是由碳、氢、氧、氮、镁五种元素组成，但它高度有序化和个性化的化学结构，使之成为光化学反应过程中核心成员。对生命的化学组成的深入了解，是揭示生命本质的基础。生命体从元素成分看，都是由 C、H、O、N、P、S、Ca 等元素构成的；自然界中存在 118 种元素，其中含量最高的元素是 O、Si、Al、Fe，而在生物体中大约只有 25 种元素是构成生命不可缺少的元素。其中常量元素：C、H、O、N、S、P、Cl、Ca、K、Na、Mg 等 11 种元素；必需微量元素：Fe、Cu、Zn、Mn、Co、Mo、Se、Cr、Ni、V、Sn、Si、I、F 等 14 种元素。表 1-1 为生物体内一些重要元素的组成和功能。

表 1-1　生物体内一些重要元素的组成和功能

| 元　素 | 占人体重（质量分数）/% | 功　　能 |
|---|---|---|
| 氧（O） | 65 | 参与细胞呼吸；存在于大多有机物、水中 |
| 碳（C） | 18 | 有机分子的骨架，能与其他原子形成 4 个化学键 |
| 氢（H） | 10 | 存在于大多有机分子中，参与水的组成，氢离子（$H^+$）参与能量传递 |
| 氮（N） | 3 | 蛋白质和核酸的成分，植物叶绿素的成分 |
| 钙（Ca） | 1.5 | 骨和牙的结构成分，重要的信号分子成分，参与血凝集，参与形成植物细胞壁 |
| 磷（P） | 1 | 核酸和磷脂的成分，在能量转移反应中起重要作用，骨的结构成分 |
| 钾（K） | * | 钾离子是动物细胞中主要的阳离子，在神经功能中有重要作用，影响肌收缩，控制植物气孔的开启 |
| 硫（S） | * | 大多数蛋白质的成分 |
| 钠（Na） | * | 钠离子是动物体液中的阳离子，维持体液离子平衡，神经脉冲传导中具有重要作用，在植物光合作用中有重要作用 |
| 镁（Mg） | * | 动物的血液和其他组织必需离子，激活酶，植物叶绿素的成分 |
| 氯（Cl） | * | 氯离子是动物体液中主要的阴离子，在维持平衡中起重要作用，在光合作用中有重要作用 |
| 铁（Fe） | * | 动物血红蛋白的成分，酶的活性中心 |

注：* 表示检测量在 1% 以下。

人体的元素成分大致能反映出生物体内各种元素含量的相对百分比关系"反自然"现象：自然界中 C、H、N 三种元素的总和还不到元素总量的 1%，然而生物体中 C、H、N 和 O 四种元素竟占了 96% 以上，它们是构成糖、脂肪、蛋白质和核酸 4 种生物大分子的主要成分；余下不足 4% 的元素包括 Ca、P、K、S 以及众多的微量元素，它们当中有许多成员在生命活动过程中主要起调节代谢反应的作用。这种"反自然"现象是与生命具有浓集自然界中稀少元素的能力有关，而这种能力也正是生命的一种突出的特征。

（2）生命水分子的生物功能

生命离不开水，水是生命活动的基础。人体组织中，水的含量最高，骨组织中为 20%，脑细胞中为 85%，通常占细胞总量 70%～80%。细胞中的所有反应都是在水中进行的，所以水是细胞生命活动的介质。从图 1-5 细胞中各主要成分的含量可见，细胞中的主要成分是水。

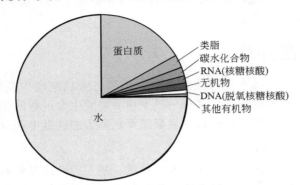

图 1-5　细胞中各主要成分的含量

水作为溶剂，为细胞对物质的吸收提供了条件。血液中溶有大量细胞所需的物质，通过血液循环被运送到各个组织。另外，水分子参与了生命活动的一些重要反应，在大分子的合成过程中水是产物，而在分解反应中水是反应剂。细胞中有 70% 以上的水，其酸碱度约为中性，即 pH 为 6.8～7.0。

## 2. 有序的结构

生命的基本单位是细胞，细胞内的各结构单元（细胞器）都有特定的结构和功能。生物界是一个多层次的有序结构。在细胞这一层次之上还有组织、器官、系统、个体、种群、群落、生态系统等层次。每一个层次中的各个结构单元，如器官系统中的各器官、各器官中的各种组织，都有它们各自特定的功能和结构，它们的协调活动构成了复杂的生命系统。各种生物编制基因程序的遗传密码是统一的，都遵循"脱氧核糖核酸—核糖核酸—蛋白质"（DNA—RNA—protein）的中心法则。

## 3. 新陈代谢

生物体不断地吸收外界的物质，这些物质在生物体内发生一系列变化，最后成为代谢过程的最终产物而被排出体外。这个过程中主要发生了两个作用，一是组成作用，从外界摄取物质和能量，将它们转化为生命本身的物质和储存在化学键中的化学能；二是分解作用，分解生命物质，将能量释放出来，供生命活动之用。

## 4. 生长特性

生物体能通过新陈代谢的作用而不断地生长、发育，遗传因素在其中起决定性作用，外界环境因素也有很大影响。

## 5. 遗传和繁殖能力

生物体能不断地繁殖下一代，使生命得以延续。生物的遗传是由基因决定的，生物的某些性状会发生变异；没有可遗传的变异，生物就不可能进化。

## 6. 应激能力

生物接受外界刺激后会发生反应。生物遇到外界刺激做出的有规律反应，叫做应激性。

生物有应激性，大多数情况下动物的应激性比植物的应激性明显，动物受到刺激后做出的运动受神经系统的控制，而植物的应激性通常表现在向光性、向水性、向地性等方面。

7. 进化

生物表现出明确的不断演变和进化的趋势，地球上的生命从原始的单细胞生物开始，走过了多细胞生物形成、各生物物种辐射产生以及高等智能生物人类出现等重要的发展阶段后，形成了今天庞大的生物体系。

# 四、人体中的营养素

人类为了维持生存、繁衍和进行生产劳动，必须每天从膳食中获取各种各样的营养物质。人体是一个复杂而精密的系统，其每一项生理活动或生命过程的完成都需要多种营养物质的共同参与。生命中所需要的这些营养素都需要从每天的饮食中获得。

1. 食物中人体必需的营养素

食物是生物为了生存和繁衍所必须摄入的物质，是人类经过多年的筛选认识并留传至今的物质。食物有三大基本功能——提供能量和营养素、提供美味以及社会功能。

营养是指生物从外界摄入食物，在体内经过消化和吸收代谢以满足自身生理功能、从事各种活动和抵御疾病能力所需要的必要生物学过程。

营养素是指食物中固有的、具有为人体提供所需的热量、维持或调节生理功能和修补细胞组织、促进生长发育的物质；是能够维持人体的正常生长、发育，维持机体正常代谢活动所必需的有机、无机物质，是食品中最重要的组成部分。食品中没有营养素，食品则不成为食品；如果是营养素缺乏或比例失调，则食品的营养价值不高。

按照常规分类，营养素可分为宏量营养素，包括蛋白质、脂肪、碳水化合物，它们的共同特点都是能提供能量的物质，且人体需要量较大；维生素，包括脂溶性和水溶性维生素；矿物质，包括常量和微量元素；水，也是人体所必需的。

如果从化学结构、生理功能等方面进行系统分类，可以将食品中的各种营养素分为六大类，即水、矿物质、蛋白质、碳水化合物、脂类、维生素。另外，基于近年来的一些重要研究发现，还有人提议将膳食纤维增列为第七类营养素，以显示其对人体健康的重要性。

人体必需的营养素常指人体生长发育必需，且体内不能合成或合成不足的营养素。除了维生素、矿物质等，还有必需氨基酸、必需脂肪酸。

人体必需的营养素有三大基本功能，即提供能量、构建机体组织和修复组织、调节代谢和维持正常的生理功能。同一种营养素可以有多种功能，不同的营养素也可能有相同的某种作用。

2. 营养素的功能

（1）蛋白质

人类从发现蛋白质到对蛋白质的重要属性有较为清晰的认识经历了二百多年的时间。蛋白质是构成生命物质的基础，是一切有生命的物体所必须具有的，没有蛋白质就没有生命。

蛋白质分为动物蛋白和植物蛋白两种。

动物蛋白是蛋白质的主要来源，如肉类及禽蛋类等，这些食物在提供蛋白质的同时也会使我们食入饱和脂肪和胆固醇等对身体不利的成分。因此选用瘦肉、鱼、去皮鸡肉和蛋清最佳，它们称为"优质蛋白"。

植物蛋白是蛋白质的另一来源，主要存在于豆类食物中，植物蛋白含饱和脂肪及胆固醇都很低，同时含有大量膳食纤维，而且物美价廉，适合糖尿病病友食用。

从化学结构上来讲，蛋白质是一类很复杂的化学物质。蛋白质除含有氮、碳、氢、氧等元素外，还含有硫元素，有些蛋白质还结合有其他元素或微量元素，如酪蛋白中含有磷元素、血红蛋白中含有铁元素，甲状腺球蛋白中含有碘元素等。虽然蛋白质中含有这样或那样的元素，但构成蛋白质的基本单位则是氨基酸。

现已发现人体内有 20 多种氨基酸，依据氨基酸能否在人体内合成，是否必须通过膳食来补充分为必需氨基酸和非必需氨基酸。必需氨基酸包括赖氨酸、蛋氨酸、亮氨酸、异亮氨酸、苏氨酸、缬氨酸、色氨酸、苯丙氨酸。对于儿童来说，组氨酸也是必需氨基酸，因为儿童体内不能合成足够多的组氨酸来满足身体的需要。另外的一些氨基酸可以在体内合成，或由必需氨基酸转变而成，称为非必需氨基酸。所有这些氨基酸互相搭配组合，构成了多种多样的蛋白质，进而参与形成各式各样的细胞，实现其各自的生理功能。

在人体所必需的几大类营养物质中，蛋白质起着特殊而又中心性的作用。

蛋白质主要生理功能如下：

① 它是人体重要的组成成分，能促进机体生长或修补、更新人体组织；是构成人体细胞和组织不可缺少的物质；是人体中氮的唯一来源，蛋白质的含量约占人体的 16％。

② 参与体内重要物质的组成，如构成酶、激素和抗体，调节机体各种生理过程。

③ 提供能量，每克蛋白质提供 4kcal❶ 的能量。

另外，蛋白质还参与体内水分的正常分布、体液酸碱平衡的调节，以及遗传信息的传递等生理过程。

（2）脂类

脂类是脂肪酸所组成的物质，除了我们通常所说的脂肪以外，还包括磷脂、糖脂、固醇、类固醇等。在食物化学中，脂类是指能用非极性溶剂提取的物质。动植物中脂肪酸的种类很多，但基本是由 4～24 个偶数碳原子组成的直链脂肪酸。

根据其组成的不同，脂类分为中性脂肪和类脂，中性脂肪即是甘油三酯、甘油一酯、甘油二酯，甘油一酯和甘油二酯在自然界含量甚微。类脂是一类含有脂肪酸的复杂化合物，又分为磷脂、鞘脂、糖脂、脂蛋白和类固醇等。磷脂是指含有磷酸、脂肪酸和氮的化合物，如卵磷脂、脑磷脂；鞘脂是指含有磷酸、脂肪酸、胆碱和氨基醇的化合物；糖脂和脂蛋白分别指脂肪酸与糖或蛋白质结合的物质。

脂肪酸又可分为必需和非必需脂肪酸。亚油酸是公认的必需脂肪酸，花生四烯酸（AA）在人体可由其衍生而来。亚麻酸也属于必需脂肪酸，其可衍生为二十碳五烯酸（EPA）、二十碳六烯酸（DHA）。脂肪酸是构成甘油三酯和磷脂的基本成分。

脂类的生理功能如下：

① 供给和储存能量　通常 1g 脂肪在体内氧化分解后可以产生 9kcal 的能量，远高于 1g 蛋白质或碳水化合物所提供的能量。所以，有人将脂肪称为膳食中的浓缩能源。当然，摄入量过多，会以脂肪的形式储存在体内。

② 脂溶性维生素的天然载体　食物中的油脂有携带脂溶性维生素的功能，维生素 A、维生素 D、维生素 E、维生素 K 等脂溶性维生素均溶解在脂肪中，如鱼肝油和奶油富含维生素 A、维生素 D，葵花籽油、花生油中含维生素 E 较高等。因此，膳食脂肪是脂溶性维生素的重要来源。另外，脂肪还能够促进脂溶性维生素的吸收。

③ 参与构成一些重要的生理物质　脂类是构成细胞膜的重要成分。胆固醇还是合成类

---

❶ 1cal＝4.184J。

固醇激素、维生素 D 和胆汁酸的原料。

④ 供给必需脂肪酸　脂肪酸是构成脂肪、磷脂和糖脂的重要组成部分。在不饱和脂肪酸中，亚油酸、亚麻酸人体不能将其合成，而必须从食物脂肪获得。必需脂肪酸是促进婴幼儿生长发育和合成前列腺素不可缺少的物质，与人体健康密切相关。

另外，食物中的脂肪可以提高食物的色香味，增加食欲，还可以增加饱腹感；人体内储存的皮下脂肪具有阻止体热散失、维持体温的作用；分布在器官周围的脂肪还起到缓冲震荡、固定和保护脏器的作用。

（3）糖类化合物

糖类化合物又称为碳水化合物，是自然界中分布极为广泛的一类化合物。它是绿色植物光合作用的主要产物。各种植物种子中的淀粉，根、茎、叶中的纤维素，动物的肝、肌肉中的糖原，以及蜂蜜和水果中的葡萄糖、果糖、蔗糖等都是碳水化合物。

很早以前，人们在研究中发现，葡萄糖、果糖、淀粉和纤维素等都是由碳、氢、氧三种元素组成的，其中氢原子和氧原子数之比为 2∶1，这类化合物可用通式 $C_n(H_2O)_m$ 来表示，所以把这类化合物称为碳水化合物。随着研究的深入，人们又发现有些化合物按其结构和性质应属碳水化合物，但组成不符合 $C_n(H_2O)_m$ 这个通式，如脱氧核糖 $C_5H_{10}O_4$。还有些化合物其组成符合上述通式，但其实质则不属于碳水化合物，如乙酸、甲醛等。

因此，糖类化合物的确切定义应为：多羟基醛或多羟基酮以及水解后能生成多羟基醛或多羟基酮的一类有机化合物。

糖类根据其能否水解及水解后产物的情况将其分成三大类。

① 单糖　不能水解的多羟基醛或酮为单糖，如葡萄糖、果糖。

```
      CHO                    CH2OH
 H ——— OH                 C ===O
HO ——— H              HO ——— H
 H ——— OH               H ——— OH
 H ——— OH               H ——— OH
     CH2OH                  CH2OH
     葡萄糖                    果糖
```

② 低聚糖　水解后产生二个或几十个单糖分子的糖类。最常见的是二糖，如麦芽糖、蔗糖。

③ 多糖　水解后产生数十、数百乃至成千上万个单糖分子的糖类。如淀粉、纤维素等。

糖类化合物的生理功能如下。

① 储存和提供能量　糖类化合物是人类获取能量的最经济和最主要的来源。每克葡萄糖在体内氧化可以产生 16.7kJ 的能量。维持人体健康所需要的能量中，55％～65％由碳水化合物提供。糖原是肌肉和肝脏碳水化合物的储存形式，肝脏约储存机体内 1/3 的糖原。一旦机体需要，肝脏中的糖原即可分解为葡萄糖以提供能量。糖类化合物在体内释放能量较快，供能也快，是神经系统和心肌的主要能源，也是肌肉活动时的主要"燃料"，对维持神经系统和心脏的正常功能，增强耐力，提高工作效率都有重要意义。

② 构成组织及重要生命物质　糖类化合物是构成机体组织的重要物质，并参与细胞的组成和多种活动。每个细胞都有碳水化合物，其含量约为 2％～10％，主要以糖脂、糖蛋白和蛋白多糖的形式存在。分布在细胞膜、细胞器膜、细胞质以及细胞间基质中。糖和脂质形成的糖脂是细胞与神经组织的结构成分之一。糖结合物还广泛存在于各组织中，脑和神经组织中含大量糖脂，肾上腺、胃、脾、肝、肺、胸腺、视网膜、红细胞、白细

胞等都含糖脂。一些具有重要生理功能的物质，如抗体、酶和激素的组成成分，也需碳水化合物参与。

③ 节约蛋白质作用　机体需要的能量，主要由糖类化合物提供，当膳食中糖类化合物供应充分时，机体为了满足自身对葡萄糖的需要，通过糖原异生作用产生葡萄糖，则摄入足够量的碳水化合物能预防体内或膳食蛋白质消耗，不需要动用蛋白质来供能，即碳水化合物对蛋白质具有节约保护作用。碳水化合物供应充足，体内有足够的三磷酸腺苷产生，也有利于氨基酸的主动转运。

④ 抗生酮作用　脂肪在体内分解代谢，需要葡萄糖的协同作用。脂肪酸被分解所产生的乙酰基需要与草酰乙酸结合进入三羧酸循环，而最终被彻底氧化和分解产生能量。当膳食中糖类化合物供应不足时，草酰乙酸供应相应减少，而体内脂肪或食物脂肪被动员并加速分解为脂肪酸来供应能量。这一代谢过程中，由于草酰乙酸不足，脂肪酸不能彻底氧化而产生过多的酮体，酮体不能及时被氧化而在体内蓄积，以致产生酮血症和酮尿症。膳食中充足的碳水化合物可以防止上述现象的发生，称为碳水化合物的抗生酮作用。

⑤ 解毒作用　经糖醛酸途径生成的葡萄糖醛酸，是体内一种重要的结合解毒剂，在肝脏中能与许多有害物质如细菌毒素、酒精、砷等结合，以消除或减轻这些物质的毒性或生物活性，从而起到解毒作用。最近的研究证实，不消化的碳水化合物在肠道菌的作用下发酵所产生的短链脂肪酸有着广泛的解毒或者健康作用。

⑥ 增强肠道功能　非淀粉多糖类如纤维素和果胶、抗性淀粉、功能性低聚糖等抗消化的碳水化合物，虽不能在小肠消化吸收，但刺激肠道蠕动，增加了结肠的发酵，发酵产生的短链脂肪酸和肠道菌群增加，有助于正常消化和增加排便量。

⑦ 促进肠道特定菌群的生长繁殖　能促进肠道特定菌群的生长繁殖的碳水化合物常被称为"益生元"，能特异性地促进双歧杆菌或乳酸杆菌等益生菌的生长。

（4）维生素

现在已发现的维生素有多种，营养学上根据它们在溶液中的溶解性质，常分为脂溶性维生素和水溶性维生素两大类。

脂溶性维生素有维生素 A、维生素 D、维生素 E 与维生素 K，不溶于水，只溶于油脂，其在肠道内的吸收受脂肪的影响。脂溶性维生素储存在脂肪组织，通过胆汁缓慢排出体外，故摄入过量容易引起中毒。

水溶性维生素有硫胺素（维生素 $B_1$）、核黄素（维生素 $B_2$）、烟酸（维生素 PP）、吡哆醇（维生素 $B_6$）、氰钴素（维生素 $B_{12}$）、叶酸、泛酸、生物素、抗坏血酸（维生素 C）等，它们极易溶于水，在体内几乎不能储备，摄入过多时，多余部分会随尿排出。但个别水溶性维生素（如烟酸）摄入过量对人体也有一定的不良作用。

另有些天然存在的物质，其活性极其像维生素，曾被列入维生素类，但因可在体内合成或产生某种维生素的代谢物，而暂被称为"类维生素"。如辅酶 Q（泛醌）、肌醇、对氨基苯甲酸等。

所有的维生素在体内含量都很少，但在机体的代谢、生长、发育等过程中起着重要作用。它们的化学结构和性质不同，其相同的特点有：①一般不能在体内合成，或即使在体内合成（如维生素 D），其合成的量也很少，必须由食物提供。②不是人体的构成成分，也不提供能量，但具有特殊功能。③人体需要量很小，但绝对不能缺少。如果某种维生素的缺乏达到一定程度，就会引起相应的维生素缺乏症。④天然存在。

不同维生素有着不同的功能，人体缺乏维生素将出现不同症状。

（5）矿物质

人体内含有许多种元素，除碳、氢、氧等主要以有机化合物的形式存在外，其余均统称为矿物质或无机盐。根据各种矿物质在体内含量的多少，又可将其分为两大类，即常量元素和微量元素。

人体必需的各种矿物质，除了不能提供能量，在体内都发挥着重要的生理作用。概括起来有以下几点。

① 构成机体组织。如钙是人体中含量最多的无机元素，是构成骨骼、牙齿的重要成分。磷的含量仅次于钙，不仅参与构成骨骼，磷和硫还是构成体内某些蛋白质的成分。

② 保持组织细胞的渗透压。如钠、钾、氯等与蛋白质共同维持各种组织的渗透压，在体液移动、血浆与细胞间质液量、体细胞的电子活性及心血管系统对内源性的循环加压物质的反应都是必不可少的。

③ 维持机体酸碱平衡。

④ 维持神经和肌肉的兴奋性。钾在能量代谢、细胞膜转运以及维持跨膜细胞的电位差方面有着重要作用，对神经肌肉和内分泌细胞作用尤为重要。

⑤ 构成机体生理活性物质。微量元素还作为许多生物大分子如激素、维生素、蛋白质和核酸的成分，使这些生物大分子的结构稳定，保证其在体内发挥正常功能。镁离子与其他一些电解质、激素受体、甲状腺素的分泌和作用、维生素和骨功能等之间存在重要的相关关系。

⑥ 酶的组成成分。大多数的微量元素在细胞内发挥广泛的功能，其中最重要的就是构成多种酶的辅基或作为酶的催化剂，参与机体几乎所有的代谢过程，从而影响机体的生长、生殖能力和维持机体健康。

各种矿物质和微量元素的缺乏都会引起相应的缺乏症或造成机体机能不协调。根据我国居民膳食营养调查的结果来看，我国居民缺乏钙、铁、锌等矿物质元素的现象较为普遍，在个别地区还存在碘缺乏和硒缺乏。

（6）水

在人体内，水不仅是构成机体的主要成分，而且是维持生命活动、调节代谢过程不可缺少的重要物质。

水虽无直接的营养价值，但具有某些特殊功能，是维持生理活动和新陈代谢不可缺少的物质。断水比断食物对人体的危害和影响更为严重。水是一种溶剂，能够作为体内营养素运输、吸收和废弃物排泄的载体，同时又是生物大分子化合物构象的稳定剂，以及包括酶催化在内的大分子动力学行为的促进剂。此外，水也是植物进行光合作用过程中合成碳水化合物所必需的物质。可以清楚地看到，生物体的生存是如此显著地依赖于水这个无机小分子。

概括起来讲，水在人体的生理作用主要有以下。

① 水是体内化学作用的介质，同时也是生物化学反应的反应物，组织和细胞所需的养分和代谢物在体内运转的载体。水可以帮助消化，我们日常所吃的食物，须经牙齿的咀嚼和唾液的润湿，经食道到肠胃，才能完全消化而被吸收，这些过程都需要水分来帮助，如果缺少了水，消化功能便无法完成。水还帮助人体排泄废物，食物经消化和吸收以后所剩余的残渣废物，必须经由汗、呼吸和大小便来排出体外，排泄方法虽有不同，都需水分帮助才能顺利进行。

② 润滑关节。水的黏度小，可作为一种天然的润滑剂和增塑剂，可使摩擦面润滑，减少损伤。人体的关节如果没有润滑液，骨与骨之间发生摩擦就会活动不灵活，水就是关节润

滑液的来源。

③ 平衡体温。水的热容量大,当人体内产生热量增多或减少时不致引起体温太大的波动;水的蒸发潜热大,因而蒸发少量汗水可散发大量热能,通过血液流动,可平衡全身体温,因此水又能调节体温。水与体温的关系非常密切,天冷时,血管收缩,血液流到皮肤的量减少,水分也不容易排出,体温才能保持平衡。夏天,血管膨胀,血液流到皮肤的量增加了,这时,水也就借着血液流到皮肤,再由汗腺排出皮肤表面。因为汗液蒸发,皮肤表面的热就减少,体温就可以保持平衡了。

④ 维持新陈代谢。人体是由无数的细胞组成,这些细胞的成分大部分是水,只有水才能维持皮肤的新陈代谢。运送养分、排泄废物以及循环工作,都是靠水来推动,人体各部分的活动和每一个器官的新陈代谢,也需要水来维持。

## 阅读资料

### 各种维生素的主要功能及缺乏表现

| 名　称 | 主要功能 | 维生素缺乏主要症状和疾病 |
|---|---|---|
| 维生素 A | 促进眼球内视紫红质的合成或再生,维持正常视力,防治夜盲症;维持上皮(如细胞膜、黏膜)生长与分化;提高免疫力和对疾病的抵抗力 | 上皮细胞组织萎缩,进而角化,造成眼角膜发炎、干燥、溃疡;体内表皮(如呼吸道、消化道、尿道等)损伤,皮肤干燥、脱屑,易感冒和发生腹泻,暗适应能力减退、夜盲症 |
| 维生素 D | 增加钙和磷在小肠内的吸收,为调节钙和磷的正常代谢所必需,促进牙齿和骨骼的正常生长 | 佝偻病,成年人的骨质软化病,容易形成龋齿 |
| 维生素 E | 抗氧化;保护红细胞的完整性;参与脱氧核糖核酸的生物合成;提高机体免疫力;与生殖能力和精子生成有关 | 新生儿溶血性贫血,成人中枢和外周神经系统功能异常 |
| 维生素 K | 参与凝血酶原的合成;参加组织细胞内的氧化还原过程;增加肌肉组织的弹性 | 凝血功能障碍,血液凝固时间延长和出血 |
| 硫胺素 | 参与能量代谢;神经活动所必需,防止神经炎和脚气病;与心脏功能有关;促进生长 | 神经组织损伤(神经炎等);心脏损伤(心脏扩张、心跳减慢);肌肉组织损伤或萎缩;浮肿、食欲不振、消化不良;体重减轻、生长迟缓 |
| 核黄素 | 参与体内生物氧化和抗氧化系统;参与能量生成;参与维生素 $B_6$ 和烟酸等代谢过程 | 口角溃疡、唇炎、舌炎、阴囊炎;溢性皮炎、角膜炎、视觉不清、白内障 |
| 烟酸 | 是辅酶Ⅰ和辅酶Ⅱ的组成部分,为细胞内的呼吸作用所必需;维持皮肤和神经活动,防止癞皮病;参与固醇代谢和糖代谢,促进消化系统的功能 | 舌炎、皮炎、癞皮病;食欲不振、消化不良、呕吐、腹泻;头痛、晕眩、记忆力减退、癫狂、痴呆 |
| 维生素 $B_{12}$ | 作为蛋氨酸合成的辅酶因子,参与同型半胱氨酸的转化,参与辅酶 A 转化 | 巨幼细胞性贫血(恶性贫血);脊髓变性、神经退化;舌、口腔、消化道的黏膜发炎 |
| 维生素 $B_6$ | 调节氨基酸、糖原、脂肪酸的代谢;影响烟酸的体内合成;参与同型半胱氨酸转化;参与神经系统和血红蛋白的形成;影响核酸合成和机体免疫系统 | 头皮屑增多,眼、鼻、口腔周围皮肤脂溢性皮炎、唇干裂、舌炎;小细胞低色素性贫血;肌肉萎缩、体重下降;易急躁、精神抑郁、嗜睡 |

续表

| 名称 | 主要功能 | 维生素缺乏主要症状和疾病 |
|---|---|---|
| 叶酸 | 参与 DNA、MA 的合成；参与氨基酸代谢；参与含铁血红素的合成；参与维生素 C、维生素 $B_6$、维生素 $B_{12}$ 的合成 | 巨幼细胞性贫血；高同型半胱氨酸血症，易导致血栓闭塞性心血管疾病；易导致孕妇流产或胎儿先天性神经管畸形 |
| 抗坏血酸 | 抗氧化作用；参与胶原蛋白合成；促进铁、叶酸的吸收利用；提高免疫功能，增加对疾病的抵抗力 | 毛囊过度角化；维生素 C 缺乏症；齿龈发肿、出血、牙齿松动；骨骼脆弱、坏死，关节痛；毛细血管脆弱，皮下出血 |
| 泛酸 | 辅酶 A 的功能：氧化供能，参与糖、脂肪和蛋白质代谢；参与血红蛋白和细胞色素的合成；脂酰基载体蛋白（ACP）的功能；参与脂肪酸的代谢 | 机体代谢受损，脂肪合成减少和能量产生不足；急躁、头痛、抑郁、疲劳、麻木、肌肉痉挛、手脚感觉异常、脚有烧灼性疼痛感 |
| 胆碱 | 促进脑发育、提高记忆力；保证信息传递；调控细胞凋亡；构成生物膜的重要组成成分；促进脂肪代谢；促进体内的转甲基作用；降低血清胆固醇 | 肝脏、肾脏、胰腺功能异常；记忆障碍；生长迟缓 |
| 生物素 | 参与脂类、糖、氨基酸和能量的代谢，对细胞生长、葡萄糖代谢平衡、DNA 的生物合成、去唾液酸糖蛋白受体的表达有重要作用 | 毛发变细、失去光泽，脱发；皮炎（皮肤鳞片状和红色皮疹）；成人神经系统综合征（抑郁、嗜睡、幻觉、感觉异常等） |

## 💡 思 考 题

1. 生命的定义是什么？
2. 微量元素与常量元素的共同点与不同点是什么？
3. 水在生物体的组成中占体重的绝大部分，试从水的生物功能对这一现象进行分析。

# 第二节

# 生命的基本单位——细胞

1665 年英国科学家胡克用自行设计与制造的显微镜（如图 1-6），放大倍数为 40～140 倍，观察了软木（栎树皮）的薄片，第一次描述了植物细胞的构造，并首次借用拉丁文 *cellar*（小室）来称呼看到的类似蜂巢的极小的封闭状小室（实际上只是观察到纤维质的细胞壁）。关于细胞的首次描述是在他的著作《显微图谱》中。此后不久，荷兰学者列文虎克 1674 年在观察鱼的红细胞时描述了细胞核的结构。1838 年德国植物学家施莱登和动物学家施旺创立了细胞学说（一切植物、动物都是由细胞组成的，细胞是一切动植物的基本单位）。1855 年德国医生和病理学家魏尔肖又补充了第三条原理：所有的细胞都是来自已有细胞的分裂，即细胞来自细胞。这三条原理就是著名的细胞学说。细胞学说的创立解决了生命科学的一个根本问题，即生命的共同起源问题。

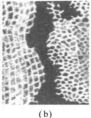

(a)　(b)

图 1-6　胡克所用的显微镜（a）及观察的栎树细胞（b）的细胞壁

（引自 Postlethwait et al.，1991 年）

完整的细胞学说是：①所有生物都是由细胞和细胞产物所构成；②新细胞只能由原来的细胞经分裂而产生；③所有细胞都具有基本上相同的化学组成和代谢活性；④生物体总的活性可以看成是组成生物体的各相关细胞的相互作用和集体活动的总和。人们通常称细胞学说、进化论和孟德尔遗传学为现代生物学的三大基石。恩格斯对细胞学说给予极高的评价，把它与进化论和能量守恒定律并列称为 19 世纪的三大发现。细胞学的研究是现代生命科学的基础，并广泛渗透到遗传学、发育生物学、生殖生物学、神经生物学和免疫生物学等学科的研究中，是生命科学的重要支柱之一。

细胞学说建立后，随着对多种细胞进行广泛的观察与不断深入的描述，各主要的细胞器和细胞分裂活动被发现。另外，实验的手段和分析方法被引入对细胞的研究，也使得细胞遗传学、细胞生理学、细胞化学等学科相继形成，人们对细胞的认识也不断在深入。目前，对细胞的研究热点体现在以下几个领域：生物膜与细胞器的研究，细胞核、染色体以及基因表达的研究，细胞骨架体系的研究，细胞增殖及其调控，细胞分化及其调控，细胞的衰老与程序性死亡，细胞的起源进化，细胞工程等。

# 一、细胞的大小与形态

细胞一般很小，用显微镜才能观察到。例如，人的一滴血中有 500 万个红细胞，一只眼的瞳孔中有 1.25 亿个感光细胞。细胞靠表面接受外界的信息，并和外界进行物质交换。细胞体积小，但单位体积的表面积相对较大，有利于细胞的生命活动。现已知最小的细胞是支原体，直径仅约 $0.1\mu m$，要用电镜才能看到。最大的细胞，如鸵鸟的蛋黄，细胞直径可达 70mm，长颈鹿的神经细胞可长达 3m 以上。这些特殊细胞单位体积的表面积也很大，因此卵黄细胞的原生质只有极薄的一层，内部是非生命的储存物质，而神经细胞则极细长。

细胞的形态多种多样，细胞有球形、杆状、星形、多角形、梭形、圆柱形等。不同的形态，主要是为了适应不同的功能。例如，植物的纤维细胞起支持作用，呈长梭形，动物的神经细胞细长且有很多是分支或突起便于接受和传导刺激等。细胞形态结构与功能的相关性与一致性是很多细胞的共同特点。如红细胞呈扁圆形的结构，有利于 $O_2$ 和 $CO_2$ 的交换；高等动物的卵细胞和精细胞不仅在形态，而且在大小方面都是截然不同的，这种不同与它们各自的功能相适应。卵细胞之所以既大又圆，是因为卵细胞受精之后，要为受精卵提供早期发育所需的信息和相应的物质。这样，卵细胞除了带有一套完整的基因组外，还有很多预先合成的 mRNA（信使核糖核酸）和蛋白质，所以体积较大，而圆形的表面则便于与精细胞结合。

# 二、细胞的化学成分

组成细胞的基本元素是：O、C、H、N、Si、K、Ca、P、Mg，其中 O、C、H、N 四种元素占 90% 以上。细胞化学物质可分为两大类：无机物和有机物。在无机物中水是最主要的成分，约占细胞物质总含量的 75%～80%。

## 1. 水与无机盐

细胞中水不仅含量最大，而且由于它具有一些特有的物理化学属性，使其在生命起源和形成细胞有序结构方面起着重要的作用。可以说，水是生命的根源。水在细胞中以两种形式存在：一种是游离水，约占 95％；另一种是结合水，通过氢键或其他键同蛋白质结合，约占 4％～5％。随着细胞的生长和衰老，细胞的含水量逐渐下降，但是活细胞的含水量不会低于 75％。

水在细胞中的主要作用是溶解无机物、调节温度、参加酶反应、参与物质代谢和形成细胞有序结构。

细胞中无机盐的含量很少，约占细胞总重的 1％。盐在细胞中解离为离子，离子除了具有调节渗透压和维持酸碱平衡的作用外，还有许多重要的作用。

2. 有机分子

有机物在细胞中达几千种，约占细胞干重的 90％以上，它们主要由 C、H、O、N 等元素组成。有机物中主要由四大类分子组成，即蛋白质、核酸、糖类和脂类，这些分子约占细胞干重的 90％以上。

（1）蛋白质

蛋白质是一切生命的物质基础，这不仅是因为蛋白质是构成机体组织器官的基本成分，更重要的是蛋白质本身不断地进行合成与分解。这种合成、分解的对立统一过程，推动生命活动，调节机体正常生理功能，保证机体的生长、发育、繁殖、遗传及修补损伤的组织。

（2）核酸

核酸是生物遗传信息的载体分子，所有生物均含有核酸。核酸属于生物大分子物质，是遗传信息的携带者。如果核酸的分子结构发生改变或其正常代谢受到干扰，则将引起遗传病或生物体的变异。核酸最初在细胞核中发现，且都略具酸性，故以此得名。现知核酸既是一切动植物细胞以及各类微生物细胞的基本组成成分，又是无细胞结构的各种病毒和类病毒的主要或唯一组成成分。不仅如此，核酸对生物体的生长、发育、繁殖、遗传及变异等重大生命现象都起着主宰作用。

根据化学组成的特点，核酸可分为核糖核酸（RNA）和脱氧核糖核酸（DNA）两大类；前者分子中都含 D-核糖，后者分子中都含 D-2-脱氧核糖；二者的分子结构及生物学功能亦颇不相同。不论 RNA 或 DNA 都只存在于细胞之内，在细胞间质或细胞外液则无核酸存在。根据功能和分布的不同，RNA 又可分为转运核糖核酸（tRNA）、信使核糖核酸（mRNA）和核糖体核糖核酸（rRNA）三类，它们均分布于细胞质的不同亚细胞结构，在蛋白质生物合成中各自起着独特的作用。

（3）糖类

糖类是维持生命不可或缺的。细胞中的糖类既有单糖，也有多糖。细胞中的单糖是作为能源以及与糖有关的化合物的原料存在。重要的单糖为五碳糖（戊糖）和六碳糖（己糖），其中最主要的五碳糖为核糖，最重要的六碳糖为葡萄糖。葡萄糖不仅是能量代谢的关键单糖，而且是构成多糖的主要单体。

多糖在细胞结构成分中占有主要的地位。细胞中的多糖基本上可分为两类：一类是营养储备多糖；另一类是结构多糖。作为营养储备的多糖主要有两种，在植物细胞中为淀粉，在动物细胞中为糖原。在真核细胞中结构多糖主要有纤维素和几丁质。

（4）脂类

脂类包括：脂肪酸、中性脂肪、类固醇、蜡、磷酸甘油酯、鞘脂、糖脂、类胡萝卜素等。脂类化合物难溶于水，而易溶于非极性有机溶剂。

3. 酶与生物催化剂

　　（1）酶

　　酶是催化剂，其主要作用是降低化学反应的活化能，增加反应物分子越过活化能屏障和完成反应的概率。酶的作用机制是，在反应中酶与底物暂时结合，形成了酶-底物活化复合物。这种复合物对活化能的需求量低，因而在单位时间内复合物分子越过活化能屏障的数量就比单纯分子要多。反应完成后，酶分子迅即从酶-底物复合物中解脱出来。酶的主要特点是：具有高效催化能力、高度特异性和可调性；要求适宜的 pH 和温度；只催化热力学允许的反应，对正负反应均具有催化能力，实质上是能加速反应达到平衡的速率。

　　（2）RNA 催化剂

　　切赫 1982 发现四膜虫 rRNA（核糖体核糖核酸）的前体物能在没有任何蛋白质参与下进行自我加工，产生成熟的 rRNA 产物。这种加工方式称为自我剪接。后来又发现，这种剪下来的 RNA 内含子序列像酶一样，也具有催化活性。

# 三、细胞衰老与死亡

　　衰老又称老化，通常指生物发育成熟后，在正常情况下随着年龄的增加，机能减退，内环境稳定性下降，趋向死亡的不可逆的现象。衰老和死亡是生命的基本现象，衰老过程发生在生物界的整体水平、种群水平、个体水平、细胞水平以及分子水平等不同的层次。生命要不断地更新，种族要不断地繁衍。而这种过程就是在生与死的矛盾中进行的。至少从细胞水平来看，死亡是不可避免的。

　　人体的自然寿命约 120 岁，而组成人体组织的细胞寿命有显著差异，根据细胞的增殖能力、分化程度、生存时间，可将人体的组织细胞分为 4 类：①更新组织细胞，执行某种功能的特化细胞（即终端分化细胞），经过一定时间后衰老死亡，由新细胞分化成熟补充，如上皮细胞、血细胞，构成更新组织的细胞可分为 3 类：（a）干细胞，能进行增殖又能进入分化过程；（b）过渡细胞，来自干细胞，是能伴随细胞分裂趋向成熟的中间细胞；（c）成熟细胞，不再分裂，经过一段时间后衰老和死亡。②稳定组织细胞，是分化程度较高的组织细胞，功能专一，正常情况下没有明显的衰老现象，细胞分裂少见，但在某些细胞受到破坏丧失时，其余细胞也能进行分裂，以补充失去的细胞，如肝、肾细胞。③恒久组织细胞，属高度分化的细胞，个体一生中没有细胞更替，破坏或丧失后不能由这类细胞分裂来补充。如神经细胞、骨骼细胞和心肌细胞。④可耗尽组织细胞，如人类的卵巢实质细胞，在一生中逐渐消耗，而不能得到补充，最后消耗殆尽。

1. 细胞衰老的特征

　　（1）形态变化

　　细胞进入衰老期首先表现在形态上面，通过电子显微镜观察，我们发现衰老细胞的形态变化主要表现在细胞皱缩，细胞膜的通透性和易碎性增加，细胞核的外膜内折，胞内细胞器数量特别是线粒体数量减少，胞内出现脂褐素等异常物质沉积，最终出现细胞凋亡或坏死。总体来说老化细胞的各种结构呈退行性变化。

　　（2）分子水平的变化

　　在内部分子水平上，衰老的细胞会出现脂类、蛋白质和 DNA 等细胞成分降解和损伤，细胞代谢能力降低，如 DNA 的复制与转录会受到抑制、个别基因会异常激活、端粒 DNA 丢失、线粒体 DNA 特异性缺失、DNA 氧化断裂、缺失和交联、甲基化程度降低、mRNA（信使核糖核酸）和 tRNA（转运核糖核酸）含量降低；蛋白质的合成速率下降，细胞内蛋白质发生糖基化、氨甲酰化、脱氨基等修饰反应，导致蛋白质稳定性、抗原性、可消化性下降，自由基使蛋白质肽键断裂，交联而变性，氨基酸由左旋变为右旋；不饱和脂肪酸被氧化，引起膜脂之间或与脂蛋白之间交联，膜的流动性降低。

### 2. 细胞衰老的机理

关于细胞衰老的机理具有许多不同的学说，概括起来主要有差错学派和遗传学派两大类，前者强调衰老是由于细胞中的各种错误积累引起的，是各种细胞成分在受到内外环境的损伤作用后，因缺乏完善的修复，使"差错"积累，导致细胞衰老。后者强调衰老是遗传决定的自然演进过程，一切细胞均有内在的预定程序决定其寿命，而细胞寿命又决定种属寿命的差异，外部因素只能使细胞寿命在限定范围内变动。其实，现在看来两者是相互统一的。

### 3. 细胞死亡

死亡是生命的普遍现象，细胞的死亡不同于机体死亡，在正常人体组织中，每天都有千千万万个细胞死亡，这是维持组织机能和形态所必需的。细胞死亡的方式通常有细胞坏死、细胞凋亡、细胞程序性死亡 3 种。

细胞坏死是细胞受到化学因素（如强酸、强碱、有毒物质）、物理因素（如热、辐射）和生物因素（如病原体）等环境因素的伤害，引起细胞死亡的现象。坏死细胞的形态改变主要是由下列两种病理过程引起的，即酶性消化和蛋白变性。参与此过程的酶，若来源于死亡细胞本身的溶酶体，则称为细胞自溶；若来源于浸润坏死组织内白细胞溶酶体，则为异溶。

细胞凋亡是借用古希腊语，表示细胞像秋天的树叶一样凋落的死亡方式。1972 年 Kerr 最先提出这一概念，他发现结扎大鼠肝的左、中叶门静脉后，其周围细胞发生缺血性坏死，但肝动脉供应区的实质细胞仍存活，只是范围逐渐缩小，其间一些细胞不断转变成细胞质小块，不伴有炎症，后在正常鼠肝中也偶然见到这一现象。

细胞的程序性死亡是指在活组织中，单个细胞受其内在基因编程的调节，通过主动的生化过程而自杀死亡的现象，程序化细胞死亡的共同点在于它们是细胞主动的死亡过程，而且能够被细胞信号转导的抑制剂阻断，属于细胞正常的生命活动。

## 四、肿瘤细胞与癌症

肿瘤是机体在各种致瘤因素作用下，局部组织的细胞异常增生而形成的新生物，常表现为局部肿块。肿瘤细胞具有异常的形态、代谢和功能。它生长旺盛，常呈持续性生长。肿瘤是一种基因病，但并非遗传的。肿瘤可分为良性和恶性两大类。前者生长缓慢，与周围组织界限清楚，不发生转移，对人体健康危害不大。后者生长迅速，可转移到身体其他部位，还会产生有害物质，破坏正常器官结构，使机体功能失调，威胁生命。

恶性肿瘤从组织学上又可以分为两类：一类由上皮细胞发生恶变的称为癌，如肺上皮细胞发生恶变就形成肺癌，胃上皮细胞发生恶变就形成胃癌等；另一类由间叶组织发生恶变的称为肉瘤，如平滑肌肉瘤、纤维肉瘤等。人们对癌听得较多，而对肉瘤听得较少，这与癌病人远比肉瘤病人多有关。临床上癌与肉瘤之比大约为 9：1。恶性肿瘤是目前危害人类健康最严重的一类疾病。在美国，恶性肿瘤的死亡率仅次于心血管疾病而居第二位。据我国2000年卫生事业发展情况统计公报，城市地区居民死因第一位为恶性肿瘤，其次为脑血管病、心脏病。我国最为常见和危害性严重的肿瘤为肺癌、鼻咽癌、食管癌、胃癌、大肠癌、肝癌、乳腺癌、宫颈癌、白血病及淋巴瘤等。

## 1. 癌细胞的主要特征

癌细胞具有的主要特征是：能够无限增殖；形态结构发生了变化；表面发生了变化，易在有机体内分散和转移。概括起来主要表现为三个性质，即不死性、迁移性和失去接触抑制。

（1）癌细胞的形态特征

癌细胞大小形态不一，但通常而言，要比它的源细胞体积大，核质比显著高于正常细胞，可达1∶1，正常的分化细胞核质比仅为1∶4～1∶6。

细胞核形态不一，并可出现巨核、双核或多核现象。核内染色体呈非整倍态，某些染色体缺失，而有些染色体数目增加。正常细胞染色体的不正常变化，会启动细胞凋亡过程，但是癌细胞中，细胞凋亡相关的信号通路产生障碍，也就是说癌细胞具有不死性。

（2）癌细胞的生理特征

癌细胞的生理特征主要表现在以下几方面。

① 细胞周期失控  就像寄生在细胞内的微生物，不受正常生长调控系统的控制，能持续地分裂与增殖。

② 接触抑制丧失  正常细胞在体外培养时表现为贴壁生长和汇合成单层后停止生长的特点，即接触抑制现象，而肿瘤细胞即使堆积成群，仍然可以生长。

③ 定着依赖性丧失  正常真核细胞，除成熟血细胞外，大多须黏结于特定的细胞外基质上才能抑制凋亡而存活，称为定着依赖性。肿瘤细胞失去定着依赖性，可以在琼脂、甲基纤维素等支撑物上生长。

④ 去分化现象  已知肿瘤细胞中表达的胎儿同工酶达20余种。胎儿甲种球蛋白（甲胎蛋白）是胎儿所特有的。但在肝癌细胞中表达，因此可做肝癌早期检定的标志特征。

⑤ 对生长因子需要量降低  体外培养的癌细胞对生长因子的需要量显著低于正常细胞，是因为自分泌或其细胞增殖的信号途径不依赖于生长因素。某些固体瘤细胞还能释放血管生成因子，促进血管向肿瘤生长，获取大量繁殖所需的营养物质。

⑥ 代谢旺盛  肿瘤组织的DNA和RNA聚合酶活性均高于正常组织，核酸分解过程明显降低，DNA和RNA的含量均明显增高。

⑦ 蛋白质合成及分解代谢都增强  但合成代谢超过分解代谢，甚至可夺取正常组织的蛋白质分解产物，结果可使机体处于严重消耗的恶病质状态。

⑧ 线粒体功能障碍  即使在氧供应充分的条件下也主要是糖酵解途径获取能量。与三个糖酵解关键酶（己糖激酶、磷酸果糖激酶和丙酮酸激酶）活性增加和同工酶谱的改变，以及糖原异生关键酶活性降低有关。

⑨ 可移植性  正常细胞移植到宿主体内后，由于免疫反应而被排斥，多不易存活。但是肿瘤细胞具有可移植性，如人的肿瘤细胞可移植到鼠类体内，形成移植瘤。

## 2. 肿瘤形成

肿瘤形成的过程包括始发突变、潜伏、促癌和演进。始发突变是指细胞在致癌物的作用下发生了基因突变，但是突变发生后如果没有适当的环境不会发展为肿瘤，此阶段称为潜伏期；促癌是指在促癌剂（刺激细胞增长的因子，如激素）作用下开始增殖的过程，促癌因子的作用是可逆的，如果去除，引起扩增的克隆就会消失；演进是指肿瘤在生长过程中变得越来越具有侵袭力的过程，是不可逆的。肿瘤形成往往涉及许多基因的突变，需要十到数十年的时间，因而恶性肿瘤通常属于老年性疾病。

（1）肿瘤形成的内因

恶性肿瘤的形成往往涉及多个基因的改变，与原癌基因、抑癌基因突变的逐渐积累有关。

原癌基因是细胞内与细胞增殖相关的基因，是维持机体正常生命活动所必需的，在进化上高等保守。当原癌基因的结构或调控区发生变异，基因产物增多或活性增强时，使细胞过度增殖，从而形成肿瘤。

抑癌基因也称为抗癌基因。早在20世纪60年代，有人将癌细胞与同种正常成纤维细胞融合，所获杂种细胞的后代只要保留某些正常亲本染色体就可表现为正常表型，但是随着染色体的丢失又可重新出现恶变细胞。这一现象表明，正常染色体内可能存在某些抑制肿瘤发生的基因，它们的丢失、突变或失去功能，使激活的癌基因发挥作用而致癌。抑癌基因的产物抑制细胞增殖，促进细胞分化和抑制细胞迁移，因此起负调控作用，通常认为抑癌基因的突变是隐性的。

恶性肿瘤的发生归根到底是因为原癌基因的激活和抑癌基因的功能丧失，往往涉及多个基因的改变。原癌基因的激活方式多种多样，但概括起来无非基因本身或其调控区发生了变异，导致基因的过表达，或产物蛋白活性增强，使细胞过度增殖，形成肿瘤。

（2）肿瘤形成的外因

人类肿瘤约80%是由于与外界致癌物质接触而引起的，根据致癌物的性质可将其分为化学、生物和物理致癌物三大类。根据它们在致癌过程中的作用，可分为启动剂、促进剂和完全致癌物。

启动剂是指某些化学、物理或生物因子，它们可以直接改变细胞遗传物质DNA的成分或结构，一般一次接触即可完成，启动剂引起的细胞改变一般是不可逆的。

促进剂本身不能诱发肿瘤，只有在启动剂作用后再与促进剂反复作用，方可促使肿瘤发生。例如用启动剂二甲基苯并蒽涂抹动物皮肤并不致癌，但是几周后再涂抹巴豆油，则引起皮肤癌，巴豆油中的有效成分是佛波醇酯，能模仿二酰基甘油（DAG）信号，激活蛋白激酶C。促癌物的种类很多，如某些激素、药物等。有的促癌物只对诱发某种肿瘤起促进作用，而对另一种肿瘤的发生不起作用，例如糖精可促进膀胱癌的发生，但对诱发肝癌不起促进作用；苯巴比妥促进肝癌的发生，但不促进膀胱癌的发生。

有些致癌物的作用很强，兼具启动和促进作用，单独作用即可致癌，称为完全致癌物。如多环芳香烃、芳香胺、亚硝胺、致癌病毒等。

## 3. 肿瘤的治疗

治疗肿瘤有两种观点，其一是将患者体内的肿瘤细胞全部清除或至少消灭足够的量，使患者在生存期内肿瘤不再复发；其二是改变癌细胞的特性，使病程减慢甚至完全停止。肿瘤治疗的常规方法有手术、放疗和化疗三种。手术切除肿瘤的治愈率，取决于肿瘤的位置、大小和性质，有些肿瘤长在深部无法触及，或位于要害部位则不能用手术方法治疗。放疗就是用放射线（如X射线、γ射线）杀死肿瘤细胞，可以对肿瘤细胞进行外照射，也可以置入放射源进行体内照射，放疗也会杀伤正常的增殖较快的细胞，引起感染、出血、黏膜炎、脱发等。放疗主要是使用 DNA 合成抑制剂（如 5-氟尿嘧啶）或细胞分裂抑制剂（如长春新碱、紫杉酚）之类的细胞毒剂来抑制肿瘤细胞，同样对所有分裂细胞具有杀伤作用，因而也会引起上述副作用。目前还有一些新的治疗措施正在研究之中，如抑制血管生成、促进肿瘤细胞分化、免疫治疗、基因治疗等。

### 思 考 题

1. 试述细胞学说的主要内容。
2. 细胞学说有什么重要意义？
3. 癌细胞有哪些特征？
4. 比较细胞坏死和细胞凋亡。
5. 癌细胞和正常细胞有哪些不同？
6. 从致癌因素来论述良好的生活习惯对于预防癌症的作用。

# 第三节
# 遗传与基因

## 一、遗传与基因概述

遗传，一般是指亲代的性状又在下代表现的现象。但在遗传学上，指遗传物质从上代传给后代的现象。例如，父亲是色盲，女儿视觉正常，但她由父亲得到色盲基因，并有一半机会将此基因传给她的儿子，使其显现色盲性状。故从性状来看，父亲有色盲性状，而女儿没有，但从基因的连续性来看，代代相传，因而认为色盲是遗传的。遗传对于优生优育是非常重要的因素之一。

为什么会出现遗传这种奥妙的现象呢？19 世纪末，科学家才在人体细胞的细胞核内发现了一种形态、数目、大小恒定的物质。这种物质甚至用最精密的显微镜也观察不到，只有在细胞分裂时，通过某种特定的染色法，才能使它显形，因此取名为"染色体"。

人们发现，不同种生物的染色体数目和形态各不相同，而在同一种生物中，染色体的数目及形状则是不变的，于是有了子女像父母的遗传现象。在总数为 46 条的染色体中，有 44 条是男女都一样的，被人们称为常染色体。男性的性染色体为"XY"，女性的性染色体为"XX"。人体染色体的数量，不管在身体哪个部位的细胞里都是成双成对地存在的，即 23 对 46 条染色体，可是唯独在生殖细胞——卵子和精子里，却只剩下 23 条，而当精子和卵子结合成新的生命——受精卵时，则又恢复为 46 条。可见在这 46 条染色体中肯定有 23 条来自父亲，另外 23 条则来自母亲，也就是说，一半来自父亲，一半来自母亲，既携带有父亲的遗传信息，又携带有母亲的遗传信息。所有这些，共同控制着胎儿的特征，等到胎儿长大成人，生成精子或卵子时，染色体仍然要对半减少。如此循环往复，来自双亲的各种特征才得以一代又一代地传递，使人类代代复制着与自己相似的后代。

那么，染色体又是怎么实现遗传的呢？染色体靠的是它所携带的遗传因子，也就是"基因"，基因是储藏遗传信息的地方，一个基因往往携带着祖辈一种或几种遗传信息，同时又决定着后代的一种或几种性状的特征。基因是一种比染色体小许多倍的微小的物质，即使在光学显微镜下也不可能看到。它们按顺序排列在染色体上。由染色体将它们带入人体细胞。每条染色体都是由上千个基因组成的。

人之初都是由一个受精卵经过不断的分裂增殖发育而成的，在这个受精卵里蕴涵着父母的无数个遗传基因，其详尽设定了后代的容貌、生理、性格、体质，甚至于某种遗传病，子女就是按照这些特征发育成长的。于是就出现了孩子在某个地方像父亲，某个地方像母亲的情况。

基因有显性和隐性之分，在一对基因中只有一个是显性基因，其后代的相貌和特征就能表现出来。而隐性基因则只有当成对基因中的两个基因同时存在时，其特征才能表现出来。以人的相貌特征为例，在胚胎形成时，胎儿要分别接受父亲和母亲的同等基因，假如孩子从父亲的基因里继承了卷发，又从母亲的基因里继承了直发，但是他最后却长了一头直发，这是因为，在遗传时直发是显性，卷发是隐性，因此表现为直发。然而，在这个孩子的染色体中仍存在卷发的隐性基因，在他长大成人后，如果他的妻子和他一样，体内也存在卷发的隐性基因，那么他们的孩子就会有一头卷发，表现出隔代遗传的现象。这就是显性基因和隐性基因的区别。

基因还具有稳定性和变异性。稳定性是指基因能够自我复制，使后代基因保持祖先的样子。变异性是说基因在某种因素的刺激下能够发生变化。如日本人在 20 世纪 40 年代一般因遗传缘故，个子较矮小，到 20 世纪 60 年代之后，日本人注意营养，每日喝奶，又加强锻炼，其后代个子普遍增高，这就是遗传基因向好的方向变异。

每个人身体内都存在有缺陷的基因。但是，我们一般不可能察觉到自身的基因缺陷，除非有一天，我们自己或某个亲人得了遗传性疾病。目前，已知有 2800 种疾病是由单个基因缺陷或突变引起的，这种疾病叫单基因疾病。某些单基因疾病十分普遍，比如在西方国家，每 2500 个婴儿中就有一个患囊性纤维化（囊性纤维化是一种遗传性疾病，即机体的黏液细胞因为蜕变得过厚和太黏，而最终丧失其正常功能）。多数人并不会因为存在有缺陷的基因而受到伤害，这主要是因为我们身体内有两套基因，一套来自母亲，另一套来自父亲。如果潜在的有害基因是隐性的，那么与它相对应的那条正常基因就会发挥所有的作用。只有当我们同时从父母那里遗传得到两个相同的隐性基因时，遗传性疾病才会发生。如果有害基因是显性的，那么即使与它配对的基因是正常的，仍然会发生疾病。亨廷顿舞蹈病就是一个显性遗传性疾病的例子。此外，还有专与 X 染色体相关的遗传性疾病。因为男性只有一套 X 染色体基因，所以一旦出现了缺陷基因，就无法弥补了。这种病的例子是由肌纤维蛋白基因的隐性突变所引起杜兴肌营养不良症。还有由先天性凝血因子缺乏引起的血友病。

血浆中凝血因子是一种纤维状蛋白质，可在血管破裂时产生交联，形成固态物质，封堵血管缺口，即伤口血痂。合成凝血因子的基因在 X 染色体上，显性基因正常表达，隐性基因不正常，不合成凝血因子，受伤时伤口不易凝固，即为血友病。

19 世纪，英国某王室成员是血友病基因携带者。她的一个儿子不到 20 岁就死于血友病。三个女儿也携带致病基因，所生儿子中 4 个有血友病。

# 二、基因工程

基因工程是以分子遗传学为理论基础，以分子生物学和微生物学的现代方法为手段，将不同来源的基因（DNA 分子），按预先设计的蓝图，在体外构建杂种 DNA 分子，然后导入活细胞，以改变生物原有的遗传特性，获得新品种，生产新产品；或是研究基因的结构和功能，揭示生命活动规律。基因工程技术诞生于 20 世纪 70 年代初，它是一门崭新的生物技术科学，它的创立和发展使生命科学产生了一次重大飞跃，证明并实现了基因的可操作性，使人类从简单地利用天然生物资源走向定向改造和创造具有新品质的生物资源的时代。基因工程技术诞生至今已经取得了辉煌的成就，成为当今生命科学研究领域中最有生命力和最引人注目的前沿学科之一，基因工程也是当今新的产业革命的一个重要组成部分。

### 1. 基因工程技术的诞生

1972 年，P. Berg 等在 PNAS 上发表了题为"将新的遗传信息插入 SV40 病毒 DNA 的生物化学方法：含有 λ 噬菌体基因和大肠杆菌的半乳糖操纵子的环状基因（SV40DNA）"，标志着基因工程技术的诞生。

当时所用的连接方法是同聚物谱尾法，重组体的鉴定主要是通过电子显微镜比较分子量大小。当获得 SV40DNA 基因二聚体后，Berg 等就证明了环状 DNA 被内切酶切成线性 DNA 后能够重新环化，并且能够同另外的分子重组。于是他们进行第二步的实验就是从噬菌体的 DNA 中制备含有大肠杆菌的半乳糖操纵子 DNA，用上述同样的方法进行重组连接，并获得成功。Berg 等的工作是人类第一次在体外给遗传物质动手术，标志着一个新时代的到来，为此他获得了 1980 年诺贝尔化学奖。

### 2. 基因工程的特点

基因工程有两个基本的特点：分子水平上的操作和细胞水平上的表达。遗传重组是生物进化的推动力，自然界中发生的遗传重组主要是靠有性生殖。基因工程技术的诞生使人们能够在试管里进行分子水平上的操作，构建在生物体内难以进行的重组，然后将重组的遗传物质引入相应的宿主细胞，让其在宿主细胞中进行工作。这实际上是进行无性繁殖，即克隆，所以基因工程通常称为基因克隆。

### 3. 基因工程技术的应用

（1）利用转基因的细菌、植物或动物生产某些蛋白质药物

1982 年，美国食品与药物管理局批准了首例基因工程产品——人胰岛素投放市场，胰岛素是治疗糖尿病等的重要药物，具有很高的价值。在利用转胰岛素基因的大肠杆菌大量生产该产品前，传统方法是从猪和牛的胰腺中提取和分离这些稀少珍贵的化合物。利用重组 DNA 技术生产胰岛素是生物技术领域发展的一个里程碑，它标志了基因工程产品正式进入到商业化阶段。此后，又出现了更多的基因工程产品和蛋白质药物，如人生长激素、干扰素、白细胞介素-2、粒细胞集落刺激因子、乙肝疫苗等。

（2）基因工程技术在农业、畜牧业上的应用

一般采用农杆菌 Ti 质粒对植物进行转化。转入抗病基因可以提高农作物抗病虫害的能力；转入高效光合基因可以促进农作物的光合作用效率进而提高产量。除了农杆菌之外，还在下列方面应用较多。

① 抗除草剂 一些水稻、小麦和大豆通过转基因，具有了抗化学除草剂的特性，在使用化学除草剂大面积杀死大田杂草时，这些转基因作物可以免受伤害。

② 转基因西红柿 西红柿的成熟需要一种起催化作用的蛋白酶参与反应，他们先将编码这种蛋白酶的基因从西红柿植株中克隆出来，接着又克隆了它的互补基因，将互补基因转入西红柿植株后即转录生成了一种互补的 mRNA，它与原来该蛋白酶基因正常转录的

mRNA 碱基互补配对形成双链片段，使后者不能正常地翻译合成催化西红柿成熟作用需要的蛋白酶，未成熟的西红柿有利于长期保存、保鲜和运输。需要供应市场时，只要用微量的乙烯气体对未成熟的西红柿熏一次，很快就能获得成熟的西红柿。

③ 固氮　植物基因工程在农业上应用的另一项有重大效益的研究是将细菌和蓝藻生物中特有的固氮酶基因转入水稻、小麦等粮食作物中，有这种固氮酶基因的农作物具有自动固定大气中的氮的能力，因而不需要另外使用氮肥。目前，已经将固氮酶基因克隆出来，并分析了这些基因的序列和结构。

④ 其他　将人类 DNA 移植到植物中生产干扰素、胰岛素、麦谷蛋白、白细胞介素-2和其他抗体蛋白；研制可产生聚合物的基因改性油菜，用来生产生物降解塑料；从转基因烟草中分离白细胞介素-10，用以治疗肠炎并发症；用含抗乙肝口服疫苗的基因工程化马铃薯进行人体试验；给水稻添加基因，生产人体需要的 β-胡萝卜素等。

（3）克隆技术

1997 年 2 月 23 日，苏格兰 Roslin 研究所的 Wilmut 和 Campbell 等人在"*Nature*"杂志宣布：世界上首例来源于哺乳动物体细胞的克隆羊"多莉"问世。经过将近一个世纪的努力，哺乳动物体细胞的克隆终于获得成功。

克隆羊"多莉"应用了"核移植"技术，它利用一个动物的体细胞的细胞核（供体核）来取代受精卵中的细胞核，形成一个重建的"合子"。从理论上来说，供体细胞核具有基因组全套遗传信息，可以直接发育成胚胎和形成与核供体动物完全相同的个体"拷贝"。

尽管理论上是可行的，但实际操作和实现动物的克隆并非一件简单的工作。经过多年试验研究人员虽然实现了以胚胎细胞为供体的核移植，并发育得到了新一代生物个体，但仅限于低等动物，在哺乳动物中始终无法成功。

## 4. 人类基因组物理图谱研究

"人类基因组计划"是 20 世纪 80 年代在全球范围内广泛参与和合作的一项研究计划。目标是全面而透彻地认识人类基因组的正常结构、功能及基因的异常结构（变异）与人类疾病。这项研究是从 1987 年主要在美国以全基因组 DNA 测序为目标开始进行的（1990 年正式启动），随后有英、法、德、日和中国五个国家参与了该项研究计划。该计划已于 2003 年 4 月宣布人类基因组序列图提前绘成。

人类基因组物理图谱，从广义的角度说，最粗略的图谱就是染色体组型（染色体的细胞遗传学区带）图谱，最精细的就是核苷酸顺序图谱。物理图谱构建的成功，不仅为大规模测序奠定了基础，而且还绘制出了人类基因组转录图（或基因图）。

该研究的意义在于能促进生物信息学、生物功能基因组和蛋白质等生命科学前沿领域的发展，也将为世界基因资源开发利用、医药卫生、农业等生物高技术产业的发展开辟更加广阔的前景。

## 5. 生物信息学

生物信息学是在生命科学的研究中，以计算机为工具对生物信息进行储存、检索和分析的科学。它是当今生命科学和自然科学的重大前沿领域之一，同时也将是 21 世纪自然科学的核心领域之一。其研究重点主要体现在基因组学和蛋白学两方面，具体说就是从核酸和蛋白质序列出发，分析序列中表达的结构功能的生物信息。生物信息学包含两方面的内容：一方面是发展强大有效的信息分析工具，构建适合于基因组研究的数据库，用于搜索、管理、使用人类基因组和模式生物基因组的巨量信息；另一方面是配合实验研究，确定约 30 亿个碱基对的人类基因组完整核苷酸顺序，找出人类全部约 3 万个基因在染色体上的位置以及包括基因在内的各种 DNA 片段的功能。

　　不管是生命本身作为一个过程，还是生命得以维持所必须依赖的外在物质条件，都离不开化学。没有生命，还有化学，但没有了化学就绝对不会再有生命存在。

## 阅读资料

### 生物芯片技术介绍

　　生物芯片又称 DNA 芯片或基因芯片，是 DNA 杂交探针技术与半导体工业技术相结合的结晶。

　　该技术指将大量（通常每平方厘米点阵密度高于 400）探针分子固定于支持物上后与带荧光标记的 DNA 样品分子进行杂交，通过检测每个探针分子的杂交信号强度进而获取样品分子的数量和序列信息。

　　1996 年底，美国的 Affymetrix 结合照相平版印刷、计算机、半导体、寡核苷酸合成、荧光标记、核酸探针分子杂交和激光共聚扫描等高新技术，研制创造了世界第一块 DNA 芯片。

　　DNA 芯片本身是一种专门刻制和加工的仅为 2cm 左右大小的玻璃片，它被嵌在一小块胶片上。芯片被分隔成许许多多的小格，每一小格大约只有一根头发丝的一半那么细，小格上特别的交联分子与一个由 20 个左右核苷酸的 DNA 探针相连。一般的芯片保持有 40 万个小格，更多的可达到 160 万格。每一格上的 DNA 探针都各不相同。

　　在对 DNA 样品分子检测时，从细胞中提取的 DNA 样品用一种或若干种限制酶进行酶切，这些酶切片段被荧光染料标记并溶解成为单链，然后被滴加到芯片上去与 DNA 探针杂交。凡是与芯片上的探针互补的酶切片段便牢固地结合在特定的小格中，而那些与芯片上各探针都不能互补的酶切片段就会被洗脱掉。

　　接下来，用一种特制的激光扫描器对芯片上小格和荧光进行扫描与解读。解读的信息被输入到计算机中，由专门的程序软件进行分析，最终获得被检测样品的序列信息。

　　DNA 芯片由于同时将大量探针固定于支持物上，所以可以一次性对样品大量序列进行检测和分析，从而解决了传统核酸印迹杂交技术操作繁杂、自动化程度低、操作序列数量少、检测效率低等不足。而且，通过设计不同的探针阵列、使用特定的分析方法可使该技术具有多种不同的应用价值，如基因表达谱测定、突变检测、多态性分析、基因组文库作图及杂交测序等。

　　1998 年底，美国科学促进会将基因芯片技术列为 1998 年度自然科学领域十大进展之一。一些科学家把基因芯片称为"可以随身携带的微型实验室"。

## 💡 思 考 题

1. 简述基因工程技术的发展给人类带来的影响。
2. 简述基因工程技术的发展方向。
3. 人类基因组计划的主要研究任务是什么？
4. 查阅资料了解人类基因组计划的研究进展。

# 第二章

## 化学与环境

在浩瀚的星际之中有一个美丽的地球，她有蔚蓝的大海、蜿蜒的河流、广阔的平原、连绵的青山，她是我们人类赖以生存和发展的基础。但是，由于人类贪婪地向地球索取物质和能源，又无限制地排放废物，导致森林草地萎缩、水土流失、土地沙漠化、河流受污染、雪山融化，地球正在遭受空前规模的破坏，环境问题已成为世界各国普遍关注的重大问题。

# 第一节
## 概　述

人类200万年的历史书写了人类在地球的大自然环境中的生存和发展，记载了大自然历经沧桑的变迁，也记录了人类祖先的进化历程。在远古时期，人类依靠自然环境生活，在丛林中觅食，吃树叶和果实充饥。随着人类祖先的进化，他们从树上下来，到地面搜取食物，并有了直立的姿势，从而解放了双手，脑容量逐渐增大，有了善于思考的大脑，并学会了用火，学会了改造自然的一系列过程，在此过程中，环境污染的问题也逐步凸显出来……

## 一、环境的变迁

环境，《中华人民共和国环境保护法》将其定义为"影响人类生存和发展的各种天然的和经过人工改造的自然因素的总体，包括大气、水、海洋、土地、矿藏、森林、草原、湿地、野生生物、自然遗迹、人文遗迹、自然保护区、风景名胜区、城市和乡村等"。环境问题则是由于人类活动作用于环境所引起的环境质量不利于人类生产、生活，甚至危及人类的生存和发展的问题。随着人口增长和现代工业的发展，向环境中排放的有害物质大量增加，还有局部地区人为造成的对自然生态环境的损害，环境质量逐步恶化。

人类早期的生产活动比较简单，规模较小，对环境影响不大，自然界的自我调节也抵消了许多不利的影响。随着人口数量的不断增长，对自然环境资源的需求也大幅度增加。农业、畜牧业的发展，砍伐树林、采集柴薪、杀猎野生动物日益增多，致使人类群居地域自然环境逐渐遭到破坏，环境的破坏使人类的生存受到了影响，人们开始认识到保护环境的必要性。

到了18世纪的工业革命，社会生产力发展进入新阶段，工业化兴起，科学技术以及文化的进步使人们的生活质量得到了提高，但同时也带来了环境污染、生态失衡的问题。虽然在此之前，由于农牧业的发展以及城市的发展也带来某些环境污染，如英国出现的煤烟等污染，但局部的污染并没有引起社会的普遍重视。从工业革命开始，机器在生产中取代了手工作坊，使用煤炭作为能源的工业，如冶金、轻工、化学工业的蓬勃发展，由工厂、城市、交通排出的大量未经处理的废气、废水、废渣等造成环境污染和生态破坏。进入20世纪后，特别是一些发达国家进入高速发展时期以来，环境污染更为显著，生活环境日益恶化，甚至发生了许多对人的生命、健康都有很大影响的事件。许多公害事件甚至震惊了世界，其中，1930年，比利时马斯河谷烟雾事件，一周内几千人受害发病，60人死亡；40年代初，洛杉矶光化学烟雾事件，全市250多万辆汽车每天消耗汽油约1600万升，向大气排放大量碳氢化合物、氮氧化物、一氧化碳；1948年，美国多诺拉镇烟雾事件，该镇仅有1.4万人，4天内就有5900人因空气污染而患病，20人死亡；1952年，英国伦敦烟雾事件中，5天内死亡4000人；1953～1956年，日本水俣事件，因甲基汞中毒受害发病1004人，死亡206人；1961年，日本四日市事件，10年内全国患四日市气喘病者高达6376人；1955～1972年，日本富士山事件，因镉中毒，10 年内患"骨痛病"惨死者近 100 人；1968 年，日本北九州市、爱知县米糠油事件，中毒患病者超过 1400 人，其中 16 人死亡，实际受害者约 13000人。其实世界上大的污染事件，还远不止这些。1970 年 7 月 13 日，发生在日本东京市的光化学烟雾事件，受害者达 6000 多人。1972 年，发生在伊拉克的汞中毒事件，受害者 7000多人，死亡 500 人等。这些国家的环境污染已经到了忍无可忍的地步，公众不断对环境公害提出诉讼，甚至有些公众愤怒而起砸坏工厂。

随着环境问题的发展，人类对环境问题的认识也在不断深入。地球日的活动推动了1972 年联合国第一次人类环境会议的召开，同时地球日的活动得到了联合国的肯定，确定每年的 4 月 22 日为"世界地球日"。

1972 年 6 月 5 日，联合国在瑞典的斯德哥尔摩首次举行了世界性的"联合国人类环境会议"，共有 13 个国家和一些国际机构参加会议，中国也派代表团出席了会议。这次会议通过了《人类环境保护宣言》，唤起了全世界的注意，对人类环境问题是个里程碑。工业发达国家把环境问题摆上了国家的议事日程，制定法律，建立机构加强管理，采用新型技术，环境得到了有效的控制，环境质量也有了很大的改善。20 世纪 80 年代初，随着环境污染和大范围生态破坏的出现，人们关心的是一些影响范围大和危害严重的环境问题，主要有酸雨、臭氧破坏和"温室效应"等。这些全球性环境问题严重威胁着人类的生存和发展，不论是广大公众还是政府官员，也不论是发达国家还是发展中国家，都普遍对此表示不安。1988 年 11 月，在德国汉堡召开的全球气候变化会议上指出：如果"全球变暖"不被阻止，世界在劫难逃。各国政府都充分认识到了这些问题的严重性和预防的必要性。为治理和改善已被污染的环境，防止新的污染发生，加强环境管理势在必行。

各国积极建立环保机构，国际组织踊跃参与推进环境的发展。斯德哥尔摩人类环境会议后，许多国家相继成立了环保管理机构。据统计，20 世纪 70 年代初，各国成立的环保管理机构还不到 10 个，到 1974 年增至 60 个，到 1982 年就大约有 100 个。各国在成立环保机构的同时，也加快了环境立法的步伐。20 世纪 70 年代，发达国家与发展中国家的环境立法风起云涌。例如经济合作和发展组织各国从 1955 年到 1960 年的 6 年时间只通过了 4 个重要的环境法律，1961 年到 1970 年 10 年间通过了 28 个，而在 1971 年到 1979 年的 9 年间就通过了 56 个。中国自 1979 年 9 月 13 日公布《中华人民共和国环境保护法》（见图 2-1）以来，经多次修订完善，形成了最新《中华人民共和国环境保护法修正案》，这个被称为"史上最严厉"的新法于 2015 年 1 月 1 日起实施。

图 2-1 中华人民共和国
环境保护法

# 二、环境污染的危害

环境污染破坏了自然界中陆生态和水生态的平衡，其中，工业废气、汽车尾气的大量排放使大气遭受污染，使绿色植物无法对氮固定也无法进行光合作用，导致植物无法正常生长，致使农作物减产，动物没有绿色植物作为食物来源而大量灭绝。除此之外，大气污染还会导致酸雨（毁坏森林如图 2-2）、温室效应、臭氧层的破坏；工厂废液、生活和农业污水的排放，导致水体遭受污染（水的硬度升高、富营养化、散发恶臭），致使水中藻类大量生长，鱼类大量死亡，人类无法正常饮用水（图 2-3 为受污染的河流）。

环境污染对人类的健康危害更大，而且多种多样。环境中

图 2-2　酸雨对森林的破坏

图 2-3　受污染的河流

有毒的污染物，可以通过多种途径侵入人体。大气中的有毒气体和烟尘，主要通过呼吸道作用于人体。水体和土壤中的毒物，主要通过饮用水和食物经过消化道被人体所吸收。而一些脂溶性毒物如苯、有机磷酸酯类的农药，以及与皮肤的脂酸根结合的毒物如汞、砷等，可以经过皮肤被人体吸收。

环境对人体健康的危害，是一个十分复杂的问题。有的污染物在较短时期内通过空气、水体、食物链等多种介质侵入人体，或几种污染物联合侵入人体，造成急性危害。也有些污染物，以小剂量持续地侵入人体，经过相当长的时间才显露出对人体的慢性危害或远期危害，甚至影响到子孙后代。环境污染对人类身体健康的危害主要表现为各种疾病，如空气的污染可能会使人类患呼吸道疾病；苯、甲醛等装饰材料的污染会使人患皮肤上的疾病。有些污染物质还有可能使人致癌，如砷、联苯胺、芳烃等物质会使人患肠道癌；镭、铀等核裂变物会使人患骨癌；苯及其化合物会破坏人体的造血系统，使人患血癌，甚者对人体有致畸变作用。所以我们在关注环境污染的同时，也要警惕环境污染对人体健康的危害。

环境的严重污染还带来了生物多样性锐减，森林和草原植被减少，海洋生态环境的破坏，等等。最近 400 年来，人类活动已引起全球 700 多个物种的灭绝，其中包括大约 100 多种哺乳动物和 160 种鸟类。科学家预测，物种灭绝的速率是形成速率的 100 万倍，如不采取保护措施，地球上全部生物多样性的 1/4 在未来 20～30 年里有被消灭的严重危险。森林和草原植被是一种可再生的自然资源，是整个陆地生态系统的重要组成部分，它们的减少与破坏是生态环境破坏的最典型特征之一。海洋以其巨大的容量消纳着一切来自自然源和人为源的污染物，是大部分污染物的最终归宿地。随着人为活动的加剧，海洋已经遭受日益严重的人为污染，其中主要的是海洋石油污染。

# 三、绿色化学的诞生

化学在保证和提高人类生活质量、保护自然环境以及增强化学工业的竞争力方面均起着关键作用。化学学科的研究成果和化学知识的应用，创造了无数的新产品，新产品进入每一个普通家庭的生活，使我们衣食住行各个方面都受益匪浅，更不用说化学药物对人们祛疾、延年益寿、更高质量地享受生活等方面起到的作用。但是另一方面，随着化学品的大量生产和广泛应用，给人类原本和谐的生态环境带来了黑臭的污水、讨厌的烟尘、难以处置的废物和各种各样的毒物……威胁着人类的健康，伤害着我们的地球。所以，健康的环境对人类来说是越来越重要了，而且人类对要拥有一个健康环境的呼声愈来愈高，各国的科学家为此不断努力，于是出现了"绿色化学"这一新的概念。有关绿色化学内容将在第七章作详细介绍。

# 第二节

# 大气污染及控制

　　大气是指包围在地球周围的气体，它维护着人类及生物的生存。洁净大气是人类赖以生存的必要条件之一，一个人在五个星期内不吃饭或 5 天内不喝水，尚能维持生命，但超过 5min 不呼吸空气，便会死亡，人体每天需要吸入 $10\sim12m^3$ 的空气。大气有一定的自我净化能力，因自然过程等进入大气的污染物，通过大气自我净化过程从大气移除，从而维持洁净大气。但是，随着工业及交通运输业的不断发展，大量的有害物质被排放到空气中，改变了空气的正常组成，使空气质量变坏。如果对它不加以控制和防治，将严重破坏生态系统和人类生存条件。

## 一、大气的组成

　　大气是由空气、少量水汽、粉尘和其他微量杂质组成的混合物。空气的主要成分按体积比是氮气占 78.09％，氧气占 20.95％，氩占 0.93％，二氧化碳占 0.03％（见图 2-4）。此外还有稀有气体氦、氖、氪、氙和甲烷、氮的氧化物、硫的氧化物、氨、臭氧等共占 0.1％。

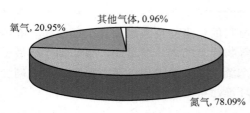

氧气, 20.95%　　　其他气体, 0.96%

氮气, 78.09%

图 2-4　空气的主要成分

　　大气中的水汽主要来自水体、土壤和植物中水分的蒸发，大部分集中在低层大气中，其含量随着地区、季节和气象等因素而异。水体是天气现象和大气化学污染现象中的重要角色。大气中的固体悬浮粒主要来自工业烟尘、火山喷尘和海浪飞逸带出的盐质等。

　　人类生活在大气圈中，依靠空气中的氧气而生存。氧气被吸进肺细胞后穿过细胞壁与血液中的血红蛋白结合，由血液将氧输送到全身，与身体中营养成分作用而释放出人体活动必需的能量。清洁空气是人类健康的保证，但是大气中总是含有一些对人体有害的物质，如 CO、$NO_x$、$SO_2$ 等，它们被视作大气污染物，现在能监测到的污染物有近百种。

## 二、大气的主要污染源

　　各种化工产品无论在生产过程中还是在使用或销毁的过程中，多会产生或排出废气，造成对环境的污染。

### 1. 燃料的燃烧

　　燃料的燃烧是造成大气污染的主要原因。燃料在燃烧的过程中会放出大量一氧化碳、二氧化碳、氮氧化合物和硫氧化合物等废气，其中有些化合物对人体有毒（如一氧化碳、二氧化硫、一氧化氮等）。随着人类生活和工业、科学技术的现代化，燃料用量大幅度上升，从而造成大气的污染日趋严重（见图 2-5）。而石油和煤等燃料的燃烧，成了各种污染源的元凶。人类自从发明了火之后，便开始了自己的"文明"时代。20 世纪 20 年代至 70 年代，由于石油工业的发展，石油能源的用量迅速增长，但煤的消耗量仍为石油的五倍以上，因此也是大气污染的主要时期，如洛杉矶烟雾事件和伦敦煤事件，它们都是和二氧化硫有关的大气污染事件。工业发达国家对石油、化石燃料的需求迅速上升，由大气污染造成的灾害事件也频繁发生，如马斯河谷烟雾事件以及多诺拉烟雾事件等。

图 2-5　工业革命时代排出的大量废气

## 2. 火力发电厂

使用煤炭为燃料的火力发电厂是排放空气中二氧化硫（$SO_2$）的主力军，占 70% 左右。而二氧化硫是一种有毒气体，无色，有刺激性气味，易溶于水。而且二氧化硫是空气污染的主要物质，也是酸雨的主要形成物。二氧化硫的水溶性使之易于被上呼吸道和支气管的黏膜所吸收，如果吸入高浓度的二氧化硫会引起急性支气管炎，严重时可发生喉头痉挛造成窒息。长期吸入低浓度的二氧化硫会引起慢性中毒，可导致嗅觉和味觉的减退，引发萎缩性鼻炎、结膜炎等病症。

图 2-6　汽车排放出的大量尾气

## 3. 汽车尾气的排放

汽车是近代重要的交通工具，随着汽车数量的激增，汽车尾气造成的环境污染也日益严重（见图 2-6）。据统计，在一些发达国家中，汽车尾气排放污染物已占大气总污染的 30%～60%。汽车尾气中的有害成分主要有 CO、$NO_x$、$SO_2$、碳氢化合物、颗粒物和臭氧等。汽车尾气中的颗粒物包括铅化合物、碳颗粒和油雾等。铅是大气的重金属污染物中毒性较大的一种，铅尘来自汽油的抗爆添加剂。这是一种含铅的有机化合物四乙基铅，其毒性比无机铅化合物大百倍，且铅尘随行车和风力扩散。它是引起急性精神病症的剧毒物质，它可以在人体中不断积累，当血液中铅含量超过 0.1mg 时，可造成贫血等中毒症状。现在无铅汽油使用越来越普遍。

## 4. 工业废气的排放

化学工业是对多种资源进行化学处理和转化加工的生产部门，在国民经济中占重要地位。然而在化学反应中发生的副反应或反应进行不完全都会产生废气。产品在加工和使用过程中也会产生废气，而且在其搬运、破碎、筛分及包装过程中可能产生粉尘。生产技术路线及设备陈旧落后，造成反应不完全，生产过程不稳定，从而产生不合格的产品或造成物料的泄漏。化工生产中排放的某些气体，在光或雨的作用下发生化学反应，也能产生有害气体。还有开、停车或操作失误，指挥不当，管理不善也是造成废气排放的重要原因。

## 5. 垃圾的焚烧

垃圾是人类生产中必然产生的遗留废料，或是人类新陈代谢和消费品消费后的废弃物品，图 2-7 为秸秆燃烧后放出的浓烟。垃圾中的许多物质燃烧后都会产生有毒气体，如"二噁英"，这是一种剧

图 2-7　秸秆燃烧后放出的浓烟

毒物，是一群含多氯联苯结构式的化合物，其中以 2,3,7,8-TCDD 毒性最大，被认为是人类制造出来的化合物中毒性最强的物质。1999 年，欧洲发生了震惊世界的"二噁英污染事件"，比利时、法国、德国和荷兰四国的 2709 个养鸡场、养牛场，由于使用了被二噁英污染的饲料，造成了牛肉、鸡肉、牛奶、鸡蛋和相关的加工食品的污染和大量鸡的死亡，震动了整个欧洲，并引起了全世界对二噁英的恐慌。

# 三、大气污染的危害及控制

大气污染，是指人类活动及自然灾害向大气排放的有害物质超过大气环境所能允许的极限，使人们的生活、工作、身体、健康和精神状态，以及设备、财产等直接或间接地遭受破坏或受到恶劣影响的一种现象。导致大气污染的原因是多方面的，所以其产生的危害也是多种多样的。这些危害无论是对自然环境还是对人类的社会生产活动都产生了不利的影响。

## 1. 酸雨的产生、危害及其控制

pH 小于 5.6 的雨、雪和其他形式的大气降水，被定义为酸雨，它是大气污染的一种表现，也是大气污染的产物。酸雨的 pH 一般低于 5.6，最低可达 3 左右。在近代工业发展中，特别是由于燃料煤和石油的使用，把生成的二氧化硫和氮氧化物排入大气后，在阳光、尘埃和水蒸气的作用下发生一系列的物理和化学反应，生成了硫酸、硝酸及相应的盐，漂浮在大气中，经过"云内成雨的过程"，即水汽凝结在 $SO_4^{2-}$、$NO_3^-$ 等凝结核上，发生液相氧化反应，形成硫酸雨滴和硝酸雨滴；又经过"云下冲刷的过程"，即含酸雨滴在下降过程中不断合并吸附、冲刷其他含酸雨滴和含酸气体，形成较大的雨滴，最终降落到地面，形成酸雨。人们在燃烧煤和石油等燃料后，产生的二氧化硫和氮氧化物等污染物质进入大气，并随空气流动而扩散，可飘离几百千米甚至几千千米，致使酸雨在远离污染源的地方也有发生。例如，阿尔卑斯山脉是世界著名的旅游胜地，由于受米兰、罗马、慕尼黑、苏黎世等周围工业城市的污染影响也出现了酸雨。所以大气污染没有国界，酸雨也没有国界。目前，酸雨主要是由排入大气的二氧化硫气体引起的，它是大气二氧化硫污染的特征。

1872 年英国科学家史密斯分析了伦敦市雨水成分，发现它呈酸性，且农村雨水中含碳酸铵，酸性不大；郊区雨水含硫酸铵，略呈酸性；市区雨水含硫酸或酸性的硫酸盐，呈酸性。于是史密斯首先在他的著作《空气和降雨：化学气候学的开端》中提出"酸雨"这一专有名词。

酸性物质使土壤变得贫瘠，它可使土壤产生硫酸化，一方面硫酸淋溶了土壤中的钙、镁、钾等养分，导致土壤日益酸化、贫瘠化；另一方面酸化的土壤影响了土壤微生物的活性，这些都直接影响了植物的生长。植物的叶片受到酸雨侵蚀后叶绿素含量下降，植物无法进行足够的光合作用，影响植物的生长。1982 年 6 月 18 日晚重庆市下了一场酸雨，市郊 2 万亩稻叶片突然枯黄，好像火烤过一样，几天后局部枯死。湖泊、河流过度酸化，则影响鱼类繁殖、生存。酸性腐蚀岩石矿物，使水体中的重金属含量增加，影响水生生态系统的正常运转。流域土壤和污泥中的毒性金属如铝、铅、镍等被溶解入水，毒害水生物。

酸雨对人工环境的破坏也不容忽视，由于酸雨具强腐蚀性，所以对历史古迹（多数是青铜、铁、花岗岩或大理石构件）的剥蚀是显而易见的。欧洲一些著名的古建筑，如希腊的阿克罗波利斯王宫、阿姆斯特丹王宫，波兰克拉科夫纪念碑，意大利的古老宫殿受酸雨剥蚀十分明显。在美国，由于酸雨，费城的独立宫已处于毁损的境地，自由女神像和华盛顿纪念碑也遭受到酸雨的威胁。图 2-8 为酸雨加速了云冈石窟的风化作用。

酸雨对人体的危害也十分明显，前联邦德国曾有科学家认为，酸雨可能导致癌症、肾病和先天性缺陷患者大量增加。欧洲等国不少人还因酸雨得眼疾、结肠癌、老年性痴呆等一些疾病。1952 年英国的"伦敦烟雾事件"以及 1961 年日本四日市的"四日市哮喘病"两起全世界著名的空气污染事件均与二氧化硫超标排放有关。

图 2-8 酸雨加快云冈石窟风化速率

总之，酸雨已产生了严重的破坏作用，受到了全世界的关注，各国都在采取积极措施控制酸雨，目前，控制酸雨污染的主要途径如下。

① 对原煤进行洗选加工，减少煤炭中的硫含量。

② 优先开发和使用各种低硫燃料，如低硫煤和天然气。

③ 改进燃烧技术，减少燃烧过程中二氧化硫和氮氧化物的产生量。

④ 采用烟气脱硫技术，脱除烟气中的二氧化硫和氮氧化物。

⑤ 改进汽车发动机技术，安装尾气净化装置，减少氮氧化物的排放。

⑥ 发明新能源如太阳能、水能、风能等。

## 2. 臭氧的破坏和控制

所谓臭氧（$O_3$）是指每个分子中有三个氧原子的氧气，它不同于人类和生物界所呼吸的氧气（$O_2$）。臭氧是平流层大气最关键的组分，绝大部分都集中在离地面约 $20 \sim 50$ km 的空中。臭氧虽然只有 3mm 的一层，但由于能吸收 99% 以上的紫外线，它就像一把无形的大伞，对保护地球上的生命免受紫外线伤害起到了至关重要的作用。

平流层的臭氧始终处于形成与损耗的动态平衡之中，其浓度也并不是一成不变的，随着季节和太阳辐射等条件的变化，臭氧会被形成或破坏。排除人为影响，臭氧将基本上保持一个稳定的浓度。但由于工业科技的发展和超音速飞机的出现，平流层大气直接受飞机排出的水蒸气、氮氧化物等物质的污染。用于空调及冰箱制冷剂的氟里昂、电子工业及干洗业中用作清洗剂的四氯化碳（$CCl_4$）和 1,1,1-三氯乙烷（$CH_3CCl_3$）更是污染和破坏臭氧的元凶和帮凶。

近年来不断测量的结果已证实臭氧层已经开始变薄，乃至出现空洞。1985 年，发现南极上方出现了面积与美国大陆相当的臭氧层空洞（见图 2-9）。1989 年又发现北极上空正在形成的另一个臭氧层空洞，这些空洞每年在移动，而且面积在不断地扩大。1998 年，我国科学家发现，我国青藏高原上空也出现了臭氧空洞。1994 年，国际臭氧委员会宣布，1969 年以来，全球臭氧层总量减少了 10%，南极上空的臭氧层则下降了 70%。臭氧层空洞的出现，意味着有更多的紫外辐射线到达地面（见图 2-10），研究其原因和机制并提出切实可行的保护措施，已成为全世界共同面临的重大问题。

太阳光中的紫外线分为三个波段，$100 \sim 295$ nm 的 UV-C 对生物的危害最大，但被臭氧层全部吸收；$295 \sim 320$ nm 的 UV-B 对生物有一定的危害，大部分被臭氧层吸收；$320 \sim 400$ nm 的 UV-A 对生物基本无危害，全部通过臭氧层。UV-B 伤害脱氧核糖核酸（DNA），

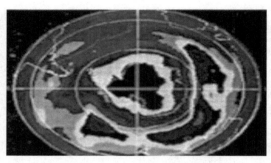
图 2-9　南极上空出现臭氧空洞的卫星照片

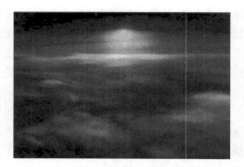
图 2-10　紫外线透过稀薄的臭氧层

影响人体免疫功能，使包括艾滋病病毒在内的多种病毒活力增强；破坏植物光合作用，使农业减产；破坏浮游生物的染色体和色素，影响水生食物链，减少水产资源；加速橡胶塑料的老化。联合国环境规划署（UNEP）报告指出，臭氧层减少10%，皮肤癌发病率将增加26%，白内障患者将增加160万～175万人。同时紫外线辐射可能导致生物物种变异，而且还会使低层变暖、高层变冷，导致全球气候大气环流的紊乱和冷热失衡。

为控制大气中臭氧，使人类免受太阳紫外线的辐射，1985年，在联合国环境规划署的推动下，制定了保护臭氧层的《维也纳公约》。1987年联合国环境规划署组织了《关于消耗臭氧层物质的蒙特利尔议定书》，世界发达国家首先在蒙特利尔签订公约，限制氟氯化碳化合物的生产，并要求在20世纪末停止使用。据联合国环境规划署测算，如果蒙特利尔议定书得到全面顺利的执行，臭氧层将在2050年得以恢复。

## 3. 大气的温室效应

随着经济和社会的发展，人类对化石原料的需求量迅速增加，有害物质的排放量也日趋增大，造成了越来越严重的地球环境问题。其中以温室效应造成的地球升温问题影响范围最大，问题最严重，而且也最不容易解决。所谓温室效应，就是太阳短波辐射可以透过大气射入地面，而地面增暖后放出的长波辐射却被大气中的二氧化碳等物质所吸收，从而使大气变暖的效应。除二氧化碳以外，对温室效应有重要贡献的气体还有甲烷、臭氧、氯氟烃以及水汽等。

大气中的$CO_2$就像一层厚厚的玻璃，把地球变成了一个大暖房。据估计，如果没有大气，地表平均温度就会下降到-23℃，而实际地表平均温度为15℃，这就是说温室效应使地表温度提高38℃，它是地球上生命赖以生存的必要条件（对生命有保护作用）。但是由于人口激增、人类活动频繁，化石燃料的燃烧量猛增，加上森林面积因乱砍滥伐而急剧减少，导致大气中$CO_2$和各种气体微粒含量不断增加，致使$CO_2$吸收及反射回地面的长波辐射能增多，引起地球表面气温上升，造成了温室效应加剧，气候变暖。因此$CO_2$量的增加，被认为是大气污染物对全球气候产生影响的主要原因。温室效应会对气候、生态环境及人类健康等多方面带来影响，如厄尔尼诺现象频繁发生，地侵蚀加重，旱涝灾害严重等。气候变暖还将引起全球疾病的流行，严重威胁人类的健康。

地球表面温度升高会使更多的冰雪融化（见图2-11），反射回宇宙的阳光减少，极地更加变暖，海平面慢慢上升，沿海将受到严重威胁。有资料显示，南极洲的冰盖约占世界冰总体积的90%，其面积约1300万平方千米，平均厚度约2000m。如果南极洲的冰雪全部融化，海平面将上升80m。近百年来地球海平面大约上升了10～15cm。目前全世界有1/3的人口生活在沿海，沿海又是工农业非常发达的地方，海平面升高会淹没许多城市和港口。

图 2-11 气温升高使冰雪融化

为减缓温室效应的加剧，既要设法减少矿物燃料的使用量，开发新能源，尽量采用核能、太阳能、水能、风能，以减少二氧化碳的排放。又要禁止砍伐森林，保护好现有森林，大力植树造林，使大气中的二氧化碳通过植物光合作用转化为营养物质。积极治理大气污染，研究把二氧化碳转化为其他物质的技术，防止甲烷、氯氟烃等气体的外逸。另外还需有效控制人口的增长。

2006 年由于温室效应，我国经济损失约 7000 亿人民币，世界经济损失约 550 万亿欧元。世界发达国家和地区对地球升温问题已经给予了高度重视，尤其是对于在升温过程中起重要作用的 $CO_2$ 的排放问题，进行了多方面的研究和探索。1992 年 6 月在巴西里约热内卢召开的联合国环境会议上，明确规定了 2000 年 $CO_2$ 的排放量应维持在 1990 年的水平上。另外，1997 年 12 月，在日本东京召开的联合国缔约国会议上，也制定了 2000 年以后 $CO_2$ 的排放削减的协议（京都议定书）。

第 21 届联合国气候变化大会（COP21）于 2015 年 11 月 30 日至 12 月 11 日在巴黎北郊的布尔歇展览中心举行，近 200 个缔约方经过反复磋商，签订了应对全球气候变化一系列行动安排的《巴黎协定》。协定共 29 条，包括目标、减缓、适应、损失损害、资金、技术、能力建设、透明度、全球盘点等内容。协定要求各方将以"自主贡献"的方式参与全球应对气候变化行动，争取把全球平均气温较工业化前水平升高控制在 2℃之内，实现温室气体净零排放。发达国家将继续带头减排，并加强对发展中国家的资金、技术和能力建设支持，帮助后者减缓和适应气候变化。《巴黎协定》的达成标志着 2020 年后的全球气候治理将进入一个前所未有的新阶段，具有里程碑式的非凡意义。

# 四、颗粒污染物及其处理技术简介

## 1. 颗粒污染物的分类

大气中颗粒状污染物包括固体粒子和液体粒子两种。它们主要来自矿物燃料的燃烧以及部分工业生产部门。例如：采矿业中的凿岩、爆破，冶金工业中的金属冶炼，机械工业中的铸造、磨削与焊接工序，建材工业中原料的粉碎、筛分、运输和成品包装以及化工行业中的许多生产过程等。颗粒污染物可以根据它们的特性分为粉尘、烟尘、雾和霾四类。

（1）粉尘

粉尘是指分散悬浮于气体介质中的较小固体颗粒，尺寸为 $1 \sim 200 \mu m$。它的形状往往不规则，是在破碎加工、运输、建筑施工、农业活动或土壤、岩石风化、火山喷发等过程中形成的。根据粉尘粒径的大小可分为降尘和飘尘两类。降尘是指粒径大于 $10\mu m$ 的粒子，它很容易由于重力作用而沉降下来。粒径小于 $10\mu m$ 的粒子，能长期在大气中飘浮而不会沉降下来，称之为飘尘。飘尘在整个粉尘中所占的质量百分比很小，但由于它颗粒很小，可进入人的肺部，故对人类的危害极大。

（2）烟尘

烟尘一般是指由各种化学或物理过程，如氧化、升华、冷凝、燃烧等过程所形成的固体粒子的气溶胶。通常包括三种类型：烟炱（在冶金过程中形成的固体粒子的气溶胶）、飞灰（燃料燃烧中产生的呈悬浮状的非常分散的细小灰粒）、黑烟（燃烧产生的能见气溶胶）。烟尘的颗粒总体来说比粉尘小得多，一般在 $0.001\sim1\mu m$。它也可能长期存在于大气中而不产生沉降，危害作用也很大。

（3）雾

雾是指悬浮在气流中的微小液滴，粒径在 $200\mu m$ 以下。它是由于蒸汽的凝结，液体的雾化及化学反应等过程形成的，如水雾、油雾、酸雾、碱雾等。

工业区和城市上空的大气中含有各种灰尘，它们的成分复杂，在一定的条件下可能发生光化学反应形成二次污染物，并悬浮在大气中，我们称之为烟雾，如硫酸雾、硫酸盐雾和光化学烟雾等。

（4）霾

霾是悬浮在大气中的大量微小尘粒、烟粒或盐粒的集合体，使空气浑浊，水平能见度降低到 10km 以下的一种天气现象。霾一般呈乳白色，它使物体的颜色减弱，使远处光亮物体微带黄红色，而黑暗物体微带蓝色。组成霾的粒子极小，不能用肉眼分辨。当大气凝结核由于各种原因长大时也能形成霾。在这种情况下水汽进一步凝结可能使霾演变成轻雾、雾和云。霾主要由气溶胶组成，它可在一天中任何时候出现。

## 2. 颗粒污染物的去除方法及设备

从废气中将颗粒污染物分离出来并加以捕集、回收的过程称为除尘。实现上述过程的设备装置称为除尘器。依照颗粒污染物的去除（除尘）的方法按其作用原理，可以分为以下四类。

（1）机械式除尘

机械式除尘是通过机械力（重力、惯性力和离心力等）将气体中所含尘粒沉降。主要除尘器形式有重力沉降室、惯性除尘器和旋风除尘器等。

（2）过滤式除尘

过滤式除尘是使含尘气体通过多孔滤料，把气体中的尘粒截留下来，使气体得到净化的方法，如填充层过滤、布袋过滤等，常用的设备有颗粒层过滤器和袋式过滤器。

（3）湿式除尘

湿式除尘也称为洗涤除尘。该方法是用液体（一般为水）洗涤含尘气体，使尘粒与液膜、液滴或雾沫碰撞而被吸附，聚集变大，尘粒随液体排出，气体得到净化。常用的设备有喷雾塔、填料塔、泡沫除尘器、文丘里洗涤器等。

（4）静电除尘

静电除尘是利用高压电场产生的静电力（库仑力）的作用实现固体粒子或液体粒子与气流分离的方法。常用的设备有干式静电除尘器和湿式静电除尘器（见图 2-12）。

除尘方式的选择，主要从气体中所含颗粒污染物粒子大小和数量以及操作费用等方面来考虑。一般说来，粗大粒子（数十微米以上）多采用机械除尘中的重力及惯性除尘，细粒子

图 2-12　静电除尘装置

（数微米）则选用离心除尘，更小的粒子则采用过滤或静电除尘。从降低费用和提高除尘效率两方面综合考虑，采用湿式除尘较好，但必须考虑水源是否充足以及除尘后的废水处理，以防止产生二次污染。

# 五、气态污染物的处理

## 1. 吸收法

吸收法是利用废气中各混合组分在选定的吸收剂中溶解度不同，或者其中某一种或多种组分与吸收剂中活性组分发生化学反应，将有害物从废气中分离出来，达到净化废气的目的的一种方法。它在化工生产中是一个重要的单元操作，是发生在两相间的质量传递过程。吸收法也常用于气态污染物的处理，例如含 $SO_2$、$NO_x$、$H_2S$、$HF$ 等污染物的工业废气都可用吸收法加以处理。

吸收可分为物理吸收和化学吸收两大类。

（1）物理吸收

吸收时所溶解的气体与吸收液不发生明显的化学反应，仅仅是被吸收的气体组分溶于液体的过程。例如用水吸收醇类和酮类物质，用洗油吸收烃类蒸气等过程都属于物理吸收过程。

（2）化学吸收

被吸收的气体组分与吸收液发生明显化学反应的吸收过程称为化学吸收。由于废气中的气态污染物含量一般都很低，所以它们的处理多采用化学吸收法。例如用碱液吸收烟气中的 $SO_2$，用水吸收 $NO_x$ 等都属于化学吸收过程。

## 2. 吸附法

吸附是一种固体表面现象，它是利用多孔性固体吸附剂处理气态污染物，使其中的一种或几种组分，在分子引力或化学键力的作用下，被吸附在固体表面，从而达到分离的目的。吸附在很久以前就被作为一种单元操作应用于化学工业的各个领域，目前吸附操作在净化有毒有害气体方面也得到了广泛应用，成为处理气态污染物的重要方法之一。

图 2-13　高效活性炭吸附剂

常用的气体吸附剂有骨炭、硅胶、矾土（$Al_2O_3$）、分子筛、沸石、活性炭、焦炭等，其中应用最广泛的是活性炭（见图 2-13）。活性炭对广谱污染物具有吸附功能，除 CO、$SO_2$、$NO_x$、$H_2S$ 外，还对苯、甲苯、二甲苯、乙醇、乙醚、煤油、汽油、苯乙烯、氯乙烯等物质都有吸附功能。部分吸附剂在大气污染治理中的应用如表 2-1 所示。

表 2-1　用吸附法可除去的污染物

| 吸附剂 | 污染物 |
| --- | --- |
| 活性炭 | 苯、甲苯、二甲苯、丙酮、乙醇、乙醚、煤油、汽油、光气、醋酸乙酯、苯乙烯、氯乙烯、$H_2S$、$Cl_2$、CO、$SO_2$、$NO_x$、$CS_2$、$CCl_4$、$CHCl_3$、$CH_2Cl_2$ |
| 浸渍活性炭 | 烯烃、胺、酸雾、碱雾、硫醇、$SO_2$、$Cl_2$、$H_2S$、HF、HCl、$NH_3$、HCHO、CO |

续表

| 吸附剂 | 污染物 |
|---|---|
| 浸渍活性氧化铝 | $H_2S$、$SO_2$、$C_nH_m$、HF |
| 硅胶 | HCHO、HCl、酸雾 |
| 分子筛 | $NO_x$、$SO_2$、CO、$CS_2$、$H_2S$、$NH_3$、$C_nH_m$ |
| 焦炭粉粒 | 沥青烟 |

### 3. 催化转化法

催化转化是使待处理气态污染物通过催化剂床层，在催化剂的作用下发生催化反应，使之转化为无害物质或易于处理和回收利用物质的方法。

催化转化和吸收法、吸附法不同，它无须将污染物与主气流分离，而是直接将有害物转化为无害物质，避免了二次污染，简化了操作过程。催化转化法是控制大气污染的一种重要方法。

净化气态污染物常用的催化剂列于表 2-2 中。

**表 2-2　净化气态污染物常用催化剂**

| 用　途 | 活性物质 | 载　体 |
|---|---|---|
| 烟气脱硫 $SO_2 \rightarrow SO_3$ | $V_2O_5$（6%～12%） | 硅藻土（助催化剂 $K_2SO_4$） |
| 硝酸尾气脱硝 $NO_2 \rightarrow N_2$ | Pt，Pd　0.5% | $Al_2O_3$-$SiO_2$ |
|  | $CuCrO_4$ | $Al_2O_3$-MgO |
| 碳氢化合物净化 $CO+HC \rightarrow CO_2+H_2O$ | Pt，Pd | Ni、NiO、$Al_2O_3$ |
|  | CuO、$Cr_2O_3$、$Mn_2O_3$ 稀土金属氧化物 | $Al_2O_3$ |
| 汽车尾气净化 | Pt　0.1% | 硅铝小球、蜂窝陶瓷 |
|  | 碱土、稀土和过渡金属氧化物 | $Al_2O_3$ |

工业用催化剂一般应根据不同的使用要求制成不同的形状，如颗粒状（包括球形、圆柱形、条形等）、片状、粉状、网状和蜂窝状（见图 2-14）等。

图 2-14　蜂窝状催化剂

催化氧化法脱除 $SO_2$ 是以 $V_2O_5$ 为催化剂，将 $SO_2$ 转化为 $SO_3$ 并进一步制成硫酸，该法已广泛应用于硫酸尾气处理和利用有色金属冶炼烟气制酸上。

催化还原法去除 $NO_x$ 是利用还原剂在一定的温度和催化剂作用下将 $NO_x$ 还原为无害的 $N_2$ 和 $H_2O$。催化还原法去除 $NO_x$ 通常有两类方法：一类是以 $H_2$、$CH_4$ 等气体作还原剂，与废气中的 $NO_x$ 和 $O_2$ 同时发生反应，称非选择性催化还原法，所用催化剂活性组分通常为 Pt；另一类是以 $NH_3$、$H_2S$、CO 等为还原剂，它们有选择地只与 $NO_x$ 反应，而不与 $O_2$ 反应，所用催化剂为 Pt 或 Cu、Cr、Fe、V、Mo、Co、Ni 等金属氧化物，称为选择性催化还原法。

### 4. 稀释法

稀释法也称高烟囱排放法（见图 2-15），它是把废气通过烟囱排入高空，利用风力使气流在大气中扩散，从而使气态污染物得到稀释。稀释法能起到减轻地面污染的作用，一般可使地面的烟气浓度降至烟囱出口浓度的 0.001%～1%。但稀释法不能从根本上解决气态污染物的排放和治理问题，大量采用高烟囱排放，会造成气态污染物在更大范围内的扩散，因此这种方法只能在一定时期内有限制地使用。

图 2-15　高烟囱排放

**阅读资料**

## 主要气态污染物的治理技术

　　大气的主要气态污染物有硫化合物、含氮化合物、碳氧化合物、碳氢化物、卤素化合物、硫酸烟雾、光化学烟雾等，下面介绍其中几种主要污染物的治理技术。

　　1. 含二氧化硫废气的治理技术（烟气脱硫）

　　大气中 $SO_2$ 的人为来源包括化石燃料燃烧和含硫物质的工业生产过程，其排放量约占大气中 $SO_2$ 总量的 2/3。$SO_2$ 排放量较大的工业部门有火电、钢铁、有色金属冶炼、化工、炼油、水泥厂等。其中，煤炭在我国能源结构中仍占有 67% 的份额，燃煤排放的 $SO_2$ 占总排放量的 80% 以上，是治理 $SO_2$ 污染的重点。控制 $SO_2$ 污染的方法有燃料脱硫、燃烧脱硫和烟气脱硫（FGD）三种。目前，烟气脱硫是控制 $SO_2$ 污染最行之有效的途径，应用广泛。石灰石/石灰-石膏湿法是当今世界最成熟的烟气脱硫技术。除此之外，脱硫工艺还包括双碱法、氨吸收法、磷铵复肥法、稀硫酸吸收法、海水脱硫、氧化镁法等 10 多种。

　　石灰石/石灰-石膏湿法脱硫工艺采用价廉易得的石灰石或石灰作脱硫吸收剂，石灰石经破碎磨细成粉状与水混合搅拌成吸收浆液。当采用石灰为吸收剂时，石灰粉经消化处理后加水制成吸收浆。在吸收塔内，吸收浆液与烟气接触混合，烟气中的二氧化硫与浆液中的碳酸钙以及鼓入的氧化空气进行化学反应被脱除，最终反应产物为石膏。脱硫后的烟气经除雾器除去带出的细小液滴，经换热器加热升温后排入烟囱。脱硫石膏浆经脱水装置脱水后回收。作用原理如下。

　　吸收

$$Ca(OH)_2 + CO_2 \longrightarrow CaCO_3 + H_2O$$

$$CaCO_3 + SO_2 + \frac{1}{2}H_2O \longrightarrow CaSO_3 \cdot \frac{1}{2}H_2O + CO_2 \uparrow$$

$$Ca(OH)_2 + SO_2 \longrightarrow CaSO_3 \cdot \frac{1}{2}H_2O + \frac{1}{2}H_2O$$

$$CaSO_3 \cdot \frac{1}{2}H_2O + SO_2 + \frac{1}{2}H_2O \longrightarrow Ca(HSO_3)_2$$

氧化

$$2CaSO_3 \cdot \frac{1}{2}H_2O + O_2 + 3H_2O \longrightarrow 2CaSO_4 \cdot 2H_2O$$

$$Ca(HSO_3)_2 + \frac{1}{2}O_2 + H_2O \longrightarrow CaSO_4 \cdot 2H_2O + SO_2\uparrow$$

**2. 含氮氧化物废气的治理技术（废气脱硝）**

人类活动排放的 $NO_x$ 中，90% 以上来自燃料的燃烧排放，主要是锅炉和机动车的内燃机，其余的 $NO_x$ 来源于化工生产、各种硝化及硝酸处理过程等。因此，控制 $NO_x$ 排放的重点是对燃料燃烧过程及其排放物的治理，主要方法有改变燃烧条件和废气脱硝两种。

废气脱硝是目前发达国家普遍采用的减少 $NO_x$ 排放的方法，应用较多的有选择性催化还原法（简称 SCR）、选择性非催化还原法（SNCR）。选择性催化还原法因其脱除 $NO_x$ 的效率高，一般为 80%～90%，还原剂用量少，得到最广泛应用。这种方法是以氨（$NH_3$）作为还原剂喷入废气，在较低温度和催化剂的作用下，将 $NO_x$ 还原成 $N_2$ 和 $H_2O$。所谓选择性是指 $NH_3$ 具有选择性，它只与 $NO_x$ 进行反应，而不与氧发生反应。作用原理如下：

$$8NH_3 + 6NO_2 \longrightarrow 7N_2 + 12H_2O$$

$$4NH_3 + 6NO \longrightarrow 5N_2 + 6H_2O$$

$$2NH_3 + NO + NO_2 \longrightarrow 2N_2 + 3H_2O$$

SCR 工艺流程主要由氨气供应系统、氨气控制系统、催化剂、排气系统、预热系统和反应器等组成。液氨由槽车运送到液氨储罐，液氨储罐输出的液氨在蒸发器内蒸发为氨气，并将氨气加热到常温后，送到氨气缓冲罐备用。氨气缓冲罐的氨气经调压阀减压后，通过喷氨格栅的喷嘴喷入废气中与废气混合，再经静态混合器充分混合后进入催化反应器。当废气温度低时，预热系统用来加热废气。达到反应温度且与氨气充分混合的废气流经 SCR 反应器的催化层时，氨气与 $NO_x$ 发生催化氧化还原反应，将 $NO_x$ 还原为无害的 $N_2$ 和 $H_2O$。

**3. 机动车尾气的综合治理**

汽车及其他机动车排放的污染物与燃料性质和燃烧方式有关。对于预混燃烧的点燃式汽油发动机主要是 $NO_x$、CO 和碳氢化合物，而采用扩散燃烧的压燃式柴油发动机还会产生碳烟及颗粒物等。

机动车尾气的排放控制十分复杂和困难，主要是通过控制燃烧、改进发动机和尾气净化等技术来解决。

## 💡 思考题

1. 什么叫酸雨？简述酸雨的形成过程和造成的危害。

2. 什么是臭氧层空洞？臭氧层空洞对人类有哪些危害？

3. 什么叫温室效应？温室效应是如何产生的？温室效应产生哪些危害？如何控制？

4. 我们应该如何应对大气污染？谈谈你自己对环境保护的认识。

5. 介绍三种除去空气中 $SO_2$ 的方法，并写出相应的化学方程式。

6. 气态污染物有哪些净化方法？

7. 催化反应中催化剂的催化作用是什么？

8. 含氮氧化物废气如何进行治理？

# 第三节

# 水体污染与污水处理

　　随着我国工业化程度的逐渐提高，大量不达标工业废水以及未经处理的城市生活污水的直接排放，给人类的生态环境造成巨大的破坏。几十年来，虽然我国在水污染防治方面做了大量的工作，但水体环境的恶化仍未得到有效的控制。有资料显示：我国江河湖泊普遍遭受污染，全国 75％的湖泊出现了不同程度的富营养化，90％的城市水系污染严重，南方城市总缺水量 60％～70％是由水污染造成的，水污染问题已成为威胁人类、制约社会经济发展的重要因素之一，情况十分严峻。当人们喝了被污染的饮用水，将可能导致多种疾病。随着经济的发展，人们生活水平的提高以及大城市和乡镇企业的不断形成与扩大，生活污水和工业废水的排放量与日俱增，而污水处理措施的手段又往往跟不上形式的发展，尤其是某些乡镇企业的工业"三废"随意排放，使水体污染越来越严重。

## 一、水体污染的形成原因

　　水是世界上分布最广的宝贵自然资源之一，是一切生命的组成部分，是生命发生、发育和繁衍的源泉，也是生命代谢活动必需的物质，又是人类生活、动植物生长和工农业生产不可缺少的物质和重要资源。水体是江河湖海、地下水、冰川等的总称，是被水覆盖地段的自然综合体。它不仅包括水，还包括水中溶解物质、悬浮物、底泥、水生生物等。地球表面上水的覆盖面积约占地球表面积的 3/4。然而由于人类的各种活动排放的污染物进入河流、湖泊、海洋或地下水等水体中，其含量超过了水体的自净能力，使水和水体的物理、化学性质发生变化，造成水质恶化，水体的正常功能遭到破坏，水的用途受到影响，破坏水生生物资源，危害人类健康，这种情况称为水体污染。

　　水体污染有两类：一类是自然污染，另一类是人为的污染。其中人为的污染是主要的，也是最严重的。自然污染主要是自然因素所造成的，如特殊的地质条件使某些地区有某些或某种化学元素的大量富集，天然植物在腐烂过程中产生某种毒物，以及降雨淋洗大气和地面后携带各种物质流入水体，都会影响该地区的水质。人为污染是人类生活和生产活动中产生的废污水对水体的污染，包括生活污水、工业废水、农田排水、地表径流污染以及地下水污染等。此外，废渣和垃圾倾倒在水中或岸边，或堆积在土地上，经过降雨淋洗流入水体，都能造成污染。

## 二、水体的主要污染源

　　按水体的类型，又可将水体分为海洋水体和陆地水体两种。陆地水体进一步可以分成地表水水体和地下水水体。

　　水在循环过程中，不可避免地会混入许多杂质（溶解的、胶态的和悬浮的）。在自然循环中，由非污染环境混入的物质称为自然杂质或本底杂质。社会循环中，在使用过程中混入的物质称为污染物。

　　由于人类活动排放出大量的污染物，这些污染物通过不同的途径进入水体，使水体的感官性状（如色度、味、浑浊度等）、物理化学性质（如温度、电导率、氧化还原电位、放射性等）、化学成分（有机物和无机物）、水中的生物组成（种群、数量）以及底质等发生变化，水质变坏，水的用途受到影响，这种情况就称为水体污染。向水体排放或释放污染物的来源或场所，称之为水体污染源。

随着人类生产、生活活动的不断扩大与增强，水体的污染程度有日益恶化的趋势。一般将水体的污染程度分为五级：一级水体水质良好，符合饮用水、渔业用水水质标准。二级水体受污染物轻度污染，符合地面水水质卫生标准，可作为渔业用水，经处理之后可作为饮用水。三级水体污染较严重，但可以作为农业灌溉用水。四级水体水质受到重污染，水体中的水几乎无使用价值。五级水体水质受到严重污染，水质已超过工业废水最高允许排放浓度标准。

人类活动中产生的大量污水中含有许多对水体产生污染的物质，从环境保护角度可将水体污染源主要分为以下几个方面。

## 1. 生活污水

生活污水是人们日常生活中产生的各种污水的总称。其中包括厨房、洗涤、浴室等排出的污水和厕所排出的含粪便污水等，其来源除家庭生活污水外，还有各种单位排出的污水。生活污水中杂质很多，杂质的浓度与用水量多少有关，它有如下几个特点。

① 含氮、磷、硫高。

② 含有纤维素、淀粉、糖类、脂肪、蛋白质、尿素等在厌氧性细菌作用下易产生恶臭的物质。

③ 含有多种微生物，如细菌、病原菌、病毒等，易使人传染上各种疾病。

④ 由于洗涤剂的大量使用，它在污水中含量增大，呈弱碱性，对人体有一定危害。

随着人口在城市和工业区的集中，城市生活污水的排放量剧增。生活污水中多含有机物质，容易被生物化学氧化而降解。未经处理的生活污水排入天然水体会造成水体污染。所以，这种水一般不能直接用于农业灌溉，需经处理后才能进行排放。

## 2. 工业废水

由于工业的迅速发展，工业废水的水量及水质污染量很大。工业废水的特点是量大，成分复杂，难处理，不易降解和净化，危害性较大。而工业废水又是水体污染的最根本来源，包括：采矿及选矿废水、金属冶炼废水、炼焦煤气废水、机械加工废水、石油工业废水、化工废水、造纸废水、纺织印染废水、皮毛加工及制革废水、食品加工废水等。表 2-3 列举了一些工业废水中所含的主要污染物。

表 2-3　一些工业废水中的主要污染物

| 工业部门 | 废水中主要污染物 |
| --- | --- |
| 化学工业 | 各种盐类、Hg、As、Cd、氰化物、苯类、酚类、醛类、醇类、油类、多环芳香烃化合物等 |
| 石油化学工业 | 油类、有机物、硫化物 |
| 有色金属冶炼 | 酸、Cu、Pb、Zn、Hg、Cd、As 等 |
| 钢铁工业 | 酚、氰化物、多环芳香烃化合物、油、酸 |
| 纺织印染工业 | 染料、酸、碱、硫化物、各种纤维素悬浮物 |
| 制革工业 | 铬、硫化物、盐、硫酸、有机物 |
| 造纸工业 | 碱、木质素、酸、悬浮物等 |
| 采矿工业 | 重金属、酸、悬浮物等 |
| 火力发电 | 冷却水的热污染、悬浮物 |

续表

| 工业部门 | 废水中主要污染物 |
|---|---|
| 核电站 | 放射性物质、热污染 |
| 建材工业 | 悬浮物 |
| 食品加工工业 | 有机物、细菌、病毒 |
| 机械制造工业 | 酸、Cr、Cd、Ni、Cu、Zn 等，油类 |
| 电子及仪器仪表工业 | 酸、重金属 |

### 3. 农业废水

农业废水包括农作物栽培、牲畜饲养、食品加工等过程排出的废水和液态废物。在农业生产方面，农药、化肥的广泛施用也对水环境、土壤环境等造成了严重的污染。

喷洒农药及施用化肥，一般只有少量附着或施用于农作物上，其余绝大部分残留在土壤和飘浮在大气中，然后通过降雨、径流和土壤渗流进入地表水或地下水，造成污染。农药是农业污染的主要方面。各种类型农药的广泛施用，使它存在于土壤、水体、大气、农作物和水生生物体中。

肉类制品（包括鸡、猪、牛、羊等）在过去的几十年中产量急剧增长，随之而来的是大量的动物粪便直接排入饲养场附近水体，造成了水体污染。

农业废水是造成水体污染的来源之一，它面广、分散、难于收集、难于治理。综合起来看，农业污染具有以下两个显著特点。①有机质、植物营养物质及病原微生物含量高。如中国农村牛圈所排废水生化需氧量可高达 4300mg/L，是生活污水的几十倍。②含较高量的化肥、农药。施用农药、化肥的 80%～90% 均可进入水体，有机氯农药半衰期约为 15 年，所以参加了水循环形成全球性污染，在一般各类水体中均有其存在。

### 4. 地表径流污染

地表径流污染是降水淋洗和冲刷地表各种污染物而形成的一种面状污染，是地表和地下水体的二次污染源，污染负荷高且难以控制。

### 5. 地下水污染

污染物无孔不入，地下水亦难幸免。城市污水除排入河流外，一部分还直接渗入地下。现在世界大部分重要的农作物地区，正频繁发生过分地抽取地下水，以致蓄水层枯竭。由于地下水位下降，地下水源变得要么成本太昂贵以致不能继续抽取，要么就是含盐量太高而不能用于灌溉，要么地下水耗尽。地下水污染过程一般缓慢且不易察觉，一旦地下水被污染，治理非常困难，即使彻底切断了污染源，水质恢复也需要很长时间，往往需要几十年甚至上百年。

## 三、水体主要污染物

由于水体污染物的来源广泛，所以其污染的类型也是多种多样的，典型的水体污染主要有以下几种类型。

### 1. 固体物质污染

固体物质在水中有三种存在形态：溶解态、胶体态、悬浮态。悬浮物在水体中沉积后，会淤塞河道，危害水体底栖生物的繁殖，影响渔业生产。灌溉时，悬浮物会阻塞土壤的孔隙，不利于作物生长。大量悬浮物的存在，还干扰废水处理和回收设备的工作。在废水处理中，通常采用筛滤、沉淀等方法使悬浮物与废水分离而除去。水中的溶解性固体主要是盐类，亦包括其他溶解的污染物。含盐量高的废水，对农业和渔业生产有不良影响。

## 2. 微生物污染

主要来自城市生活污水、医院污水、垃圾及地面径流等方面。病原微生物（细菌、原生动物、滤过性病原体、多细胞寄生虫等）的水污染危害历史最久，至今仍是危害人类健康和生命的重要水污染类型。

## 3. 需氧有机物污染

天然水中的有机物一般指天然的腐蚀物质及水生生物的生命活动产物。生活污水、食品加工和造纸等工业废水中，含有大量的有机物，如碳水化合物、蛋白质、油脂、木质素、纤维素等。有机物的共同特点是这些物质直接进入水体后，通过微生物的生物化学作用而分解为简单的无机物质二氧化碳和水，在分解过程中需要消耗水中溶解氧。在缺氧的条件下污染物就发生腐败分解、恶化水质。水体中需氧有机物越多，耗氧也越多，水质也越差，说明水体污染越严重。

## 4. 富营养化污染

富营养化指的是当水体中的氮、磷等植物营养物（如氨氮、硝酸盐氮、亚硝酸盐氮、尿素、磷酸盐）的浓度超过一定数值时引起的湖泊生态系统的一种恶性循环。水体中过量的磷和氮，成为水中微生物和藻类的营养，使得藻类迅速生长，它们的繁殖、生长、腐败，引起水中氧气大量减少，导致鱼虾等水生生物死亡，使水质恶化。这种由于水体中植物营养物质过多蓄积而引起的污染，叫做水体的"富营养化"。发生在水流相对静止湖泊的此类污染称为"水华"，发生在水流相对平缓海湾的此类污染称"赤潮"。水体富营养化可分为天然富营养化和人为富营养化。随着现代化工农业生产的迅猛发展，沿海地区人口的增多，大量工农业废水和生活污水排入海洋，其中相当一部分未经处理就直接排入海洋，导致近海、港湾富营养化程度日趋严重。同时，由于沿海开发程度的增高和海水养殖业的扩大，也带来了海洋生态环境和养殖业自身污染问题。海运业的发展导致外来有害赤潮种类的引入，全球气候的变化也导致了赤潮的频繁发生。

## 5. 恶臭

恶臭是一种普遍的污染危害，日本及我国环保法均列为公害之一，它也发生于水体污染中。人能嗅到的恶臭多达 4000 多种，危害大的有几十种。它们主要来自金属冶炼、炼油、石油化工、造纸、制药等部门的生产过程及废水、废气、废渣中，并从城市污水、垃圾中散发出来。恶臭产生的原因是发臭物质都具有"发臭团"的分子结构如硫、羟基、醛基、羰基和羧基等。恶臭妨碍人类正常呼吸，使人感到恶心、呕吐，还能产生硫化氢、甲醛等毒性气体。

## 6. 酸、碱、盐污染

酸碱污染物主要由工业废水排放的酸碱以及酸雨带来的。酸碱污染物使水体的 pH 发生变化，破坏自然缓冲作用，消灭或抑制细菌及微生物的生长，妨碍水体自净，使水质恶化、土壤酸化或盐碱化。

各种生物都有自己的 pH 适应范围，超过该范围，就会影响其生存。对渔业水体而言，pH 不得低于 6 或高于 9.2，当 pH 为 5.5 时，一些鱼类就不能生存或繁殖率下降（见图 2-16）。农业灌溉用水的 pH 应为 4.5～8.5。此外酸性废水也对金属和混凝土材料造成腐蚀。

酸与碱往往同时进入同一水体，从 pH 角度看，酸、碱污染因中和作用而自净了，但会产生各种盐类，又成了水体的新污染物。无机盐的增加能提高水的渗透压，对淡水生物、植物生长都有影响。在盐碱化地区，地面水、地下水中的盐将进一步危害土壤质量，酸、碱、盐污染造成的水的硬度的增长在某些地质条件下非常显著。

图 2-16 水体污染造成大量鱼类死亡

### 7. 有毒物质污染

废水中能对生物引起毒性反应的物质，称为有毒污染物，简称为毒物。工业上使用的有毒化学物已经超过 12000 种，而且每年以 500 种的速度递增。毒物可引起生物急性中毒或慢性中毒，其毒性的大小与毒物的种类、浓度、作用时间、环境条件（如温度、pH、溶解氧浓度等）、有机体的种类及健康状况等因素有关。大量有毒物质排入水体，不仅危及鱼类等水生生物的生存，而且许多有毒物质能在食物链中逐级转移、浓缩，最后进入人体，危害人的健康。

废水中的毒物可分为无机毒物（如：汞、镉、镍、锌、铜、锰、砷、硒、氰化物、氟化物、硫化物、亚硝酸盐等）、有机毒物（如多氯联苯、稠环芳香烃、芳香胺类、杂环化合物、酚类、腈类等）和放射性物质（如核试验、核燃料再处理、原料冶炼厂等产生）等三类。

### 8. 油污染

油污染是水体污染的重要类型之一，特别是河口、近海水域更为突出。油污染主要是工业排放、石油运输船只清洗船舱、机件及油船因意外事故的油溢出及海上采油造成的。油污染危害包括破坏海滨风景，危害水生生物，影响水的循环，引起河面火灾，危及桥梁和船舶等。

## 四、水体污染的危害

水体受到污染后，会对人体的健康、工业生产、农作物生产等都产生危害和不良影响。人喝了被污染的水或吃了被水体污染的食物，就会给健康带来危害。如日本的水俣事件，就是食用了被甲基汞污染的鱼类所致。被污染的水体中还含有一些可致癌的物质，在农耕时人们往往会施用一些除草剂或除虫剂，如苯胺和其他多环芳烃等，它们都可以进入水体，在悬浮物、底泥和水生生物体内大量积累，若长期饮用这样的水，就可能诱发癌症。

水受到污染会影响工业产品的产量和质量，使工业用水的处理费用增加，造成严重的经济损失。被酸性或碱性物质污染后的水体还会对工厂设备、厂房等造成腐蚀性破坏作用，也影响了正常的生产。使用污染水来灌溉农田，就会破坏土壤，影响农作物的正常生长，造成减产，甚至颗粒无收。水也是水生生物生存的介质，当水体受到污染，就会危及水生生物的生长和繁衍，并造成渔业的大幅减产。

20 世纪 70 年代以来，我国在水污染防治方面做了很多工作，国家在宏观政策上加强法制建设，强化管理，对一些企业的治污工作采取了强制性措施，提高城市居民的节水意识，但水污染的发展趋势仍未得到有效控制，城市水质仍在下降。目前，全国有超过一半的城市缺水，而水污染又使缺水形势更为严峻。据有关部门监测，多数城市地下水都受到一定程度的点状和面状污染，且有逐年加重的趋势。日趋严重的水污染，不仅降低了水体的使用功能，进一步加剧了水资源短缺的矛盾，对我国正在实施的可持续发展战略带来了严重的负面影响，而且还严重地威胁到城市居民的饮水安全和人民群众的健康。

2016 年世界银行的统计数据显示，中国淡水资源总量为 2.8 万亿立方米，占世界淡水总量的 6%，而人均水资源量仅 2062m³/人，仅为世界平均的 1/4，因而我国也属于世界 13 个贫水国之一，加之越来越严重的水体污染更是让我国短缺的淡水资源雪上加霜。2015 年国家环保总局的调查报告显示，我国的湖泊和地下水近 70% 受到不同程度的污染，25.8% 的河流水质不可作为生活饮用水源。目前，我国的城市污水平均处理率仅为 45%，工业废水、农业废水、生活污水等排放量每年仍以 18 亿立方米的速度递增，日排放量达 1.64 亿立方米。自 2014 年以来，我国的水污染事件高发，因其发生的事故每年达 1700 多起，间接或直接造成的经济损失高达 2400 亿元。

由于城市规划区的滚动式扩展，城市的用水需求量将会继续增大，城市水源的质量和数量也会因城市的发展而改变。如果我们不从现在起加倍珍惜和保护水资源，城市用水将出现水质持续下降和可用水量不断减少的趋势。"十三五"期间，我国在城镇污水处理方面估计总投资五千多亿元，其中新建配套污水管网投资 2134 亿元，老旧污水管网改造投资 494 亿元，雨污合流管网改造投资 501 亿元，新增污水处理设施投资 1506 亿元，提标改造污水处理设施投资 432 亿元，新增或改造污泥无害化处理处置设施投资 294 亿元，新增再生水生产设施投资 158 亿元，初期雨水污染处理设施投资 81 亿元。

## 阅读资料

1. 7·27 河南赵河水体污染事件

2018 年 7 月 27 日，河南省南阳市跨镇平县、邓州市河流——赵河发生严重的水体污染。

2018 年 8 月 1 日，镇平县环保局在对该县污水处理中心北厂调查时发现，该厂不正常运行水污染防治设施，在设计日处理能力 3 万吨的情况下，未向环保主管部门申请，私自减少进水量，7 月 25 日至 27 日分别将约 1.7 万吨、1.4 万吨、0.8 万吨未经处理的城镇污水，通过溢流口直接排入西三里河，并汇入淇河。

2. 11·22 青岛市黄岛区输油管爆炸事件

2013 年 11 月 22 日上午 10 时 30 分，位于青岛市黄岛区秦皇岛路与斋堂岛街交叉口处的东黄输油管道原油泄漏现场发生爆炸，造成 62 人遇难、136 人受伤，直接经济损失人民币 75172 万元（图 2-17）。

图 2-17　青岛市黄岛区"11·22"输油管爆炸现场

　　事故主因是输油管路与排水暗渠交汇处管道腐蚀变薄破裂，原油泄漏，流入排水暗渠，挥发的油气与暗渠中的空气混合形成易燃易爆气体，在相对封闭的空间内集聚。现场处置人员使用不防爆的液压破碎锤，在暗渠盖板上进行钻孔粉碎，产生撞击火花，引燃了油气。泄漏到爆炸达 8 个多小时，受海水倒灌影响，泄漏原油及其混合气体在暗渠内蔓延、扩散、积聚，最终造成大范围连续爆炸，全长波及 5000 余米。经计算、认定，原油泄漏量约 2000 吨。

# 五、废水处理技术

　　废水处理就是采用各种手段和技术，将废水中的污染物分离出来，或将其转化为无害的物质，从而达到废水净化的目的。

　　废水处理的方法很多，废水中所含污染物的种类也是多种多样的，单凭一种方法难以将所有的污染物去除干净，而要根据废水的性质、数量、需要达到的排放标准，选用几种处理方法组成一定的处理系统，才能达到一定的处理要求。

　　根据废水的处理原理，可分为物理处理法、化学处理法、物理化学处理法和生物处理法。

　　物理处理法是借助于物理作用来分离和去除水中非溶解的悬浮固体（包括油膜、油品），处理过程中只发生物理变化，这种处理法设备简单、操作方便、分离效果良好，使用广泛。常用的物理处理方法有：格栅、筛滤、过滤、沉淀和上浮等。

　　化学处理法是利用化学反应的作用来处理水中的溶解物质或胶体物质。处理过程中发生的是化学变化。属于污水化学处理法的有中和、化学沉淀、氧化还原、电解等。化学处理法主要用于工业废水的处理。

　　物理化学处理法是运用物理和化学的综合作用使废水得到净化的废水处理技术。物理化学处理法处理废水既可以是独立的处理系统，也可以是与其他方法组合在一起使用。其工艺的选择取决于废水的水质、排放或回收利用的水质要求、处理费用等。如为除去悬浮和溶解的污染物而采用的混凝法和吸附法就是比较典型的物理化学处理法。常用的物理化学处理方法有：混凝法、吸附法、离子交换法以及膜技术法（电渗析、反渗透、超滤等）。

　　生物处理法是利用微生物具有的新陈代谢功能，人为地创造使微生物增殖等生理活动得以充分发挥的环境条件，使微生物能够大量迅速地增殖，大量地摄取污水中呈溶解状态、胶体状态以及微小悬浮状态的有机污染物，并将其转化为二氧化碳（$CO_2$）、水（$H_2O$）、氨氮（$NH_3\text{-}N$）等无害、稳定的物质，使污水得到净化的技术。常用的生物处理法有：好氧活性污泥法、生物膜法、厌氧消化池法等。

　　根据不同处理程度，废水处理系统分为一级处理、二级处理和三级处理（深度处理、高级处理）等不同处理阶段。

　　一级处理主要解决悬浮固体、胶体、悬浮油类等污染物的分离，同时起到中和、均衡、调节水质的作用，一般采用物理处理法。一级处理的处理程度低，一般达不到规定的排放要求，还须进行二级处理，可以说一级处理是二级处理的预处理阶段。

　　二级处理主要去除废水中呈胶体和溶解状态的有机污染物质，多采用较为经济的生物处理法，它往往是废水处理的主体部分。经过二级处理之后，一般均可达到排放标准，但可能会残存有微生物以及不能降解的有机物和氮、磷等无机盐类，它们数量不多，对水体的危害不大。

三级处理属深度处理方法，它是在一级、二级处理的基础上，对难降解的有机物、磷、氮等营养性物质进一步处理，使处理后的水质达到工业用水和生活用水的标准。

三级处理方法多属于化学和物理化学法，处理效果好但处理费用较高。随着对环境保护工作的重视和"三废"排放标准的提高，三级处理在废水处理中所占的比重也正在逐渐增加，新技术的使用和研究也愈来愈多。各级处理系统如表 2-4 所示。

表 2-4　废水的分级处理表

| 处理级别 | 污染物质 | 处理方法 |
| --- | --- | --- |
| 一级处理 | 悬浮或胶态固体、悬浮油类、酸、碱 | 格栅、沉淀、上浮、过滤、混凝、中和 |
| 二级处理 | 可生化降解的有机物 | 生物化学处理 |
| 三级处理 | 难生化降解的有机物、溶解态的无机物、病毒、病菌、磷、氮等 | 吸附、离子交换、电渗析、反渗透、超滤、化学处理 |

废水治理方案的选择应十分慎重，要全面综合社会、经济、技术设备等各方面的因素，以制订出经济、有效、合理的治理方案。图 2-18 为城市生活污水典型处理流程。

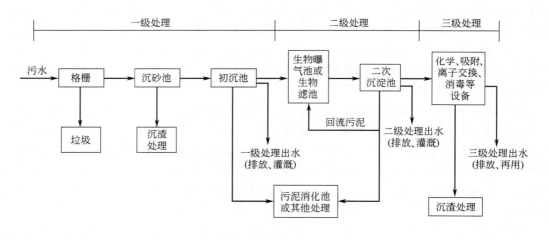

图 2-18　城市生活污水典型处理流程

**阅读资料**

**废水物化处理常用技术简介**

1. 沉淀与上浮

沉淀与上浮是利用水中悬浮颗粒与水的密度差进行分离的基本方法。当悬浮物的密度大于水时，在重力作用下，悬浮物下沉形成沉淀物；当悬浮物的密度小于水时，则上浮至水面形成浮渣（油）。通过收集沉淀物和浮渣可使水获得净化。沉淀法可以去除水中的砂粒、化学沉淀物、混凝处理所形成的絮体和生物处理的污泥，也可用于沉淀污泥的浓缩。

上浮法主要用于分离水中轻质悬浮物，如油、苯等，也可以让悬浮物黏附气泡，使其视密度小于水，再用上浮法除去。

（1）沉淀　沉淀是水处理中广泛应用的一种方法，主要用于去除粒径在 $20\sim100\,\mu m$ 的可沉固体颗粒。对胶体粒子（粒径约为 $1\sim100nm$）和粒径为 $100\sim10000nm$ 的细微悬浮物来说，由于布朗运动、水合作用，尤其是微粒间的静电斥力等原因，它们能在水中长期保持悬浮状态，因此不能直接用重力沉降法分离，而必须首先投加混凝剂来破坏它们的稳定性，使其相互聚集为数百微米以至数毫米的絮凝体，才能用沉降、过滤和气浮等常规固液分离法予以去除。

根据废水在池中的流动方向，可将沉淀池分为平流式、竖流式、辐流式和旋流式四种基本形式，它们各具特点，适用于不同的场合。

（2）上浮与气浮法　在石油开采、炼制及石油化工，炼焦、煤炭气化和其副产品的回收，食品及其他工业中都排放含油和低密度固体的废水。在这种废水治理中，常利用密度差以上浮或气浮法分离废水中低密度的固体或油类污染物。此法可以去除废水中 $60\,\mu m$ 以上的油粒，以及大部分固体颗粒污染物。

气浮法就是在废水中通入细小而均匀的气泡使难沉降的固体颗粒或细小的油粒等乳状物黏结上许多气泡，成为一种絮凝体，借气泡上浮之力带到水面上来，形成浮渣或浮油而被除去。气浮法可以从废水中分离出油类、纤维和其他低密度的固体污染物，可用于浓缩活性污泥处理法排出的污泥以及化学混凝处理过程中产生的絮状化学污泥等。

气浮法按气泡产生的不同方式，分为鼓气气浮、加压气浮和电解气浮。对于含油类物质的工业废水，常先采用隔油池去除可浮油，再采用气浮法除去乳化油，然后根据需要再采取其它处理方法，使其进一步净化。

2. 混凝

废水中的微小悬浮物和胶体粒子很难用沉淀方法除去，它们在水中能够长期保持分散的悬浮状态而不自然沉降，具有一定的稳定性。混凝法就是向水中加入混凝剂来破坏这些细小粒子的稳定性，首先使其互相接触而聚集在一起，然后形成絮状物并下沉分离的处理方法。前者称为凝聚，后者称为絮凝，一般将这两个过程统称为混凝。具体地说，凝聚是指使胶体脱稳并聚集为微小絮粒的过程，而絮凝则是使微絮粒通过吸附、卷带和架桥而形成更大的聚体的过程。

混凝法在废水处理中可以用于预处理、中间处理和深度处理的各个阶段。它除了除浊、除色之外，对高分子化合物、动植物纤维物质、部分有机物质、油类物质、微生物、某些表面活性物质、农药，汞、镉、铅等重金属都有一定的清除作用，所以它在废水处理中的应用十分广泛。

混凝法的优点是设备费用低、处理效果好，操作管理简单。缺点是要不断向废水中投加混凝剂，运行费用较高。

3. 氧化还原

通过化学药剂与废水中的污染物进行氧化还原反应，从而将废水中的有毒有害污染物转化为无毒或者低毒物质的方法称为氧化还原法。

根据有毒有害物质在氧化还原反应中被氧化或还原的不同，废水中的氧化还原法又可分为药剂氧化法和药剂还原法两大类。在废水处理中常采用的氧化剂有：空气中的氧、纯氧、臭氧、氯气、漂白粉、次氯酸钠、三氯化铁等。常用的还原剂有：硫酸亚铁、氯化亚铁、铁屑、锌粉、二氧化硫等。

药剂氧化法中常用的方法有臭氧氧化法、氯氧化法、高锰酸钾氧化法等。

药剂还原法主要用于处理含铬、含汞废水。实际中常用金属还原剂来处理含汞废水，废水中的汞离子被还原为金属汞而析出，金属本身被氧化为离子而进入水中。可用于还原汞的金属有铁粉、锌粉、铜粉和铝粉等。

### 4. 中和

中和法就是使废水进行酸碱的中和反应，调节废水的酸碱度（pH），使其呈中性或接近中性或适宜于下步处理的 pH 范围。如以生物处理而言，需将处理系统中废水的 pH 维持在 6.5～8.5，以确保最佳的生物活力。

酸碱废水的来源很广，化工厂、化学纤维厂、金属酸洗与电镀厂等在制酸或用酸过程中，都排出大量的酸性废水。有的含无机酸如硫酸、盐酸等，有的含有机酸如醋酸等，也有的是几种酸并存的情况。酸具有强腐蚀性，碱危害程度较小，但在排至水体或进入其他处理设施前，均须对酸碱废液先进行必要的回收，再对低浓度的酸碱废水进行适当的中和处理。

### 5. 吸附

固体表面的分子或原子因受力不均衡而具有剩余的表面能，当某些物质碰撞固体表面时，受到这些不平衡力的吸引而停留在固体表面上，这就是吸附。这里的固体称吸附剂，被固体吸附的物质称吸附质。吸附的结果是吸附质在吸附剂上浓集，吸附剂的表面能降低。

在水处理领域，吸附法主要用以脱除水中的微量污染物，应用范围包括脱色，除臭味，脱除重金属、各种溶解性有机物、放射性元素等。在处理流程中，吸附法可作为离子交换、膜分离等方法的预处理，以去除有机物、胶体物及余氯等，也可以作为二级处理后的深度处理手段，以保证回用水的质量。

利用吸附法进行水处理，具有适应范围广、处理效果好、可回收有用物料、吸附剂可重复使用等优点，但对进水预处理要求较高，运转费用较高，系统庞大，操作较麻烦。

目前在废水处理中应用的吸附剂有：活性炭、白土、硅藻土、活性氧化铝、焦炭、树脂吸附剂、炉渣、木屑、煤灰、腐殖酸等。

### 6. 膜分离

膜分离法是利用特殊的薄膜对液体中的某些成分进行选择性透过的方法的统称。溶剂透过膜的过程称为渗透，溶质透过膜的过程称为渗析。常用的膜分离方法有电渗析、反渗透、超滤。其次是自然渗析和液膜技术。近年来，膜分离技术发展很快，在水和废水处理、化工、医疗、轻工、生化等领域得到大量应用。

## 思 考 题

1. 水体污染的主要污染源和主要污染物有哪些？主要危害是什么？

2. 什么是水体富营养化？水体富营养化有什么危害？如何控制？

3. 简述废水的一级处理、二级处理、三级处理。

4. 废水处理可分为哪几种类型？各包含哪些处理方法？举例说明。

# 第四节

# 固体废物污染与控制

固体废物就是一般所说的垃圾，是人类新陈代谢排泄物和消费品消费后的废弃物品。目前城市居民的生活垃圾、商业垃圾、市政维护和管理中产生的垃圾，以及工业生产排出的固体废物，数量急剧增加，成分日益复杂。世界各国的垃圾以高于其经济增长速度2~3倍的平均速度增长。垃圾若不及时处理，必然会对大气、土壤、水体造成严重污染，导致蚊蝇孳生、细菌繁殖，使疾病迅速传播，危害人类健康和生存环境。

## 一、固体废物的来源与种类

固体废物的来源极为广泛，其不同的来源也导致了不同的污染种类。从管理角度通常把固体废物分为城市垃圾、工业固体废物、农业固体废物、矿业固体废物、建筑废弃物（建筑垃圾）、污水污泥与挖掘泥沙和放射性固体废物等几个类型。

（1）城市垃圾

城市垃圾是指城市居民生活、商业和市政维护管理中丢弃的固体废物，是由家庭生活废物和来自商店、办公室等具有相似特性的废弃物组成的，如厨房垃圾、建筑装潢材料、包装材料、废旧器皿、废家电、树叶、废纸、塑料、纺织品、玻璃、金属、灰渣等。

（2）工业固体废物

工业固体废物是指工业上生产加工及其"三废"处理过程中排弃的废渣、粉尘、污泥等。主要包括煤渣、发电厂烟道气中收集的粉煤灰、冶炼矿物质产生的残渣等。

（3）农业固体废物

农业固体废物是指种植和饲养业排弃的废弃物，包括园林与森林残渣、作物枝叶、秸秆、壳屑等。

（4）矿业固体废物

矿业固体废物是指矿石的开采、洗涤过程中产生的废弃物，是开采有经济价值的矿产物质过程中产生的废料，主要有矿废石、尾矿、煤矸石等。矿废石是开矿中从主矿上剥落下来的围岩。尾矿是矿石经洗选提取精矿后剩余的尾渣。煤矸石是在煤的开采过程中分离出来的脉石，实际上是含碳岩石和其他岩石的混合物。

（5）建筑废弃物

建筑废弃物是市政或小区规划、现有建筑的拆除或修复以及新的建筑业的废弃物，主要包括用过的混凝土以及砖瓦碎片等。

（6）污水污泥与挖掘泥沙

污水污泥是为了减轻对河流与湖泊的污染而在工厂中处理生活及工厂废水的残留物。污水污泥是一种含有大量有机颗粒的泥浆，其化学成分随污水的排放源、处理过程的类型与效率而有很大的变化。污水污泥中含有高浓度的重金属与水溶性有机合成化学品，且有很多润滑脂、油品与细菌。由于环境与健康的压力，已经强制减少未经处理的污水排入河流及沿海水域，因此由污水处理产生的污泥量在持续增加。

据估计，挖掘泥沙有10%受到了污染，典型的污染物包括：油品、重金属、营养物与有机氯化学品等。这些污染物主要来自航运、工业与城市排泄物以及城市与农村的径流。

（7）放射性固体废物

放射性固体废物主要来自核工业、核研究所及核医疗单位排出的放射性固体废物。表 2-5 列举了四种主要固体废物的来源和主要组成物。

表 2-5　主要固体废物的来源和主要组成物

| 分　类 | 来　源 | 主要组成物 |
|---|---|---|
| 矿业废物 | 矿山、选矿 | 废石、尾矿、煤矸石、废旧设备、废木材、建筑废物等 |
| 工业废物 | 冶金、交通、机械工业 | 矿渣、金属碎屑、焊接废料、边角料、橡胶、塑料、废旧设备、绝热绝缘材料 |
| | 电力工业 | 炉渣、粉煤灰 |
| | 建材工业 | 水泥、黏土、陶瓷、石膏、石棉、砂石、砖瓦 |
| | 化学工业 | 化工废渣、化学石膏、炉渣、化学药剂、废金属、塑料、橡胶、沥青、石棉 |
| | 轻纺食品工业 | 废橡胶、废塑料、棉纱、纤维碎布、染料废渣、碎玻璃、炉渣、肉类、谷物、果类、蔬菜、烟草 |
| | 橡胶、皮革、塑料工业 | 橡胶、皮革、塑料、碎布、纤维 |
| 城市垃圾 | 居民生活 | 食品废物、生活垃圾、燃料灰渣 |
| | 商业、机关 | 食品废物、废旧工具、器具及生活垃圾 |
| | 市政维护、管理部门 | 碎砖瓦、落叶、灰渣、污泥、脏土 |
| 农业废物 | 农林 | 稻草、秸秆、蔬菜、水果、落叶、树枝、废塑料、人畜禽粪 |
| | 水产、牧业 | 死畜禽、腐烂鱼、虾、贝壳、水产加工废物 |
| | 核工业、核研究、医疗单位机构 | 金属、放射性废渣、污泥、器具、劳保用品、建筑材料 |

# 二、固体废物的危害

固体废物是各种污染物的最终形态，它的性质多种多样，成分也十分复杂。特别是在废水废气治理过程中所排出的固体废物，浓集了许多有害成分，因此，固体废物对环境的危害极大，污染也是多方面的，主要表现在以下几个方面。

（1）侵占土地

固体废物如不加利用和处置，只能占地堆放。据估算平均每堆积 1 万吨废渣和尾矿，占地 $670m^2$ 以上。全国工业固体废物总堆放量已达 60 亿吨，占地面积约几万公顷。土地是宝贵的自然资源，我国虽然幅员辽阔，但耕地面积却十分紧缺，人均占地面积只占世界人均占地的 1/3。固体废物的堆积侵占了大量土地，造成了极大的经济损失，并且严重地破坏了地貌、植被和自然景观。

（2）污染土壤和地下水

固体废物长期露天堆放，其中部分有害组分很易随沥液浸出，并渗入地下向周围扩散，使土壤和地下水受到污染。工业固体废物还会破坏土壤的生态平衡，使微生物和动植物不能正常地繁殖和生长。

（3）污染水体

许多沿江河湖海的城市和工矿企业，直接把固体废物向邻近水域长期大量排放，固体废物也可随天然降水和地表径流进入河流湖泊，致使地表水受到严重污染，不仅破坏了天然水体的生态平衡，妨碍了水生生物的生存和水资源的利用，而且使水域面积减少，严重时还会阻塞航道。

（4）污染大气

固体废物中所含的粉尘及其他颗粒物在堆放时会随风飞扬，在运输和装卸过程中也会产生有害气体和粉尘。这些粉尘或颗粒物不少都含有对人体有害的成分，有的还是病原微生物的载体，对人体健康造成危害。有些固体废物在堆放或处理过程中还会向大气散发出有毒气体和臭味，危害则更大。例如，煤矸石的自燃在我国时有发生，散发出煤烟和大量的 $SO_2$、$CO_2$、$NH_3$ 等气体，造成严重的大气污染。采用焚烧法处理固体废物，也成为大气污染的主要污染源之一。

由固体废物进入大气的放射尘，一旦侵入人体，还会由于形成内辐射而引起多种疾病。

（5）对人体健康的危害

许多固体废物含有有毒、易燃、腐蚀性物质，这些物质通过大气污染、水污染等途径进入人的呼吸道或食物链，可对人体健康带来危害。如美国得克萨斯州一个固体废物公司的沙坑，由于含油、含酸固体废物的污染，使周围有 26 口井水质变坏，发出恶臭，饮用后许多人生病。中国某铁合金厂露天堆积的铬渣，经雨水浸淋，使含六价铬的溶液渗入地下水，致使厂区下游十多平方公里范围内的地下水受到污染，污染中心区地下水六价铬浓度高达 $55mg/L$，超过饮用水允许浓度的 1000 多倍，使大量饮用此水的居民健康受到损害。

（6）造成巨大的直接经济损失和资源能源的浪费

我国的资源能源利用率很低，大量的资源、能源会随固体废物的排放而流失。矿物资源一般只能利用 50％左右，能源利用只有 30％。同时，废物的排放和处置也要增加许多额外的经济负担。

除此之外，某些有害固体废物的排放除了上述危害之外，还可能造成燃烧、爆炸、中毒、严重腐蚀等意外的事故和特殊损害。

# 三、固体废物的处理原则

固体废物处理，是指通过物理、化学、生物等不同方法，使固体废物转化成适于运输、储存、资源化利用以及最终处置的一种过程。随着对环境保护的日益重视以及正在出现的全球性的资源危机，工业发达国家开始从固体废物中回收资源和能源，并且将再生资源的开发利用视为"第二矿业"，给予高度重视。我国于 20 世纪 80 年代中期提出了"无害化""减量化""资源化"的控制固体废物污染的技术政策，今后的趋势也是从无害化走向资源化。

## 1. 无害化

固体废物无害化处理是指将固体废物通过工程处理，达到不损害人体健康、不污染周围自然环境的目的。目前，固废"无害化"处理技术有：垃圾焚烧、卫生填埋、堆肥、粪便的厌氧发酵、有害废物的热处理和解毒处理等。其中高温快速堆肥处理工艺、高温厌氧发酵处理工艺，在我国都已达到实用程度，厌氧发酵工艺用于废物无害化处理的理论已经成熟，具有我国特点的粪便高温厌氧发酵处理工艺在国际上一直处于领先地位。将固体废物（粉煤灰）用作绿化用土，也是固体废物无害化处理的方法之一。

## 2. 减量化

固体废物的减量化是指通过适宜的手段减少和减小固体废物的数量和容积。这需要从两方面着手，一是减少固体废物的产生，二是对固体废物进行处理利用。首先从废物产生的源头考虑，为了解决人类面临的资源、人口、环境三大问题，人们必须注重资源的合理、综合利用，包括采用经济合理的综合利用工艺和技术，制定科学的资源消耗定额等。另外，对固体废物采用压实、破碎、焚烧等处理方法，也可以达到减量和便于运输、处理的目的。

3. 资源化

固体废物资源化是指采取适当的工艺技术，从固体废物中回收有用的物质和能源。近几十年来，随着工业文明的高速发展，固体废物的数量以惊人的速度不断增长，而另一方面世界资源也正以惊人的速度被开发和消耗，维持工业发展命脉的石油和煤炭等不可再生资源已经濒于枯竭。在这种形势下，欧美及日本等许多国家纷纷把固体废物资源化列为国家的重要经济政策。世界各国的废物资源化的实践表明，从固体废物中回收有用物资和能源的潜力相当大，表 2-6 是美国资源回收的经济潜力，由此可见固体废物资源化可观的经济效益。

表 2-6  美国资源回收的经济潜力

| 废物料 | 年产生量/(百万吨/年) | 可实际回收量/(百万吨/年) | 二次物料价格/(美元/吨) | 年总收益/百万美元 |
|---|---|---|---|---|
| 纸 | 40.0 | 32.0 | 22.1 | 705 |
| 黑色金属 | 10.2 | 8.16 | 38.6 | 316 |
| 铝 | 0.91 | 0.73 | 220.5 | 160 |
| 玻璃 | 12.4 | 9.98 | 7.72 | 77 |
| 有色金属 | 0.36 | 0.29 | 132.3 | 38 |
| 总收益 | — | — | — | 1296 |

我国虽然资源总量丰富，但人均资源不足。而且我国资源利用率低，浪费严重。据统计，在我国的国民经济周转中，社会需要的最终产品仅占原材料的 20%～30%，即 70%～80% 成为废物。另一方面我国的废物资源利用率也很低，与发达国家的差距很大，因此，固体废物资源化及开发再生资源，更应该成为我国应对资源危机、解决生存与环境问题的国策。

固体废物资源化的优势很突出，主要有以下几个方面：①生产成本低，例如用废铝炼铝比用铝矾土炼铝可减少资源 90%～97%，减少空气污染 95%，减少水质污染 97%。②能耗少，例如用废钢炼钢比用铁矿石炼钢可节约能耗 74%。③生产效率高，例如用铁矿石炼 1t 钢需 8 个工时，而用废铁炼 1t 电炉钢只需 2～3 个工时。④环境效益好，可除去有毒、有害物质，减少废物堆置场地，减少环境污染。

可见，推行固体废物资源化，不但可节约投资、降低能耗和生产成本，而且可减少自然资源的开采、治理环境，维持生态系统的良性循环，是保证国民经济可持续发展的一项有效措施。

# 四、固体废物的处理技术与方法

1. 固体废物的处理方法

固体废物的处理是指通过各种物理、化学、生物的方法将固体废物转变为适于运输、利用、储存或最终处置的过程。处理方法主要有以下几种。

（1）物理处理

物理处理是通过采用各种物理的方法来改变固体废物的结构，使之成为便于运输、储存、利用或处置的形态。物理处理包括压实、破碎、分选、脱水干燥等。

（2）化学处理

化学处理是利用化学反应使固体废物中的有害成分受到破坏，使其转化为无害或低毒物质，或使其转变为适于进一步处理、处置形态的方法。化学处理只适于处理成分单一或只含几种化学特性相近组分的固体废物。化学处理法有氧化还原、中和、化学浸出等。

（3）生物处理

生物处理是利用微生物来分解固体废物中的有机物及少量无机物，使之达到无害化或加以综合利用的方法。生物处理包括好氧处理、厌氧处理和兼性厌氧处理等。

（4）热处理

热处理是通过高温来改变固体废物的化学、物理、生物特性或组成的处理方法。采用热处理方法可以达到减容、消毒、减轻污染、回收能量和有用化学物质的目的。常用的热处理方法有焚烧、热解、焙烧和烧结等。

（5）固化处理

固化处理是采用固化基材料（如水泥、沥青、塑料、石膏等）将废物封闭在固化体中或包覆起来，不使有害物浸出的一种方法。主要适用于有毒废物和放射性废物的处理。

## 2. 固体废物的预处理

固体废物预处理又称前处理，是资源化前的预处理，主要包括收集、运输、压实、破碎、分选等工艺过程。预处理常涉及固体废物中某些组分的分离与浓集，因而往往又是一种回收材料的过程。

## 3. 固体废物的主要处理技术

（1）固体废物的堆肥化处理

堆肥化是指在人工控制的条件下，依靠自然界广泛分布的细菌、放线菌、真菌等微生物，使可生物降解的有机固体废物向稳定的腐殖质转化的生物化学过程。所谓稳定是相对的，是指堆肥产品对环境无害，并不是废物达到完全稳定。固体废物堆肥化是对有机固体废物实现资源化利用的无害化处理、处置的重要方法。随着经济的发展，产生的废物越来越多。作为可利用和回收的资源，采用堆肥技术处理固体废物和污泥正变得越来越广泛。据报道，美国采用堆肥技术处理污泥的厂家越来越多。大体积垃圾露天堆肥是处理垃圾达到无害化的一种方法，但露天堆放可使垃圾造成多次污染，使环境质量变差。

堆肥化按需氧程度可分为好氧堆肥和厌氧堆肥。现代化堆肥工艺特别是城市垃圾堆肥工艺，基本上都是好氧堆肥。好氧堆肥温度高（一般为 $50\sim65℃$，最高可达 $80\sim90℃$），基质分解比较彻底，堆制周期短，异味小，可以大规模采用机械处理。厌氧堆肥是利用厌氧微生物完成分解反应，空气与堆肥相隔绝，堆制温度低，工艺比较简单，产品中氮保存量比较多；但堆制周期太长（需 $3\sim12$ 个月），异味浓烈，分解不够充分。

（2）固体废物的焚烧处理

焚烧法是一种热化学处理过程。通过焚烧可以使固体废物氧化分解，能迅速大幅度地减容（一般体积可减少 $80\%\sim90\%$），可彻底消除有害细菌和病毒，破坏毒性有机物，回收能量及副产品，同时残渣稳定安全。由于焚烧法适用于废物性状难以把握，废物产量随时间变化幅度较大的情况，加之某些带菌性或含毒性有机固体废物只能焚烧处理，故应用十分广泛。焚烧法历史悠久，所积累的经验丰富，技术可靠。焚烧设备主要有流化床焚烧炉、转窑式焚烧炉、多膛式焚烧炉、固定床型焚烧炉等。图 2-19 为固体废物焚烧装置。

垃圾焚烧在国外应用广泛，在日本、荷兰、瑞士、丹麦、瑞典等国已成为垃圾处理的主要手段。在瑞士 $70\%$ 垃圾被焚烧，日本、丹麦 $65\%$ 以上垃圾被焚烧。美国的焚烧垃圾在垃圾处理的总量中已由 $14\%$ 增至 $25\%$。但是，在焚烧的过程中可产生大量空气污染物或某些致癌物质，尤其是二噁英，是一类多氯代三环芳香化合物，这类化合物大部分具有强烈致癌、致畸、致突变的特点，而垃圾焚烧是二噁英产生的主要条件之一，从而使该方法的应用受到限制。

（3）固体废物的热解处理

固体废物热解是指在缺氧条件下，使可燃性固体废物在高温下分解，最终成为可燃气、油、固形炭等形式的过程。固体废物中所蕴藏的热量以上述物质的形式储存起来，成为便于储藏、运输的有价值的燃料。

图 2-19　固体废物焚烧装置

热解与充分供氧、废物完全燃烧的焚烧过程是有本质区别的。燃烧是放热反应，而热解是吸热过程。而且，焚烧的结果产生大量的废气和部分废渣，环保问题严重。而热解的结果则产生可燃气、油等，可多种方式回收利用。

城市固体废物、污泥、工业废物（如塑料、树脂、橡胶）以及农业废料、人畜粪便等具有潜在能量的各种固体废物都可以采用热解方法，从中回收燃料。焚烧热回收利用与热解燃料化处理是固体废物能利用的途径。焚烧热回收是一种直接利用法，可用来生产蒸汽和发电，已达到工业规模程度。热解燃料化利用法是一种间接回收利用法，它把固体废物转变为可以储存和输送的燃料形式如沼气、燃油和燃气。其能源回收性好，环境污染小，这也是热解处理技术最优越、最有意义之处。如用焚烧垃圾的方法产生能源，一般来讲，在国外包括生活垃圾和商业垃圾的城市垃圾中 70%～80% 是易燃的，在欧洲地区将垃圾燃料产生蒸汽以供发电已有很长的历史。例如，卢森堡、瑞士、丹麦这些国家，平均每人每天烧掉大约 1kg 的垃圾。大多数欧洲的工厂设计得很简单，将垃圾投入炉中简单地燃烧，得到的热量用来产生蒸汽以供工厂或居民使用。有环保人士认为没有垃圾，只有放错位置的资源。图 2-20 为垃圾焚烧装置。

图 2-20　垃圾焚烧装置

## 4. 固体废物的处置方法

固体废物的处置也称最终处置或安全处置。固体废物在经过各种方法处理及综合利用后，总还会有部分残渣存在，必须对其进行最终处置，以防止其对环境造成危害。处置方法有两种——陆地处置和海洋处置。陆地处置包括土地填埋、焚烧、储留池储存和深井灌注等；海洋处置则包括海洋倾倒和远洋焚烧。

（1）土地填埋处置

固体废物的土地填埋处置是一种最主要的固体废物最终处置方法。土地填埋是由传统的倾倒、堆放和填地处置发展起来的。按照处置对象和技术要求上的差异，土地填埋处置分为卫生土地填埋和安全土地填埋两类。前者适于处置城市垃圾，后者适于处置工业固体废物，特别是有害废物，也被称作安全化学土地填埋。

（2）卫生土地填埋

卫生土地填埋始于 20 世纪 60 年代，是在传统的堆放、填地基础上，对未经处理的固体废物的处置从保护环境角度出发取得的一种科学进步。由于卫生土地填埋安全可靠、价格低廉，目前已被世界上许多国家采用。卫生土地填埋工程操作方法大体可分为场地选址、设计建造、日常填埋和监测利用等步骤。

（3）海洋处置

海洋处置主要分为两类：一类是海洋倾倒，另一类是近年来发展起来的远洋焚烧。

海洋倾倒有两种方法：一种是将固体废物如垃圾、含有重金属的污泥等有害废物以及放射性废物等直接投入海中，借助于海水的扩散稀释作用使浓度降低；另一种方法是把含有有害物质的重金属废物和放射性废物用容器密封，用水泥固化，然后投放到约 5000m 深的海底。远洋焚烧是利用焚烧船在远海对固体废物进行焚烧处置的一种方法，适于处置各种含氯有机废物。

海洋处置能做到将有害废物与人类生存、生活环境隔离，是一种高效、经济的最终处置方法。但对于有害固体废物，特别是放射性废物，如不加控制地投放，必将造成海洋污染，杀死鱼类，破坏海洋生物，最终祸及人类自身。为保护海洋，防止海洋污染，加强对固体废物海洋处置的管理，国际上已制定了许多相应法规、标准和国际性协议，明确海洋固体废物处置的范围和处置量。

# 五、白色污染

## 1. 白色污染的成因

塑料作为人工合成的高分子材料，由于具有良好的成型性、成膜性、绝缘性、耐酸性、耐腐蚀性、低透气、难透水性以及易于着色、外观鲜艳等特点，从 20 世纪 50 年代开始，随着石油化工的发展而得到迅速发展，成为一类与生活息息相关不可替代的材料，广泛用于家电产品、汽车、家具、包装用品、农用薄膜等许多方面。2016 年全球塑料生产总量报告指出全球每年塑料生产合计达 3.35 亿吨，其中欧洲 6000 万吨。中国成为最大的塑料生产国之一，年总产量约 8000 万吨。

然而随着塑料产量增大、成本降低，大量的商品包装袋、液体容器以及农用薄膜等，已经不再反复使用，而是用过即作为垃圾丢弃掉。即使是大型成型件，最后也会随着产品的损坏而被丢弃，使塑料成为一类用过即被丢弃的产品代表。

图 2-21　白色垃圾的肆意排放

废弃塑料带来的白色污染，今天已经成为一种不能再被忽视的社会公害。图 2-21 为漂浮在水面的白色垃圾。

## 2. 白色污染的危害

自然界中长期存在的废弃塑料，给我们的环境带来了严重危害。长期堆放的废塑料，给细菌提供了繁殖场所，容易传染各种疾病。铁路沿线一度成为"白色长廊"，风景区和城市容貌也深受塑料袋和泡沫餐盒之害，它们给人们带来了"视觉污染"。抛弃的废旧塑料包装物被动物误食后，不易消化而导致动物死亡。废弃的农用地膜残留在土壤中，会破坏土壤的性能，影响农作物的产量。研究表明，当 1 亩土地中含废膜 3.9kg 时，会使玉米减产 11%～23%，小麦减产 9%～16%，大豆减产 5.5%～9%。处理混杂在生活垃圾中的废塑料非常困难，因为它既不能用来堆肥，又不能填埋（填埋不仅要长期占用大量土地，而且塑料在地下 200 年不分解，使土质变差），焚烧又会放出大量的有毒气体。此外，废弃塑料还可能对交通工具、水电设施和城市设施的安全运行带来隐患。

资料显示，目前全球塑料废物每年的总量达5000多万吨。粗略估计，20世纪我国的白色垃圾大约有800多万吨。塑料的主要成分合成树脂的原料主要来源于煤和石油，而煤和石油是一次性非再生资源，大量塑料的废弃意味着成千上万吨煤和石油的浪费。因此，白色污染不仅破坏环境，也是对资源的严重浪费，它引起了世界公众的广泛关注，各国政府也对此着手采取了相应的措施。我国1995年颁布的《中华人民共和国固体废物污染环境防治法》中，对治理白色污染作了具体的规定。政府明确规定，我国在2001年前全面禁止使用一次性发泡塑料餐具。2008年1月8日国务院办公厅发出《关于限制生产销售使用塑料袋的通知》，规定自2008年6月1日起，在所有超市、商场等场所一律不得免费提供塑料购物袋。

## 3. 白色污染的综合治理

解决白色污染问题是一项系统工程，需要全社会的长期努力。公众的环境保护意识需要提高，应制止随意丢弃塑料废物，积极开展垃圾的分类回收；企业应意识到，某一制造过程中的任何废物都可能成为另一制造过程的原料；政府应制定相应健全的政策法规，加强对废弃塑料产生的污染问题的管理工作。标本兼治的解决方法应是：一方面及时有效地处理已经产生的白色垃圾，另一方面积极研究、开发、推广和使用可降解制品来代替现在的塑料。

### （1）废塑料的焚烧与填埋

废弃塑料与生活垃圾共同焚烧时，将对环境带来严重的二次污染，尤其是焚烧含氯塑料（如聚氯乙烯、聚二氯乙烯、氯化聚乙烯等）以及塑料中存在有含氯或溴的染料、颜料、阻燃剂等添加剂。由于它们的不延燃性，焚烧不但会产生大量黑烟及氯化氢气体，而且还会产生目前认为是毒性最强的二恶英类物质。

通过对城市垃圾焚烧场的烟尘分析时发现以下几种含氯有机物常同时存在，即多氯二苯并对二恶英（PCDD）、多氯二苯并呋喃（PCDF）、氯苯和氯代酚等。

PCDD形成的机理虽然仍不完全明确，但目前认为：首先，在焚烧垃圾时会产生多种挥发性有机物，其中包括苯、萘、苯酚等。其次，生成的氯化氢气体在氧以及一些金属氯化物如 $CuCl_2$、$FeCl_3$ 等的催化下，即可发生氯氧化反应：$4HCl+O_2 \longrightarrow 2Cl_2+2H_2O$，这时生成氯及其中间体游离基氯具有很强的氯化性，在300℃左右即可使有机物氯化，生成PCDD类氯化物。

PCDD进入土壤中后，至少要在15个月后才能逐渐分解，以致危及植物和农作物。因此焚烧垃圾排放出的二恶英类对环境的污染，已经成为全世界关注的一个极其敏感的问题。

填埋作业是目前我国处理城市垃圾的一个主要方法，但混在垃圾中的塑料类是一种不能被微生物分解的材料。到现在为止，还没有找到哪种生物能够产生分解塑料的酶。因为这类垃圾中的废塑料比重小、体积大，填埋时占地多，同时，填满后的场地由于地基绵软以及塑料容器中包裹着大量带有细菌、病毒及其他有害物质的生活垃圾，不但会使填埋地散发恶臭，而且又能渗入地下，污染地下水，使所占土地长期无法利用，危及周围环境。我国空地日益紧张，填埋场地不断减少，故用填埋处理生活垃圾的做法，必将为其他方法所代替。

### （2）寻找塑料的替代品

解决白色污染的一种途径，是纸、秸秆等纤维类产品代替塑料，这类纤维类材料在自然界中的光、氧、微生物的作用下会自然分解。如用纸盒代替一次性发泡塑料饭盒，它既有发泡塑料的作用，又不会产生白色污染。但这些替代品没有塑料所特有的耐用、质轻、便宜、易加工、耐腐蚀等优点。它们只在一部分领域有一定的应用范围。

（3）开发降解塑料

解决白色污染的长久之计是开发研制降解塑料。

### ● 思 考 题

1. 简述固体废物的来源和可能产生的危害。

2. 举例说明固体废物的三种处理方法，并比较其优缺点。

3. 你认为应该如何处理城市垃圾？在我国应该推广垃圾分类制度吗？

4. 当前我国环保急需解决的白色污染通常是指（　　　）。

  A. 冶炼厂的白色烟尘      B. 石灰窑的白色粉末

  C. 聚乙烯等塑料垃圾      D. 白色建筑废料

5. 综合治理白色污染的各种措施中最有前景的是（　　　）。

  A. 填埋或向海里倾倒处理

  B. 热分解或熔解再生利用

  C. 积极寻找纸等纤维类制品替代塑料

  D. 开发研制降解塑料

6. 塑料是一类新型材料，它具有很多优点：耐用、质轻、易加工、不易腐蚀等，因而得到了广泛的应用。但是，塑料的某项优点正是导致污染的问题所在，这项优点是（　　　）。

  A. 耐用     B. 质轻     C. 易加工     D. 不易受腐蚀

7. 环保专家预言：废弃的地膜将最终成为祸害。武汉大学张俐娜教授提出了"用甘蔗浆、麦秆和芦苇浆做原料生产'再生纤维素共混膜'"的研究课题，终获成功。使用"共混膜"不但能使农作物增产 20%，而且其使用寿命一旦终结，其成分的 30% 可被微生物吃掉，剩余部分会在 40 多天内自动降解，对土壤无副作用，请回答下列问题：

（1）普通地膜能造成什么危害？

（2）有人建议焚烧处理这些普通塑料废物，你认为可行吗？为什么？

# 第五节

# 室内污染

  人们在谈论环境污染时，常着眼于大气、水质及土壤等，其实在我们身边日常生活的办公室和休息的居室，污染也十分严重。居室的主要污染有以下几种：①厨房做饭时燃料燃烧产生的废气和烟尘，炒菜时的油烟，以及变质的食品。②排泄的废物，人体呼吸过程排放的废气，人体皮肤、器官排出的汗、尿、粪便，以及脏衣物、鞋袜、香烟烟雾等。③室外污染物通过通风换气而进入室内的大气毒物及各种微生物。④装修用的壁纸、墙壁及天花板的涂料、地毯、门窗、壁饰物、家具等在阳光、空气的长期作用下，塑料老化、纤维素分解、胶黏剂及油漆变性等，将会散发出的苯、甲苯、甲醛等物质。⑤家用电器的电磁波辐射以及建筑材料的放射性，复印机及激光打字机操作时释放出的臭氧。

# 一、室内污染概述

人类生活离不开衣食住行，生活质量的高低与这四大要素紧密相连。其中居住条件的改善更是人们为之努力奋斗的目标之一。而室内环境属于人们生活的小环境。人的一生有75％以上的时间是在室内度过的，随着住宅不断向空中发展，高层建筑越来越多，人们也越来越重视住宅室内的卫生、居住的环境舒适、污染防治和室外近域的环境保护。

居室对人的污染有多种，它涉及人们的吃、穿、住、用、行、娱乐的各个方面。既有像垃圾一样的有形污染物质，又有声、光、电、磁、味等无形的污染物质。随着科学技术的发展，人们对物质文化生活要求的提高，一些高级家用电器，新型材料制作的装潢材料、家庭日用品（药品、化妆品、衣物、杀虫剂、洗涤剂、染料、颜料、涂料、炊具、餐具、高级食品、补品等）进入家庭，同时也使得这些物品中的一些"隐形杀手"也随之住进家庭的每个角落，对人类健康时刻构成威胁。

科学研究表明居室内的污染比室外污染严重10倍，况且人的一生绝大部分时间是在室内度过的。

由于室内污染物的来源比较广泛，其造成的污染种类也是多样化的。根据污染物的来源及其化学性污染的特点，一般可以分为吸烟污染、建筑装潢材料污染、燃料污染、油烟污染、家庭日用品污染、家用电器的电磁辐射污染等几种主要类型。

# 二、吸烟污染

据世界卫生组织统计，平均每秒钟就有一个人死于与吸烟有关疾病。如果不加控制，到2030年，每年死于吸烟有关疾病的人数将达到1000万人。吸烟已成为严重危害健康、危害人类生存环境、降低人们的生活质量、缩短人类寿命的紧迫问题。

1. 烟草在燃吸过程中的变化及烟气的成分

烟草在燃吸过程中，由于燃烧而发生干馏作用和氧化分解等化学作用，使烟草中的各种化学成分都发生了不同程度的变化。有的成分被破坏，有的则又合成了新物质。其中各主要成分的变化大致如下。

① 烟草生物碱　它在燃烧过程中除了一部分经干馏作用进入烟气之外，其中大部分（60％以上）则受氧化分解为亚硝胺、吡啶、吡啉、吡咯、胺以及二氧化碳等物质。

② 蛋白质　高分子含氮化合物经燃烧产生强烈氧化作用后，分解为一氧化碳、二氧化碳、硫化氢、氢氰酸、氨、简单胺化物及脂肪等化合物。

③ 糖和有机酸　糖和有机酸经氧化作用生成一氧化碳、二氧化碳、挥发酸、酚的衍生物、烯烃、醇、醛和酮等物质。

④ 树脂物　多酚和苷类经氧化作用生成挥发性芳香油、醛、酮、醇和酸类物质。

以上物质均进入烟气中，故烟草制品经燃烧后所产生的烟气，化学成分较为复杂。据说烟气中含有4万多种物质。目前已经鉴定出来的单体化学成分就达4200种之多，其中气相物质占烟气总量的90％以上，粒相物质占9％左右。气相物质中主要是氮气和氧气，其余为一氧化碳、二氧化碳、一氧化氮、二氧化氮、氨、挥发性 N-亚硝胺、氰化氢、挥发性碳水化合物以及挥发性烯烃、醇、醛、酮和烟碱等类物质。粒相物质中包括烟草生物碱、焦油和水分以及 70 多种金属和放射性元素。焦油是不挥发性 N-亚硝胺、芳香族胺、链烯、苯、萘、多环芳烃、N-杂环烃、酚、羧酸等物质总的浓缩物。在数千种烟气组分中，被认为对人体健康最为有害的是焦油、烟碱、一氧化碳、醛类等物质。

## 2. 烟气的危害

### （1）焦油

烟气中焦油是威胁人体健康的罪魁祸首，有分析表明，焦油中约含有 5000 种有机和无机的化学物质。焦油中的多环芳烃是导致癌症的元凶，其中具有强力致癌作用的是苯并芘。致癌物质改变细胞的遗传结构，使正常细胞变为癌细胞。苯并芘在烟气中的含量大约为 2～122μg/1000 支。除苯并芘外，烟焦油中还含苯并菲，它们在烟雾中的含量比苯并芘高 4～6 倍，致癌性更强。

3,4-苯并芘的结构　　　　　苯并菲的结构

烟焦油中的酚类及其衍生物则是一种促癌物质，能刺激被激发的细胞，导致肿瘤发展。因此，烟气中的焦油被认为是诱发各种癌症的首要因素。

### （2）放射性物质

烟草中含有多种放射性物质，放射性物质也是吸烟者肺癌发病率增加的因素之一。卷烟中放射性物质 Po-210 最为危险，它可以放出 α 射线，α 射线能把原子裂变成离子，后者很容易损害活细胞的基因，或是杀死它们，或者把它们转变为癌细胞。据估计，一个吸烟者一天平均接触了比非吸烟者多约 30 倍 Po-210 的放射剂量。每天吸一包半卷烟的人，一天其肺接受的放射剂量相当于其皮肤接触了约 300 次胸部 X 射线照射。有人认为，吸烟者肺癌的半数是由放射性物质引起的。

### （3）尼古丁

尼古丁是香烟烟雾中极活跃的物质，它在人体内的作用十分复杂。尼古丁作用于肾上腺，使分泌的肾上腺素增加。它还刺激中枢神经系统，使向心脏和全身组织供应氧气的血管发生缩窄，影响血液循环，导致心率加快，血压上升，使心肌需氧量增加，心脏负担加重，促使冠心病发作。尼古丁还可使胃平滑肌收缩而引起胃痛。总之，尼古丁毒性极大，而且作用迅速，40～60mg 的尼古丁具有与氰化物同样的杀伤力，能置人于死地。尼古丁是令人产生依赖成瘾的主要物质之一。

### （4）一氧化碳

吸烟时，烟丝并不能完全燃烧，因此会有较多的一氧化碳产生。一氧化碳与血红蛋白结合，影响心血管的血氧供应，促进胆固醇增高，也可以间接影响某些肿瘤的形成。一氧化碳与尼古丁协同作用，危害吸烟者的心血管系统，对冠心病、心绞痛、心肌梗死、缺血性心血管病、脑血管病以及血栓性闭塞性脉管炎都有直接影响，由此造成的死亡率是十分惊人的。例如同不吸烟者相比，冠心病要高 5～10 倍，猝死病高 3～5 倍，心肌梗死高 20 倍，大动脉瘤高 5～7 倍。

### （5）醛类

吸烟者的支气管受到烟气的慢性刺激，黏液分泌增多，丙烯醛抑制气管纤毛将分泌物从肺内排出，从而带来呼吸困难，发展成慢性支气管炎和肺气肿。一旦得了感冒，

就得肺病。甚至有死亡的危险。且气管、支气管的黏膜上皮细胞，为了对付长期不断的刺激，还会发生一定的改变，病理学上称作"化生"，这很可能就是向发生肺癌的方向迈出的第一步。

除了上述有害物质之外，烟气中的金属镉、联苯胺、氯乙烯等，对癌细胞的形成会起到推波助澜的作用。

---

**阅读资料**

1. 验证吸烟有害的实验

如图 2-22 装置，在 A、B、C、D、E5 个试管里分别依次放入：新鲜的动物血、高锰酸钾溶液、醋酸铅溶液、氯化汞溶液、96％的乙醇，其中在 A 试管里加入 $K_2C_2O_4$ 作为抗凝剂。然后在甲处点燃香烟，从乙处抽气，让烟气依次通过 5 个试管。发现 A 试管血溶液变成暗红色，B 试管里的红色溶液变为无色溶液，C 试管的无色溶液变为黑色，D 试管的无色溶液出现黄色浑浊，E 试管的 96％的乙醇变为黄色。用带有过滤嘴的香烟代替普通香烟，现象相同。

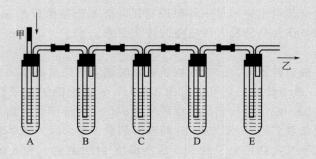

图 2-22　验证吸烟有害的实验

香烟烟气中一些有害气体如 CO 使血液变为暗红色，有剧毒，跟血红蛋白结合，使人体缺氧。香烟烟气中的烯烃、醛类等还原性气体，能将酸性高锰酸钾还原，故使之褪色。尼古丁能与氯化汞溶液反应，生成沉淀，使乙醇变黄。香烟烟气的其他有害成分使醋酸铅产生黑色沉淀。

2. 儿童病因与室内污染有关

据了解，由于种种原因，目前中国室内环境污染问题仍然十分严重，特别是一些新建和新装修的幼儿园和家庭室内环境污染十分严重，对儿童健康产生危害，引起了家长和幼儿教育工作者的重视。

## 3. 吸烟的危害

香烟不但危害吸烟者的健康，还会污染空气，危害他人。吸烟的危害已是公认的事实。

在吸烟的房间里，尤其是冬天门窗紧闭的环境里，室内除了含有人体呼出的二氧化碳，还有吸烟者呼出的一氧化碳，会使人感到头痛、倦怠，工作效率下降，更为严重的是在吸烟者吐出来的冷烟雾中，烟焦油和烟碱的含量比吸烟者吸入的热烟含量多 1 倍，苯并芘多 2 倍，一氧化碳多 4 倍，氨多 50 倍。据环保专家介绍，在室内吸一支香烟的污染，如空气不流通，往往比马路上一辆汽车的尾气对人体危害更大。

　　调查资料表明，长期吸烟者肺癌发病率高于不吸烟者的 10～20 倍；喉癌发病率高 6～10 倍；冠心病发病率高 2～3 倍；循环系统发病率高 3 倍；气管炎发病率高 2～8 倍。吸烟家庭 16 岁以下的儿童患呼吸道疾病的比不吸烟家庭的多。5 岁以下儿童，在不吸烟家庭，33.5％有呼吸道症状，而吸烟家庭却有 44.5％有呼吸道症状。吸烟者比不吸烟者的平均寿命要短 5 至 8 年。男人长期吸烟易患阳痿，吸烟孕妇的胎儿易发生早产和体重不足，婴幼儿期免疫功能降低，容易生病，孕妇被动吸烟的婴儿致畸率明显增高。青少年正处于迅速生长发育的阶段，吸烟削弱呼吸道的防御能力，导致各种疾病，对青少年中枢神经系统损害较大。

　　吸烟的危害，尽人皆知。许多国家政府已通过立法措施禁止在一切公共场合吸烟（图 2-23 为禁止吸烟禁令标识牌），设法控制有害物质在卷烟中的含量。目前，一般醋酸纤维过滤嘴卷烟的过滤效率也只有 59％，加活性炭后效率只有 66％，带过滤嘴卷烟还不能根除致病危险，所以开发出安全卷烟必将对人类的健康作出巨大贡献。

图 2-23　禁止吸烟
禁令标识牌

# 三、建筑装潢材料的污染

　　装修所使用的材料，如涂料、壁纸等大都是人工合成的物质，其中大部分含有甲醛、苯和其他有害物质。这些有害物质在居室中大约需要两年时间才能散发干净。人在居室生活和睡眠的时间，饱受这些有害物质的污染，实质上是慢性中毒。

## 1. 装潢材料中的放射性元素的危害

　　自然界的花岗岩或大理石在形成的过程中捕获了大量放射性元素如钍、铀等，在装修中大量使用这些材料，其中的放射性元素会衰变形成一种无色无味的气体元素，即惰性气体——氡，它弥散在大气中。假若室内通风不良，人体长期受到高浓度氡的辐射，可能导致肺癌、白血病及呼吸道等方面的疾病。这就是居室中大理石、花岗石及其他装潢材料给人们带来的放射性危害。

　　除花岗岩、大理石含有放射性元素外，还有一些材料也含有放射性元素。放射性物质的含量因其中建材种类及产地不同而有很大差异。花岗岩、页岩、浮岩等岩石类建材的放射性含量相对较高，沙子、水泥、混凝土、红砖次之，石灰、大理石较低，天然石膏、木材最低。随着工业和"三废"治理的不断发展，许多工业废渣被用作建筑材料，取得了明显的经济和社会效益。但由于工业废渣往往对放射性物质有不同程度的富集，因而使工业废渣建材如粉煤灰砖、磷石膏板等的放射性元素有所增高。

　　氡是从放射性元素镭衰变而来的一种无色、无味的放射性惰性气体，氡及其子体在衰变时释放出 α、β、γ 射线等，易溶于脂肪，可通过呼吸过程进入人体。由于氡与人体的脂肪有很高的亲和力，氡能在脂肪组织、神经系统、网状内皮系统和血液中广泛分布，对细胞造成损伤，最终诱发癌变。氡被 WHO（世界卫生组织）公布为 19 种主要环境致癌物之一，且被国际癌症研究机构列入室内主要致癌物。氡不仅会增加癌症尤其是肺癌、败血症等疾病的可能，而且会因为对人体细胞的机质性损伤带来对子女甚至第三代的潜在伤害。

　　室外环境中的氡一是来自地下地基土壤，地基土壤的扩散，通过地表和墙体裂缝而进入室内；二是来自地下水。

　　室内氡浓度的高低与房屋选址、房屋设计、建房选材和装修材料有着直接的关系。房屋设计一定要注意通风，一般情况下室外的氡浓度要比室内低，家庭装修时尽可能少用石材，特别是花岗岩，最好不用。

## 2. 室内甲醛的污染

室内装饰和整修，使用大量的含醛树脂（胶黏剂）、地板家具的涂料等，这些物质都会释放出甲醛。甲醛是一种有刺激性的气体，无色，还原性强，溶于水，沸点低，可燃烧，与空气混合后易发生爆炸。甲醛是人造树脂、人造丝、炸药、染料、皮革脱毛剂等的生产原料，还是板材、涂料等的添加剂。含量为 40% 的甲醛水溶液称为"福尔马林"，在医学上和化妆品中用作防腐剂。甲醛在空气中能对眼、鼻、喉、皮肤产生明显的刺激作用，引起流泪、呼吸困难、咳嗽、胸痛、头痛，还可以引起肺炎、肺水肿等严重损害，甚至死亡。

家庭装修时使用含甲醛的人造地板、乳胶、涂料等，甲醛释放出的期限可达 3～15 年，这是造成甲醛污染的主要来源。人造板家具、布艺家具、厨房家具、室内装饰纺织品如墙布、墙纸、床上用品、地毯、窗帘等含有甲醛；服装厂商为使衣服具有防皱特性而在加工中掺加甲醛，不法奸商为使食物外观洁白而将含甲醛加入食品中。

## 3. 涂料的污染

涂料的主要成分多为树脂类有机高分子化合物，在使用时，需用稀释剂调成合适的黏度以方便施工。这些稀释剂挥发性强，大量弥散于空气中，是引起人中毒的罪魁祸首。稀释剂是由一些酯类、酮类、醛类、醇类以及苯、甲苯、二甲苯等芳香烃以不同比例配制而成，传统的低固含量溶剂型涂料约含 50% 的有机溶剂，当空气中这些挥发性物质浓度过高时，除可引起人体麻醉、窒息外，还可能引起神经炎、肺炎等疾病，甲苯和二甲苯对心、肾也会有损害。其中危害最大的是苯，它不仅能引起麻醉和刺激呼吸道，而且能在体内神经组织及骨髓中积蓄，破坏造血功能，长期接触可能造成严重后果，但最初症状是恶心、头痛、呕吐等。无污染涂料是未来涂料的发展方向。

由于涂料中的各种溶剂对人体造成的危害很大，所以我们要将空气中的各种有机溶剂的含量控制在最高允许浓度之下。表 2-7 为车间空气中最高允许浓度。

表 2-7　有机溶剂最高允许浓度参照表

| 有机溶剂 | 最高允许浓度/(mg/m³) | 有机溶剂 | 最高允许浓度/(mg/m³) |
| --- | --- | --- | --- |
| 二甲苯 | 100 | 甲醇 | 50 |
| 甲苯 | 100 | 乙醇 | 1500 |
| 丙酮 | 400 | 丙醇 | 200 |
| 松香水 | 300 | 丁醇 | 200 |
| 松节油 | 300 | 戊醇 | 100 |
| 苯 | 40 | 醋酸甲酯 | 100 |
| 二氯乙烷 | 25 | 醋酸乙酯 | 200 |
| 三氯乙烯 | 30 | 醋酸丙酯 | 200 |
| 氯苯 | 50 | 醋酸丁酯 | 200 |
| 溶剂石蜡油 | 1000 | 醋酸戊酯 | 100 |

**阅读资料**

### 减小室内污染的方法有哪些?

室内空气污染不易彻底解决,我们只能对日常生活中的一些细节加以留意来尽量减少和避免室内空气的污染,主要方法有以下几种。

(1) 室内应经常通风换气。新鲜空气的稀释作用可以将室内的污染物冲淡,有利于室内污染物的排放,同时有助于装修材料中的有毒有害气体尽早地释放出来。

(2) 室内保持一定的湿度和温度。湿度和温度过高,大多数污染物就从装修材料中散发的速度加快,对人的危害增大,同时湿度过高有利于细菌等微生物的繁殖。

(3) 在使用杀虫剂、除臭剂和熏香剂时要适量。这些物质对室内害虫和异味有一定的处理作用,但同时它们也会对人体产生一些危害。特别是在使用湿式喷雾剂时,产生的喷雾状颗粒可以吸附大量的有害物质进入体内,其危害比用干式的严重得多。

(4) 尽量避免在室内吸烟。

(5) 居室绿化。采用植物来吸收空气中的有害气体,或用微生物、酶进行生物氧化、分解。

根据中国室内环境监测工作委员会的推荐,一叶兰、龟背竹可以清除空气中的有害物质;芦荟是吸收甲醛的好帮手;米兰、腊梅等能有效地清除空气中的二氧化硫、一氧化碳等有害物;兰花、桂花、腊梅等植物的纤毛能截留并吸滞空气中的飘浮微粒及烟尘;常青藤、铁树能有效地吸收室内的苯;吊兰能"吞食"室内96%的一氧化碳、86%的甲醛和过氧化氮;天南星也能吸收80%的苯,50%的三氯乙烯;玫瑰、桂花、紫罗兰、茉莉、石竹等花卉不但会给居室内带来芳香,使人放松,精神愉快,它们气味中的挥发性油类物质还具有显著的杀菌作用。另外,各式各样的仙人掌类植物,可以吸收居室中的二氧化碳,制造氧气,同时使室内空气中的负离子浓度增加。

#### 💡 思 考 题

1. 详细列举吸烟的危害。
2. 谈谈你对吸烟的看法,如何宣传吸烟的危害、禁止在公共场合吸烟?
3. 在调查中发现很多人搬入新居后出现身体不适,更有甚者得了白血病,这是由于什么污染造成的?

# 第六节

# 其他污染

前面介绍了大气污染、水污染、固体废物污染和室内污染,除此以外,世界上的污染还有很多,如食品污染、重金属污染、农药污染、光污染、噪声污染等,因此净化环境、消除污染的工作还很艰巨。本节主要介绍食品污染、重金属污染、农药污染及其防治措施。

# 一、食品污染

食品与空气、水、土壤等共同组成了人类生活的环境。人体正是从环境中摄取空气、水和食物，经过消化、吸收、合成，组成人体的细胞和组织的各种成分并产生能量，维持着生命活动。同时又将体内不需要的代谢产物通过各种途径排入环境。食物链是人类周围环境进行物质交换与能量传递的重要途径。食品的质量直接影响人体的健康。

食品从作物栽培、收获、储存、加工、运输、销售、烹调直至食用，经过的环节多、周期长，在此过程中有害于人体健康的化学毒物和病菌都有可能污染食品。按污染物的性质分类，食品污染可分两大类：一是生物性污染，即由致病微生物和寄生虫造成的污染；二是化学性污染，指有毒化学物质对食品的污染。

## 1. 食品的化学污染

食品的化学污染主要指农药、食品添加剂、食品包装容器和工业废物的污染。

汞、镉、铅、砷等元素的一些化合物对食品造成的污染主要渠道是农业上施用的农药和未经处理的工业废水、废渣的排放。常用的砷酸铅、砷酸钙、亚砷酸钠、甲基汞等农药会对粮食作物、蔬菜、瓜果造成直接污染。含有汞、镉化合物的工业废水直接排放到江、河、湖泊，造成水体污染，进而污染水生生物。用受到污染的水灌溉农田，引起土壤污染，必然又污染农作物。人们长期食用被污染的水、鱼、农作物，毒物能通过食物链而富集，在人体内积累而引起慢性中毒。

环境中的农药可以通过人的皮肤、呼吸道和消化道进入人体。常见急性农药中毒事故大多数是由误食被农药严重污染的食物引起的。然而，人们可能常摄入的是一些被农药轻微污染的食物，因而要警惕慢性农药中毒，尤其要谨防农药从口中进入人体。

为提高食品的色、香、味和营养成分或满足工艺要求及延长食品保存期等的需要，有目的地在食品中添加一些人工合成的化学物质或天然物质，这些物质被称为食品添加剂。目前使用的食品添加剂大多数属于化学合成的添加剂。食品添加剂又可以根据其用途的不同，分为发色剂、漂白剂、防腐剂、抗氧化剂、助鲜剂、稳定剂、增稠剂、乳化剂、膨松剂、保湿剂、食用色素以及为增加营养价值而添加的维生素及必需元素等。目前食品添加剂已有近千种。由于有些食品添加剂本身具有一定的毒性，人们长期摄入对健康有害，所以食品添加剂的使用要有严格的限制。

发色剂又叫呈色剂，是为了保持肉类食物的鲜美外观，在加工时加入适量的化学物质，它与食品中的某些成分作用，使食物呈现良好的色泽。肉类腌制品中常用的发色剂是硝酸盐，它在细菌的作用下能还原成亚硝酸盐，然后亚硝酸盐在一定的酸性条件下生成亚硝酸。一般成熟的肉因含乳酸（pH 约为 5.6～5.8），在不加酸的情况下，亚硝酸盐就可以生成亚硝酸，其反应为：

$$NaNO_2 + CH_3CHOHCOOH(乳酸) \longrightarrow HNO_2 + CH_3CHOHCOONa$$

亚硝酸（$HNO_2$）很不稳定，即使在常温下也可以生成亚硝基：

$$3HNO_2 \longrightarrow H^+ + NO_3^- + 2NO + H_2O$$

当人和动物食用了添加硝酸盐和亚硝酸盐的食物后，上述的反应就可能在人和动物体内发生，就会使血液中的血红蛋白转变成高铁血红蛋白，致使血红蛋白失去输送氧的能力，引起紫绀症。亚硝酸盐还是一种致癌物质，若人和动物长期服用后会使其体内细胞发生癌变。

食物是维持人体生理机能的物质，食用后直接关系到人类的身体健康，所以食用前要注意其从栽培、收获、储存、加工、运输、销售、烹饪直至食用的每一个环节，尤其是食物在食用前的卫生状况。

### 2. 食品的霉变

食品霉变十分普遍，有的是有益霉变，被广泛应用于酿造、制药、抗生素等方面的生产，但大多数霉变是十分有害的，稍有产生，就不仅使食品感官劣变，色泽、气味、滋味、状态、外形发生变异，而且会产生很强的毒素，造成人们食物中毒、致病或致癌。目前发现的霉菌毒素有 100 多种，主要分为肝脏毒、肾脏毒、神经毒、造血器官毒、光过敏性物质毒及其他毒素等 6 类。所以，食品防霉关系重大。防霉措施要落实到食品生产的各个环节。如果不注意原料防霉，只搞加工防霉，那就事倍功半了。运输储存时的温度、湿度、包装容器及环境的清洁卫生，都与霉菌的繁衍有关，必须注意防护。在食品工业生产中，物理防霉和化学防霉是较常用的防霉方法。

霉变食品的致癌因素主要是黄曲霉毒素。黄曲霉毒素与癌的发生关系密切。科研人员用被黄曲霉毒素污染的饲料喂养猴子，发现猴子行动迟缓，食欲下降，昏睡，直至死亡。如果减少黄曲霉毒素的剂量，延长喂养时间，发现猴子肝脏里长出肿瘤，即"肝癌"。实验证明，黄曲曲霉毒素是由黄曲霉菌产生的真菌毒素，目前已分离出 B1、B2、G1、G2、H1、H2 等 12 种毒素，其中以黄曲霉素 B1 的毒性和致癌性最强。据调查，我国肝癌高发区，特别是温湿的长江以南，肝癌发病率明显增高，这是因为当地气候很适宜霉菌的生长，食物霉变而污染黄曲霉素的现象较为严重，如玉米、花生、大米等均可污染，这就充分说明了癌症与黄曲霉素的密切关系。

另外，黄曲霉素具有比较稳定的化学性质，只有在 280℃ 以上高温下才能被破坏。为了防止它的污染，要抓好粮食、油料收储和加工的各个环节，防止霉变，如有污染黄曲霉素的霉粒，要挑出来，才能食用。花生米用油炒或干炒，可以将黄曲霉素大部分破坏掉。久置精炼的植物油有少量黄曲霉毒素，炒菜时先将油烧至微热，加入适量食盐，烧至沸腾，再放菜肴烹调亦有除去黄曲霉毒素的效果。大米霉变时，毒素多分布于米粒表层，淘米时用手搓洗，可大大降低大米中的毒素。使用高压锅煮饭，温度在 100℃ 以上，也可以破坏一部分黄曲霉毒素。

霉菌在气温 20～28℃，相对湿度在 80%～90% 环境下比较容易生长，而梅雨季节的气象特征正好符合这个条件。梅雨季节粮食、面粉、干香菇、木耳、笋干、坚果、干辣椒、干萝卜、干咸鱼、海米等干制品都容易受潮，一旦食品产生霉菌，不仅变色、变味，营养价值下降，更为严重的是，霉菌在食品上的繁殖会产生霉菌毒素，引起人体急性中毒、慢性中毒、致畸和致癌，甚至使体内遗传物质发生突变等。

疾控专家建议，在梅雨季节干香菇、木耳、笋干、坚果、干辣椒、干萝卜等干货应置于密封的容器内保存，有条件的应在容器内放置干燥剂。对米、面粉等，应储存在通风干燥处，这样可大幅度降低霉菌产毒的数量。霉菌在低温条件下繁殖速率会减慢，因此冰箱也是一种特殊的"干燥箱"，既保持低温，又能干燥，建议可把干咸鱼、海米放到冰箱里。另外，需提醒的是霉变的花生、玉米千万不能吃，因为它们是黄曲霉菌最易生长并产生毒素的食品，而黄曲霉毒素感染与原发性肝癌密切相关。因此对霉变的食品，千万不要吝惜，一定要及时丢掉，否则容易引起食物中毒。

### 3. 食物中的亚硝胺

亚硝胺是目前所知道的一种最强烈的致癌物质。国内外有人应用 70 多种亚硝胺类化合物，在一千多只大鼠体内做试验，几乎所有脏器都可诱发肿瘤，所以，有人把亚硝胺称作"广谱"致癌物。

亚硝胺类化合物进入食物的途径如下。

① 在人类所处的环境中常含有硝酸盐，而自然界中的许多细菌可将硝酸盐还原成亚硝酸盐，特别是过多使用硝酸盐肥料，或土质中缺钼时，亚硝酸盐即可在农作物中积储。

② 在腌制、熏制食品过程中，常使用亚硝酸盐作为使肉色鲜红的发色剂，它与胺结合即成为具有强烈致癌作用的亚硝胺。事实上，有些食品几乎总是要经过腌制，它们又具有诱人的美味，所以，完全禁止人们吃腌制食品是困难的。

③ 由于蔬菜和水果长时间储存，尤其在食品烧熟后放置过久，往往使亚硝酸盐含量增加。

为降低亚硝胺类化合物在饮食中的含量和防止或减少亚硝胺的形成，应努力采取下述措施：尽量减少硝酸盐肥料的使用，在土壤中增施钼等微量元素，降低亚硝胺类化合物在土壤中的含量；加快开发腌制食品的新添加剂，以取代亚硝酸盐的运用；尽量使用冰箱储存蔬菜和食品，避免储存过程中亚硝酸盐含量的增加；以科学态度不断改进烹调方法，减少仲胺形成机会；不吃或少吃腌制食品，更不要将含有亚硝酸盐或硝酸盐的食品与含有仲胺的食品同时食用。

最近研究证明，维生素C可以阻止亚硝酸盐、硝酸盐与仲胺结合形成亚硝胺，并能使人体组织中的细胞间质致密，免受外界不良物质的侵入，还能维持正常人体组织细胞的新陈代谢。故人们在食用腌制品等含有致癌物质的食物的同时，应多吃一些含大量维生素C的食品，如新鲜的橘子、西瓜、柠檬、苹果、大枣、梨、杏、桃以及各种新鲜蔬菜等。

### 4. 食物中的铝污染

中国疾病预防控制中心的监测显示，中国居民日常膳食中铝的含量较高，已经成为威胁健康的隐患。而儿童摄入铝的危害更大。专家选取了黑龙江、江西、福建等12个省市自治区，采集各种主、副食的烹调方法和食谱，进行了科学细致的检测，结果发现有四成的食品铝含量超过国家标准2~9倍。

食品中含铝是由于制作过程中使用含铝添加剂所致，如明矾等，其作用是使食品膨松酥脆，国家标准中允许以下食品制作过程中加入含铝添加剂：油炸食品、豆制品、水产品、威化饼干、膨化产品、虾片。目前，我国生产并广泛应用的含铝食品添加剂主要有钾明矾、铵明矾和复合含铝添加剂。尽管国家标准没有对食品添加剂中铝含量作出规定，但规定了食品中铝的含量不得超过100mg/kg。但在具体操作中，有的食品加工企业片面追求口感，超标添加食品添加剂，加上食品监管工作中的漏洞，导致铝超标食品危害人们的健康。

（1）铝进入食品的渠道

粉丝、凉粉、油饼、薯条、用含铝的发酵粉非自然发酵法制作的馒头、面包以及其他一些膨化食品都含铝。油条是许多人常吃的一种食品，它在制作过程中，常加入明矾和苏打，其含铝量较高。铝锅、铝壶、铝盆等铝或铝合金制品，也都是铝元素进入人体的来源。尤其是在炒菜时加上点醋来调味，就更加速了铝锅中铝的溶解。

（2）铝污染的危险

据了解，铝是一种低毒金属元素，它并非人体需要的微量元素，不会导致急性中毒，但食品中含有的铝超过一定标准就会对人体造成危害。人体摄入铝后仅有10%～15%能排泄到体外，大部分会在体内蓄积，与体内多种蛋白质、酶等重要成分结合，影响体内多种生化反应，长期摄入会损伤大脑，导致痴呆，还可能出现贫血、骨质疏松等疾病，尤其对身体抵抗力较弱的老人、儿童和孕妇危害更大，可导致儿童发育迟缓，老年人出现痴呆，影响胎儿发育等。

（3）预防铝污染危害的措施

少吃铝含量高的油炸食品、膨化食品。少喝易拉罐饮料（罐装饮料铝的含量比瓶装饮料要高 3～5 倍）。日常生活中应尽量避免用铝锅烹饪食物，或者用铝制的容器盛放醋、果汁等酸性物质。

## 5. 绿色食品

绿色食品是指具有优质营养、安全、无污染的食品，是经过产品质量检测部门和环境检测部门按照行业标准严格检测，由"国家绿色食品发展中心"发给绿色标志的健康食品。绿色标志是质量合格的证明，受法律保护，绿色食品标志见图 2-24，图 2-25 为无公害农产品标志。

绿色标志的图案由三部分组成，即上有太阳、下有叶片、中心为蓓蕾，意思是绿色食品来自优美、纯净的环境，能给人们带来生机勃勃的生命力，以此唤醒人们努力去创造人与自然新的和谐关系。国际上与绿色食品相似的食品，有的国家称有机食品，有的称生态食品，有的称自然食品。有机食品是真正来源于自然、富含营养、品质极高的环保型安全食品，它在生产和加工过程中绝对禁止使用农药、化肥、激素等人工合成物质，而绿色食品允许有限制地使用这些物质。

（1）绿色食品的特点

图 2-24　绿色食品标志

图 2-25　无公害农产品标志

作为绿色食品，首先强调食品来自最佳的生态环境。一是要求食品的生产地符合绿色食品环境质量标准，而该标准应该由农业部指定的环境监测部门审定；二是食品的生产操作，包括作物的种植、畜禽的饲养、水产的养殖以及食品的加工等，必须进行质量监控，一定要符合无污染的生产操作规程；三是食品的包装、储运必须符合国家食品标签通用标准以及绿色食品的特定包装、储运的规定，即产品应依法实行统一标志管理。可见绿色食品是农业、畜牧业、环境保护、营养、卫生各个学科相结合的产物。

（2）绿色食品前景广阔

我国政府对绿色食品开发非常重视，农业部于 1990 年 5 月 15 日向世界宣布绿色食品开发在中国正式起步。因此，5 月 15 日被认为是我国的绿色食品诞生日。我国开发的绿色食品品种主要有粮油、果品、蔬菜、畜禽、蛋奶、水产、酒类、饮料等。

绿色食品的开发，给人类带来了安全的食品，保障了人类身体健康，具有明显的社会效益。另外，随着人们环境意识的增强，在选购食品时会选购绿色食品，这必将带来可观的经济效益。例如，在国际市场上，有机食品就在普通食品货架旁边，但价格比普通食品的价格高 20％，甚至一倍，但是购买者踊跃。

# 二、重金属污染

工业生产中工厂排放的大量粉尘颗粒和废渣，以及废旧家用电器和电池中都含有不等量的铅、镉、汞、砷等重金属的单质及化合物。以电池为例，干电池、充电电池的组成成分：锌皮（铁皮）、碳棒、汞、硫酸化物、铜帽；蓄电池以铅的化合物为主。一般来说这些物质的重量比较大，有的还有剧毒，如果人与其单质直接接触的话，就会产生头晕、恶心、呼吸困难等一系列中毒现象，严重时可致人死亡。

一些重金属不能被微生物降解，如果这些重金属的化合物挥发到空气中，或者流入到水体中，或者沉积在土壤中，那么最终会通过食物链和其他途径进入人体，危害人的健康。如铅，一般情况下，人体摄入过量的铅并不表现出急性中毒症状，但在人体抵抗力下降和受到感染时，铅会从骨骼释放出并引起明显症状。铅的慢性中毒会对人体神经系统、造血功能和肾脏功能造成损伤，且铅进入人体后极难排出，即使不再有铅摄入，原有的铅 4 年之后也只能排出一半。尤其值得注意的是，儿童比成年人更容易发生铅中毒，极少量的铅就可以影响儿童神经的发育和智力的成长。表 2-8 列举了一些主要的重金属元素可能引起的某些疾病。

表 2-8　一些主要的重金属元素可能引起的某些疾病

| 元　素 | 主要应用 | 含重金属废物的来源 | 危　害 |
|---|---|---|---|
| 铅（Pb） | 电池和电器元件、机械制造等方面 | 工业、矿业、汽油、旧电池及废旧电子元件 | 有毒，能引起贫血，及肾、神经系统疾病，有致癌致畸作用 |
| 镉（Cd） | 电镀、颜料、电池和电子元件、塑料稳定剂、合金等方面 | 工业废物、矿渣、旧电池及废旧电子元件 | 有毒，能引起骨质疏松、骨骼软化和变形，有致癌致畸作用 |
| 汞（Hg） | 冶金、化工、制药、化妆品、电气、油漆颜料、纺织等行业中 | 工业和矿业废物、煤、农药 | 有毒，能引起神经性疾病 |
| 砷（As） | 合金制造、化工、陶瓷、医药、染料、农药等行业中 | 矿业副产品、农药 | 有毒，有致癌致畸作用 |

## 1. 镉污染

镉是一种银白色、有光泽的金属，具有质软、耐磨、耐腐蚀的特性。因为在自然界中不存在单独的镉矿石，所以环境中的镉全部来自人为污染，镉不但可以通过水污染使人中毒，而且可以通过含镉的烟尘向外扩散，如含镉的烟尘降落到牧场上，会让牛羊中毒，人再通过饮用中毒的牛奶或食用中毒的牛羊肉而传染上"镉"病。

镉对人体的危害是潜在的，它不容易被人们发现。当人们食用了被镉污染的食物或水后，镉便会潜入人体，并在肝脏、肾脏和骨骼中一点点沉淀下来，当人体中镉的含量达到一定程度时，就会导致骨痛病。骨痛病发作时，哪怕是一点儿轻微的动作，如咳嗽或打喷嚏，都会使病人的骨骼折断甚至弯曲变形，就连呼吸，也会使病人痛苦不堪。

为了防止镉对人体的危害，我国对水体中含镉的最高容许浓度作出明确规定：生活饮水为 0.001mg/L，地面水为 0.01mg/L，渔业用水为 0.005mg/L，工业废水排放为 0.1mg/L 等。

另外，日常生活中大量使用的可充式镍镉电池也是城市中重要的镉污染源，废旧电池的回收处理对消除镉污染具有重要意义，这些情况已经引起我国城市环保部门的高度重视。

## 2. 铅污染

铅在地壳中的质量分数为 $1.6 \times 10^{-5}$，排在元素含量的第 35 位。铅是人类认识最早的几种金属之一，古巴比伦、古犹太、古罗马、古代中国都有使用铅的悠久历史。铅的用途非常广泛，如大家熟悉的熔断丝、铅字、焊料中都含有铅。此外，铅还可用于颜料、石油防爆剂、蓄电池中。铅在为人类服务的同时，也污染了环境，危害了人体的健康。考古分析发现，古罗马贵族遗骨不是普通白色而是含有铅的青灰色。这是因为古罗马喜欢用铅壶盛放酒、糖浆，贵族妇女喜欢用含铅的化妆品，致使很多人铅中毒，造成罗马人寿命缩短，生育能力下降，最终使古罗马消亡，所以有人认为，古罗马的衰亡与铅中毒有关。

由于铅中毒相当缓慢而又隐蔽，所以尽管人类使用铅的历史已有 4000 余年，直至近 200 年才认识它的毒性。铅是一种积累性的毒物，现代人体内的铅含量相当于原始人的 100 倍。

铅是环境污染物中毒性很大的一种重金属，在自然界中分布广，工业用途多。随着我国工业及交通运输业的迅猛发展，环境铅污染日趋严重。由于铅是多亲和性毒物，主要损害神经系统、血液系统、心血管及消化系统。铅的毒性与年龄密切相关，由于儿童生理和发育上的特点，在铅的吸收、分布及排泄过程中具有吸收多、排泄少，骨骼中的铅较易向血液及软组织中移动等特点。因此，儿童对铅的作用更为敏感。

我国的儿童铅中毒是比较重要的公共卫生问题，早在 20 世纪 80 年代，对十几个主要城市的调查表明，有的城区约 50% 的儿童血铅浓度超过了儿童血铅浓度上限值。儿童铅中毒的预防及治疗方法有：①消除环境铅污染；②进行儿童铅中毒的健康教育，如劝阻儿童不吃含铅量高的食品、吃水果要洗净或削皮；③对血铅超标的儿童进行驱铅治疗以减少铅对儿童健康的危害。

## 3. 汞污染

汞俗称水银，银白色，易流动，是在常温下唯一的液体金属。常温下汞不易被氧化，但易蒸发，汞蒸气有毒，加热时氧化为氧化汞。汞有溶解许多金属的能力，所构成的合金统称汞齐。汞不溶于水，易溶于硝酸，也溶于热浓硫酸，但与稀硫酸、盐酸、碱等都不起作用。焙烧含汞矿石可提炼出金属汞。汞的用途很广，在化学工业中用汞作阴极电解食盐溶液制取氯气和烧碱；用汞制造水银灯、光管、真空泵、物理仪表（如气压计、温度计、血压计等）；制造各种含汞药品、试剂、农药、炸药等；用汞齐法提取金银等贵重金属；工艺品或寺庙用金汞齐镀金或镏金。

急性汞中毒主要表现为头痛、头晕，乏力，低度发热，睡眠障碍，情绪激动，易兴奋，胸痛，胸闷，气促，剧烈咳嗽，咳痰，呼吸困难，口腔炎，口腔黏膜肿胀、糜烂、溃疡，牙齿松动、脱落，恶心，呕吐，食欲不振，腹痛，腹泻或大便带血，肾脏损伤，皮炎，尿汞明显增高等。

慢性汞中毒可有头昏、头痛、失眠、多梦、记忆力明显减退、全身乏力、局促不安、忧郁、害羞、胆怯、易激动、厌烦、急躁、恐惧、丧失自信心、注意力不集中、思维紊乱等。

预防措施主要是尽量以无汞材料取代汞，改革工艺、密闭操作、加强通风排气，车间用碘与汞蒸气结合成不易挥发的碘化汞然后用水冲净，注意个人防护和卫生习惯，戴碘化活性炭口罩，班后淋浴、更衣，用 1∶5000 高锰酸钾溶液漱口、洗手等。

# 三、农药污染

美国是世界上使用农药量最大的国家，我国则居第二位。若不使用农药，农作物的收成及家禽生产量会减少 30%，农副产品的价格至少上涨 50%～70%。目前世界上生产使用农药已达 1000 多种，其中大量使用的约有 100 多种。2018 年统计，我国化学农药累计年产量已超过 200 万吨，杀虫剂、杀菌剂、除草剂约占 90%。由于农药的使用是农业增产的重要手段，而且在未来长时间内，农业的生命力一定程度上也依赖农药的广泛使用。

农药的利用率较低，施用农药时，只有 10% 施在作物上，其余 90% 直接或间接散落在土壤和水体中，或通过农作物落叶，降雨而进入土壤中。有些农药难于降解，长期存在于土壤中。农药可通过食物链进入人体中。它的挥发还会造成大气污染。当有毒农药施用在农作物、蔬菜和果树上时，残留在作物表面上的农药，由于脂溶性强，很容易渗入表皮的蜡质层，很难完全清洗掉。如果以这些受污染的粮食、蔬菜作牲畜的饲料，则残留的农药就会转移到肉类、乳类和蛋品中引起污染，最终随食物进入人体。农药还会随农田的灌溉水排入江河，以致农药存留于耐药性强的水生植物中，随后经过复杂的生物化学循环而在鸟类、鱼类和水禽体中积累起来，随着食物链的营养层次逐渐富集和转移，最终进入人体。一旦农药进入人体，就会影响人的正常生理活动。有机氯农药具有神经毒性，能诱发肝脏酶的改变，从而改变人体内的生化过程，使肝脏肿大以致坏死。此外，还能侵犯肾脏，并引起病变。此外，农药对植物也有较大的影响，有些长期喷洒农药的植物会产生基因突变，从而改变植物的形态、营养和作用，图 2-26 为被剧毒农药污染过的韭菜。

图 2-26　剧毒农药使韭菜又肥又大

1962 年，美国生物学家雷切尔·卡逊在她的《寂静的春天》一书中叙述了一个骇人听闻的事实。美国越来越多的地方已经没有鸟儿飞来报春了。书中谈到，在密执安州立大学校园里为了杀灭荷兰榆树病，在 1954 年首次喷洒了 DDT。到了秋天，树叶落地腐烂，被蚯蚓食用，烂叶残存的 DDT 也随之进入蚯蚓体内积累起来。第二年春天，迁徙的知更鸟像往年一样返回校园，以蚯蚓为食。知更鸟吃了蚯蚓以后大量死亡。在以后几个春天里，这一现象重复出现，而少量幸存者也已失去了生育能力。到了 1958 年春天和夏天，在密执安州立大学校园里的任何地方都看不到一只知更鸟。

农药 DDT 危害生物的残酷事实，震惊了整个世界，导致大多数国家禁止生产和使用包括 DDT 在内的有机氯杀虫剂。在过去的几十年间，DDT、六六六等有机氯农药被广泛大量使用，对防治农业病虫害发挥了巨大的作用。统计资料表明，使用农药可以挽回 15% 的收成，如 1989 年全世界使用农药增产价值达 1075 亿美元。但是，由于人们长期滥用农药，使环境中农药的含量大大增加，从而污染了环境，并通过土壤、空气、水和食物链经消化道、呼吸道和皮肤等途径进入人体，从多方面危害人体健康。

目前，有机氯农药已在许多国家先后被禁止使用。我国从 1984 年停止生产六六六、DDT 农药。从 1992 年起，在农业上禁止使用六六六、DDT、二溴氯丙烷、敌枯双等农药。

大力发展高效低毒、低残留农药，如除虫菊酯、烟碱等植物体天然成分的农药，大力开展微生物农药的研究等，以防止农药对环境的污染和人体健康及其他生命生存环境的威胁。

现在，人们越来越认识到，农药像一把双刃剑，虽有对农业发展有有利的一面，但也有不利的一面，必须对其消极影响进行控制，即要采取综合防治的方法，研究新的杀虫途径，联合或交替使用化学、物理、生物和其他有效方法，克服单纯依赖化学农药的做法。掌握昆虫的性信息特征，人工合成昆虫的性激素，并利用昆虫微波传播信息诱杀异性和同类。应用化学不孕剂，如不孕胺、绝育磷等，使害虫失去繁殖能力，而且其杀虫的效果显著。保护害虫的天敌，培育繁殖天敌。破译害虫的 DNA，更改害虫的遗传密码，变更害虫的生活习惯，变有害为无害或破坏其繁殖能力，使其无法繁殖而自灭。

## 阅读资料

### 浙江德清血铅超标事件

2011 年 3 月，位于浙江省湖州市德清县新市镇的浙江海久电池股份有限公司周边，多名儿童及成人在医院检查中被发现血铅超标。5 月 2 日起，德清县政府开始组织企业周边村民进行血铅检测，海久公司也安排职工进行了职业病防治体检，对 2152 名职工及家属和村民进行了血铅检测（职工及家属 1231 人、村民 921 人）。检测结果血铅超标 332 人，其中职工及家属 327 人，村民 5 人。超标人员中成人 233 人（职工 232 人，村民 1 人），儿童 99 人（职工子女 95 人，村民子女 4 人）。

经调查，此次血铅超标事件主要是因企业违法违规生产、职工卫生防护措施不当，县、镇政府未实现防护距离内居民搬迁承诺，地方政府及相关部门监管及应对不力造成的。

环境保护部决定对湖州市实施全面区域限批，取消湖州市德清县生态示范区资格。同时，责成浙江省尽快依法追究地方政府主要领导人责任及肇事企业有关责任人法律责任。

### 思 考 题

1. 食品污染有哪些类型？举例说明食品污染带来的危害。
2. 什么是绿色食品？你认识绿色食品的标志吗？
3. 简述 DDT、六六六等有机氯农药的危害，哪一年开始禁止使用这类农药的？
4. 谈谈防止农药危害的措施，你知道目前正在大力开发哪些新农药？

# 第三章

## 化学与能源

能源是国民经济发展的基本保证，是提高人民生活水平的必要条件。能源已成为当今四大文明支柱之一，能源开发利用问题也成了当今世界最关心的问题之一。本章主要围绕能源开发利用的基本发展趋势，从化学的角度介绍常规能源、新能源以及新能源利用技术。

# 第一节
# 概 述

有史以来，主要能源已经历了从柴草到煤炭到石油的变迁，历史应该肯定：石油和天然气的使用，创造了人类历史上空前灿烂的物质文明。从现在起，主要能源将逐步向多样性能源体系过渡，将来代替石油作为主要能源的不是单一能源，而是以太阳能、核能为主体的多样性能源体系。主要能源的开发利用及其历史演变，都离不开化学及其他相关的科学技术。

## 一、能量是物质运动的基础

在永恒而无限的时空中，小到基本粒子，大到宇宙天体，都在进行着永无休止的物质运动。其所以如此，就是因为能量在起作用。换句话说，能量就是物质之所以运动和变化的原因。

在自然界中处处充满能源，能量无所不在，而它的表现形式又是多种多样的。以汽车为例，轮子转动，这是位置变化的运动，是机械能；汽车鸣喇叭，这是声波在空气中的振动和传播，是声能在起作用；打开车灯照路，这是光能在起作用；鸣喇叭和开车灯都要用电，这是电能在起作用；汽车发动机内的汽油燃烧，这是化学能在起作用。此外还有原子核能、引力势能、生物质能等。正是由于在这个世界上处处充满着能量，而且这些能量还可以相互转化，所以才使我们这个世界绚丽多彩，充满了生机和活力。

## 二、能源的定义和分类

能源是指一切能量比较集中的含能体和提供能量的物质运动形式。能源是人类生存和发展的重要物质基础，是人类从事各种经济活动的原动力，也是人类社会经济发展水平的重要标志。

能源种类很多，但按照它们的来源，大体上可分为三大类。第一类是从地球以外的天体来的能量，其中最重要的是太阳辐射能，简称太阳能。第二类是地球本身蕴藏的能量，如海洋和陆地中储有的各种燃料及地球内部的热能。第三类是由于地球在其他天体的影响下产生的能量如潮汐能。这三类能源统称为一级能源；而人类依靠一级能源来制造加工出许多适合于生产活动的能量形式如电能等，则统称为二级能源。对于一级能源和二级能源，依据它们的形成方式、使用性质、可否再生及使用成熟程度又可将能源作如下分类。

① 按能源的形成方式可划分为一次能源和二次能源。一次能源是自然界中存在的可直接使用的能源（如煤炭、石油、天然气、太阳能等）。二次能源则是指经加工转化成的能源（如电、煤气、蒸汽等）。

② 按能源的使用性质可分为含能体能源和过程性能源。含能体能源是指能够提供能量的物质能源（如煤炭、石油等），其特点是可以保存且可储存运输。而过程性能源是指提供

能量的物质运动形式（如太阳能、电能等），它不能保存，难以储存运输。

③ 按可否再生又可将能源分为可再生能源和不可再生能源。可再生能源是指不随人类的使用而减少的能源（如太阳能）。不可再生能源则是随着人类使用而逐渐减少的能源（如化石能源）。

④ 按现阶段使用的成熟程度又可将能源划分为常规能源和新能源。前者是指人类已长期使用，且在技术上也比较成熟的能源。而后者是指虽已开发并少量使用，但技术上还未成熟而未被普遍使用、却具有潜在应用价值的能源。

能源分类如下。

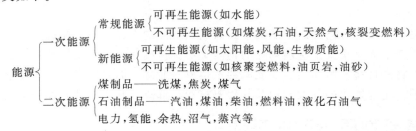

# 三、化学与能源的关系

20 世纪是化学工业蓬勃发展的世纪，也是人们逐步认识其对人类健康、社会安全、生态环境也有危害性的世纪。

化学工业对能源的发展起到了举足轻重的作用。廉价的石油、天然气大量供应，导致石化工业的蓬勃发展，许多石油化工产品开发成功。

研究常规能源的开发和发展离不开化学。煤的氧化、加氢，石油的裂解，都是通过化学反应才实现的。开发新能源更是要通过化学手段来实现。人类利用太阳能蓄热、热发电，光伏发电及光化学发电。太阳能光伏发电是利用光电效应将太阳光辐射能直接转化为电能；而太阳能光化学发电则是利用太阳光辐射化学电池的电极材料，以发生电化学氧化还原反应来获得电能。核能是原子核发生变化时所释放出来的能量。从重核原子的裂变或轻核原子的聚变均可获得巨大的能量。氢能以其质量轻、热值高、无污染等优点而被广泛应用于现代高科技，但自然界中极少单质氢，需要通过化学的方法分解水制氢。因此，能源的开发、利用和发展与化学的关系是非常密切的。

# 四、能源的变迁

## 1. 柴草的开发利用

柴草是指杂草和树枝，它是一种生物质燃料。在远古时代，能把柴草作为燃料使用是一种创举，它的利用起源于远古时代"钻木取火"的发明。

从原始社会到 18 世纪工业革命以前，人类一直以柴草为燃料，依靠人力、畜力，并利用一些简单的水力与风力机械作为动力，从事生产活动，生产和生活水平都很低。这就是人类能源史上经历的柴草时期。

## 2. 煤炭的开发利用

煤作为固体燃料被大规模开发利用，是由于 18 世纪中叶蒸汽机的发明。19 世纪末，煤炭用于发电，电力应用于生产和生活的各个方面，电动机代替了蒸汽机，电灯代替了油灯和蜡烛。从 19 世纪 70 年代到 20 世纪初，煤炭在能源构成中的比例从 24％上升到 95％，从而取代柴草坐上了主要能源的宝座，开始了人类能源史上的煤炭时期。

这就是能源结构第一次变革，它使不可再生的一级能源——煤炭，成为工业的主要能源。

## 3. 石油的开发利用

石油主要是沉淀在一起的低等动植物等，经过复杂的化学和生物化学作用转化而成的液体有机物。它是碳氢化合物的复杂混合物，其主要组成化学元素为碳（C）、氢（H）、氧（O）、硫（S）、氮（N）等，其中碳的含量一般达到 80％～88％，氢的含量为 10％～14％。石油是一种重要的液体燃料和化工原料。

人类利用石油的历史可以追溯到很久以前的古代社会。中国有文字记载的可追溯到公元前 1000 年左右的西周时代，国外有文字记载的可追溯到公元前一千几百年的古巴比伦时代。不过那时都只能是对显露在地表的石油资源的零星的应用。真正大规模的利用石油资源还是从 19 世纪开始的。20 世纪初，内燃机的发明促使石油被大规模开发利用。同时工业革命诱发了社会对石油的迫切需求，也奠定了大规模开发利用石油资源所必需的技术和物质基础。一个多世纪的发展，已使石油工业成为在世界经济中有举足轻重作用的工业部门，全世界每年在石油工业上的投资和利润都达到了飞速的发展。

从 20 世纪 70 年代起，石油消费量占能源总消费量的 50％，从而取代了煤炭成为主要能源，开始了人类能源史上的石油（包括天然气）时期。这就是能源结构史上第二次变革。

## 4. 新能源的开发利用

自 1973 年开始，国际上接连出现两次石油危机。石油输出国和输入国都越来越清醒地认识到，石油是一种蕴藏量极其有限的宝贵能源，必须一方面设法提高其利用率，千方百计节省能源；另一方面也必须考虑寻求新的替代能源。这样，在其他相关高技术群体的支持下，开始了新能源开发利用的新时期，这就是能源结构的第三次变革。实践结果表明，以太阳能、核能、氢能等为代表的新能源将成为未来的能源主体。应该说，第三次变革具有划时代意义。因为人类找到了新的"火种"，而且人类看到了最终获得取之不尽能源的希望之光。

（1）太阳能的开发利用

太阳能是太阳内部高温核聚变反应所释放的辐射能。太阳向宇宙空间发射的辐射功率为 $3.8 \times 10^{23}$ kW 的辐射值，其中 20 亿分之一到达地球大气层。到达地球大气层的太阳能，30％被大气层反射，23％被大气层吸收，其余的到达地球表面，其功率为 $8 \times 10^{13}$ kW，能量相当巨大。

在近四百多年中，人们逐渐把太阳能作为一种能源使用。例如，1615 年发明了太阳能抽水泵，1866 年研制了太阳能发动机，1878 年推出了以太阳能为动力的印刷机。在 20 世纪最初的 10 年中，美国建造了一系列太阳能发电机。1950 年苏联建造了第一座太阳能塔式热电站，1952 年法国建造成功 50kW 的太阳炉，1960 年美国用太阳能平板集热器建起了世界上第一座氨-水吸式空调系统等。

近年来，太阳能利用技术日趋成熟，太阳灶、太阳能热水器、太阳能取暖器、太阳能电池、太阳能房等已不再陌生。太阳能在总能源供应中所占的比例也以较大幅度逐年提高。

（2）核能的开发利用

核能就是通常所说的原子能。我们知道原子由原子核和核外电子组成。原子核外电子的变化过程称化学反应，反应过程中释放出来的能量称化学反应热，简称反应热。原子核结构发生变化的过程称核反应（包括核衰变、核裂变和核聚变反应），核反应过程中释放出来的能量称核能。

例如，1g铀（U）发生原子核裂变反应时可放出 $8 \times 10^7$ kJ 的热量（相当于 3t 煤燃烧时放出的热），按照一个铀原子核裂变开始推算，$1kg^{235}U$ 在 $0.1 \sim 1.0$ 毫微秒的时间内就全部裂变完，放出的热量相当于 2 万吨黄色炸药（TNT）爆炸时放出的热量。

原子核反应堆是控制原子核裂变反应的一种有效装置。1954 年，美国用原子核反应堆建成了世界上第一艘核潜艇，开创了潜艇发展史上的新篇章。原子核反应堆也可以代替火力发电厂的锅炉用来发电，这就是原子能发电。1954 年，苏联建成了第一座原子核发电站。现在已有几十个国家和地区建造了原子核发电站，核能在世界总能源供应中所占的比例也随之以较大的幅度增加。核能有可能与太阳能一起，成为能源史上新能源时期的主要能源。

### 思考题

1. 自公元 18 世纪以来，能源结构发生了哪三次大的变革？
2. 简述能源的定义。
3. 什么叫一次能源、二次能源？什么叫可再生能源？什么叫含能体能源？
4. 你知道多少种能源？哪些是常规能源，哪些是新能源？
5. 为什么我们要开发新的能源？
6. 家庭里使用哪些能源？

# 第二节

# 常规能源

在近半个世纪里，世界上许许多多国家依靠煤、石油和天然气，创造了人类历史上空前灿烂的物质文明。这些常规化石能源不但给世界经济的高速发展提供了动力，而且由此生产的化工产品如纤维、橡胶、塑料、医药、农药等大大提高了人民的物质生活水平。然而对常规能源的过度开采、使用和由之带来的能源危机和环境污染问题，已成为双刃剑，严重制约了常规能源的发展。

在现有经济和技术条件下，已经大规模生产和广泛使用的能源为常规能源，如煤、石油、天然气、水能和核裂变能等。新能源旨在利用新技术系统开发利用的能源，如太阳能、氢能、核聚变能、海洋能、地热能、生物质能等。新能源大部分是天然和可再生的，是未来世界持久能源系统的基础。

## 一、煤

由于成煤植物和生成条件的不同，煤一般分为三大类，它们是腐植煤、残植煤和腐泥煤。由高等植物形成的煤称为腐植煤；由高等植物中稳定组分（角质、树皮、孢子、树脂等）富集（一般含量都在 50% 以上）而形成的煤称为残植煤，这两类煤都在沼泽环境中形成；主要由湖沼、潟湖中的藻类等浮游生物在还原环境下经过腐解形成的煤称为腐泥煤。

在自然界中分布最广而常见的固体燃料是腐植煤，如泥炭、褐煤、烟煤、无烟煤就属于这一类。残植煤的分布则非常少，如我国云南禄劝的角质残植煤，江西乐平、浙江长广的树皮残植煤，以及山西大同煤田的少量孢子残植煤等属于这一类。世界上腐泥煤的储量并不多，研究得也不完整，我国山东鲁西煤田有腐泥煤。属于腐泥煤类的还有藻煤、胶泥煤、页岩油。

### 1. 煤的形成

煤是大量植物遗体被堆积、掩埋在地底下，经过泥炭化和煤化作用而形成的固体有机矿物。组成煤的主要化学元素是碳（C）、氢（H）、氧（O）、氮（N）、磷（P）和硫（S）等。其中，碳的含量达到 $50\%\sim97\%$，故煤又称煤炭。

### 2. 煤的综合利用

（1）煤的气化

煤的气化是让煤在氧气不足的情况下进行部分氧化，使煤中的有机物转化为可燃气体的过程。煤的气化过程涉及 10 个基本化学反应（见表 3-1）。

表 3-1　煤气化过程的基本化学反应

| 化学反应 | $\Delta H/(kJ/mol)$ | 特　征 |
| --- | --- | --- |
| ① $C+O_2 \longrightarrow CO_2$ | $-406$ | 完全燃烧，放热 |
| ② $C+1/2O_2 \longrightarrow CO$ | $-123$ | 不完全燃烧，放热 |
| ③ $C+CO_2 \longrightarrow 2CO$ | $+160$ | 还原反应，吸热 |
| ④ $C+H_2O \longrightarrow CO+H_2$ | $+118$ | 水煤气的生成 |
| ⑤ $C+2H_2O \longrightarrow CO_2+2H_2$ | $+76$ | 生成水煤气时的副反应 |
| ⑥ $CO+H_2O \longrightarrow CO_2+H_2$ | $-3$ | 水煤气的变换，制 $H_2$ |
| ⑦ $C+2H_2 \longrightarrow CH_4$ | $-75$ | 甲烷的生成 |
| ⑧ $CO+3H_2 \longrightarrow CH_4+H_2O$ | $-240$ | 甲烷的生成 |
| ⑨ $2CO+2H_2 \longrightarrow CH_4+CO_2$ | $-247$ | 甲烷的生成 |
| ⑩ $CO_2+4H_2 \longrightarrow CH_4+2H_2O$ | $-253$ | 甲烷的生成 |

其中 $H_2$、$CH_4$ 都是可燃气体，也是重要的化工原料。例如化肥厂在合成氨时需要原料 $H_2$，可利用反应④和⑥；供居民用的燃料最好的是 $CH_4$，反应⑦最理想，反应④生成的水煤气（$CO+H_2$）虽然热值也很高，但 CO 毒性大于 $H_2$ 又易爆，所以不如 $CH_4$ 安全。

根据煤气的不同用途，工程师们调节煤和空气、水和空气的比例，改进气化炉的结构，控制反应温度和压力等条件以达到强化需要的反应、抑制不需要的反应的目的。作为燃料用的煤气实际是 $H_2$、CO、$CO_2$、$CH_4$ 和 $N_2$（由空气带入）的混合气体，若作为化工原料则对气体纯度有一定的要求，需要时还要适当地进行分离提纯。

（2）煤的焦化

煤的焦化也叫煤的干馏，是把煤置于隔绝空气的密闭炼焦炉内加热，煤分解生成固态的焦炭、液态的煤焦油和气态的焦炉气（见图 3-1）。随加热温度不同，产品的数量和质量都不同，有低温（500～600℃）、中温（750～800℃）和高温（1000～1100℃）干馏之分。

低温干馏所得焦炭的数量和质量都较差，但煤焦油产率较高，其中所含轻油部分经过加氢可以制成汽油，所以在汽油不足的地方可采用低温干馏。中温法的主要产品是城市煤气，而高温法的主要产品则是焦炭。

焦炭的主要用途是炼铁，少量用作化工原料制造电石、电极等。煤焦油是黑色黏稠性的油状液体，其中含有苯、酚、萘、蒽、菲等重要化工原料，它们是医药、农药、炸药、染料等行

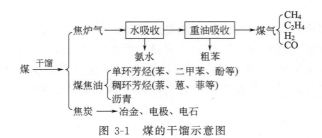

图 3-1　煤的干馏示意图

业的原料，经适当处理可以一一加以分离。焦炉煤气可作燃料，也是重要的化工原料。

（3）煤的液化

煤的液化指煤经化学加工转化成烃类液体燃料和化工原料的过程。煤炭液化的主要方法分为煤的直接液化和间接液化两大类。煤炭液化油也叫人造石油。

煤和石油都是由 C、H、O 等元素组成的有机物，但煤的平均分子量大约是石油的 10 倍，煤的含氢量比石油低得多。所以煤加热裂解，使大分子变小，然后再在催化剂的作用下加氢（450～480℃，12～30MPa）可以得到多种燃料油。原理似乎简单，实际工艺还是相当复杂的，涉及裂解、缩合、加氢、脱氧、脱氮、脱硫、异构化等多种化学反应，不同的煤又有不同的要求。最近 20 年来美国、日本、德国等科学家都致力于这方面的研究，已有多种较好的设计方案。

上述这些先裂解再氢化的方法称直接液化法。另外还有一类方法称间接液化法，它是先使煤气化得到 CO 和 $H_2$ 等气体小分子，然后在一定的温度、压力和催化剂的作用下合成各种烷烃、烯烃和乙醇、乙醛等。第一个采用间接液化法的工厂建成于 1935 年，至今已有八十多年历史。目前还有少数缺油富煤的国家采用这种方法。

综上所述，煤既是能源，也是重要的化工原料。我国是世界上最大的耗煤国家，但 70% 的煤都是直接烧掉，既浪费资源也污染环境。因此，积极开展煤的综合利用是十分重要的。

## 3. 煤的化学性质

（1）煤的氧化

煤的氧化是煤中组分发生氧化的过程，该过程往往同时伴随着结构从复杂到简单的降解过程，所以也称氧解。煤的氧化是常见的现象，在储存较久的煤堆中可以看到与空气接触的表层煤逐渐失去光泽，从大块碎裂成小块，结构变得疏松，甚至可用手指把它碾碎，这就是一种轻度氧化，因为在大气条件下进行，所以通常称风化。若把煤粉与臭氧、双氧水和硝酸等氧化剂反应，会很快生成各种有机芳香羧酸和脂肪酸，这就是深度氧化。

氧化产品的分析鉴定对煤结构研究可提供重要信息，芳香羧酸的产生是煤具有芳香结构的有力证明。煤氧化可以制取具有广泛工农业用途的腐殖酸和芳香羧酸。所以研究煤的氧化不管在理论上还是在实践上都有重要意义。

煤的氧化可以按其进行的深度或主要产品分为 5 个阶段（见表 3-2）。

表 3-2　煤的氧化阶段

| 氧化阶段 | 主要氧化条件 | 主要氧化产物 |
|---|---|---|
| 1 | 从常温到 100℃,空气或氧气氧化 | 表面碳氧配合物 |
| 2 | 100～300℃空气或氧气氧化<br>100～200℃碱溶液中,空气或氧气氧化<br>80～100℃硝酸氧化 | 可溶于碱的高分子有机酸(再生腐殖酸) |

| 氧化阶段 | 主要氧化条件 | 主要氧化产物 |
|---|---|---|
| 3 | 200～300℃碱溶液中空气或氧气<br>加压氧化,碱性介质中 KMnO₄ 氧化,双氧水氧化等 | 可溶于水的复杂有机酸<br>(次腐殖酸) |
| 4 | 与 3 不同,增加氧化剂用量,延长反应时间 | 可溶于水的苯羧酸 |
| 5 | 完全氧化 | 二氧化碳和水 |

（2）煤的加氢

加氢是煤十分重要的化学反应,是研究煤的化学结构与性质的主要方法,同时也是具有发展前途的转化技术。1869 年贝特洛首先发现煤与碘化氢反应,可以加氢转化为液体。1913 年贝尔齐乌斯研究煤在高压下直接加氢获得成功,随后比尔等开发了不怕硫中毒的金属硫化物催化剂,并对贝尔齐乌斯法作了其他改进,使贝尔齐乌斯法在德国首先实现了工业化。在 1944 年前德国共建有 12 套加氢装置,年产油 400 万吨。1927 年研究成功溶剂抽提液化法,当时没有工业化,但它是正在开发的煤液化新工艺的基础。在 20 世纪 50 年代,尤其是 20 世纪 60 年代,煤加氢工艺的开发工作几乎完全停顿,不过理论研究始终没中断。1973 年西方受到"能源危机"的冲击,从此以后石油价格大幅度上涨,提高了煤在一次能源中的地位。

煤加氢的理论研究和技术开发得到世界各国广泛重视。我国在煤液化方面也有较好的基础,20 世纪 50 年代有煤和页岩油加氢工厂运转,一些研究所和高等学校也做过不少研究工作。

# 二、石油

石油是什么？这似乎是人人都能回答的问题。但是对石油等名词的一种比较科学的命名还是在 1983 年在第 11 届世界石油大会正式提出的。这个命名方案对石油等名词作了如下的定义:

石油（Petroleum）,指气态、液态和固态的烃类混合物。

原油（Crude Oil）,指石油的基本类型,储存在地下储集层内,在常压条件下呈液态。原油中也包括一小部分液态的非烃类组分。

天然气（Natural Gas）,也是石油的主要类型,呈气相,或处于地下储层条件时溶解在原油内,在常温和常压条件下又呈气态。天然气内也包括一部分非烃类组分。

石油是碳氢化合物的复杂混合物,其主要组成化学元素为碳（C）、氢（H）、氧（O）、硫（S）、氮（N）等,其中碳的含量一般达到 80%～88%,氢的含量为 10%～14%。

## 1. 石油储量

全球持续走高的油价促使世界大石油公司不断加大科技投入,更快更好地发现大油田。世界大油田的发现仍在继续。2007 年以来,世界各地先后发现储量比较大的油田。例如,西班牙石油企业雷普索尔公司在北非产油国利比亚发现了一个总储量达 16.21 亿桶的大油田；伊朗在西南部的胡其斯坦省新发现储量高达 20 亿桶的大型油田；挪威海德鲁石油在利比亚 Murzuq（迈尔祖格）盆地发现大型石油储备,初步预测可采储量为 4.74 亿桶；巴西在大西洋发现石油蕴藏量达 80 亿桶的大油田。

据 2019 年统计,全球石油行业家底仍比较富足,2019 年全球剩余探明可采储量为 2305.8 亿吨,同比增长 0.6%,2018 年增幅为 0.4%。储量前五的依然是委内瑞拉、沙特、加拿大、伊朗和伊拉克,总储量为 1422.4 亿吨,占全球储量的 61.7%。从地区看,全球石油储备仍集中在中东、美洲、非洲、东欧及苏联、亚太和西欧六大地区。中东地区 2019 年总储量为 1100.2 亿吨，虽同比下滑了 0.2%，但仍是全球最大石油储量（占比 48%）；美洲居第二，其主要得益于美国、阿根廷石油储量爆发式增长，达到 788 亿吨，同比增长 1.8%；其余非洲、东欧及前苏联、亚太和西欧的石油储量分别为 172.1 亿吨、164.3 亿吨、63.6 亿吨和 17.4 亿吨。此外，截至 2018 年底，我国石油储量为 35.7 亿吨，同比增长了 0.9%。

## 2. 石油的重要性

自 19 世纪 70 年代的工业革命以来，化石燃料的消费量急剧增长，初期主要是以煤炭为主，进入 20 世纪以后，特别是第二次世界大战以来，石油的重要性逐渐突显出来。世界石油地区消费量与石油资源拥有量存在严重失衡现象，如北美、西欧、亚太三个地区的石油探明储量不超过世界总量的 22%，而其石油消费却占世界石油消费总量的近 80%。而石油资源在国家发展中具有特殊的战略意义，因此全球围绕油气资源的争夺一直非常激烈。

国际货币基金组织预计，2018～2020 年，全球经济增长率为 3.9%。强劲的经济发展态势将提振原油需求，IEA 预测需求量增速将达年均 120 万桶/天。到 2023 年，石油需求将达到 1.047 亿桶/天，比 2017 年增加了 690 万桶/天。中国和印度对全球石油市场需求的贡献率将近 50%。图 3-2 为 2016 年至 2017 年我国原油累计进口量及同比增速。

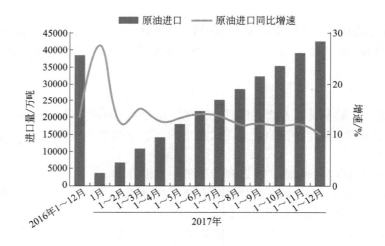

图 3-2　2016 年至 2017 年我国原油累计进口量及同比增速

石油作为化工原料变得越来越重要了。据统计，现代化工产品的 80% 直接或间接地与石油化工有关。特别是有机化工产品 95% 以上是用石油原料生产的。三大合成材料以其价廉物美、质轻耐用等优点已在各行各业中得到了广泛的应用。20 世纪 80 年代末，世界合成树脂的产量以体积计已与钢铁相当，合成纤维的产量已与棉花相当，合成橡胶产量已超过天然橡胶的一倍。目前世界上用作化工原料的油气占总产量的 7%。我国的化工用油约占原油产量的 3.5%。

## 3. 石油的炼制

石油中所含化合物种类繁多。必须经过多步炼制才能使用。主要过程有分馏、裂化、催化重整、加氢精制等。

（1）分馏

烃（碳氢化合物）的沸点随碳原子数增加而升高，加热时沸点低的烃类先汽化，经过冷凝先分离出来，温度升高时，沸点较高的烃再经汽化后冷凝，借此可以把沸点不同的化合物进行分离，这种方法叫分馏，所得产品叫馏分。

分馏过程在一个高塔里进行，分馏塔里有精心设计的层层塔板，塔板间有一定的温差，以此得到不同的馏分。分馏先在常压下进行，获得低沸点的馏分，然后在减压状况下获得高沸点的馏分。每个馏分中还含有多种化合物，可以进一步再分馏。

表 3-3 列举石油分馏主要产品及用途。

**表 3-3　石油分馏主要产品及用途**

| 馏　分 | 温度范围/℃ | 分馏产品名称 | 烃分子中所含碳原子数 | 主要用途 |
|---|---|---|---|---|
| 气体 | | 石油气 | $C_1 \sim C_4$ | 化工原料,气体燃料 |
| 轻油 | 30～180 | 溶剂油<br>汽油 | $C_5 \sim C_6$<br>$C_6 \sim C_{10}$ | 溶剂<br>汽车、飞机用液体燃料 |
| | 180～280 | 煤油 | $C_{10} \sim C_{16}$ | 液体燃料,溶剂 |
| | 280～350 | 柴油 | $C_{17} \sim C_{20}$ | 重型卡车、拖拉机、轮船用燃料,各种柴油机用燃料 |
| 重油 | 350～500 | 润滑油<br>凡士林 | $C_{18} \sim C_{30}$ | 机械、纺织等工业用的各种润滑油,化妆品、医药业用的凡士林 |
| | | 石蜡 | $C_{20} \sim C_{30}$ | 蜡烛,肥皂 |
| | | 沥青 | $C_{30} \sim C_{40}$ | 建筑业,铺路 |
| | ＞500 | 渣油 | $> C_{40}$ | 电极,金属铸造燃料 |

在石油炼制的过程中，沸点最低的 $C_1$ 至 $C_4$ 部分是气态烃，来自分馏塔的废气和裂化炉气，统称石油气。其中有不饱和烃也有饱和烃。不饱和烃如乙烯（$C_2H_4$）、丙烯（$C_3H_6$）、丁烯（$C_4H_8$）等，容易发生加成反应和聚合反应，这些烯烃都是宝贵的化工原料。如乙烯以 $O_2$ 为催化剂在 150℃、20MPa 条件可制得高压聚乙烯［反应式（1）］，日常生活中用的食品袋、食品盒、奶瓶等就是用这种材料制成的。

$$n\,H_2C\!=\!CH_2 \xrightarrow[150℃\ 20MPa]{O_2} \text{─}[CH_2\!-\!CH_2]\!\text{─}_n \tag{1}$$

高压聚乙烯

若用 $TiCl_4$ 做催化剂 100℃常压下，则可制得强度较高的低压聚乙烯［反应式（2）］，它可制造脸盆、水桶等塑料器皿。乙烯也可以用银作催化剂在 250℃ 和常压条件下生成环氧乙烷［反应式（3）］，这是制造环氧树脂的原料之一。乙烯在 $KMnO_4$ 催化作用下可加水成为乙二醇［反应式（4）］，它是制造涤纶的原料之一。如在 $H_2SO_4$ 催化下加水，乙烯也可加成为乙醇［反应式（5）］，乙烯和 HCl 加成为氯乙烷［反应式（6）］，乙烯和 $Cl_2$ 加成生成 1,2-二氯乙烷［反应式（7）］等。

$$n\,H_2C\!=\!CH_2 \xrightarrow[100℃常压]{TiCl_4} \text{─}[CH_2\!-\!CH_2]\!\text{─}_n \tag{2}$$

低压聚乙烯

$$H_2C\!=\!CH_2 + O_2 \xrightarrow[250℃常压]{Ag} H_2C\underset{O}{\diagdown\diagup}CH_2 \tag{3}$$

$$H_2C\!=\!CH_2 + H_2O \xrightarrow{KMnO_4} H_2C\!-\!CH_2 \atop\quad\ \ OH\ OH \tag{4}$$

$$H_2C\!=\!CH_2 + H_2O \xrightarrow[加温加压]{H_2SO_4} CH_3CH_2OH \tag{5}$$

$$H_2C=CH_2 + HCl \longrightarrow CH_3CH_2Cl \qquad\qquad (6)$$

$$H_2C=CH_2 + Cl_2 \longrightarrow \underset{\underset{Cl}{|}}{H_2C}-\underset{\underset{Cl}{|}}{CH_2} \qquad\qquad (7)$$

众多的乙烯产品广泛用于工农业、交通、军事等领域，它是现代石油化学工业的一个龙头产品，是一个国家综合国力的标志之一。

丙烯（$CH_3CH=CH_2$）可以制造聚丙烯塑料、聚丙烯腈（人造羊毛）化学纤维、甘油等。丁烯（$CH_3CH_2CH=CH_2$）经过氧化脱氢变成丁二烯［反应式（8）］，然后可聚合生成顺丁橡胶［反应式（9）］，它的弹性很好，适合做轮胎。丁二烯和苯乙烯共聚可以制造丁苯橡胶［反应式（10）］，这是人造橡胶中用量最大的品种，它的链节一端带有苯环，具有热稳定性好、耐磨、耐光、抗老化等优点。

$$CH_3CH_2CH=CH_2 + \frac{1}{2}O_2 \xrightarrow{\text{氧化脱氢}} CH_2=CH-CH=CH_2 + H_2O \qquad (8)$$

$$nCH_2=CH-CH=CH_2 \xrightarrow{\text{聚合}} \underset{\text{顺丁橡胶}}{\left[CH_2-CH=CH-CH_2\right]_n} \qquad (9)$$

$$nCH_2=CH-CH=CH_2 + nCH_2=CH \xrightarrow{\text{共聚}} \left[CH_2CH=CHCH_2CH_2CH\right]_n \qquad (10)$$

丁苯橡胶

将石油气中这些不饱和烃分离后，剩下的饱和烃中以丁烷（$C_4H_{10}$）为主，它的沸点为 $-0.5\,^\circ\!C$，稍加压力即可液化储于高压钢瓶中。当打开阀门减压时即可气化点燃使用，城市居民用石油液化气的主要成分就是丁烷。另外在液化气中还含有一定量的戊烷（$C_5H_{12}$）和己烷（$C_6H_{14}$），它们的沸点分别是 $36\,^\circ\!C$ 和 $69\,^\circ\!C$，在炼油厂炉气温度高时和丁烷等混在一起，加压液化时也就混入钢瓶，用户在室温打开阀门时，这些杂质沸点较高，在室温不能气化，而以液化形式沉积于钢瓶中。

在 $30\sim180\,^\circ\!C$ 沸点范围内可以收集的馏分，是工业常用溶剂，这个馏分的产品也叫溶剂油。在 $40\sim180\,^\circ\!C$ 沸点范围内可以收集 $C_6\sim C_{10}$ 的馏分，是需求量很大的汽油馏分。按各种烃的组成不同又可以分为航空汽油、车用汽油、溶剂汽油等。

汽油质量用"辛烷值"表示。在汽缸里汽油燃烧时有爆震性，会降低汽油的使用效率。汽油中以 $C_7\sim C_8$ 成分为主，据研究抗震性能最好的是异辛烷，定其辛烷值等于 100，抗震性最差的是正庚烷，定其辛烷值为零。若汽油辛烷值为 85，即表示它的抗震性能与 85% 异辛烷，15% 正庚烷的混合物相当（并非一定含 85% 异辛烷），商品上称为 85 号汽油。

人们发现：1L 汽油中若加入 1mL 四乙基铅 $Pb(C_2H_5)_4$，它的辛烷值可以提高 $10\sim12$ 个标号。四乙基铅是有香味的无色液体，但有毒。有的地方在其中适当加一些色料，提醒人们注意这是含铅汽油。这种抗震剂已沿用了几十年，但在汽车越来越多的今天，汽油燃烧后放出的尾气中所含微量的铅化合物已成为公害。所以目前正努力以改进汽油组成的办法来改善汽油的爆震性。自 20 世纪 70 年代起从环境保护的角度考虑，各国纷纷提出要求使用无铅汽油，有些汽车的设计规定必须使用无铅汽油，以减少对环境的污染。

提高蒸馏温度，依次可以获得煤油（$C_{10}\sim C_{16}$）和柴油（$C_{17}\sim C_{20}$）。它们又分为许多品级，分别用于喷气飞机、重型卡车、拖拉机、轮船、坦克等。蒸馏温度在 $350\,^\circ\!C$ 以下所得各馏分都属于轻油部分，在 $350\,^\circ\!C$ 以上各馏分则属重油部分，其中有润滑油、凡士林、石蜡、沥青等，各有其用途。

（2）裂化

用上述加热蒸馏的办法所得轻油约占原油的 1/4～1/3。但社会需要大量的分子量小的各种烃类，采用催化裂解法，可以使碳原子数多的碳氢化合物裂解成各种小分子的烃类，如：

$$C_{16}H_{34} \xrightarrow[\text{加热加压}]{\text{催化剂}} C_8H_{18} + C_8H_{16}$$

裂解产物成分很复杂，从 $C_1$ 至 $C_{10}$ 都有，既有饱和烃又有不饱和烃，经分馏后分别使用。裂解产物的种类和数量随催化剂和温度、压力等条件不同而异。不同质量的原油对催化剂的选择和温度、压力的控制也不相同。我国原油成分中重油比例较大，所以催化裂化就显得特别重要，经过几十年的研究和实践，我国已开发适用于我国各种原油的一系列铝硅酸盐分子筛型催化剂。经催化裂化，从重油中能获得更多乙烯、丙烯、丁烯等化工原料，也能获得较多较好的汽油。

（3）催化重整

催化重整是石油工业中另外一个重要过程。在一定的温度和压力下，汽油中直链烃在催化剂表面上进行结构的"重新调整"，转化为带支链的烷烃异构体，这就能有效地提高汽油的辛烷值，同时还可得到一部分芳香烃（原油中含量很少而只靠从煤焦油中提取、产量不能满足生产需要的化工原料），可以说是一举两得。现用催化剂是贵金属铂（Pt）、铱（Ir）和铼（Re）等，它们的价格比黄金贵得多，化学家们巧妙地选用便宜的多孔性氧化铝或氧化硅为载体，在表面上浸渍 0.1% 的贵金属，汽油在催化剂表面只要 20～30s 就能完成重整反应。

（4）加氢精制

加氢精制是提高油品质量的过程。蒸馏和裂解所得的汽油、煤油、柴油中都混有少量含 N 或含 S 的杂环有机物，在燃烧过程中会生成 $NO_x$ 及 $SO_2$ 等酸性氧化物污染空气。当环保问题日益受到关注时，对油品中 N、S 含量的限制也就更加严格。现行的办法是用催化剂在一定温度和压力下使 $H_2$ 和这些杂环有机物起反应生成 $NH_3$ 或 $H_2S$ 而分离，留在油品中的只是碳氢化合物。

自 20 世纪 70 年代末开始，石油化工科学研究院针对我国油品特点，开展了大量基础研究工作，开发出多种加氢催化剂，基本满足了国内炼油工业的需要，并有出口。这类催化剂以 $Al_2O_3$ 为载体，活性组分有钴-钼（Co-Mo）、镍-钼（Ni-Mo）、镍-钨（Ni-W）等体系。

综上所述，石油经过分馏、裂化、重整、精制等步骤，获得了各种燃料和化工产品，有的可直接使用，有的可以进行深加工。所以炼油厂总是和几个化工厂组成石油化工联合企业，那里是技术密集、资本密集、劳动力密集的地区。

在石油工业中，把常压蒸馏和减压蒸馏叫做一次加工，这是物理变化过程，而裂化、重整和加氢控制等则叫二次加工，它们都属化学变化过程。这些过程都涉及催化剂，催化剂的研制是石油化工不可缺少的组成部分。催化作用的奥秘是化学工作者十分感兴趣的研究领域。

# 三、天然气

天然气、煤炭与石油，并称目前世界一次能源的三大支柱。天然气的蕴藏量和开采量都很大，其基本成分是甲烷。甲烷除了是基本的化工原料外，主要作为燃料使用。由于天然气热值高，燃料产物对环境的污染少，被认为是优质洁净燃料。

随着世界经济的发展，石油危机的冲击和煤、石油所带来的环境污染问题日益严重，能源结构逐步发生变化，天然气的消费量急剧增长。它不仅作为居民的生活燃料，而且还被用作汽车燃料。天然气用于联合发电系统、热泵、燃料电池等方面都具有十分诱人的前途，发达国家都在竞相进行应用和开发。

# 四、能源危机

## 1. 能源的存量

近年来，在世界能源消费构成中，占能耗比重最大的是石油，其次是煤和天然气，这些都是不可再生能源资源。若按不可再生矿物能源耗用量推算，已探明的石油储量将于2010～2035年耗掉80％；而天然气和煤，从现在算起，天然气只能再用40～80年，煤只能再用200～300年。并且，由于人类目前的认识和技术水平的局限性等原因，人类对地壳的钻探深度只有1万米左右，仅占整个地球体积比例不到2‰。同时，矿物能源的燃烧还会造成对环境的污染。

一个很现实的问题是，这三种重要能源枯竭后人类将用什么作能源？石油和天然气很快将面临枯竭，由于其燃烧时发热量大，相对于煤炭来说污染较小，运输又方便，对国民经济的发展极为有利。因此，在一些经济发达国家中，石油和天然气在一次能源消费中所占的比例相当高，如美国为76.9％，日本为74.8％，意大利高达89.7％。我国由于煤炭资源丰富，煤炭在一次能源消费中所占的比例约在60％以上，考虑到国民经济的可持续发展和环境保护等因素，这一比例需要降低。

可见世界油气的供需矛盾是相当突出的，如果不加调控，必将加速石油和天然气的枯竭。因此，一方面要节约使用矿物能源，以延长使用期，加强勘探深层和海底的矿物能源，扩大开采储量，提高认识水平和技术水平，合理合适放置能源，减轻污染程度；另一方面，要扩大可再生的无污染的常规能源的使用，开辟新能源。

## 2. 能源价格飞涨拖累经济

国际能源市场价格从20世纪70年代至今已经历了四次大的起伏，每一次市场波动都持续了两到四年时间。此间，世界上许多国家受此影响而使自身的工业生产下滑、经济增速放缓甚至下降。

能源供应支撑着整个世界经济的发展。如果没有稳定、充足的能源供应，经济增长就无从谈起。同时，世界能源工业的发展也离不开经济增长的支撑。预计，在今后20年中全球能源需求也会增加40％。亚洲人口的不断膨胀和经济的快速发展使其成为这个需求的一个重要推进因素，世界能源需求的重心正转向亚洲。

新兴市场发展快速、资源不稳定、石油价格飞涨，表明我们正处在一个新的能源时代。2018年3月，国际能源署（IEA）《全球能源和二氧化碳状况报告》中指出，2018年全球能源需求增长了2.3％，为10年来最快的增速。其中天然气涨幅最大，占2017年全球能源消费增幅的45％。化石燃料连续第二年满足了近70％的需求增长。太阳能和风能发电量以两位数的速度增长，仅太阳能发电量就增长了31％。此外，2018年全球石油需求增长了1.3％，这主要归功于石油化工产品的强劲扩张、工业生产和卡车运输服务的增长。石油价格急速高涨，能源价格的波动对世界经济产生强烈影响。新能源的发展、政府和企业如何应对未来能源的挑战已是各国政府不得不面对的重大课题。

**阅读资料**

### 清洁汽油

清洁汽油是一种新配方汽油，它既能够为汽车提供有效的动力，又能减少有害气体的排放。1996 年，北京机动车数量 110 万，这些机动车向空气中排放大量的有害气体，当时，大气中 73.5％的碳氢化合物、63.4％的一氧化碳（CO）、37％的氮氧化物（$NO_x$）是汽车排放的。这些有害气体严重地污染了北京的环境，影响了北京的空气质量。现在，国家制定了新的车用无铅汽油标准，新标准 2000 年 7 月 1 日首先在北京、上海、广州三大城市执行。新标准对车用汽油中可能产生有害气体的组分做了严格的规定，其中：车用汽油中硫含量不大于 0.08（质量分数）；铅含量不大于 0.005g/L；苯含量不大于 2.5％（体积分数，后同）；芳烃含量不大于 40％；烯烃含量不大于 35％等。

使用清洁汽油的好处很多。在车辆方面，对汽油发动机，尤其是电喷发动机的汽车具有以下优点。

① 减少污染　使用清洁汽油的汽车，尾气排放中的碳氢化合物（HC）、一氧化碳（CO）、氮氧化物（$NO_x$）将大大减少，对每个人都有好处。

② 清洁汽车部件　使用清洁汽油的汽车能够保持发动机燃油系统清洁，如化油器或喷嘴，进排气阀、火花塞、燃烧室、活塞等，燃油系统不会产生积炭，减少机械磨损，延长汽车使用寿命。

③ 省油　燃油系统清洁，油品的雾化程度提高，混合气完全燃烧，功率达到最大化。

④ 改善行驶性能　发动机容易启动，转速平稳，加速性能好。

⑤ 乘车感舒适。

### 思考题

1. 石油的主要成分是什么？简述石油对人类发展的贡献。
2. 简述煤的形成过程，煤含有哪几种化学元素？
3. 能源危机指什么？我们应该采取什么样的对策？
4. 依靠单一能源（如煤或石油）来发电，有什么缺点？

# 第三节

# 新能源

新能源的含义在我国是指除常规能源和大型水力发电之外的太阳能、氢能、核能、风能、生物质能、海洋能、地热能等。"新"与"常规"相比是一个相对的概念，随着科学技术的进步，它们的内涵将不断发生变化。新能源的出现与发展，一方面是能源技术本身发展的结果，而另一方面也是由于它们在解决能源危机及环境问题方面呈现出新的应用前景。目前最有发展前景的新能源包含太阳能、氢能、核能、风能等。

# 一、太阳能

## 1. 太阳能概述

太阳是一座核聚合反应器，不断放出巨大的能量来维持太阳的光和热辐射。

太阳能是指太阳的辐射能。我们知道太阳是离地球最近的一颗恒星，它离地球大约 1.5 亿千米，其表面温度约 6000℃左右。太阳能的产生主要是因为太阳内部连续不断地发生以氕和氘转变为氦的核聚变反应，好像许多颗巨型氢弹在连续爆炸一样，可以放出惊人的能量。

太阳能既是一次能源，又是可再生能源。它资源丰富，取之不尽，用之不竭；太阳能可就地取用，无需运输；太阳能作为一种清洁能源，在开发利用过程中对环境无任何污染。正是由于这些独特的优点，太阳能将在世界能源结构中担当重任，成为理想的替代能源。

人类利用太阳能已有几千年的历史，但其发展一直很缓慢，现代意义上的开发利用只是近半个世纪的事情。1954 年，美国贝尔实验室研制出世界上第一块太阳能电池，从此揭开了太阳能开发利用的新篇章。之后，太阳能开发利用技术发展很快，特别是 20 世纪 70 年代爆发的世界性石油危机大大促进了太阳能的开发利用。

但太阳能也有两个主要缺点：一是能流密度低；二是其强度受各种因素（季节、地点、气候等）的影响不能维持常量。这两大缺点大大限制了太阳能的有效利用。近年来由于新材料技术的飞速发展，给太阳能的利用创造了许多有利条件，使太阳能的利用展现出前所未有的广阔前景。

## 2. 我国的太阳能资源

我国地域辽阔，全国大约有 2/3 以上的地区太阳能资源较为丰富，其中尤以西藏和西北地区最为突出，在这些地区太阳光的辐射强度大，日照时间长，非常适合太阳能的开发利用。

太阳能资源是分析太阳能利用是否可行的基础。我国的太阳能资源十分丰富，为各种太阳能利用系统提供了巨大的市场。我国各地的年太阳辐射量在 $336\sim840J/cm^2$，年日照时间为 $2000\sim3000h$。太阳辐射强度取决于纬度、季节、各地的天气状况等诸多方面的因素。估算太阳能资源要充分考虑水平辐射、散射辐射以及各个朝向的太阳辐射值。表 3-4 给出了我国 14 个城市不同方向的年平均太阳辐射强度。

表 3-4　我国 14 个城市不同方向年平均太阳辐射强度/$(kW \cdot h/m^2)$

| 城　市 | 水平面 | 南　墙 | 北　墙 | 西　墙 | 东　墙 | 斜　面 |
|---|---|---|---|---|---|---|
| 广州 | 1234 | 737.2 | 246.3 | 702.1 | 702.1 | 1331.4 |
| 香港 | 1290.8 | 717.8 | 299.9 | 727.3 | 727.3 | 1363.7 |
| 哈尔滨 | 1303.5 | 1299.5 | 281.9 | 891 | 891 | 1724.6 |
| 上海 | 1316 | 901.2 | 276.2 | 782.4 | 782.4 | 1481.3 |
| 西安 | 1321 | 951.6 | 279.4 | 801.4 | 801.4 | 1512.1 |
| 昆明 | 1338.3 | 878.8 | 293.3 | 774.8 | 774.8 | 482.6 |
| 南京 | 1351.4 | 950.4 | 285.2 | 808.6 | 808.6 | 1533.9 |
| 海口 | 1426.3 | 698.4 | 279.6 | 793.2 | 793.2 | 1471.2 |
| 天津 | 1463.9 | 1240 | 314.5 | 930.5 | 930.5 | 1785.5 |
| 兰州 | 1510.2 | 1137 | 316.2 | 930.6 | 930.6 | 1757.9 |

续表

| 城　市 | 水平面 | 南　墙 | 北　墙 | 西　墙 | 东　墙 | 斜　面 |
|---|---|---|---|---|---|---|
| 北京 | 1564.6 | 1349.1 | 328.3 | 1001.5 | 1001.5 | 1926.9 |
| 吐鲁番 | 1618.6 | 1464.9 | 355.8 | 1063.3 | 1063.3 | 2034.2 |
| 哈密 | 1763.5 | 1620.9 | 387.1 | 1160.3 | 1160.3 | 2233.1 |
| 拉萨 | 2195 | 1520.5 | 435.8 | 1299.5 | 1299.5 | 2486.1 |

由于青藏高原地区海拔高、空气稀薄、太阳辐射强、晴天多、年日照时间在 3000h 以上，因而该地区太阳能资源最为丰富。在所列 14 个城市中，拉萨的太阳辐射值最大，素有"日光城"之称，其太阳辐射值与太阳能资源丰富的沙特、阿曼等国家相比，基本持平。而即使是太阳辐射值最小的广州也要比已建有太阳能利用系统且利用效果良好的日本的一些地区要好。国内许多地区拥有丰富的太阳能资源，这无疑为我们进行太阳能资源的利用开发提供了极为有利的研究基础。

### 3. 太阳能开发利用

人类对太阳能的利用有着悠久的历史。我国早在两千多年前的战国时期就知道利用钢制四面镜聚焦太阳光来点火，利用太阳能来干燥农副产品。发展到现代，太阳能的利用已日益广泛，除了植物的光合作用外，人类还可以利用太阳能蓄热、热发电、光伏发电及光化学发电。

人们在利用太阳能时，一般是把太阳的辐射能先转换成热能、电能或其他形式的能量后再加以利用，常用的转换方式有光-热转换、光-电转换和光-化学转换。

（1）太阳能的光-热转换

太阳能的光-热转换是太阳能利用中最主要的转换方式。实现这种转换的是各种光-热转换装置，其基本设计思想是先设法把太阳辐射能收集起来，然后利用它来加热。目前，具有实用价值的光-热转换装置有太阳灶、太阳能热电站、太阳房、太阳能干燥器、太阳能热水器和太阳能航标灯塔等。

（2）太阳能的光-电转换

太阳能的光-电转换是把太阳辐射能直接转换成电能。这种转换通常是让太阳的辐射光子通过半导体物质来实现的，在物理学上叫做光生伏打效应。

太阳能电池是根据光生伏打效应制成的，因而也称它为光伏电池。太阳能电池不同于我们平时所用的干电池和蓄电池，它完全是通过物理过程产生电流。太阳能电池也不同于火力发电，因为它是直接把太阳能转换成电能。所以，太阳能电池既没有化学腐蚀，也没有机械转动声，更不会排出污染物。

具有应用价值的太阳能电池有硅太阳能电池、硫化镉太阳能电池、硫化铟太阳能电池、砷化镓太阳能电池等。其中，硅太阳能电池是第一个实际应用的太阳能电池，于 1954 年由美国研制成功。

太阳能光伏电池已在现代高科技中得到广泛的应用，特别是在人造卫星和宇宙飞船探测宇宙空间方面已成为可靠的能源。宇航员在宇宙飞船或太空站中的生活也是靠太阳能光伏电池来提供热能和电能来维持化学反应，以供应人体所需要的氧气和水，同时不断除去人体排出的二氧化碳及异味。随着太阳能光伏电池研究的不断深入，其开发应用也正在逐步走向产业化、商业化，也必将成为 21 世纪最有希望的可再生能源发电技术之一。

20 世纪 70 年代初的世界石油危机，使太阳能电池的应用由空间转向地面。时至今日，太阳能电池在地面上已得到了广泛的应用。

目前，太阳能电池主要作为微波通信电源。此外，作为交通信号、广告照明、小型计数器和手表的电源。

（3）太阳能的光-化学转换

太阳能的光-化学转换是将太阳能直接转换成化学能。这种转换一般通过植物的光合作用和光化学反应实现。

光合作用是将太阳能转变成植物化学能加以利用。人类赖以生存的粮食就是太阳能和生物的光合作用生成的。光合作用可表示为：

$$6CO_2 + 6H_2O \xrightarrow[\text{太阳能}]{\text{叶绿素}} C_6H_{12}O_6 + 6O_2$$

生成的碳水化合物维持着生命活动所需的能量。

太阳能分解水制氢是将太阳能转换成能够储存的化学能的重要方法。由于氢是一种理想的高能物质，地球上水的资源又极为丰富，所以太阳能分解水制氢技术很有发展前景。目前，太阳能分解水制氢的方法大约有下列几种：光化学分解水制氢；光电化学分解水制氢；模拟植物光合作用分解水制氢；太阳光配位催化分解水制氢。

由此可见，太阳能开发利用的前景是广阔的，但当前太阳能的开发利用仅处于初级阶段，需要不断深化，尤其关键的是太阳能转换效率的提高和成本的降低。人们相信，随着科学技术的发展和世界对能源需求的日益增长，太阳能的开发利用必将出现一个崭新的蓬勃发展的新局面。

# 二、氢能

虽然自然界中单质氢很少，但氢却是最普遍存在的元素之一，如一个水分子中含有两个氢原子。氢来源广，最具前景的方法就是从水中制取。单质氢在常温常压下是气体，在超低温和高压下又可成为液体。氢气的燃烧热值很高，为汽油热值的3倍。氢气燃烧后，与氧化合生成水，不会污染环境。氢还可以通过燃料电池与氧发生电化学反应，以直接获取电能和热能。氢能以其质量轻、热值高、无污染等优点而被广泛应用于现代高科技，如航天器、导弹、火箭、汽车等方面，实践证明氢作为能源有着十分诱人的前景。

## 1. 氢能的特点

氢位于元素周期表之首，它的原子序数为1，在常温常压下为气态，在超低温高压下又可成为液态。作为能源，氢有以下特点。

① 所有元素中，氢质量最轻。在标准状况下，它的密度为0.0899g/L；在−252.7℃时，可成为液体，若将压力增大到数百个大气压，液氢就可变为金属氢。

② 所有气体中，氢气的导热性最好，比大多数气体的热导率高出10倍，因此在能源工业中氢是极好的传热载体。

③ 氢是自然界存在最普遍的元素，据估计它构成了宇宙质量的75%，除空气中含有氢气外，它主要以化合物的形态储存于水中，而水是地球上最广泛的物质。据推算，如把海水中的氢全部提取出来，它所产生的总热量比地球上所有化石燃料放出的热量还大9000倍。

④ 除核燃料外，氢的发热值是所有化石燃料、化工燃料和生物燃料中最高的，为142351kJ/kg，是汽油发热值的3倍。

⑤ 氢燃烧性能好，点燃快，与空气混合时有广泛的可燃范围，而且燃点高，燃烧速率快。

⑥ 氢本身无毒，与其他燃料相比氢燃烧时最清洁，除生成水和少量氮化氢外不会产生诸如一氧化碳、二氧化碳、碳氢化合物、铅化物和粉尘颗粒等对环境有害的污染物质，少量的氮

化氢经过适当处理也不会污染环境，而且燃烧生成的水还可继续制氢，反复循环使用。

⑦ 氢能利用形式多，既可以通过燃烧产生热能，在热力发动机中产生机械功，又可以作为能源材料用于燃料电池，或转换成固态氢用作结构材料。用氢代替煤和石油，不需对现有的技术装备作重大的改造，现在的内燃机稍加改装即可使用。

⑧ 氢可以气态、液态或固态的形式出现，能适应储运及各种应用环境的不同要求。

由以上特点可以看出氢是一种理想的新的含能体能源。目前液氢已广泛用作航天动力的燃料，但氢能的大规模的商业应用还有待解决以下关键问题。

① 价廉的制氢技术。氢是一种二次能源，它是通过一定的方法利用其他能源制取的，不像煤、石油和天然气等可以直接从地下开采。它的制取不但需要消耗大量的能量，而且目前制氢效率很低，因此寻求大规模的价廉的制氢技术是各国科学家共同关心的问题。

② 安全可靠的储氢和运输氢方法。由于氢易气化、着火、爆炸，因此如何妥善解决氢能的储存和运输问题也就成为开发氢能的关键。

## 2. 氢的制造技术

在人类生存的地球上，虽然氢是最丰富的元素，但单质氢的存在极少，为了开发利用清洁的氢能源，必须首先开发氢源。自然界中氢已和氧结合成水，必须用热分解或电分解的方法把氢从水中分离出来。如果用煤、石油和天然气等燃烧所产生的热或所转换成的电来分解水制氢，那显然是得不偿失的。现在看来，高效率的制氢的基本途径是利用太阳能。如果能用太阳能来制氢，那就等于把无穷无尽的、分散的太阳能转变成了高度集中的干净能源了，其意义十分重大。

以下对各种制氢方法进行介绍。

### （1）电解水制氢

电解水制氢是目前应用比较广且比较成熟的方法之一。电解水制氢过程是氢与氧燃烧化合成水的逆过程，因此只要提供一定形式的能量，就可使水分解。电解水制氢的效率一般在$75\% \sim 85\%$，其工业过程简单、无污染，但耗电量大，因而其应用受到一定的限制。为了提高电解效率，可对工艺及设备进行不断地改进。例如采用固体高分子离子交换膜既可作为电解质，又可作为电解池阴阳极的隔膜；而在电解工艺上采用高温高压可有利于电解反应的进行。

### （2）太阳能制氢

利用太阳能制氢有重大的现实意义，但又是一个十分困难的研究课题，有大量的理论和工程技术问题要解决，世界各国对此都十分重视，投入不少的人力、财力、物力，并且业已取得了多方面的进展。因此将来以太阳能制得的氢能，将成为人类普遍使用的一种优质、干净的能源。

目前，最有前途的制氢方法是光分解水制氢气、微生物制氢气和太阳能热化学分解水制氢气。

光分解水制氢法有很多种，其中所谓"水中取火"的方法是非常诱人的。它只要在水中放入催化剂，在太阳光的作用下就能使水分解放出氢气和氧气。如果这种方法切实可行，人们只要在飞机和汽车的油箱中装满水，再加入一些催化剂，在太阳光的照射下就可以行驶起来。目前，研究得比较多的催化剂是钙与联吡啶形成的配合物以及二氧化钛和某些含钌的化合物等。

微生物制氢法是利用一些微生物在太阳光作用下使水分解放出氢气，这是非常有前途的一种方法。例如，红螺菌在太阳光作用下就能使水分解放出氢气，它自身的生长和繁殖又很快，而且能在农副产品的废水和乳品加工厂的垃圾中培育。因此，美国宇航部门准备把这种红螺菌带到太空去，并用它分解水放出的氢气作为能源供航天器使用。

太阳能热化学分解水制氢法也是很有希望的。它只要在水中加些催化剂并加热到适当的温度，就使水分解制得氢气和氧气，而且所加的催化剂可反复使用。这种方法一旦被推广，燃氢汽车将会代替燃油汽车。

（3）热化学循环分解水

纯水的分解需要很高温度（大约4000℃）。1960年，科学家们观察到可利用核反应堆的高温来分解水制氢。为了进一步降低水的分解温度，可在水的热分解过程中引入一些热力学循环，使得这些循环的高温点低于核反应堆或太阳炉的最高极限温度。目前高温石墨反应堆的温度已高于900℃，而太阳炉的温度可达1200℃，这将有利于热化学循环分解水工艺的发展。1980年美国化学家提出了如下的硫-碘热化学循环。

$$2H_2O + SO_2 + I_2 \longrightarrow H_2SO_4 + 2HI$$
$$H_2SO_4 \longrightarrow H_2O + SO_2 + 1/2O_2$$
$$2HI \longrightarrow H_2 + I_2$$

总反应为：
$$H_2O \longrightarrow H_2 + 1/2O_2$$

近年来各国已先后研究开发了20多种热化学循环法，有的已进入中试阶段。

（4）矿物燃料制氢

目前，制备氢气的最主要方法是以煤、石油及天然气为原料。以煤为原料制氢的方法中主要有煤的焦化和气化。煤的焦化是在隔绝空气的条件下，于900～1000℃制取焦炭，并获得焦炉煤气。按体积比计算，焦炉煤气中的含氢量约为60％，其余为甲烷和一氧化碳等，因而可作为城市煤气使用。

煤的气化是指煤在常温常压或加压下与气化剂反应转化成气体产物。气化剂为水蒸气或氧气（空气）。在气体产物中，氢气的含量随不同气化方法而有变化。气化的目的是制取化工原料或城市煤气。水煤气的反应为：

$$H_2O(g) + C(s) \longrightarrow CO(g) + H_2(g)$$

以天然气或轻质油为原料，在催化剂的作用下，制氢的主要反应为：

$$CH_4 + H_2O \longrightarrow CO + 3H_2$$
$$CO + H_2O \longrightarrow CO_2 + H_2$$
$$C_nH_{2n+2} + nH_2O \longrightarrow nCO + (2n+1)H_2$$

采用该方法制氢，反应温度一般控制在800℃，而制得氢气的体积一般达75％。

采用重油为原料，可使其与水蒸气及氧气反应制得含氢的气体产物，含氢量一般在50％。部分重油在燃烧时放出的热量可为制氢反应所利用，而且重油价格较低，此法已为人们所重视。

（5）生物质制氢

生物质资源丰富，是重要的可再生能源。生物质可通过气化和微生物法制氢。在生物质气化制氢方面，可将原料如薪柴、锯末、麦秸、稻草等压制成型，在气化炉中进行气化或裂解反应可制得含氢的燃料气。

中国科学院广州能源研究所和中国科技大学在生物质气化技术的研究领域已取得一定成果，在生物质的气化研究方面，产物中氢含量可达10％，热值达11MJ/m³，可作为农村燃料。在国外，生物质的气化产物中，氢的含量已大大提高，因而已能大规模生产水煤气。

采用微生物在常温常压下进行酶催化反应来制取氢气亦备受人们的关注。生物质产氢主要有营养微生物产氢和光合微生物产氢两种。营养微生物产氢的原始基质是各种碳水化合物、蛋白质等。目前已有利用碳水化合物发酵制氢的专利，并可利用产生的氢气作为发电的能源。光合微生物产氢是利用相关微生物（如微型藻类）和光合作用的联系来产生氢。国外已利用光合作用设计了细菌产氢的优化生物反应器，其规模可达日产氢 2800$m^3$。该法采用各种工业和生活污水及农副产品的废料为基质，进行光合细菌连续培养，可一举三得地在产氢的同时，还可净化废水和获得单细胞蛋白，很有发展前景。

（6）其他方法制氢

在多种化工过程中，如电解食盐制碱过程、发酵制酒过程、合成氨生产化肥过程、石油炼制过程等，均有大量副产物氢气。如果能采取适当的措施对上述副产物进行氢气的分离回收，每年可获得数亿立方米的氢气。另外，研究表明从硫化氢中亦可制得氢气。总之，制氢方法的多样性使得氢能源的研究开发充满了新的生命活力。制氢研究新进展的取得将会不断地促进氢能源的综合利用与开发。

## 3. 氢的储存和运输

氢的储存主要有气态储存、液态储存和固态储存三种方式，作为能源使用比较有希望的方式是固态储存。

（1）氢的气态储存

由于氢气密度小、体积大，所以在常温常压下储存氢气是没有任何实用意义的。一般认为，氢气作为燃料使用时的储存，应该与天然气的大规模储存相同，最好储存在远离城市的地下气体仓库中。在城市中则建立合适的转运、分配系统，以适应不同要求用户的需要。此外，需要特别注意的是防止氢气的渗漏。

（2）氢的液态储存

常用的方法是将氢气深冷液化并罐装运输。但需要零下 250℃ 的超低温，盛器复杂，价格过于昂贵，而且不安全，一般只用于火箭、宇宙飞船等航天工业。现正在试验把液氢喷气式发动机用于民用航空运输，以制造速度超过超音速飞机 6～8 倍的新型飞机。

（3）氢的固态储存

目前，极有前途的一种方法是将氢气以固体金属合金氢化物的形式储存在金属合金中。非常有趣的是，当氢气遇到某些金属合金时，就像水遇到海绵一样，氢分子会钻进金属合金的晶格里形成金属合金氢化物，从而使氢气固体化储存起来；当外界条件稍微改变时，所生成的金属合金氢化物就分解放出氢气。故有人把这种金属合金叫做"氢海绵"。用金属合金来储存氢气，不仅储氢量大，而且管理、搬运和使用都非常安全和方便。例如，1kg 的镧镍合金，其体积只有 115$mm^3$，但可储存 15g 氢气。

目前，已经发现有几百种金属和合金能成为"氢海绵"，其中稀土合金是最有发展前途的一种合金，研究得比较多的是镧镍合金。"氢海绵"的制作方法并不复杂，只要先将金属或合金机械破碎，然后在高压下使氢气渗入，经过反复处理后这种合金就可快速吸氢和放氢，成为"氢海绵"。

## 4. 氢的应用及展望

早在第二次世界大战期间，氢即用作 A-2 火箭发动机的液体推进剂。1960 年液氢首次用作航天动力燃料。1970 年美国发射的"阿波罗"登月飞船使用的起飞火箭也是用液氢作燃料。现在氢已是火箭领域的常用燃料了。对现代航天飞机而言，减轻燃料自重，增加有效载荷变得更为重要。氢的能量密度很高，是普通汽油的 3 倍，这意味着燃料的自重可减轻

2/3，这对航天飞机无疑是极为有利的。今天的航天飞机以氢作为发动机的推进剂，以纯氧作为氧化剂，液氢就装在外部推进剂桶内，每次发射需用 $1450m^3$，重约 $100t$。

现在科学家们正在研究一种固态氢的宇宙飞船。固态氢既作为飞船的结构材料，又作为飞船的动力燃料。在飞行期间，飞船上所有的非重要零件都可以转作能源而消耗掉。这样飞船在宇宙中就能飞行更长的时间。在超声速飞机和远程洲际客机上以氢作动力燃料的研究已进行多年，目前已进入样机和试飞阶段。

在交通运输方面，美、德、法、日等汽车大国早已推出以氢作燃料的示范汽车，并进行了几十万公里的道路运行试验。其中美、德、法等国是采用氢化金属储氢，而日本则采用液氢。试验证明，以氢作燃料的汽车在经济性、适应性和安全性三方面均有良好的前景，但目前仍存在储氢密度小和成本高两大障碍。前者使汽车连续行驶的路程受限制，后者主要是由于液氢供应系统费用过高造成的。

氢不但是一种优质燃料，还是石油、化工、化肥和冶金工业中的重要原料和物料。石油和其他化石燃料的精炼需要氢，如烃的加氢、煤的气化、重油的精炼等，化工中制氨、制甲醇也需要氢，氢还用来还原铁矿石。用氢制成燃料电池可直接发电，采用燃料电池和氢气-蒸汽联合循环发电，其能量转换效率将大大提高。许多科学家认为，氢能在 21 世纪有可能成为在世界能源舞台上的一种举足轻重的二次能源。

# 三、核能

## 1. 核能概述

核能（又称原子能、原子核能）是原子核结构发生变化时放出的能量。核能释放通常有两种方式：一种是重核原子（如铀）分裂成两个或多个较轻原子核，产生链式反应，释放的巨大能量称为核裂变能。另一种是两个较轻原子核（如氢的同位素氘、氚）聚合成一个较重的原子核，释放出的巨大能量则称为核聚变能。

裂变是较重的原子核在足够能量的中子轰击下分裂成较轻原子核的过程。当 $^{235}U$ 原子核发生裂变时，分裂成两个不相等的碎片和若干个中子。裂变过程相当复杂，已经发现裂变产物有 35 种元素，放射性核素有 200 种以上。下面是 $^{235}U$ 裂变中的一种方式：

$$^{235}_{92}U + ^{1}_{0}n \longrightarrow ^{139}_{56}Ba + ^{94}_{36}Kr + 3^{1}_{0}n$$

要使两个轻核发生聚变反应，必须使它们彼此靠得足够近，这样核力才能把它们结合成新的原子核。但原子核带正电，当靠得愈来愈近时，它们之间的静电斥力愈来愈大。要使两个原子核克服巨大斥力而结合，必须具有足够大的速度，即需具有足够高的温度。对于两个氘核的聚变反应，温度必须高达 1 亿度，对于氘核与氚核间的聚变反应，温度必须在五千万度以上。氢弹爆炸（核聚变反应）就是由其本身所含的小型原子弹爆炸提供高温而引发的。

在核聚变的高温条件下，物质已全部电离形成高温等离子体。在聚变过程中，需对高温等离子体进行充分的约束，使其达到一定密度并维持"足够长"的时间，以便充分地发生聚变反应，放出足够多的能量，使得聚变反应释放的能量远大于产生和加热等离子体本身所需的能量及其在这个过程中损失的能量。这样，便可利用聚变反应放出的能量来维持其自身所需的极高的温度，而无需再从外界输入能量。

总之，从重核原子的裂变或轻核原子的聚变均可获得巨大的能量。目前，人类已实现了可控的核裂变反应，并将核裂变能利用来发电；但是到目前为止，人类还未实现可控的核聚变反应。

2. 核能的特点

核能有五大优点。第一个优点是它的能量巨大，而且非常集中。例如，1kg 的 $^{235}$U 全部裂变放出的热量，相当于 2700t 标准煤或 200t 石油完全燃烧时放出的热量。

核能第二个优点是运输方便，而且地区适应性强。因为它的体积很小，1kg 的铀只有 3 个火柴盒摞起来那么大。

核能第三个优点是资源丰富。陆地上的核资源相对有限，但海洋中的核资源可谓取之不尽、用之不竭。例如铀资源，虽然每 1000t 海水中只含有 3g 铀，但海水是如此丰富，所以海洋里铀的总储量就大得惊人，其数量可达到 40 亿吨，要比陆地已知的铀储量大数千倍。

核聚变燃料主要是氘（D）和氚（T），氘主要来自海水中的重水。重水是由两个氘原子和一个氧原子组成，由此推算海水中的总蕴藏量可达到 25 万亿吨。如果把这些核聚变燃料都开发出来，哪怕全世界能源的消费量要比现在大 100 倍，也足以供应人类使用 10 亿年。虽然氚在自然界的存在很少，但它可以用轰击氘化合物或通过铍与氚的核反应等方法获得。

更为可喜的是，科学家发现在月球上也有核资源。20 世纪 60 年代，美国阿波罗飞船成功地降落在月球上，宇航员从月球上带回了 368 千克月球岩石和尘埃，经过分析鉴定，确认月球上有大量的 $^3$He。$^3$He 是 $^2$He 的同位素，它也能进行核聚变反应和发电。据美国科学家计算，从月球尘埃和岩石中含有的 $^3$He 所能提供的能量，已超过美国目前每年所需能量的 50 万倍。

核能第四个优点是核燃料可以循环使用。大家都知道，煤炭、石油等矿物燃料燃烧时只是消耗燃料，所以燃烧后剩下的是无价值甚至有害的灰渣。而核燃料在反应堆内燃烧时，在烧掉核燃料的同时还能生成一部分新的核燃料，没有烧完的和新生成的核燃料经过加工处理后可重新使用。计算表明，一座 100 万千瓦的核电站通过核燃料的回收，可节约 40% 左右的天然铀，获得的新生成的核燃料相当于 1.5t 天然铀，这是笔可观的资源。

核能第五个优点是核燃料可以增殖。在普通的原子核反应堆即热中子反应堆中，热中子只能使 $^{235}$U 裂变而不能使 $^{238}$U 裂变。但 $^{238}$U 吸收中子后，可以变成另一种可裂变的核燃料 $^{239}$Pu。从数量上看，所产生的 $^{239}$Pu 不足以抵偿 $^{235}$U 的消耗。因此，在这种热中子反应堆中，$^{235}$U 核燃料将越烧越少。然而，有一种快中子反应堆，它是以铀和钍为核燃料，当它运行时，平均消耗一个 $^{239}$Pu 原子，就可使一个 $^{238}$U 产生 1.4 个 $^{239}$Pu。这样，在快中子反应堆中核燃料就会越烧越多，因此有人把它称作快中子增殖堆，简称快堆，其燃料的增殖效果是很明显的。

一般来说，一座快中子反应堆只要运行 15～20 年，它所累积增加的核燃料，就足以装备一座与自身功率相同的新核反应堆。也就是说，一座快中子反应堆，在运行 15～20 年后就变成了两座快中子反应堆。这是普通能源无法与之相比的。

正因为核能具有上述明显的优点，所以核能发展非常迅速，在能源体系中所占比例不断提高。

3. 核反应堆

核反应堆，又称为原子反应堆或反应堆，是装配了核燃料以实现大规模可控制核裂变链式反应的装置。

根据用途，核反应堆可以分为以下几种类型。①将中子束用于实验或利用中子束的核反应，称为研究堆。②生产放射性同位素的核反应堆，称为同位素堆。③生产核裂变物质的核反应堆，称为生产堆。④提供取暖、海水淡化、化工用热等的核反应堆，比如多目的堆。⑤为发电而发生热量的核反应，称为发电堆。⑥用于推进船舶、飞机、火箭等的核反应堆，称为推进堆。

另外，核反应堆根据燃料类型分为天然气铀堆、浓缩铀堆、钍堆；根据中子能量分为快中子堆和热中子堆；根据冷却剂（载热剂）材料分为水冷堆、气冷堆、有机液冷堆、液态金属冷堆；根据慢化剂（减速剂）分为石墨堆、重水堆、压水堆、沸水堆、有机堆、熔盐堆、铍堆；根据中子通量分为高通量堆和一般能量堆；根据热工作状态分为沸腾堆、非沸腾堆、压水堆；根据运行方式分为脉冲堆和稳态堆等。

4. 核电现状

发展核电是可持续发展战略的重要组成部分。目前，除燃烧化石燃料和水力发电外，只有核电是现实可行、技术成熟、具有大规模工业应用成功经验的能源。火电、水电、核电是电能生产的三大支柱。核电从其诞生之日起，就显示了强大的生命力。从 1954 年前苏联建成世界第一座实验核电站、1957 年美国建成世界上第一座商用核电站开始，核电产业已经经过了几十年的发展，装机容量和发电量稳步提高。截至 2019 年 6 月底，全球共有 449 台机组在运行，核电装机近 4 亿千瓦，另有 54 台机组在建，全球核电运行堆超过 1.8 万年。2018 年全球核发电量超过 2500 亿千瓦时，占全球电力供应的 10.5％。

经过几十年持续不断的发展，我国核电从无到有、从小到大，通过自主建设和引进消化吸收再创新，使得我国核电发电量快速提升，年均增速超过 10％。2018 年我国大陆共 44 台商运核电机组，总装机容量达 4464 万千瓦，占全国电力总装机容量的 2.35％；全年核发电量达 2944 亿千瓦时，约占全国累计发电量的 4.22％。与燃煤发电相比，核发电相当于减少燃烧标准煤 8824 万吨，减少排放二氧化碳 23120 万吨、二氧化硫 75 万吨、氮氧化物 65.3 万吨。2019 年上半年，核电发电量 1600 亿千瓦时，同比增长 23.1％。

由于受到 2011 年日本福岛核事故的影响，我国核电在 2016 年～2018 年经历了三年多的"零审批"阶段，直至 2019 年中国核电旗下福建漳州核电项目、山东荣威和广东太平岭核电项目相继获核准开工才结束了零审批的困境。根据国家发布的《能源发展战略行动计划（2014—2020 年）》、《电力发展"十三五"规划》以及《"十三五"核工业发展规划》等文件的规划目标，到 2020 年，核电装机容量达到 5800 万千瓦，在建容量达到 3000 万千瓦以上。目前我国核电装机量距离 2020 年目标尚有 1300 多万千瓦的缺口，在建规模也有 1200 万千瓦的差距。因此，未来几年我国的核电建设或将进一步迎来加速发展时代。

5. 未来核聚变能发电

当今核能利用的主要目标：一是选用快中子增殖堆作为第二代核电站的主要堆型，利用快堆核燃料的增殖效应，缓解核资源的枯竭；二是用核聚变能发电。现在的核电站都是利用核裂变能发电，如果实现了可控核聚变，人类就可以用氘来发电。1L 海水可提取 0.03g 氘，这些氘通过核聚变能释放相当于 300L 汽油所提供的能量。到那时人类能源问题将获得彻底解决。

利用核聚变能发电是人们的希望，但它的难度要比用核裂变能发电大得多，要比制造氢弹困难得多。最大的难度是"点火"，即让氘和氚等核燃料在数千万到 1 亿度以上的高温，或者 2 亿帕那样的高压下点燃，并能保证聚变反应能持续进行下去，这种"点火"要求是相当苛刻的。

### 新能源汽车

　　新能源是和煤、石油、天然气不同的一类能源，常见的能源如太阳能、地热能、风能、海洋能、生物质能和核聚变能都是新能源，而目前我们所说的新能源汽车指的不是使用新能源的汽车，而是使用非常规的车用燃料作为动力来源（或使用常规的车用燃料、采用新型车载动力装置），综合车辆的动力控制和驱动方面的先进技术，形成的技术原理先进、具有新技术、新结构的汽车。目前的新能源汽车具体可分为燃料电池电动汽车（FCEV）、混合动力汽车（HEV）、插电式混合动力汽车（PHEV）、增程式电动车（REEV）和纯电动汽车（BEV）。

　　（1）燃料电池电动汽车（fuel cell electric vehicle，FCEV）。FCEV 是以氢气、甲醇等为燃料，通过化学反应产生电流，依靠电机驱动的汽车。其电池的能量是通过氢气和氧气的化学作用，直接变成电能的。

　　（2）混合动力汽车（hybrid electric vehicle，HEV）。HEV 是指采用传统燃料，同时配有发动机和电动机的车型，HEV 中配有的电池数量一般较少，电池的充电是通过汽车的电机带动的，通过回收制动能量，帮助汽车启停，能改善车辆的低速动力输出和降低油耗。

　　（3）插电式混合动力汽车（plug-in hybrid electric vehicle，PHEV）。插电式混合动力汽车与 HEV 不同的是，PHEV 的车载动力电池可以通过外接电源进行充电。能量提供由电池和燃油提供。动力提供由燃油发动机和电动机提供。

　　（4）增程式电动车（extended range electric vehicle，REEV）。增程式电动车是指整车在纯电动模式下可以达到其所有的动力性能，而当车载可充电电池无法满足续驶里程要求时，打开车载辅助发电装置为动力系统提供电能，以延长续驶里程的车型。

　　（5）纯电动汽车（battery electric vehicle，BEV）。纯电动汽车是新能源汽车发展的重点，这类汽车动力全部来源于电池，因为只有电池提供能源供给，只有电动机提供动力，驱动汽车前行。这类车型可以实现行驶过程完全零排放。

　　电动化是未来汽车发展的方向，但是在续航里程、价格、安全性能未解决之前，市场上还会以传统动力汽车为主，未来会慢慢向 HEV、PHEV 方向过渡，当续航里程和充电速度达到汽油车的水平，BEV 会逐渐替代传统的汽车，最终的汽车能源应该是燃料电池汽车，但是这一天的到来还很晚。国际上包括中国在内的国家都纷纷出台淘汰油车、发展汽车电动化的策略，并且几乎所有的汽车厂商都给出了电动化的计划，相信电动汽车的发展会很快。

### 💡 思 考 题

　　1. 什么是新能源？举例说明。

　　2. 简述氢能的优越性。举例说明三种产生氢能的途径。

　　3. 核聚变与核裂变有何区别？目前世界上的核电站属于哪一种？

　　4. 我们需要修建核电站吗？为什么我们不能完全依靠煤和石油来发电？

5. 你知道如何处理核电站产生的废料吗?

6. 核反应堆有哪几种类型?

7. 试举三例利用太阳能的设备,并解释其原理。

8. 简述太阳能的优点与不足,如何有效利用太阳能?

# 第四节

# 生物质资源

生物质能是太阳能以化学能形式储存在生物质中的一种能量形式。它直接或间接地来源于植物的光合作用,其蕴藏量极大,仅地球上的植物,每年生产量就相当于目前人类消耗矿物能的 20 倍,或相当于世界现有人口食物能量的 160 倍。生物质能的开发和利用具有巨大的潜力。目前主要从三个方面研究开发:一是建立以沼气为中心的农村新的能量-物质循环系统,使秸秆中的生物质能以沼气的形式缓慢地释放出来,解决燃料问题;二是建立能量林场、能量农场、海洋能量农场等,建立以植物为能源的发电厂,变能源植物为能源作物;三是种植甘蔗、木薯、海草、玉米、甜菜、甜高粱等,既有利于食品工业的发展,植物残渣又可以制造酒精以代替石油。

## 一、生物质资源概述

### 1. 生物质能的含义

生物质能是蕴藏在生物质中的能量,是绿色植物通过叶绿素将太阳能转化为化学能而储存在生物质内部的能量。煤、石油和天然气等化石能源也是由生物质能转变而来的。生物质能是可再生能源,通常包括木材及森林工业废物、农业废物、水生植物、油料植物、城市和工业有机废物和动物粪便。在世界能耗中,生物质能约占 14%,在不发达地区占 60% 以上。全世界约 25 亿人的生活能源的 90% 以上是生物质能。生物质能的优点是燃烧容易,污染少,灰分较低;缺点是热值及热效率低,体积大而不易运输。直接燃烧生物质的热效率仅为 10%～30%。

目前世界各国正逐步采用如下方法利用生物质能。①热化学转换法,获得木炭、焦油和可燃气体等高品位的能源产品,该方法又按其热加工方式的不同,分为高温干馏、热解、生物质液化等。②生物化学转换法,主要指生物质在微生物的发酵作用下,生成沼气、酒精等能源产品。③利用油料植物所产生的生物油。④把生物质压制成成型状燃料(如块型、棒型燃料),以便集中利用和提高热效率。

### 2. 生物质能在能源系统中的地位

生物质能一直是人类赖以生存的重要能源,它仅次于煤炭、石油和天然气而居于世界能源消费总量的第四位,在整个能源系统中占有重要地位。有关专家估计,生物质能极有可能成为未来可持续能源系统的组成部分,到 21 世纪中叶,采用新技术生产的各种生物质替代燃料将占全球总能耗的 40% 以上。

目前,生物质能技术的研究与开发已成为世界重大热门课题之一,受到世界各国政府与科学家的关注。许多国家都制定了相应的开发研究计划,如日本的阳光计划、印度的绿色能源工程、美国的能源农场和巴西的酒精能源计划等。目前，国外的生物质能技术和装置多已达到商业化应用程度，实现了规模化产业经营。以美国、瑞典和奥地利三国为例，生物质转化为高品位能源利用已具有相当可观的规模，分别占该国一次能源消耗量的 4％、16％ 和 10％。在美国，生物质能发电的总装机容量已超过 10000MW，单机容量达 10～25MW；美国纽约的斯塔藤垃圾处理站投资 2000 万美元，采用湿法处理垃圾、回收沼气，用于发电，同时生产肥料。巴西是乙醇燃料开发应用最有特色的国家，实施了世界上规模最大的乙醇开发计划，目前乙醇燃料已占该国汽车燃料消费量的 50％ 以上。美国开发出利用纤维素废料生产酒精的技术，建立 1MW 的稻壳发电示范工程，年产酒精 2500t。

我国是一个人口大国，又是一个经济迅速发展的国家，21 世纪面临着经济增长和环境保护的双重压力。因此改变能源生产和消费方式，开发利用生物质能等可再生的清洁能源对建立可持续的能源系统，促进国民经济发展和环境保护具有重大意义。开发利用生物质能对中国农村更具特殊意义。

中国 80％ 人口生活在农村，秸秆和薪柴等生物质是农村的主要生活燃料。尽管煤炭等商品能源在农村的使用迅速增加，但生物质能仍占有重要地位。1998 年农村生活用能总量 3.65 亿吨标煤，其中秸秆和薪柴为 2.07 亿吨标煤，占 56.7％。因此发展生物质能技术，为农村地区提供生活和生产用能，是帮助这些地区脱贫致富，实现小康目标的一项重要任务。

## 3. 生物质能的特点

生物质能具有以下优点：①提供低硫燃料；②提供廉价能源；③将有机物转化成燃料可减少环境公害（例如垃圾燃料）；④与其他非传统性能源相比较，技术上的难题较少。

生物质能缺点如下：①利用规模小；②植物仅能将极少量的太阳能转化成有机物；③单位土地的有机物能量偏低；④缺乏适合栽种植物的土地；⑤有机物的水分偏多（50％～95％）。

## 4. 生物质能的分类

生物质能大致可以分为两类——传统的和现代的。现代生物质能是指那些可以大规模用于代替常规能源亦即矿物类固体、液体和气体燃料的各种生物质能。巴西、瑞典、美国的生物质能计划便是这类生物质能的例子。

现代生物质包括：木质废物（工业性的）、甘蔗渣（工业性的）、城市废物、生物燃料（包括沼气和能源型作物）。

传统生物质能主要限于发展中国家，广义来说它包括所有小规模使用的生物质能，农村烧饭用的薪柴便是其中的典型例子。

传统生物质包括：家庭使用的薪柴和木炭、稻草，也包括稻壳、其他的植物性废物和动物的粪便。

世界上生物质资源数量庞大，形式繁多，其中包括薪柴、农林作物，尤其是为了生产能源而种植的能源作物，农业和林业残剩物，食品加工和林产品加工的下脚料，城市固体废物，生活污水和水生植物，等等。

中国生物质资源主要是农业废物及农林产品加工业废物、薪柴、人畜粪便、城镇生活垃圾等。

5. 生物质能的利用技术

生物质能的开发和利用具有巨大的潜力。下面的技术手段目前看来是最有前途的。

① 直接燃烧生物质来产生热能、蒸汽或电能。

② 利用能源作物生产液体燃料。目前具有发展潜力的能源作物，包括快速成长作物树木、糖与淀粉作物（供制造乙醇）、含有碳氧化合物作物、草本作物、水生植物等。

③ 生产木炭和活性炭。

④ 生物质热解气化后用于电力生产，如集成式生物质气化器和喷气式蒸汽燃气轮机（BIG/STIG）联合发电装置。

⑤ 对农业废物、粪便、污水或城市固体废物等进行厌氧消化，以生产沼气，避免用错误的方法处置这些物质而引起环境污染。

生物质能是到 2020 年唯一能极大地影响运输行业（不包括电车）燃料利用状况的可再生能源，然而，若大规模开发利用生物质资源，必须注意保护生物多样性，保护自然风景区和环境敏感区，同时还要注意控制废水和废气。

# 二、我国生物质能发展现状

## 1. 沼气

20 世纪 90 年代以来，我国沼气建设一直处于稳步发展的态势，生物质沼气技术以及大型沼气工程技术都已逐渐发展成熟，沼气的应用已从单纯炊事、照明发展到综合利用的新阶段。

目前，我国沼气的直接利用主要体现在人们生活以及农副产品的生产、加工等方面，如利用沼气养蚕、孵化、育秧等。这种直接应用的方式不仅方便清洁，而且能降低农民的生产成本，改变农村卫生环境；沼气发酵液主要通过与水的不同比例混合应用于肥料、饲料、生物农药以及料液培养等方面，另外沼渣中含有丰富的养分和有机物，也是比较优质的有机肥料，能用来种植蘑菇以及作为鱼饲料来使用。

随着近年沼气利用的不断发展，也产生了一种较为先进的技术——沼气燃烧发电，其原理是将沼气运用到发动机上，通过特定的发电装置，从而产生热能和电能。由于我国沼气利用的时间相较于国外较晚，因此各类技术及设备也还不够成熟，现在世界上利用沼气发电较多的是德国，它的大部分沼气工程都是热电联产效应，并由沼气池供应热能。

## 2. 薪炭林

1981 年我国开始有计划的薪炭林建设，至 1995 年的十五年间，每年增加薪材产量 2000～2500 万吨，至 1995 年年底，全国累计营造薪炭林 494.8 万公顷。但自进入 21 世纪后，人们对现有薪炭林强度修枝和过度樵采，加之环境污染加重，造成全国森林资源中的薪炭林产量逐渐下降。农村能源不得不依赖于煤炭、油品等有限资源，这严重阻碍和影响了农村经济发展和林业生态的建设。因此，大力发展薪炭林并提高薪炭资源的利用率是解决当前农村能源短缺问题的当务之急。

## 3. 生物质气化

生物质气化即通过化学方法将固体的生物质能转化为气体燃料。由于气体燃料高效、清洁、方便，因此生物质气化技术的研究和开发得到了国内外广泛重视，并取得了可喜的进展。在国外，生物燃气技术已基本成熟，并实现了产业化，如瑞典将沼气提纯后用于车用燃料，丹麦的联合发酵沼气工程。

我国的生物质气化技术主要用于气化发电和农村气化供气。我国的生物燃气工程建设起步较国外要晚，生物质气化发电技术发展相对缓慢，但其发电效率极高。2018 年底，国家能源局向各省及 9 家央企下发了《国家能源局综合司关于请编制生物天然气发展中长期规划的通知》，提出生物质燃气被列入国家能源发展战略，预计至 2030 年我国生物质气化发电技术将处于国际先进水平。目前在生物质气化及沼气制备领域已具有了国际一流的研究团队，如中国科学院广州能源研究所、中国科学院成都生物研究所、农业农村部沼气研究所、农业农村部规划设计研究院和东北农业大学等，在生物质气化耦合燃煤、多联产、燃气净化等方面开展技术研究，攻坚克难，已形成了热电联供、提纯车用并网等模式。

## 三、生物质能发展前景

目前，我国已有一批长期从事生物质能转换技术研究开发的科技人员，已经初步形成具有中国特色的生物质能研究开发体系，对生物质能转化利用技术从理论和实践上进行了广泛的研究，完成一批具有较高水平的研究成果，部分技术已形成产业化，为今后进一步研究开发打下了良好的基础。从国外生物质能利用技术的研究开发现状，结合我国现有技术水平和实际情况来看，我国生物质能应用技术将主要在以下几方面发展。

### 1. 高效直接燃烧技术和设备

我国有 14 亿人口，绝大多数居住在广大的乡村和小城镇。其生活用能的主要方式仍然是直接燃烧。秸秆、稻草等一些松散物料，是农村居民的主要能源，开发研究高效的燃烧炉，提高使用热效率，仍将是应予解决的重要问题。乡镇企业的快速兴起，不仅带动农村经济的发展，而且加速化石能源，尤其是煤的消费，因此开发改造乡镇企业用煤设备（如锅炉等），用生物质替代燃煤在今后的研究开发中应占有一席之地。

把松散的农林剩余物进行粉碎分级处理后，加工成型为定型的燃料，结合专用技术和设备的开发，在我国将会有较大的市场前景，家庭和暖房取暖用的颗粒成型燃料的推广应用工作，将会是生物质成型燃料的研究开发之热点。

### 2. 集约化综合开发利用

生物质能尤其是薪材不仅是很好的能源，而且可以用来制造出木炭、活性炭、木醋液等化工原料。大量速生薪炭林基地的建设，为工业化综合开发利用木质能源提供了丰富的原料。由于我国经济不断发展，促进了农村分散居民逐步向城镇集中，为集中供气、提高用能效率提供了现实的可能性。将来应根据集中居住人口的多少，建立能源工厂，把生物质能进行化学转换，产生的气体收集净化后，输送到居民家中作燃料，提高使用热效率和居民生活水平。这种生物质能的集约化综合开发利用，既可以解决居民用能问题，又可通过工厂的化工产品生产创造良好的经济效益，也为农村剩余劳动力提供就业机会。因此，从生态环境和能源利用角度出发，建立能源林基地，实施"林能"结合工程，是切实可行的发展方向。

农村有着丰富的秸秆资源，大量秸秆被废弃和田间直接燃烧，既造成大量的生物质能源的浪费也给大气带来了严重的污染。因此，用可再生的生物质能高效转化将有良好的发展前景。

### 3. 生物质能的创新高效开发利用

随着科学技术的高速发展，生物质能的发展将依赖创新技术来实现更大的发展。生物质能新技术的研究开发如生物技术高效低成本转化应用研究，常压快速液化制取液化油，催化化学转化技术的研究，以及生物质能转化设备如流化床技术等研究重点，一旦获得突破性进展，将会大大促进生物质能开发利用。

## 4. 城市生活垃圾的开发利用

生活垃圾数量以每年 8%～10% 的速度快速递增，工业化开发利用垃圾来发电，焚烧集中供热或气化产生煤气供居民使用，有很大的发展潜力。

## 5. 能源植物的开发

建造综合性燃料栽培场。具体措施是首先利用太阳能加速植物的光合作用，使一些草木的生长和藻类的繁殖以更快的速率进行；然后，将草木进行高温分解以制得木炭、煤气、木焦油等燃料，或者将藻类进行发酵制得沼气和氢气，再将这些气体进行化学处理获得石油类产品。

大力发展能生产"绿色石油"的各类植物如油棕榈、木载科植物等种植，为生物质能利用提供丰富的优质资源。

**阅读资料**

### 生物质资源利用实例

实例一：由生物质制造汽油

目前，机动车消耗的汽油、柴油绝大部分来源于石油。事实上，福特公司早期制造的许多汽车就是用酒精驱动的，直到今天，印第安纳波利斯的客车也用的几乎是纯酒精。目前酒精作为机动车燃料主要还是掺入汽油中，与汽油混合使用。在德国进行的实验中，科学家们使用由 15% 酒精和 85% 汽油组成的混合燃料，驾驶了 45 辆汽车行驶了近 160 万千米，并且经受了各种气候条件的考验，结果表明情况良好。据报道，巴西大部分汽车和公共用车用的是汽油酒精混合燃料，酒精已占汽油燃料消耗量的一半以上。

酒精可作为机动车燃料已成为不争的事实。但传统的发酵工艺，以谷物为原料，原料成本高，且利用率低，能耗很大，因此酒精产品成本较高。要想将其大规模用于机动车燃料还必须降低成本。降低成本的办法有二，其一是利用基因工程改进酵母的性能以提高过程效率，其二是采用更为廉价的纤维素原料。日本三得利公司把从霉菌中分离得到的葡萄糖淀粉酶基因克隆到酵母中，可直接发酵生产酒精，省去了淀粉原料蒸煮糊化的传统工序及蒸煮物冷却设备，可减少 60% 的能耗。一些发达国家均在开发和利用固定化酵母细胞连续发酵工艺，并培育出适宜于连续发酵苛刻条件的固定化酵母，使生产效率比间歇式生产工艺数倍、数十倍地得到提高。目前在美国，酒精燃料已经进入实用化阶段，只要在税收政策上适当给予优惠，就可以大规模用作汽车燃料。

将木材等生物质资源直接加工成石油的研究最近也取得了重要进展。美国俄勒冈州建成以木材为原料加工原油装置，每吨木材可产出 300kg 木质石油、160kg 沥青和 159kg 气态物质，木质石油的成分与中东地区生产的原油相近。

实例二：由生物质制天然气

天然气也称沼气，其主要成分是甲烷，目前广泛用作发电厂和家庭用燃料，部分天然气还用做化工原料。尽管目前天然气资源储量多于石油，但其储量也是有限的，估计如果将天然气作为人类的主要能源，充其量也只能使用 100 年。另外，天然气储量分布不均，而输送设备建设投资巨大，因此开发生物质资源制备天然气具有重大意义。

农、林、畜产的废物和家庭的有机垃圾可通过甲烷发酵过程制取沼气。其过程是，把上述有机废物放在容器中并与细菌混合，细菌便在容器中迅速繁殖起来，细菌在分解过程中释放出甲烷、氨和二氧化碳。据报道，美国俄克拉荷马州的一家热回收处理厂已建成一套 5 万立方米的沼气，可满足当地近 3 万户家庭使用。

生物质技术制取天然气，因同时具有处理废物与获得资源的双重效果而备受重视，具有长远发展前景。

实例三：生物质制氢

氢气被认为是未来最为理想的能源。氢气燃料热效应大，且只产生水，因而是高效清洁的燃料。以氢燃料电池驱动的汽车早已产生，但由于传统的电解制氢等方法成本较高，而缺乏实用价值。生物制氢技术，以制糖废液、纤维素废液和污泥废液为原料，采用微生物培养方法制取氢气。在微生物生产氢气的最终阶段起着重要作用的酶是氢化酶，氢化酶极不稳定，例如在氧存在下就容易失活。因此，生物制氢的关键是要提高氢化酶的稳定性，以便能采用通常发酵方法连续高水平生产氢气。

目前国外的研究主要集中在固定化微生物制氢技术上，近期的研究表明，利用这种固定化氢生产菌的催化作用，可以从工业废水中有效地生产氢气，氢气的转化率为 30％。国内对制氢技术的研究也已取得重要突破，以厌氧活性污泥为原料的有机废水发酵法制氢技术研究已通过验证。

### 思 考 题

1. 什么是生物质能？举例说明。
2. 为什么把生物质能称为变废为宝的能源？介绍两种利用生物质能的方法。
3. 在我国现阶段，你认为应该如何有效利用生物质能？
4. 目前有人提倡推广种植"绿色石油"来缓解能源危机，你认为可行吗？为什么？

# 第五节

# 化学电源

化学反应是能量转化的重要途径，特别是电化学反应可直接将化学能转换成电能，这无疑为人类在移动活动中所使用的工具提供了需要的能量。化学电源，特别是新型的镍氢电池、锂电池、燃料电池具有高能量密度的特性，是高效能量储存与转换的应用典范。

在开发新能源的过程中燃料电池异军突起，燃料电池是一种直接利用氢和氧进行电化学反应的直接发电方式，其发电效率高达 40％～60％，预计将来可达 70％～80％。美国和日本研制的第一代磷酸燃料电池已进入实用阶段，其输出功率为 11000kW。第二代、第三代燃料电池也已研制成功，其中第三代的固体电解质型燃料电池，功率达 25kW。

# 一、化学电池分类

化学电源是将物质化学反应所产生的能量直接转化成电能的一种装置。从 1839 年 Willam-Grore 发明燃料电池以来，化学电源的研制备受人们的关注。

按化学电池的工作性质及储存方式不同，可将化学电池分为：原电池（一次电池）、蓄电池（二次电池）、储备电池和燃料电池。

原电池经过连续放电或间歇放电后，不能用充电的方法将两极的活性物质恢复到初始状态，即反应是不可逆的，因此正、负电极上的活性物质只能利用一次。原电池的特点是小型、携带方便，但放电电流不大，一般用于仪器及各种电子器件。广泛应用的原电池有：锌锰电池、锌汞电池、锌银电池等。

蓄电池在放电时通过化学反应可以产生电能，而充电（通以反向电流）时则可使体系回复到原来状态，即将电能以化学能形式重新储存起来，从而可循环使用。常用的蓄电池有：铅酸电池、镍镉电池、镍铁电池、镍氢电池、锂（离子和高分子）电池等。

储备电池又称为激活电池。该类电池的正负极活性物质和电解质在储备期间不直接接触，只有在使用时借助动力源作用于电解质，才使电池激活工作。储备电池的特点是电池在使用前处于惰性状态，因此可储存较长时间（如几年到十几年）。储备电池有：镁银电池、锌银电池、铅高氯酸电池等。

燃料电池又称为连续电池，与其他电池相比，它最大的特点是正负极本身不包含活性物质，而活性物质被连续地注入电池，就能够使电池源源不断地进行发电。按使用电解质的不同，燃料电池大体上可分为五大类：碱性燃料电池，高分子电解质（又称质子交换膜）燃料电池、磷酸型燃料电池、熔融碳酸盐燃料电池及固体氧化物燃料电池。

# 二、镍氢电池

镍氢电池是在研究能源基础上发展起来的一种高科技产品，它是集能源、材料、化学、环境于一身的新型化学能源。这种新型蓄电池以氢氧化镍做正极活性材料，以储氢合金做负极活性材料，以碱性氢氧化钾及氢氧化锂水溶液为电解质。

目前商品镍氢电池的形状有圆柱形，方形和扣式等类型。从外观看，镍氢电池与其他电池无明显区别，但在电池参数设计、材料选择、电极工艺等方面有很大不同。这些主要是由镍氢电池内压及综合性能所决定。与镍镉电池相比，镍氢电池具有以下 5 个显著优点。①能量密度高，同尺寸大小的电池，容量为镍镉电池的 1.5～2 倍。②无镉污染，因而镍氢电池又被称为绿色电池。③可大电流快速充电、放电。④工作电压为 1.2V，与镍镉电池有互换性。⑤无明显的记忆效应。

正是由于以上几个方面的特性，镍氢电池目前已广泛应用于移动通信、笔记本电脑等各种小型便携式电子设备，并正朝着向提高电池的能量密度及功率密度，改善电池的放电特性和提高电池的循环寿命等方面改进，从而开发出高功率、大容量的动力电源。

## 1. 镍氢电池的工作原理

镍氢电池以金属氢化物为负极活性材料，以 $Ni(OH)_2$ 为正极活性材料，以氢氧化钾水溶液为电解液。其充放电机理为：充电时由于水的电化学反应生成氢原子，立即扩散到合金中，形成氢化物（MH），实现负极储氢；镍电极活性物质 $Ni(OH)_2$ 释放出一个电子，变为充电态的 NiOOH。而放电时氢化物分解出的氢原子又在合金表面氧化为水，NiOOH 吸收

一个电子还原为 $Ni(OH)_2$。

镍氢电池在充放电过程中的电化学反应如下。

正极：
$$Ni(OH)_2 + OH^- \underset{\text{放电}}{\overset{\text{充电}}{\rightleftharpoons}} NiOOH + H_2O + e$$

负极：
$$M + H_2O + e \underset{\text{放电}}{\overset{\text{充电}}{\rightleftharpoons}} MH + OH^-$$

总的电池反应为：
$$M + Ni(OH)_2 \underset{\text{放电}}{\overset{\text{充电}}{\rightleftharpoons}} NiOOH + MH$$

### 2. 镍氢动力电池

发展高功率和大容量的镍氢动力电池已成为高能电池领域的新亮点，作为镍氢动力电池的关键材料与技术，主要表现在以下五个方面。

① 在正极材料方面，着重围绕制备高密度、高利用率球形 $Ni(OH)_2$，选择新型添加剂使电极材料导电性能优良、耐高温工作，并抑制电极材料在充放电过程中的膨胀，增大高温工作时的析氧电位使得活性物质利用率明显提高。

② 在负极材料方面，研究开发具有高容量、稳定吸放氢平台、抗氧化腐蚀的新型储氢材料，特别是研究元素取代对材料的晶格、微观结构、吸放氢热力学和动力学性能的影响，以期获得吸氢容量高、吸氢膨胀小、抗氧化能力强、氢扩散系数大、价格适中的储氢电极材料。

③ 在电极基材方面，研究开发导电性能优良、填充空隙大、价格低廉的新型基材。

④ 在电极制作方面，选择合适的催化添加剂和导电黏结剂，采用表面处理技术对正、负极片进行物理与化学修饰，从而改善电极的充放电动力学性能，使得它们拥有优良的扩散通道和快速充放电的电极特性。

⑤ 在电池的设计方面，对单体电池，如电池壳薄形比、矮形比、隔膜薄形比、电池内阻降低等做优化设计，并对电池组的匹配机充放电秩序做系统研究，使电流分布合理、充放电效率高、内压低，自放电低，耐高温工作，寿命长。

# 三、锂电池

锂电池是对采用金属锂做负极活性物质的电池的总称。锂位于元素周期表第二周期第一主族，在已知金属中具有最轻的原子量（6.94）和最负的标准电极电位（-3.045V），因而锂与适当的正极材料匹配构成的锂电池具有能量密度大、电池电压高的特性。另外，锂电池还具有放电电压平稳、工作温度范围宽、低温性能好、储存寿命长等优点。

### 1. 锂电池的结构

目前商品锂电池按形状分类有圆柱形、方形、扣式和卡片式。与其他类型的化学电源一样，锂电池也是由正极、负极、电解质、隔膜及电池外壳等部分组成。

锂电池的核心部分是正极，它是由活性物质和导电骨架所组成。活性物质是电池中参加电极反应、生成电流的物质，它们决定着电池的基本特性。作为锂电池的正极材料需要符合这些条件：比能量高，放电平台高（电位高），充放电反应的可逆性好，在电解液中稳定性高（即不易分解），循环寿命长，导电性能良好，自放电率小，资源丰富且易于制备。另外，锂电池的正极材料一般还起着提供锂源的功能，因此它一般含有锂元素。

### 2. 锂电池的工作原理

锂电池在充放电过程中，锂离子从正极（或电解质）通过隔膜，嵌入到负极中；而电池在放电时，锂离子从负极中脱嵌，通过隔膜进入电解质嵌入到正极中。这种在充放电过程中锂离子往返于正负极之间的嵌入与脱嵌特性的电池又被称作"摇椅电池"。由于锂离子在正、负极中有相对固定的空间和位置，因此电池具有良好的可逆充放电特性，从而保证了电池的安全工作和长循环寿命。

相对于镍镉电池和镍氢电池，锂电池具有比较明显的优势，主要表现在以下几方面。①工作电压高，一般为3.6V。因此单节锂电池相当于三节镍镉电池和镍氢电池的串联，适合于电池的小型化和轻量化。②能量密度高，一般为镍镉电池的3倍，是镍氢电池的1.5倍。③自放电率小，每月的自放电速率不超过12%。④不污染环境，可称为真正的绿色能源电池。

由于锂电池采用石墨或碳材料作负极，克服了传统二次锂电池的缺点，电池体系很稳定，解决了安全性问题。但锂电池的发展远没有停止，目前电池行业正在继续努力研究开发新型锂电池材料，提高电池的性能，并降低电池的成本。

# 四、燃料电池

## 1. 燃料电池的工作原理

燃料电池是一个电化学系统，它将化学能直接转化为电能且废物排放量很低。燃料电池由3个主要部分组成：燃料电极（负极）、电解液、氧化剂电极（正极）。

其工作原理如图3-3所示。燃料电池是一种化学电池，它利用物质发生化学反应时释放出的能量，直接将其变换为电能。从这一点看，它和其他化学电池如锰干电池、铅蓄电池等是类似的。但是，它工作时需要连续地向其供给活性物质（起反应的物质）燃料和氧化剂，这又和其他普通化学电池不大一样。由于它是把燃料通过化学反应释放出的能量变为电能输出，所以被称为燃料电池。

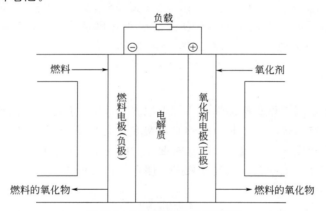

图 3-3　燃料电池的工作原理

具体地说，燃料电池是利用水电解的逆反应而制作的"发电机"。它由正极、负极和夹在正负极中间的电解质板所组成。最初，电解质板是利用电解质渗入多孔的板而形成，现在正发展为直接使用固体的电解质。工作时向负极供给燃料（氢），向正极供给氧化剂（空气）。氢在负极分解成正离子 $H^+$ 和电子。氢离子进入电解液中，而电子则沿外部电路移向正极。用电的负载就接在外部电路中。正极上，空气中的氧同电解液中的氢离子吸收抵达正极上的电子形成水，如图这正是水的电解反应的逆过程。

利用这个原理，燃料电池便可在工作时源源不断地向外部输电，所以也可称它为一种"发电机"。

## 2. 燃料电池的优点

由于燃料电池不会燃烧出火焰，也没有旋转发电机，所以燃料的化学能直接转化为电能。这一过程具有许多重要的优点。

① 这一过程的电效率比任何其他形式的发电技术的电效率都高。

② 废气如 $SO_2$、$NO_x$ 和 CO 的排放量极低。

③ 由于燃料电池中无运动部件，燃料电池工作时很安静且无机械磨损。

④ 电与热量可结合起来用（热电联产厂）。

⑤ 燃料电池的工作特性可满足各种负荷水平要求。

## 3. 燃料电池的类型

目前，有 5 种已知的燃料电池类型，其名称与采用的电解质有关。

① 碱性燃料电池　采用氢氧化钾溶液作为电解液。这种电解液效率很高（可达 60% ～ 90%），但对影响纯度的杂质，如二氧化碳很敏感，因而运行中需采用纯态氢气和氧气。这一点限制了其应用于宇宙飞行及国际工程等领域。

② 质子交换膜燃料电池　采用极薄的塑料薄膜作为其电解质。这种电解质具有高功率/重量比和低工作温度，是适用于固定和移动装置的理想材料。

③ 磷酸燃料电池　采用 200℃ 高温下的磷酸作为其电解质，适合用于分散式的热电联产系统。

④ 熔融碳酸燃料电池　工作温度可达 650℃。这种电池的效率很高，但对材料的要求也高。

⑤ 固态氧燃料电池　采用的是固态电解质（钻石氧化物），性能很好。它们需要采用相应的材料和过程处理技术，因为电池的工作温度约为 1000℃。

目前，一些研究机构正在进行燃料电池的开发与研究。国际公认的是，在过去的十年中质子交换膜燃料电池技术已发展到实用阶段，然而其工业化过程尚未成熟，而且还需做进一步努力以降低这种技术的成本。

## 4. 燃料电池的应用

目前将质子交换膜燃料电池用于空间飞行、移动式和固定式设备，同时开发小型化的质子交换膜燃料电池系统，作为便携式电源用于笔记本电脑和摄像机等装置。将来，在固定和移动式发电厂中采用燃料电池，可以使对环境的污染减少到现有技术还不能达到的程度。

近来汽车工业已选择了燃料电池作为未来的动力来源，以满足减少废气排放的要求。开发可用于车辆的移动式质子交换膜燃料电池是发展这项技术的主要驱动力，通过在汽车工业大量使用质子交换膜燃料电池而使成本下降，这将使固定式发电受益匪浅。

此外，燃料电池具有出色的部分负荷特性，即燃料电池可在一秒钟之内迅速提供满负荷动力，并可承受短时过负荷（几秒钟），其特性很适合作为备用电源或安全保证电源；燃料电池还具有可靠性和无噪声等优点。这些都说明燃料电池是大有发展前途的化学电源。

### 思 考 题

1. 简述化学电池的分类和主要用途。

2. 简述燃料电池的工作原理。

3. 举例说明燃料电池的应用。

4. 简述化学电池作为新能源的优点和不足。

# 第四章
## 化学与材料

　　材料，是能被人类用来制造有用物品的物质。按其化学组成的不同，可分为金属材料、无机非金属材料、有机高分子材料三大类。它们鼎足而立，构成了材料世界的"三大家族"。但从使用角度看，材料又可以归为两大类。一类是结构材料，主要利用它们的强度、韧性、硬度、弹性等机械性能；另一类是功能材料，主要利用它们所具有的声、光、电热等功能和物理效应。此外，还可按材料应用的领域进行分类，如建筑材料、包装材料、电工材料、光学材料等。

　　材料的合成过程，往往就是一系列的化学反应过程。但化学与材料的关系远不止于此，材料的制备、加工、使用以及材料的回收与利用等过程，无不与化学密切相关。

# 第一节

# 材料与人类社会进步和科技发展的关系

　　材料的历史同人类社会发展史同样悠久。历史上，材料被视为人类社会进步的里程碑。历史学家曾把材料及其器具作为划分时代的标志。材料也是科学技术发展的必不可少的物质基础，而科学技术的发展，又对材料的品种和性能提出了更高的要求，从而刺激了新材料技术的高速发展，二者相辅相成。

　　20 世纪 70 年代人们把信息、材料和能源誉为当代文明的三大支柱。80 年代以高技术群为代表的新技术革命，又把新材料、信息技术和生物技术并列为新技术革命的重要标志。这主要是因为材料科技的水平，对人类社会进步、科技发展和国家经济建设起着非常重要的作用。世界各国政府纷纷将新材料技术列为国家重点发展的关键技术。

## 一、材料是人类社会进步的里程碑

　　有了人类社会生活，就有了材料。人类社会经历了石器时代、青铜器时代、铁器时代。如今，我们正处于人工合成材料的新时代。

　　纵观人类发现材料和利用材料的历史，每一种重要材料的发现和广泛应用，都会把人类支配和改造自然的能力提高到一个新水平，给社会生产力和人类生活水平带来巨大的变化，把人类的物质文明和精神文明向前推进一大步。

　　在已经发现的石器时代的人类遗址里，可以看到我们的祖先用石头打磨制成的石刀、石斧、刮削器等，这些都是早期人类曾经使用过的工具。石制工具的制成，是地球生命发展中的一次伟大事件，因为有了它才使人最终从动物中分离出来。因此，在人类诞生之初，就已经开始了对材料的利用。

　　大约在 8000～9000 年前，人类还处于石器时代，已发明了用黏土成型，再火烧固化而成为陶器。陶器不但用于器皿，而且成为装饰品，是对精神文明的一大促进。

　　在烧制陶器过程中，偶然发现了天然铜块。铜块经加热锻打，可制成各种器物。后来又发现把锡矿石加到铜里一起熔炼，制成的器物更加坚韧耐磨，这就是青铜。我国的青铜冶炼始于夏朝（公元前 2070～前 1600 年），商周（公元前 17 世纪到公元前 3 世纪）进入了鼎盛时期。所使用的劳动工具、武器、食具、货币、日用品和车马装饰，都是用青铜制造的。

　　公元前 14 世纪到公元前 13 世纪，人类已开始用铁。由于铁的性能比青铜好，而且资源丰富，便于加工制造，因此，铁器逐渐代替了青铜器，人类进入了铁器时代。考古证明，我国铁器的大量使用是从春秋战国时期开始的。

到了近代，18世纪60代发端于英国的工业革命，是以纺织工业的机械化，蒸汽机的广泛使用为主要标志的。机械制造业的迅速发展，使工场手工业的生产方式转变成机器大工业生产。随着蒸汽机的广泛使用，又发明了轮船和火车，使交通运输也发生了根本性变革。而这些都是以炼钢工业的极大发展和钢铁材料的广泛使用为基础的。工业革命后英国的钢铁产量大幅度上升，年产量从1万吨猛增到130万吨。

1879年，白炽灯泡的发明，是与灯丝材料试验成功密切相关的。爱迪生花了一年多时间，一共试验了1000多种灯丝材料，最后采用碳纤维丝才获得初步成功。以后又改用高熔点的钨丝作灯丝。大大小小的电灯泡推动了美国工业的发展，发电厂（站）如雨后春笋般地建立起来。电力工业发展的需要，促进了发电机、电动机、变压器、电线、电缆工业的诞生或发展。同时，推动了材料与材料加工技术的发展。例如，各种导体、绝缘体以及半导体材料的发现，电镀、电焊、电火花加工等新技术的应用。

19世纪末，放射性材料镭和钋的发现，核裂变原理取得重要成果，核能开始被利用；20世纪初，飞机的革新与航空材料的进步密切相关；1907年，第一种人工合成塑料——酚醛塑料诞生，而后品种繁多的塑料、合成橡胶和合成纤维材料相继问世，因其优越的性能而大量代替传统材料，广泛应用于人类生产、生活的各个方面，使有机合成材料工业进入一个崭新阶段。

当今世界，我们正面临着又一场新的技术革命，这次革命是以信息技术、材料技术和生物技术为前沿的。世界科学界权威人士认为，这场新的技术革命对人类社会带来的影响和所创造的社会财富，将远远超过历次工业革命。

## 二、材料的发展促进了科学技术的进步

材料是科学技术发展必不可少的物质基础，而科学技术的发展，对材料的品种和性能提出了更高的要求，从而刺激新材料技术的高速发展。二者相辅相成，相得益彰。

近代科学技术的飞速发展，应首先给材料记一大功。否则，没有钢铁，再高明的技术工人也造不出汽车；没有高强度、耐高温的材料，再聪明的科学家也无法把卫星送上天；没有耐腐蚀、耐高压的材料，再勇敢的探险者也不能开发富饶的海洋资源……在科学技术发明史上，材料问题解决与否，往往成为创造发明成败的关键。

## 三、新材料技术被列为世界各国重点发展的关键技术

国际标准化组织委员会曾就14项科技专业的重要程度，向全世界40个国家的2744名科技人员发出调查问卷。调查结果位居前4项的是新材料技术、信息技术、生命科学和航天技术。世界各国政府纷纷将新材料技术列为国家重点发展的关键技术。

日本把发展新材料作为技术立国的基础，"日本振兴科技政策大纲"所确定的七大高技术领域中，把物质和材料技术选定为首项。

在海湾战争后三个星期，美国政府就公布了"国家关键技术"报告，报告提出六大关键技术领域，新材料技术位居首位。美国国防部制订了"新材料研究开发计划"，新材料研究的重点放在军用高技术方面，美国国家宇航局制定了"飞机能量效应研究计划"，主要研究飞机用轻质高强材料。

德国制定了21世纪初的九项关键技术，新材料技术居九项之首。法国也制定了"新材

料开发计划"。实际上，西欧各国都意识到新材料开发的重要性，都在组织力量开展对国家至关重要的新材料技术的研究开发。

新材料也得到我国政府的高度重视，先后将其列入国家高新技术产业、重点战略性新兴产业和《中国制造 2025》十大重点领域。在国家发改委《增强制造业核心竞争力三年行动计划（2018—2020 年）》中将聚苯硫醚、芳族酮聚合物、聚芳酰胺、热致液晶聚合物、新型可降解塑料等列为新材料关键技术产业化项目；中国石化联合会《石油和化学工业"十三五"发展规划指南》中也将高分子材料、新型复合材料以及新材料制备技术提到了优先发展的战略高度。2016 年 12 月 23 日，国务院首次成立新材料产业发展领导小组，充分说明国家对大力发展新材料产业的高度重视，也预示新材料产业或将迎来新的发展机遇。

## 阅读资料

### 坦克装甲材料的发展

1916 年 9 月 15 日，坦克首次出现在英德索玛河战役。这些大家伙没有轮子却能跑，炮弹不断从它的两侧飞出来。德军慌忙向它射击，可是子弹一碰上去就反弹回来。这种能攻能防又能跑的"怪物"一出现在战场上就显示出巨大的威力。

可是过了不久，所向披靡的英国坦克，出乎意料地被德国的一种特殊炮弹击穿了。英方分析了德军弹头的成分，发现里面含有钨这种元素，钨和钢中的碳结合，生成很硬的碳化钨，用这种钢制成的炮弹穿透力很强，所以能摧毁坦克。

然而，"道高一尺，魔高一丈"。后来又有人在制造坦克装甲的钢中加进了钨、钼、钒等元素，它的硬度超过了钨钢炮弹，这种合金钢的防弹能力很强。现在的坦克装甲厚度达 150～240mm，采用铬锰硅钢或铬镍钼钢，经过热处理制成，可以经得住直径 120mm 的炮弹轰击。但是增加装甲的厚度，坦克的重量也随之增加。为了提高防弹能力和减轻重量，又出现了金属和非金属复合结构的装甲。

但是，任何武器和装备都不是无敌的，坦克也不例外。针对坦克装甲材料和结构的改进，又相继出现了许多反坦克武器，如反坦克手榴弹、反坦克火箭筒、反坦克炮、反坦克地雷等等。

为了应对各种反坦克武器，坦克还在改进。例如，英国研制出一种名叫"乔巴姆"的坦克，它的装甲是由两层特殊钢板组成。中间装有玻璃纤维、超硬陶瓷和树脂。据说，这种装甲具有抵御各种反坦克武器的能力。

从每一代坦克和反坦克武器的交替出现，我们不难看出，战争中一种武器或装备的克敌制胜，在很大程度上是由制造这种武器、装备的材料决定的。这也说明，为了赢得战争的主动权和实现国防现代化，在国防建设和军事工程中，应把新材料的研制放在极其重要的位置。

## 思 考 题

1. 材料与科学技术发展的关系如何？
2. 举例说明材料是科技发展的物质基础。

# 第二节

# 金属材料

由金属元素或以金属元素为主构成的具有金属特性的材料统称为金属材料，它包括单质金属和金属合金。工业上，通常把金属材料分为黑色金属和有色金属材料。黑色金属是指铁和铁的合金。如生铁、铁合金、钢、铸铁等。广义的黑色金属还包括铬、锰及其合金。有色金属又称非铁金属，指除黑色金属外的其他金属及其合金，如铜、锡、铅、锌、铝及其合金等。有色金属通常分为轻金属、重金属、贵金属、稀有金属和稀土金属等。

## 一、铁、铸铁和钢

在远古时代，第一块落到人类手中的铁可能不是来自地球，而是来自宇宙空间，因此在一些古语中，称铁为"天降之火"。埃及人把铁叫做"天石"。1958 年，在比利时首都布鲁塞尔世界工业博览会上，一座让人过目难忘的大楼矗立起来，这座建筑物由 9 个巨大的金属球组成，每个球的直径为 18m，8 个球处于立方体的每个角顶，第 9 个球处于立方体中心，这正是一个放大上千亿倍的铁晶体点阵模型，它的名字叫阿托米姆（Atomin）。

习惯上常说的钢铁是对钢和铁的总称。钢和铁都是铁碳合金，但钢和铁是有区别的，含碳量多少是区别钢、铁的主要标准。一般含碳量小于 0.05％ 的叫熟铁、煅铁或纯铁，含量在 0.05％～2％ 的叫钢，含量在 2％ 以上的叫生铁。

### 1. 生铁

生铁是用铁矿石经高炉冶炼的产品。它的最大用途是用于炼钢，也大量用来制造铸铁和熟铁。

根据生铁里碳存在形态的不同，又可分为炼钢生铁和铸造生铁。炼钢生铁里的碳主要以碳化铁的形态存在，其断面呈白色，通常又叫白口铁。这种生铁性能坚硬而脆，一般都用作炼钢的原料。铸造生铁中的碳以片状的石墨形态存在，它的断口为灰色，通常又叫灰口铁。由于石墨质软，具有润滑作用，因而铸造生铁具有良好的切削、耐磨和铸造性能。但它的抗拉强度不够，不能锻轧，只能用于制造各种铸件。

此外还有硅、锰、镍或其他元素含量特别高的生铁，叫合金生铁。例如硅铁、锰铁、硅锰（铁）等。合金生铁是炼钢和铸钢的重要原料，主要用来作为炼钢过程中的脱氧剂、合金剂，可以改善钢的理化性能和铸件的机械性能。

### 2. 熟铁

熟铁又叫锻铁。它是用生铁精炼而成的比较纯的铁，含碳量在 0.05％ 以下。熟铁很软，延展性好，可以拉成丝，容易锻造和焊接。常用来制造铆钉、链条等。

### 3. 铸铁

工业用铸铁一般含碳量为 2％～4％。它是将铸造生铁（部分炼钢生铁）在炉中重新熔化，并加进铁合金、废钢、回炉铁调整成分而得到。铸铁可分为以下几种。①灰口铸铁。用于制造机床床身、汽缸、箱体等结构件。②白口铸铁。多用作可锻铸铁的坯件和制作耐磨损的零部件。③可锻铸铁（俗称玛钢）。用于制造形状复杂、能承受强动载荷的零件。④球墨铸铁。广泛用于制造曲轴、齿轮、活塞等高级铸件以及多种机械零件。

⑤蠕墨铸铁。用于制造汽车的零部件。⑥合金铸铁。普通铸铁加入适量合金元素（如硅、锰、磷、镍、铬、钼、铜、铝、硼、钒、锡等）获得。用于制造矿山、化工机械和仪器、仪表等的零部件。

除了工业上的应用，铸铁在日常生活中也有广泛应用（铸铁日常也叫生铁。铸铁与生铁主要区别是，铸铁经过二次加工）。铸铁管可用于城市大型的给排水管网的敷设。水管的三通、内接、直通等配件都是铸铁的。厨房里用的炊具（如铁锅等）、体育健身器材（如哑铃等）也都是铸铁的。随着人们生活水平和审美情趣的提高，传统的铸铁件加工技术与现代装饰造型艺术相结合，形成了一种独具魅力的"铁艺"艺术。

## 4. 钢

含碳量在 0.05%～2% 的铁碳合金称为钢。为了保证其韧性和塑性，含碳量一般不超过 1.7%。钢的主要元素除铁、碳外，还有硅、锰、硫、磷等。根据成分不同，又可分为碳素钢和合金钢。

工业上一般把含碳量低于 0.25% 的叫低碳钢，用作铁丝、铆钉、钢筋等建筑材料；含碳量在 0.25%～0.6% 的叫中碳钢，用作车轮、钢轨等；含量在 0.6% 以上的叫高碳钢，用来制造工具、弹簧等。在碳素钢中有一般碳素钢和优质碳素钢。优质碳素钢含硫、磷等杂质比一般碳素钢低，在机械制造业中用作机械零件。

工业上，用钢号来区分不同类型的碳素钢。钢号是指碳素钢中的碳含量的高低。例如 45# 钢是一种平均含碳量为 0.45% 的中碳钢。

合金钢按所含合金元素的多少，分为三类：低合金钢，合金元素总含量小于 5%；中合金钢，合金元素总含量为 5%～10%；高合金钢，合金元素总含量大于 10%。

合金元素对钢性能的影响有：①提高钢材强度；②使钢具备耐蚀、耐磨等特殊性能；③对钢的铸造、锻造、焊接和切削等工艺性能产生影响。

在合金钢中有锰钢、硅钢等。锰钢一般含锰 1.4%～1.8%，用于制造汽车、柴油机上的连杆螺栓、半轴、进气阀和机床的齿轮等。硅钢具有很高的电阻，在电气工业中有广泛应用。例如，变压器用的钢即是含碳量小于 0.02%、含硅 3.8%～4.5% 的硅钢。

在按用途命名的合金钢中，常见的有工具钢、高速钢和不锈钢。

工具钢是用作车刀、刨刀、锉刀、锯条、拉丝工具等的合金钢。常用的有铬铝工具钢（含铬 1.2%～1.5%、含铝 1.0%～1.5%）、铬钼钒工具钢（含铬 11%～12%、含钼 0.4%～0.6%、含钒 0.15%～0.3%）、铬锰钼工具钢（含铬 0.6%～0.9%、含锰 1.2%～1.6%、含钼 0.15%～0.3%）等。

高速钢也叫锋钢，是含钨的合金钢，用于制造高速运转的切削工具。它一般含钨 8.5%～19%、含铬 3.8%～4.4%、含钒 1%～4%。

不锈钢主要指含铬、镍的合金钢，品种很多，常见的有含铬 17%～20%、含镍 8%～11%。如果再加入钛（1% 左右），钢的耐酸能力更强。

## 阅读资料

### 不锈钢与"不锈铁"

工业上，按组成不同，通常将不锈钢分为两类，即铬不锈钢和镍铬不锈钢。镍铬不锈钢的抗腐蚀能力优于铬不锈钢。人们在日常生活中所说的不锈钢，一般均指抗腐蚀能力较强的镍铬不锈钢。

不锈钢为什么在空气中耐氧化，而又耐酸碱腐蚀呢？

这是因为不锈钢中除铁以外，还含有合金元素铬和镍。铬赋予产品抗氧化能力，在制品表面形成富铬氧化膜（钝化膜）。它能隔绝氧接触，阻止继续氧化。镍元素赋予不锈钢耐腐蚀性能。同时加有镍铬元素的不锈钢，内部能形成均匀致密的奥氏体结构，它也是不锈钢制品具有抗氧化、耐腐蚀性能的重要原因之一。不锈钢中的铬含量一般在 12%～18%，镍的含量也在 10% 左右。例如，有一种不锈钢的成分除铁以外，其他元素含量如下：Cr（铬）17.0%～19.0%；Ni（镍）8.0%～11.0%；C（碳）<0.14%；Si（硅）<0.80%；Mn（锰）<2.00%；P（磷）<0.035%；S（硫）<0.03%。

"不锈铁"，是一个不规范的俗称。所谓"不锈铁"，其实就是前面提到的铬不锈钢（不含镍）。通常当钢中的铬含量达到 12%，即具有一定的防锈能力。

不锈钢并不是真的不会生锈，如果用显微镜观察，它的表面其实有很多小锈点。经分析，这些斑点里都含有硫，而硫元素的存在是制造钢铁的过程中无可避免的。

当使用环境中存在氯离子，不锈钢会腐蚀很快，甚至超过普通的低碳钢。美国有一个例子：某企业用一橡木容器盛装某含氯离子的溶液，该容器已使用近百余年完好无损。可20 世纪 90 年代更换成不锈钢后，仅 16 天容器即因腐蚀而发生泄漏。由于氯离子广泛存在，比如食盐、汗迹、海水、海风、土壤等，因此，不锈钢的使用对环境有一定要求，而且需要经常擦拭，除去灰尘，保持清洁干燥。

由于镍铬不锈钢中含有的镍有抗磁性，不适合用于制作电磁炉炊具，而"不锈铁"则可以。

尽管"不锈铁"和不锈钢性质上存在差异，但就其抗锈蚀能力而言，都明显优于锻铁和铸铁炊具。

## 思考题

1. 金属材料通常分为哪两类？
2. "钢"和"铁"化学组成的主要差别是什么？
3. 请列举日常生活中的铸铁制品。
4. 铸铁的主要品种有哪些？查阅资料了解不同品种的铸铁的主要性能和用途。
5. 合金元素对钢的性能主要有哪些影响？
6. 使不锈钢具有防锈功能的合金元素主要有哪些？

# 二、有色金属及其合金

有色金属是指除黑色金属外的其他金属及其合金。有色金属通常分为轻金属、重金属、贵金属、半金属、稀有金属和稀土金属等。轻金属密度在 $4.5g/cm^3$ 以下，如钾、钠、钙、镁、铝等，元素周期表中第ⅠA、ⅡA 族均为轻金属；重金属密度在 $4.5g/cm^3$ 以上，如铜、锌、钴、镍、钨、钼、锑、铋、铅、锡、镉、汞等，过渡元素大都属于重金属；贵金属通常是指金、银和铂族元素，这些金属在地壳中含量较少，不易开采，价格较贵，所以叫贵金属；稀有金属通常指在自然界中含量较少或分布稀散的金属，它们难以从原料中提取，在工业上制备及应用较晚，如锗、铍、铀等；稀土金属又称稀土元素，是元素周期表ⅢB 族中钪、钇、镧系 17 种元素的总称，如钪、铈、钕、铕等。

## 1. 铝及铝合金

传说发生在古罗马。有一天，一个陌生人去拜见罗马皇帝泰比里厄斯（Tiberius），献上一只金属杯子，杯子像银子一样闪闪发光，但是质量很轻。它是这个人从黏土中提炼出的新金属。皇帝表面上表示感谢，心里却害怕这种光彩夺目的新金属会使他的金银财宝贬值，就下令把这位发明家斩杀。从此，再也没有人动过提炼这种"危险金属"的念头，这种新金属就是现在大家非常熟悉的铝。

纯铝是银白色轻金属，熔点为 660℃，密度为 2.7g/cm³，仅为铁的 1/3，具有良好的导电和导热性。纯铝的强度、硬度低，而塑性高，可进行冷、热压力加工。铝在空气中易氧化，使表面生成致密的氧化膜，可保护其内部不再继续氧化，因此在大气中耐蚀性较好。

虽然纯铝的力学强度低，但在纯铝中加入硅、铜、镁、锰等合金元素制成铝合金，则可大大提高其力学性能，并仍能保持密度小、耐腐蚀的优点。采用各种强化手段后，铝合金可获得与低合金钢相近的强度，因此比强度（强度与密度之比）很高。

通常，根据铝合金的成分、性能和生产工艺特点，将其分为形变铝合金和铸造铝合金两大类。

（1）形变铝合金

按性能特点又分为防锈铝合金、硬铝合金和锻铝合金等。

① 防锈铝合金　代号 LF，主要为铝-锰系、铝-镁系合金。具有抗蚀性高，塑性及焊接性能较好的特点。防锈铝合金不能热处理强化，但可形变强化。常用来制造轻载荷的冲压件及要求耐腐蚀的零件，如油箱、铆钉、防锈蒙皮等。

② 硬铝合金　代号 LY，又称杜拉铝，属于铝-铜-镁系合金。能经过热处理强化而获得相当高的强度，故称硬铝。多用于制造飞机的结构零件。一般硬铝耐蚀性比纯铝差，所以有些硬铝的板材在表面包一层纯铝来保护。

③ 锻铝合金　代号 LD，属铝-镁-硅-铜系和铝-铜-镁-镍-铁系合金。其特点是合金中元素种类多但含量少，具有良好的塑性、锻造性能和较高的力学性能。主要用于制造形状复杂及承受重载荷的锻件，如离心式压气机叶轮、导风轮、飞机操纵系统中的摇臂、支架等。锻铝合金通常都要进行热处理。

（2）铸造铝合金

铸造铝合金分为铝硅合金、铝铜合金、铝镁合金和铝锌合金等。

① 铝硅合金　铝硅合金，又称硅铝明，合金成分常在共晶点附近。熔点低，流动性好，收缩小，组织致密，且耐蚀性好，是铸铝中应用最广的一类。但强度和塑性均差。

铝硅合金用于制造内燃机活塞、汽缸体、形状复杂的薄壁零件和电机、仪表的外壳等。

② 铝铜合金　铝铜合金具有较好的流动性和强度，但有热裂和疏松倾向，且耐蚀性差。加入镍、锰后，可提高耐热性。铝铜合金主要用于制造要求高强度或高温条件下工作的零件。

③ 铝镁合金　铝镁合金强度高，密度小，耐蚀性好。但铸造性能及耐热性差。多用来制造在腐蚀性介质中（如海水）工作的零件。铝镁合金还被用于制作笔记本电脑外壳。

④ 铝锌合金　铝锌合金强度较高，价格便宜，铸造性能、焊接性能和切削加工性能都很好，但耐蚀性差、热裂倾向大。常用于制造医疗器械、仪表零件和日用品等。

铝铜合金、铝镁合金、铝锌合金均可热处理强化。

由于铝及铝合金有多种优良性能，因而在工业生产和日常生活中有着极为广泛的用途。

① 因密度小、强度高，广泛应用于飞机、汽车、火车、船舶等制造工业。例如，一架超音速飞机约由 70% 的铝及其合金构成。一艘大型客船的用铝量常达几千吨。

② 铝的导电性仅次于银、铜，虽然它的导电率只有铜的 2/3，但密度只有铜的 1/3，所以输送同量的电，铝线的质量只有铜线的一半。铝表面的氧化膜不仅有耐腐蚀的能力，而且有一定的绝缘性，所以铝在电器制造工业、电线电缆工业和无线电工业中有广泛的用途。

③ 铝是热的良导体，它的导热能力比铁大 3 倍，工业上可用铝制造各种热交换器、散热材料和炊具等。

④ 铝有较好的延展性（仅次于金和银），在 100～150℃ 时可制成薄于 0.01mm 的铝箔，这些铝箔广泛用于包装香烟、糖果等，还可制成铝丝、铝条，并能轧制各种铝制品。

⑤ 铝的表面因有致密的氧化物保护膜，不易受到腐蚀，常被用来制造化学反应器、医疗器械、冷冻装置、石油和天然气管道等。

⑥ 铝板对光的反射性能也很好，铝越纯，其反射能力越好，因此常用来制造高质量的反射镜，如太阳灶反射镜等。

⑦ 铝具有吸音性能，音响效果也较好，所以广播室、现代化大型建筑室内的天花板等也常用铝质材料。

## 2. 铜及铜合金

铜起初多来源于自然铜。在石器作为主要工具的时代，人们在拣取石器材料时，偶尔遇到自然铜，发现它的性质与石料完全不同，人们将它加工成装饰品和小器皿，这是早期取得和使用铜的状况。以后通过熔铸自然铜的实践，引导人们逐渐懂得可以采用较丰富的铜矿石来冶炼铜。

铜，又称紫铜，密度为 $8.98g/cm^3$，熔点 1083℃，有良好的塑性、导电性、导热性和耐蚀性。但强度较低，不宜作结构零件，而广泛用作导电材料，散热器、冷却器用材，液压器件中垫片、导管等。

铜中加入适量合金元素后，可获得较高强度并具备一些其他性能的铜合金，从而适用于制造结构零件。铜合金主要分黄铜和青铜两大类。

（1）黄铜

黄铜是铜和锌的合金，分普通黄铜和特殊黄铜两类。

① 普通黄铜　普通黄铜即铜锌合金。其强度比纯铜高，塑性较好，耐蚀性也好，价格比纯铜和其他铜合金低，加工性能也好。

含锌量约 30% 的普通黄铜强度高、塑性好，可用冲压方式制造弹壳、散热器、垫片等零件。含锌量为 38% 时，则有较好的强度，切削性能好，易焊接，耐腐蚀，价格便宜，工业上应用较多，如制造散热器、油管、垫片、螺钉等。

② 特殊黄铜　在铜锌合金中加入少量的铝、锰、硅、锡、铅等元素的铜合金，称为特殊黄铜。特殊黄铜具有更好的力学性能、耐蚀性和耐磨性。

特殊黄铜可分为压力加工和铸造用两种。压力加工黄铜加入的合金元素少，塑性较高，具有较高的变形能力。常用的有铅黄铜、铝黄铜。铅黄铜用作各种结构零件，如销子、螺钉、螺帽、衬套、垫圈等；铝黄铜用于制造耐腐蚀零件。铸造用硅黄铜综合力学性能、耐磨性、耐蚀性、铸造性能、可焊性和切削加工性等均较好，常用作轴承衬套。

（2）青铜

最早的青铜仅指铜锡合金，即锡青铜。现在把黄铜以外的铜合金统称为青铜，而在青铜前加上主要添加元素的名称，如锡青铜、铝青铜、硅青铜等。也可分为有锡青铜与无锡青铜。

① 锡青铜　含锡量小于 8% 的青铜具有较好的塑性和适宜的强度，适用于压力加工，加工成板材、带材等半成品；含锡量大于 10% 的青铜塑性差，只适用于铸造。

锡青铜的铸造收缩率是有色金属与合金中最小的（低于 1%）。故适于铸造形状复杂、壁厚的铸件，但不适于制造要求致密度高的和密封性好的铸件。

锡青铜抗蚀性比纯铜和黄铜都高，耐磨性也好，多用来制造耐磨零件，如轴承、轴套、齿轮、蜗轮等；也用于制造与酸、碱、蒸汽接触的耐蚀件。

磷青铜，又称磷铜或锡磷青铜。由青铜添加脱气剂制得，其中磷（P）含量 0.03%~0.35%，锡含量 5%~8%，含其他微量元素如铁（Fe）、锌（Zn）等。

磷青铜有更高的耐蚀性、耐磨损，冲出时不发生火花。用于中速、重载荷轴承，工作最高温度 250℃。磷青铜具有良好的导电性能，不易发热、确保安全同时具备很强的抗疲劳性。磷青铜的插孔簧片硬连线电气结构，无铆钉连接或无摩擦触点，可保证接触良好，弹力好，插拔平稳。

② 无锡青铜　无锡青铜就是指不含锡的青铜。它是在铜中添加铝、硅、铅、锰、铂等元素组成的合金。无锡青铜具有较高的强度、耐磨性和良好的耐蚀性，并且价格较低廉，是锡青铜很好的代用品。

铝青铜一般含铝 5%~10%。它不仅价格低廉，且性能优良，强度比黄铜和锡青铜都高，耐磨性、耐蚀性都很好。但铸造性能、切削性能较差，不能钎焊，在过热蒸汽中不稳定。常用来铸造受重载的耐磨、耐蚀零件，如齿轮、蜗轮、轴套及船舶上零件等。

硅青铜含硅在 2%~5% 时，具有较高的弹性、强度、耐蚀性，铸件致密性较大。用于制造在海水中工作的弹簧等弹性元件。

铅青铜是很好的轴承材料，具有较高的疲劳强度，良好的导热性和减磨性，能在高速重载下工作。由于自身强度不高，常用于浇铸双金属轴承的铜套内表面。铅青铜的缺点是由于铜和铅的密度不同，在铸造时易出现密度偏析。

铂青铜除具有高导电性、导热性、耐热性、耐磨性、耐蚀性和良好的焊接性外，突出优点是具有很高的弹性极限和疲劳强度，故可作为优质弹性元件材料，但价格很高。

## 3. 其他有色金属及合金

### （1）钛及钛合金

钛，是一种过渡金属，在过去很长一段时间内人们一直认为它是一种稀有金属。其实钛的储藏并不稀少，在地壳中约占总重量的 0.42%，在金属世界里排行第七，含钛的矿物多达 70 多种，在海水中含量是 1μg/L，在海底地核中也含有大量的钛。

钛外观似钢，具有银灰光泽，密度约 4.51g/cm$^3$，即钛的重量只有同体积钢铁的一半。钛的熔点高达 1668℃，比号称不怕火炼的黄金的熔点还要高 600℃。钛在常温下性质很稳定，就是在强酸、强碱的溶液里，也不会被腐蚀。钛最突出的性能是对海水的抗腐蚀性很强，有人将一块钛沉入海底，五年以后取出观察，上面黏结着许多小动物与海底植物，本身却一点也没有被锈蚀，依旧亮光闪闪！钛合金不仅强度高，而且耐高温和耐低温的性能也很好。

从 20 世纪 40 年代以后，钛及其化合物被广泛应用于飞机、火箭、导弹、人造卫星、宇宙飞船、舰艇、军工、医疗以及石油化工等领域。

① 在新型喷气发动机中，钛合金已占整个发动机重量的 18%~25%；在最新出现的超音速飞机上，钛的使用量几乎占到整个机体结构总重量的 95%。

② 钛，属于"亲生物金属"，在膝关节、肩关节、肋关节、头盖骨等外科骨骼固定方面已得到应用。

　　③ 用钛合金制成的高压容器，能够耐受 2500 个大气压的高压。用钛制造的潜艇，不仅比钢制潜艇经久耐用，而且可以潜入更深的深度，钛潜艇可以下潜到 4500m 以下，这是钢制潜艇无法逾越的界限。用钛制造军舰、轮船，不用涂漆，在海水中航行几年也不会生锈。由于钛不是铁磁体物质，不会被磁水雷发现，这点在军事上特别重要，如果没有钛炼成的耐热钢，目前使用的常规武器步枪和机枪的寿命也只能是最初的 4.5s。

　　④ 在目前使用的最常见的两种不锈钢中，铬镍钛 18-8-1 型（含铬 18％、镍 8％、钛 1％）是工业上最常用的。

　　⑤ 钛和镍组成的合金，被称为记忆合金。这种合金制成预先确定的形状，再经定型处理后，若受外力变形，只要稍微加热便可恢复原来的面貌。这种合金目前已在不少领域得到应用。如美国阿波罗号飞船上用的天线，就是这种记忆合金。

　　⑥ 钛铌合金是理想的超导材料。目前冶炼的钛 70％左右用在制造飞机、导弹、宇宙飞船、人造卫星等方面。人类对钛的应用仅仅是一个良好的开端，金属钛的前程无量，钛被授予"21 世纪金属"的称号。

　　（2）锌及锌合金

　　自然界中，锌多以硫化物状态存在。主要含锌矿物是闪锌矿（ZnS），也有少量氧化矿，如菱锌矿和异锌矿。

　　纯锌呈蓝白色，具有光泽和延展性。密度为 7.14g/cm³，熔点为 419.5℃。在室温下，性较脆；100～150℃时，变软；超过 200℃后，又变脆。锌的化学性质活泼，在常温下的空气中，表面生成一层薄而致密的碱式碳酸锌膜，可阻止进一步氧化。当温度达到 225℃后，锌氧化激烈，燃烧时发出蓝绿色火焰。锌易溶于酸，也易从溶液中置换金、银、铜等。锌与酸或强碱都能发生反应，放出氢气。

　　由于锌在常温下表面易生成一层保护膜，所以锌最大的用途是用于镀锌工业。锌能和许多有色金属形成合金，其中锌与铝、铜等组成的合金，广泛用于压铸件。锌与铜、锡、铅组成的黄铜，用于机械制造业。含少量铅、镉等元素的锌板可制成锌锰干电池负极、印花锌板、照相制版和胶印印刷板等。

　　（3）锡及锡合金

　　远古时代，人们点燃篝火、烧烤野物时发现，垒起的"石头"会被熔化并流出银光闪闪的液体。这些不寻常的"石头"就是锡石。在自然界中，锡很少成游离状态存在，因此就很少有纯净的金属锡。最重要的锡矿是锡石，化学成分为二氧化锡。把锡石与木炭放在一起烧，木炭便会把锡从锡石中还原出来。正因为这样，锡很早就被人们发现了。

　　锡有白锡、灰锡和脆锡三种同素异形体。常见的白锡是银白色的金属，密度 7.31g/cm³，熔点 231.86℃，沸点 2270℃，软而富有展性。白锡剧冷转变为粉末状的灰锡，白锡加热到 160℃以上时转变为脆锡。

　　锡很柔软，用小刀能切开它。锡的化学性质很稳定，在常温下不易被氧气氧化，所以它经常保持银闪闪的光泽。锡无毒，人们常把它镀在铜锅内壁，以防铜温水生成有毒的铜绿。早期的牙膏壳也常用锡做（两层锡中夹着一层铅）。锡在常温下富有展性。特别是在 100℃时，它的展性非常好，可以展成极薄的锡箔。平常，人们便用锡箔包装香烟、糖果，以防受潮（现已用铝箔代替锡箔。铝箔与锡箔很易分辨——锡箔比铝箔光亮得多，但锡的延性却很差，一拉就断）。其实，锡也只在常温下富有展性，如果温度下降到 13.2℃以下，它竟会逐渐变成煤灰般松散的粉末。特别是在－33℃或有红盐（$SnCl_4 \cdot 2NH_4Cl$）的酒精溶液存在时，这种变化的速率大大加快。因此一把好端端的锡壶，会在低温下"自动"变成一堆粉末。这种锡的"疾病"还会传染给其他"健康"的锡器，被称为"锡疫"。造成锡疫的原因，是锡的晶格发生了变化：在常温下，锡是正方晶系的晶体结构，叫做白锡。当你把一根锡条弯曲时，常可以听到一阵嚓嚓声，这便是因为正方晶系的白锡晶体间在弯曲时相互摩擦，发出了声音。在13.2℃以下，白锡转变成一种无定形的灰锡。于是，成块的锡便变成了一团粉末。因此，在冬天要特别注意别使锡器受冻。有许多铁器常用锡焊接的，也不能受冻。1912年，国外的一支南极探险队去南极探险，所用的汽油桶都是用锡焊的，在南极的冰天雪地之中，焊锡变成粉末般的灰锡，汽油就都漏光了。

在161℃以上，白锡转变成具有斜方晶系的晶体结构的斜方锡。斜方锡很脆，一敲就碎，展性很差，叫做脆锡。

锡的化学性质稳定，不易被锈蚀。人们常把锡镀在铁皮外边，用来防止铁皮的锈蚀。这种穿了锡"衣服"的铁皮，就是大家熟知的马口铁。马口铁很普遍、也很便宜。如果注意保护，马口铁可使用十多年而保持不锈。但是，一旦不小心碰破了锡"衣服"，铁皮便很快被锈蚀，没多久整张马口铁便布满红棕色的铁锈斑。所以，在使用马口铁时，应注意切勿使锡层破损，也不要使它受潮、受热。

焊锡，一般含锡61%，有的是铅锡各半，也有的是由90%铅、6%锡和4%锑组成。因为熔点低，容易熔化，容易焊接，广泛用于电子工业中焊接电子元件。

### 思考题

1. 有色金属是如何分类的？
2. 举例说明铝合金在日常生活中的应用。
3. 铜合金主要分哪两类？举例说明铜及铜合金在日常生活中的应用。
4. 铝和铜在电线电缆行业均有重要应用，它们在性能上有何差异？
5. 钛在性能上有哪些突出的优点？
6. 马口铁表面的镀层是什么金属？
7. 焊锡的主要化学成分是什么？熔断器（保险丝）的主要化学成分是什么？
8. 举例说明金属材料在汽车制造和建筑装饰材料中的应用。

## 三、金属腐蚀与防护

金属腐蚀遍及国民经济和国防建设各个领域，危害十分严重。据估计，全世界每年因腐蚀而报废的钢铁量相当于年产量的1/4～1/3，发达国家每年为解决腐蚀问题所花费用占国民经济的2%～4%，且呈逐年增长趋势。因此，研究金属的腐蚀与防护具有重要的意义，它已不是单纯的技术问题，而且关系到保护资源、节约能源、节省材料、保护环境等问题。

### 1. 金属的腐蚀

金属表面与周围介质发生化学或电化学作用而引起破坏，叫做金属的腐蚀。大气、海水、土壤等环境对金属材料都会发生腐蚀作用。

根据机理不同，可以将金属腐蚀分为化学腐蚀和电化学腐蚀两类。

（1）化学腐蚀

化学腐蚀是指金属在高温下与腐蚀性气体或非电解质发生单纯的化学作用而引起的破坏现象。这在金属的加工、铸造、热处理过程中是经常遇到的。例如，高温下，轧钢中的铁被氧化而形成疏松的"铁皮"。

$$2Fe+O_2 \longrightarrow 2FeO$$
$$4FeO+O_2 \longrightarrow 2Fe_2O_3$$
$$FeO+Fe_2O_3 \longrightarrow Fe_3O_4$$

生成的铁的氧化物结构疏松，没有保护金属的能力，也不具有金属原有的高强度和高韧性等性能。

（2）电化学腐蚀

电化学腐蚀是由于金属与电解液发生作用，使金属表面形成原电池而引起的，这种原电池又称为腐蚀电池。

腐蚀电池中发生还原反应的电极称为正极，一般只起传递电子的作用，发生氧化反应的电极称为负极，发生腐蚀而被溶解。例如，钢铁制品暴露在酸性环境中，钢铁表面会吸附一层水膜，$CO_2$、$SO_2$ 等溶解在水膜中后形成电解质溶液，电离出 $H^+$、$HCO_3^-$、$HSO_3^-$。因此铁与杂质（主要是碳）就等于浸泡在含有这些离子的溶液中，组成了很多微型的原电池。原电池中的铁为负极，杂质（如 $Fe_3C$）为正极。由于铁与杂质紧密接触，电子可直接传递，因此使电化学腐蚀不断进行。

正极（C）：$2H^+ + 2e \longrightarrow H_2 \uparrow$

负极（Fe）：$Fe \rightarrow Fe^{2+} + 2e \longrightarrow Fe^{2+} + 2H_2O \rightarrow Fe(OH)_2 + 2H^+$

电池总反应为：$Fe + 2H_2O \longrightarrow Fe(OH)_2 + H_2 \uparrow$

生成的 $Fe(OH)_2$ 附着在铁的表面上，被空气中的氧迅速氧化成 $Fe(OH)_3$，继而由 $Fe(OH)_3$ 脱水生成 $Fe_2O_3 \cdot nH_2O$，成为常见的红褐色铁锈。由于在腐蚀过程中产生氢气，故又称为析氢腐蚀。此反应必须在吸附水膜中酸性较强（或 $H^+$ 浓度较大）的条件下进行。

在多数情况下，金属表面的吸附水膜酸性不是那么强，而是中性或弱酸性，此时溶解在水膜中的 $O_2$ 比 $H^+$ 有更强的得电子能力，因此在正极发生的是 $O_2$ 得电子生成 $OH^-$ 的反应。

正极（C）：$O_2 + 2H_2O + 4e \longrightarrow 4OH^-$

负极（Fe）：$Fe \rightarrow Fe^{2+} + 2e$，$Fe^{2+} + 2OH^- \rightarrow Fe(OH)_2$

电池总反应为 $2Fe + O_2 + 2H_2O \longrightarrow 2Fe(OH)_2$

生成的 $Fe(OH)_2$ 被空气中的氧迅速氧化形成铁锈。这类腐蚀反应过程中 $O_2$ 得到电子，又称为吸氧腐蚀。钢铁制品在大气中的腐蚀主要是吸氧腐蚀。

2. 金属腐蚀的防护

（1）改变金属材料的性质

合金化是既能改变金属活泼性，又能改善金属的使用性能的有效措施。可根据不同的用途选择不同的材料组成耐蚀合金，或在金属中添加合金元素，提高其耐蚀性，可以防止或减缓金属的腐蚀。例如，在钢中加入镍制成不锈钢可以增强防腐蚀能力。

（2）隔离金属与介质

在金属表面覆盖各种保护层，把被保护金属与腐蚀性介质隔开，是防止金属腐蚀的有效方法。工业上普遍使用的保护层有非金属保护层和金属保护层两大类。

非金属保护层如油漆、塑料、搪瓷、矿物性油脂等，将它们涂覆在金属表面上，可达到防腐蚀的目的。金属保护层的制备是用电镀的方法将耐腐蚀性较强的金属（如锌、镍、铬等）或合金覆盖在被保护的金属上。

（3）电化学保护法

在金属电化学腐蚀中是较活泼金属被腐蚀，因此可采用外加阳极而将被保护的金属作为阴极保护起来。此法又叫阴极保护法，又分为牺牲阳极保护法和外加电流法。

牺牲阳极保护法是采用电极电势比被保护金属更低的金属或合金做阳极，固定在被保护金属上，形成腐蚀电池，被保护金属作为阴极而得到保护。牺牲阳极一般常用的材料有铝、锌及其合金。此法常用于保护海轮外壳、海水中的各种金属设备、构件，以及防止巨型设备（如储油罐）以及石油管路的腐蚀。

外加电流法是将被保护金属与另一附加电极作为电解池的两个极，使被保护的金属作为阴极，附加电极为阳极，在外加直流电的作用下使阴极得到保护。此法主要用于防止土壤、海水及河水中金属设备的腐蚀。

3. 钝化现象

我们知道，铁、铝在稀 $HNO_3$ 或稀 $H_2SO_4$ 中能很快溶解，但在浓 $HNO_3$ 或浓 $H_2SO_4$ 中溶解现象几乎完全停止了。碳钢通常很容易生锈，若在钢中加入适量的 Ni、Cr，就成为不锈钢了。金属或合金受一些因素影响，化学稳定性明显增强的现象，称为钝化。由某些钝化剂（化学药品）所引起的金属钝化现象，称为化学钝化。如浓 $HNO_3$、浓 $H_2SO_4$、$HClO_3$、$K_2Cr_2O_7$、$KMnO_4$ 等氧化剂都可使金属钝化。金属钝化后，其电极电势向正方向移动，使其失去了原有的特性，如钝化了的铁在铜盐中不能将铜置换出。此外，用电化学方法也可使金属钝化，如将 Fe 置于 $H_2SO_4$ 溶液中作为阳极，用外加电流使阳极极化，采用一定仪器使铁电位升高到一定程度，Fe 就钝化了。由阳极极化引起的金属钝化现象，叫阳极钝化或电化学钝化。

金属处于钝化状态能保护金属防止腐蚀，但有时为了保证金属能正常参与反应而溶解，又必须防止钝化，如电镀和化学电源等。

铝和铝合金的表面处理 为了使铝或铝合金材料制品表面美观和提高耐蚀性，可以采用机械处理、化学处理、电化学处理等方法。通常电化学处理较化学处理的表面耐蚀性能更好。铝经阳极化处理，表面能自发生成带色、致密的阳极氧化膜，具有抗腐蚀、抗氧化的功能。

💡 思 考 题

1. 金属的腐蚀机理有哪两种？常用的防腐蚀措施有哪些？
2. 什么是金属的钝化现象？使金属表面钝化的方法有哪两种？哪一种方法更理想？

# 四、金属的电镀与化学镀

在金属材料表面制备镀层，能增强金属的抗腐蚀性、增加硬度抗磨损、赋予导电或绝缘性能，或起到表面装饰、美观的作用。

1. 电镀

电镀，就是利用电解原理使金属或合金沉积在工件表面，以形成均匀、致密、结合力良好的金属层的过程。

电镀时一般以镀层金属为阳极，待镀件为阴极，含镀层金属离子的电解溶液为电镀液。电镀过程中镀层金属发生氧化反应而成为离子溶入电解液，电解液中的镀层金属离子则在待镀件表面发生还原反应形成镀层。因此，电镀在本质上是金属的氧化还原反应过程。

为了使电镀层光滑牢固，工业生产上电镀液的配方往往很复杂。以前常用氰化物作配位剂来配制电镀液，但由于 $CN^-$ 有剧毒，对电镀工人的健康损害很大，同时，排放含 $CN^-$ 的污水、废气也严重污染环境。因此，现在电镀主要使用无氰电镀。无氰电镀是不含 $CN^-$ 的电镀液电镀。

## 2. 化学镀

化学镀技术是在金属的催化作用下，通过可控制的氧化还原反应产生金属的沉积过程。与电镀相比，化学镀技术具有镀层均匀、针孔小、不需直流电源设备、能在非导体上沉积和具有某些特殊性能等特点。另外，由于化学镀技术废液排放少，对环境污染小以及成本较低，在许多领域已逐步取代电镀，成为一种环保型的表面处理工艺。目前，化学镀技术已在电子、阀门制造、机械、石油化工、汽车、航空航天等工业中得到广泛的应用。

### 💡 思 考 题

1. 金属表面镀层的作用有哪些？制备镀层的方法有哪两种？
2. 常用的镀层金属有哪些？并举例说明。

## 第三节

# 无机非金属材料

较早的无机非金属材料主要有水泥、玻璃和陶瓷，后来又出现了耐火材料。因为它们的成分中均含有二氧化硅这种化合物，所以又称为硅酸盐材料。

随着近代工业和科学技术的进步，传统的硅酸盐材料已不能满足要求，而出现了一系列新型无机非金属材料，如光学玻璃、特种陶瓷等。它们不仅是建筑、化工、机械、冶金、电力、燃料和轻工业等工业部门不可缺少的材料，而且在国防工业和尖端技术中也有它们的重要地位。新型无机非金属材料与传统硅酸盐材料的主要差异，是其化学组成中不一定含有二氧化硅这种物质。

## 一、水泥与混凝土

### 1. 水泥

加入适量水后可成塑性浆体，既能在空气中硬化又能在水中继续硬化，并能将砂、石或纤维材料牢固地胶结在一起的细粉状无机非金属水硬性胶凝材料，通称为水泥。

水泥的种类很多，目前水泥品种已达一百余种。按水泥的用途和性能可分为：通用水泥、专用水泥和特性水泥三大类。

通用水泥为在大量土木建筑工程中作一般用途的水泥，如硅酸盐水泥、火山灰质硅酸盐水泥、矿渣硅酸盐水泥和复合硅酸盐水泥等。

专用水泥指具有专门用途的水泥，如油井水泥、砌筑水泥等。

特性水泥是指某些性能比较突出的一类水泥，如快硬硅酸盐水泥、抗硫酸盐硅酸盐水泥、中热硅酸盐水泥、膨胀硫铝酸盐水泥、自应力铝酸盐水泥等。

通常人们习惯于把专用水泥和特性水泥统称为特种水泥。

如按熟料所含的主要水硬性矿物分，水泥又可分为硅酸盐水泥、铝酸盐水泥、硫铝酸盐水泥、氟铝酸盐水泥等。还有以工业废渣和地方材料为主要组分的少熟料或无熟料水泥。

普通硅酸盐水泥的化学成分大致为：$CaO$ 65%，$SiO_2$ 22%，$Al_2O_3$ 5%，$Fe_2O_3$ 3%，但这些氧化物组分并非以单组分状态存在的。在水泥熟料中，氧化钙、氧化硅、氧化铝和氧化铁以两种或两种以上氧化物反应生成的多种矿物集合体存在。在硅酸盐水泥熟料中主要形成四种矿物：硅酸三钙 $3CaO \cdot SiO_2$；硅酸二钙 $2CaO \cdot SiO_2$；铝酸三钙 $3CaO \cdot Al_2O_3$；铁相固溶体，通常以铁铝酸四钙 $4CaO \cdot Al_2O_3 \cdot Fe_2O_3$ 作为其表达式。

水泥与水接触时，水泥中的熟料组分与水反应，称为水化。水泥的水化反应过程是非常复杂的。硅酸盐水泥的水硬性主要归结于硅酸钙的水化反应。水化产物中最多的为硅酸盐水化物，即水化硅酸钙和氢氧化钙。

硅酸盐水泥完全水化所需的水量，一般认为：与水泥成化学结合的结合水量约为水泥重量的 25%；吸附于微细粒子表面的凝胶水量约为 15%；合计约为 40%。

## 2. 混凝土

通常人们把由水泥、粗细集料（砂、石等）加水拌和，经水化硬化而成的复合材料称为混凝土。

砂石称为集料，又名骨料，在混凝土中约占体积的 70%～80%。过去很长一段时间里，将集料视为惰性材料，认为在混凝土中只起着构成体积的作用，对混凝土的性能影响并不大。近年研究表明，在集料和水泥浆的交界面附近，存在一个过渡区，区内水化产物的形式、排列、浓度不同于过渡区外，尤其是孔隙的大量存在，使过渡区成为混凝土中的薄弱环节，是裂缝的多发区，也是水或诸多破坏因素进入混凝土内部的通道。制作均匀优质的混凝土，尤其是耐久性要求高的混凝土，不仅要选用坚洁的集料，对于集料的表面结构、吸附性和含水率都应有一定的要求。适当增加集料用量，不仅可以节约水泥，降低混凝土成本，对混凝土强度、弹性模量也有利，还可因减少水泥浆而带来减小收缩率、降低水化热、增加耐久性等好处。

外加剂是为了赋予混凝土某些特殊性能，满足工程的某种需要，外加剂目前使用的最多的是减水剂与引气剂。

混凝土具有许多优点，是目前土木建筑工程中不可缺少的结构材料。只含细集料的水泥砂浆广泛用作墙面抹灰及砖、瓦等砌筑黏结材料。

## 3. 混合材料

除水泥、水、集料以外，为了改善混凝土的性质和降低成本，拌和时掺入的各种材料，总称为混合材料。掺入量多的称为混合材，掺入量少的称为外加剂（用量通常不大于水泥质量的 5%）。

使用混合材的目的有：改善和易性、增加强度、调节凝结时间、降低水化发热量或发热速率、提高耐久性、提高防水性、减少裂缝发生、发泡、钢筋防锈、改善泵送性、增加黏结力等。常用的混合材有：粉煤灰、火山灰、高炉水渣、岩石粉末等。

外加剂按其主要功能分为四类：①改善混凝土拌和物流变性能的外加剂。包括各种减水剂、引气剂等。②调节混凝土凝结时间、硬化性能的外加剂。包括缓凝剂、早强剂和速凝剂等。③改善混凝土耐久性的外加剂。包括引气剂、防水剂和阻锈剂等。④改善混凝土其他性能的外加剂。包括加气剂、膨胀剂、防冻剂、着色剂、防水剂等。

水泥及混凝土可广泛应用于工业、民用建筑、农田、水利和海港工程、道路和桥梁工程、军事、宇航和核工业等工程，是建筑工业三大基本材料之一。

## 二、玻璃

　　玻璃是由熔融物冷却硬化而得到的非晶态固体。玻璃通常按主要成分分为氧化物玻璃和非氧化物玻璃。玻璃没有固定熔点，而在某范围内逐渐软化，此时就可以加工成任何形状的制品。玻璃最大的优点是透明和耐腐蚀。玻璃性质稳定，不怕盐酸、硫酸、硝酸和王水的侵蚀，但遇到氢氟酸就会被腐蚀，因为氢氟酸与玻璃中的 $SiO_2$ 发生化学反应，生成能挥发的 $SiF_4$ 和 $H_2O$。普通的玻璃常带有淡淡的绿色，这是因为玻璃中含有二价铁杂质，还有些玻璃带有棕黄色，是由于玻璃中含有三价铁。

　　氧化物玻璃又分为硅酸盐玻璃、硼酸盐玻璃、磷酸盐玻璃等。硅酸盐玻璃指基本成分为 $SiO_2$ 的玻璃，它是玻璃中产量最大、用途最广的品种。

　　硅酸盐玻璃通常按玻璃中 $SiO_2$ 以及碱金属、碱土金属氧化物的不同含量，又分为以下几种。

　　（1）石英玻璃

　　$SiO_2$ 含量大于 99.5％，热膨胀系数低，耐高温，化学稳定性好，透紫外光和红外光，熔制温度高、黏度大，成型较难。多用于半导体、电光源、光导通信、激光等技术和光学仪器中。

　　（2）高硅氧玻璃

　　$SiO_2$ 含量约 96％，其性质与石英玻璃相似。

　　（3）钠钙玻璃

　　以 $SiO_2$ 含量为主，还含有 15％的 $Na_2O$ 和 16％的 $CaO$，其成本低廉，易成型，适宜大规模生产，其产量占实用玻璃的 90％。可生产玻璃瓶罐、平板玻璃、器皿、灯泡等。

　　其熔制过程的化学反应可用下式表示。

$$Na_2CO_3 + CaCO_3 + 6SiO_2 \longrightarrow Na_2O \cdot CaO \cdot 6SiO_2 + 2CO_2$$

　　（4）铅硅酸盐玻璃

　　主要成分有 $SiO_2$ 和 $PbO$，具有独特的高折射率和高体积电阻，与金属有良好的浸润性，可用于制造灯泡、真空管芯柱、晶质玻璃器皿、火石光学玻璃等。含有大量 $PbO$ 的铅玻璃能阻挡 X 射线和 γ 射线。

　　（5）铝硅酸盐玻璃

　　以 $SiO_2$ 和 $Al_2O_3$ 为主要成分，软化变形温度高，用于制作放电灯泡、高温玻璃温度计、化学燃烧管和玻璃纤维等。

　　（6）硼硅酸盐玻璃

　　以 $SiO_2$ 和 $B_2O_3$ 为主要成分，具有良好的耐热性和化学稳定性，用以制造烹饪器具、实验室仪器、金属焊封玻璃等。

　　硼酸盐玻璃以 $B_2O_3$ 为主要成分，折射率高、色散低，是一种新型光学玻璃。

　　磷酸盐玻璃以 $P_2O_5$ 为主要成分，折射率低、色散低，用于光学仪器中。

　　非氧化物玻璃品种和数量很少，主要有硫系玻璃和卤化物玻璃。硫系玻璃的阴离子多为硫、硒、碲等，可阻截短波长光线而通过黄、红光以及近、远红外光，其电阻低，具有开关与记忆特性。卤化物玻璃的折射率低，色散低，多用作光学玻璃。

　　按玻璃的用途分类，则有日用、建筑、化学、电真空、光学、医疗器械和食品包装等玻璃。按性质分又有耐热、耐酸、无碱和防射线、隔热和电绝缘玻璃等。它们与组成有关，如耐热玻璃中含有较多氧化硼，防射线玻璃中有相当数量氧化铅，无碱玻璃中只含有少量甚至没有碱金属氧化物。

### 几种特殊玻璃

**1. 有色玻璃**

制玻璃时加入少量玻璃着色剂，可制得各种有色玻璃。氧化铜（Ⅱ）或氧化铬（Ⅲ）产生绿色；氧化钴（Ⅱ）产生蓝色；二氧化锰产生紫色；二氧化锡或氟化钙产生乳白色；铀化合物产生黄绿荧光；胶态硒产生红玉色；胶态金产生红、红紫或蓝色；氧化亚铜产生红、绿或蓝色；亚铁化合物产生绿色，量多时为黑色；铁（Ⅲ）化合物产生黄色。制玻璃时，由于原料中含有亚铁的杂质，常使玻璃带绿色，可加入少量二氧化锰或硒，使之变成无色玻璃。

**2. 光致变色玻璃**

在玻璃中加入卤化银，或在玻璃与有机夹层中加入铝和钨的感光化合物，就能获得光致变色性。光致变色玻璃受太阳或其他光线照射时，颜色随着光线的增强而逐渐变暗；照射停止时又恢复原来的颜色。目前，光致变色玻璃的应用已从眼镜片开始向交通、医学、摄影、通信和建筑领域发展。

**3. 镭射玻璃**

镭射（英文 Laser 的音译）玻璃是以平板玻璃为基材，经特殊工艺处理，从而构成全息光栅或其他图形的几何光栅。当它受到光源照射时，同一受光点或受光面，因衍射作用而产生色彩的变化，并随着入射光角度及人的视角的不同，所产生的光的色彩及图案也不相同。在同一块玻璃上可形成上百种图案。五光十色的变幻给人以神奇、华贵和迷人的感受，其装饰效果是其他材料无法比拟的。

**4. 钢化玻璃与防弹玻璃**

钢化玻璃是用普通平板玻璃或浮法玻璃经特殊加工处理而成。钢化玻璃具有抗冲击强度高（比普通平板玻璃高 4～5 倍）、抗弯强度大（比普通平板玻璃高 5 倍）、热稳定性好以及光洁、透明、可切割等特点。在遇超强冲击破坏时，碎片呈分散细小颗粒状，无尖锐棱角，故又称安全玻璃。

防弹玻璃由多片不同厚度的透明浮法玻璃和多片 PVB 胶片科学地组合而成，由于玻璃和 PVB 胶片黏合得非常牢固，几乎成为一个整体，且因玻璃具有较高的硬度而 PVB 胶片具有良好的韧性，当子弹接触到玻璃后，它们的冲击能量被削弱到很低的程度乃至为零，所以不能穿透。同样，金属的撞击也只能将玻璃击碎而不能穿透，因此起到防弹的效果。

防弹玻璃可用作军事防御，也可用于银行柜台、珠宝玉器、金银首饰等贵重物品展示柜，以及其他特定的工作生活场所的护卫、防盗。

## 三、陶瓷

陶瓷是由粉状原料成型后在高温作用下硬化而形成的制品，是多晶、多相（晶相、玻璃相和气相）的聚集体。陶瓷材料是无机非金属材料中的一个重要部分，它具有耐高温、耐腐蚀、高强度、多功能等多种优异性能，在民用和包括空间技术在内的新技术领域得到广泛应用。

陶瓷是陶器和瓷器的总称。陶瓷在我国已有悠久的历史,是中华民族古老文明的象征。按照习惯,一般分为传统陶瓷和现代陶瓷两大类。

1. 传统陶瓷

传统陶瓷又称为普通陶瓷,主要指硅酸盐陶瓷材料。其主要原料有黏土($Al_2O_3 \cdot 2SiO_2 \cdot 2H_2O$)、石英($SiO_2$)、长石($K_2O \cdot Al_2O_3 \cdot 6SiO_2$)等。因其中占主导地位的化学组成 $SiO_2$ 是以黏土矿物原料引入的,所以也称传统陶瓷为黏土陶瓷。这类材料按其性能特点和用途,可分为日用陶瓷和工业陶瓷。

日用陶瓷主要为瓷器,一般要求具有良好的白度、光泽度、热稳定性和机械强度。日用陶瓷主要有长石质瓷、绢云母质瓷、骨灰质瓷和滑石质瓷等四种类型。四种类型陶瓷的配料、性能特点及应用列于表 4-1。

表 4-1 各类日用陶瓷的配料、性能特点和应用

| 日用陶瓷的类型 | 原料配比/% | 烧成温度/℃ | 性 能 特 点 | 主 要 应 用 |
| --- | --- | --- | --- | --- |
| 长石质瓷 | 长石 20～30<br>石英 25～35<br>黏土 40～50 | 1250～1350 | 瓷质洁白,半透明,不透气,吸水率低,坚硬,强度高,化学稳定性好 | 餐具,茶具,陈设陶瓷器,装饰美术瓷器,一般工业用品 |
| 绢云母质瓷 | 绢云母 30～50<br>高岭土 30～50<br>石英 15～25<br>其他矿物 5～10 | 1250～1450 | 同长石质瓷,但透明度和外观色调较好 | 餐具,茶具,工艺美术制品 |
| 骨灰质瓷 | 骨灰 20～60<br>长石 8～22<br>高岭土 25～45<br>石英 9～20 | 1220～1250 | 白度高,透明度好,瓷质软,光泽柔和,但较脆,热稳定性差 | 高级餐具,茶具,高级工艺美术瓷器 |
| 滑石质瓷 | 滑石～73<br>长石～12<br>高岭土～11<br>黏土～4 | 1300～1400 | 良好的透明度和热稳定性,较高的强度和良好的电性能 | 高级日用器皿,一般电工陶瓷 |

普通工业陶瓷主要为炻器和精陶。按用途包括建筑陶瓷、卫生陶瓷、电工陶瓷、化学化工陶瓷等。建筑、卫生陶瓷一般尺寸较大,要求强度和热稳定性好,常用于铺设地面、砌筑和装饰墙壁、铺设输水管道以及制作卫生间的各种装置、器具等。电工陶瓷要求机械强度高,介电性能和热稳定性好,主要用于制作机械支撑以及连接用的绝缘材料。化学化工陶瓷主要要求耐各种化学介质侵蚀的能力强,常用作化学、化工、制药、食品等工业和实验室的实验器皿、耐蚀容器、管道、设备等。

2. 现代陶瓷

现代陶瓷又叫特种陶瓷,指一些具有特殊物理或化学性能和特殊功能的陶瓷。从性能来说,现代陶瓷比传统陶瓷有了很大的改变:能够承受更高的温度;能耐受冲击而不易破碎;有极好的绝缘性能,能够承受更高的电压(电位差);除此之外,还能导电,相对透明,具有对温度、湿度、压力(压强)改变敏感的特殊性质。

(1)透明陶瓷

一般陶瓷是不透明的,但是光学陶瓷像玻璃一样透明,故称透明陶瓷。早期得到的是透

明氧化铝陶瓷，后来陆续研究出如烧结白刚玉、氧化钇等多种氧化物系列透明陶瓷。近期又研制出非氧化物透明陶瓷，如砷化镓、氟化镁等。

普通的陶瓷里有很多微气孔，而这些微气孔会对光线产生极强的折射和散射，以至于几乎所有的光线都分散到四面八方，不能透过陶瓷，故陶瓷就不透明了。透明陶瓷的制作就是要把陶瓷内的这些微气孔赶走，使光线穿过陶瓷，产生透明的效果（如图 4-1）。

图 4-1　透明陶瓷

透明陶瓷材料能透光，有优异的光学性能。除此之外，高密度和没有玻璃相使这种陶瓷更能耐腐蚀，而且在其机械加工时具有更高的表面光洁度。透明陶瓷耐高温，一般它们的熔点都在 2000℃ 以上，如氧化钍-氧化钇透明陶瓷的熔点高达 3100℃。透明陶瓷的透明度、强度、硬度都高于普通玻璃，耐磨损、耐划伤。

透明陶瓷的机械强度和硬度都很高，能耐受很高的温度，即使在 1000℃ 的高温下也不会软化、变形、析晶，可以用来制造车床上的高速切削刀，汽轮机叶片，水泵，喷气发动机的零件等。

透明陶瓷的电绝缘性能、化学稳定性都很高。光敏型玻璃陶瓷还有一个很有趣的性能，就是它能像照相底片一样感光，由于这种透明陶瓷有这样的感光性能，故又称它为感光玻璃。并且它的抗化学腐蚀的性能也很好，可经受放射性物质的强烈辐射。它不但可以像玻璃那样透过光线，而且还可以透过波长 10μm 以上的红外线，因此，可用来制造立体工业电视的观察镜、防核爆炸闪光危害的眼镜、新型光源高压钠灯的放电管。

透明陶瓷的另一个重要用途是制造高压钠灯，选用氧化铝透明陶瓷为材料制造出的高压钠灯，发光效率比高压汞灯提高一倍，使用寿命达 2 万小时，是使用寿命最长的高效电光源。

透明陶瓷在化学工业上可以用作高温耐腐蚀材料以代替不锈钢等，在国防军事上，透明陶瓷做超音速飞机风挡是十分理想的材料，又是一种很好的透明防弹材料，可作高级轿车的防弹窗、坦克的观察窗、炸弹瞄准工具等。透明陶瓷还能透过无数电波，因此还可以做成导弹等飞行器头部的雷达天线罩和红外线整流罩等。在仪表工业上可用作高硬度材料以代替宝石，在电子工业上可以用来制造印刷线路的基板和镂板，在日用生活中可以用来制作各种器皿、瓶罐、餐具等。

（2）生物陶瓷

生物陶瓷是指与生物体或生物化学有关的新型陶瓷，包括精细陶瓷、多孔陶瓷、某些玻璃和单晶。根据使用情况，生物陶瓷可分为与生物体相关的植入陶瓷和与生物化学相关的生物工艺学陶瓷。

植入陶瓷植入生物体内，主要是用作生物硬组织的代用材料，用以恢复和增强生物体机能。在临床上用作人造牙、人造骨、人造心脏瓣膜、人造血管和其他医用人造气管穿皮接头等。

生物陶瓷作为硬组织的代用材料来说，主要分为生物惰性和生物活性两大类。

生物惰性陶瓷材料主要是指化学性能稳定，生物相容性好的陶瓷材料。这类陶瓷材料的结构都比较稳定，分子中的键力较强，而且都具有较高的机械强度、耐磨性以及化学稳定性，它主要有氧化铝陶瓷、单晶陶瓷、氧化锆陶瓷、玻璃陶瓷等。

生物活性陶瓷材料包括表面生物活性陶瓷和生物吸收性陶瓷，又叫生物降解陶瓷。生物表面活性陶瓷通常含有羟基，还可做成多孔性，生物组织可长入并同其表面发生牢固的键合。生物吸收性陶瓷的特点是能部分吸收或者全部吸收，在生物体内能诱发新生骨的生长。生物活性陶瓷有生物活性玻璃（磷酸钙系）、羟基磷灰石陶瓷、磷酸三钙陶瓷等几种。目前国内外已将羟基磷灰石用于牙槽、骨缺损、脑外科手术的修补、填充等，用于制造整形整容的材料。此外，它还可以制成人工骨核治疗骨结核。

生物工艺学陶瓷用于分离细菌和病毒，用作固定化酶载体，以及作为生物化学反应的催化剂，使用时不直接与生物体接触。常用的有多孔玻璃和多孔陶瓷。前者不易被细菌侵入，环境溶液中溶媒的种类、pH和温度不易引起孔径变化，材质坚硬、强度高，多用作固定化酶载体。后者耐碱性能好，价格低，主要用作固定化酶载体，使固定化酶能长时间发挥高效催化作用。

（3）压电陶瓷

压电陶瓷，一种能够将机械能和电能互相转换的功能陶瓷材料。压电陶瓷在外力的作用下，产生形变，引起介质表面带电；而当受到外加电场作用时，介质将产生机械变形。这种奇妙的效应已经被科学家应用在与人们生活密切相关的许多领域，以实现能量转换、传感、驱动、频率控制等功能。

在能量转换方面，利用压电陶瓷将外力转换成电能的特性，可以制造出压电点火器，如电子打火机中就有压电陶瓷制作的火石，打火次数可在100万次以上。利用压电陶瓷能把电能转换成超声振动的功能，用于探测水下鱼群的位置，对金属进行无损探伤，以及超声清洗、超声医疗等。

压电陶瓷具有敏感的特性，可以将极其微弱的机械振动转换成电信号，可用于声呐系统、气象探测、遥测、环境保护和地震灾害预测。

压电陶瓷在电场作用下能产生形变。基于这个原理制作的精确控制机构——压电驱动器，可用于精密仪器和机械的控制、微电子技术等领域。

用压电陶瓷制作的谐振器、滤波器等频率控制装置，频率稳定性好，精度高及适用频率范围宽，而且体积小、不吸潮、寿命长，特别是在多路通信设备中能提高抗干扰性，是传统材料无法比拟的。

压电陶瓷在电声设备上有广泛应用，例如压电陶瓷拾音器、扬声器。送受话器等都是利用压电陶瓷的换能性质（机械能转变为电能或反过来）来研制的。

利用压电陶瓷的逆压电效应可制成小型的压电陶瓷风扇，具有体积小，不会发热，无噪声，低功耗，寿命长等优点。

## 思 考 题

1. 什么是水泥？
2. 查阅资料，列举常用的混凝土外加剂的化学成分及其作用。
3. 哪种化学物质对玻璃具有腐蚀作用？
4. 制备传统陶瓷的主要原料是什么？
5. 试比较现代陶瓷和传统陶瓷的异同点。
6. 何谓生物陶瓷？如何分类？举例说明生物陶瓷的应用。
7. 简述陶瓷透明的原因。透明陶瓷有何优异性能？并举例说明其应用。

# 第四节

# 有机高分子材料

　　人工合成有机高分子材料的成功，是材料发展史上的一次重大突破。长期以来，人类使用的各种材料均来自天然，或由天然材料加工后制得。随着人类生产、消费的不断增长，物质、文化生活要求的不断提高，天然材料无论在数量还是品种、性能等方面，均已不能满足社会发展的需要。于是，各种人工合成高分子材料应运而生，把人类物质文明的发展又向前推进了一大步。

## 一、高分子与高分子材料

　　常见的分子，我们称它们为小分子，分子量在几十到几百之间。高分子的"高"是指它的分子量高，至少要大于 1 万，有的达到几十万甚至几百万。分子量高所带来的性质上的变化，主要是使高分子物质具有一定的机械强度。这样，高分子物质就不同于一般有机物，而可以作为材料使用。

　　按来源不同，将高分子分为天然高分子和人工合成高分子。合成高分子是由某些符合特定条件的低分子化合物（单体）经聚合反应合成得到的。因此，合成高分子又称聚合物。如乙烯在高压或低压下聚合，可分别得到高压聚乙烯（又称低密度聚乙烯 LDPE）和低压聚乙烯（又称高密度聚乙烯 HDPE）。

　　大多数聚合物往往不能直接用作材料。高分子材料通常是以聚合物为主体，同时含有适量助剂（这些助剂本身也可以是聚合物）的混合物。

　　人工合成有机高分子材料的品种很多，按性能和用途的不同，通常分为三大类，即合成纤维、合成橡胶和合成塑料，简称三大合成材料。此外，还包括涂料、胶黏剂、功能高分子。表 4-2 为常见聚合物及其英文缩写代号对照表。

**表 4-2　常见聚合物及其英文缩写代号对照表**

| 聚　合　物 | 英文缩写 | 聚　合　物 | 英文缩写 |
|---|---|---|---|
| 聚乙烯 | PE | 聚乙烯醇缩丁醛 | PVB |
| 高密度聚乙烯 | HDPE | 聚甲基丙烯酸甲酯 | PMMA |
| 低密度聚乙烯 | LDPE | 聚丙烯酸 | PAA |
| 线型低密度聚乙烯 | LLDPE | 聚丙烯酰胺 | PAM |
| 乙烯-醋酸乙烯酯共聚物 | EVA | 聚对苯二甲酸乙二醇酯 | PET |
| 氯化聚乙烯 | CPE | 聚对苯二甲酸丁二醇酯 | PBT |
| 聚丙烯 | PP | 聚酰胺 | PA |
| 聚氯乙烯 | PVC | 聚己内酰胺 | PA6 |
| 聚偏氯乙烯 | PVDE | 聚己二酰己二胺 | PA66 |
| 氯化聚氯乙烯 | CPVC | 聚癸二酰己二胺 | PA610 |
| 聚苯乙烯 | PS | 聚癸二酰癸二胺 | PA1010 |
| 高抗冲聚苯乙烯 | HIPS | 聚碳酸酯 | PC |
| 苯乙烯-丙烯腈共聚物 | SAN | 聚甲醛 | POM |
| 苯乙烯-丁二烯-丙烯腈共聚物 | ABS | 聚苯醚 | PPO |
| 苯乙烯-丁二烯-苯乙烯嵌段共聚物 | SBS | 聚四氟乙烯 | PTFE |
| 聚丙烯腈 | PAN | 聚砜 | PSF |
| 聚醋酸乙烯酯 | PVAC | 酚醛树脂 | PF |
| 聚乙烯醇 | PVA | 环氧树脂 | EP |

续表

| 聚 合 物 | 英文缩写 | 聚 合 物 | 英文缩写 |
|---|---|---|---|
| 不饱和聚酯 | UP | 丁腈橡胶 | NBR |
| 脲醛树脂 | UF | 氯丁橡胶 | CR |
| 三聚氰胺甲醛树脂 | MF | 丁基橡胶 | IIR |
| 天然橡胶 | NR | 乙丙橡胶 | EPM |
| 丁苯橡胶 | SBR | 三元乙丙橡胶 | EPDM |
| 顺丁橡胶 | BR | | |

如同金属腐蚀、木材腐朽、岩石风化一样，高分子化合物也会受环境条件的影响而发生老化，使性能变坏，甚至失去使用价值。高分子材料老化的表现有：材料表面失去光泽，或产生变色现象；材质变硬变脆、龟裂，甚至粉化，冲击强度显著降低；或表面发黏，失去弹性，拉伸强度降低。导致高分子材料在使用过程中发生老化的主要因素是光、热和氧的作用。老化的本质是聚合物的分子发生了降解或交联的化学变化。

1. 塑料

塑料，是以聚合物为主要成分，在一定条件下可塑成一定形状并且在常温下能保持其形状不变的材料。如图 4-2，为粒状塑料。

塑料按受热后形态性能表现的不同，可分为热塑性塑料和热固性塑料两大类。热塑性塑料受热后软化，冷却后又变硬，并且这种软化和变硬可重复循环多次。因此可以反复成型，这对塑料制品的再生很有意义。热塑性塑料占塑料总产量的 70% 以上。热固性塑料是由单体

图 4-2　粒状塑料

直接反应形成网状聚合物或通过交联线型预聚体而形成，一旦形成交联聚合物，受热后不能再回复到可塑状态。因此，对热固性塑料而言，聚合过程（最后的固化阶段）和成型过程是同时进行的，所得制品是不溶或不熔的，所以热固性塑料通常不能回收利用。热固性塑料的主要品种有酚醛树脂、环氧树脂、氨基树脂、不饱和聚酯等。

塑料可分为通用塑料和工程塑料两大类。通用塑料是指产量大、价格较低、力学性能一般、主要作非结构材料使用的塑料，如聚乙烯、聚丙烯、聚氯乙烯、聚苯乙烯等。工程塑料一般指具有优异的力学性能和良好的尺寸稳定性，能经受较宽的温度变化范围和较苛刻的环境条件，可代替金属作为结构材料使用的塑料。常用的五大工程塑料是指：聚酯、聚酰胺、聚甲醛、聚碳酸酯和聚苯醚。

近年来，随着科学技术的迅速发展，对高分子材料性能的要求越来越高，工程塑料的应用领域不断开拓，产量逐年增大，使得工程塑料与通用塑料的界限变得模糊，难以截然划分。某些通用塑料，如聚丙烯，经改性后也可作满意的结构材料使用。

2. 橡胶

橡胶，是一类常温下具有弹性的高分子材料。按化学组成的不同，可分为天然橡胶、丁苯橡胶、顺丁橡胶、丁基橡胶、丁腈橡胶、氯丁橡胶等。

① 天然橡胶是综合性能最好的橡胶，用于制造轮胎、胶管等。

② 丁苯橡胶是产量最大的合成橡胶，价格低廉，具有较好的力学强度，可与天然橡胶及多种合成橡胶并用，广泛用于制造轮胎、胶带、胶管等。

③ 顺丁橡胶弹性、耐磨性好，主要用于制造轮胎，还可用于制造耐磨制品（如胶鞋、

胶辊）、耐寒制品和防震制品。

④ 丁基橡胶最大的优点是气密性好，主要用于制造各种轮胎的内胎。

⑤ 丁腈橡胶以其优异的耐油性著称，主要用途是制造油封等密封制品。

⑥ 氯丁橡胶具有优良的耐油、耐燃、耐腐蚀和耐老化性能，用于制作运输皮带和传动带，制造耐油胶管、垫圈以及耐化学腐蚀的设备衬里等。

### 3. 合成纤维

最常用的五大合成纤维分别是：锦纶、涤纶、腈纶、丙纶和氯纶。

① 锦纶又称尼龙，是聚酰胺类的高分子化合物，其特点是：耐磨、强度高、比重大、不怕虫蛀。常用来制作运动服、弹力袜等。但是锦纶织物保形性差，易起皱变形，易起毛结球。

② 涤纶俗称"的确良"，学名是聚对苯二甲酸乙二醇酯。其强度高、弹性好，不易变形，易洗、易干，是一种比较理想的纺织材料。但是，由于其吸水性差，穿着时会感到气闷不舒服，因此宜做外衣不宜做内衣。涤纶常与棉、毛混纺，以弥补其不足。

③ 腈纶是聚丙烯腈纤维，素有"合成羊毛"之称。它的主要特点是蓬松、柔软，比羊毛轻，有良好的保暖性，易洗、易干，不怕虫蛀和霉烂，适于编织毛衣、毛料、毛毯，也可加工成人造毛皮等。腈纶的耐晒性很高，因此适于制作窗帘、幕布、帐篷、船帆等室外使用的织物。但是腈纶的耐磨性、耐碱性差，所以洗涤时不要用力搓洗，不要用碱性太强的肥皂或洗涤剂。

④ 丙纶是聚丙烯纤维，是最轻的纤维，密度是棉花的 3/5，能浮在水面上。它的吸水性小，耐磨性好，做成的衣服不走样，可用来制成各种针织物、衣料、人造毛皮。还可以用来制作蚊帐布、地毯、帆布、尿不湿等，医学上丙纶可以代替棉纱布，做卫生用品。另外，丙纶耐酸、耐碱、弹性较好，有优良的电绝缘性和机械性能，工业上大量用来制造绳索、包装材料、渔网、降落伞等。但其耐光、耐热性差，因此不宜在烈日下暴晒，洗涤时也不能在开水中浸泡。丙纶的另一缺点是染色困难。

⑤ 氯纶的化学名称是聚氯乙烯纤维，是将聚氯乙烯溶于丙酮和苯的混合剂或纯丙酮溶剂中，纺丝成型的。它的化学稳定性好，耐强酸强碱，遇火不燃烧，因此常被用来作为化工厂的滤布、工作服、安全帐幕，以及民用的窗帘、地毯、家具上的覆盖材料等。氯纶的保暖性很好，比棉花高 50%，比羊毛高 10%～20%，用它的短纤维做成的絮棉很受欢迎。氯纶还有一种奇妙的特性，它的带静电作用很强，再加上它良好的保暖性，所以贴身穿氯纶织物，对于患有风湿性关节炎的人有一定的疗效。氯纶的缺点是耐热性差，沸水收缩率大，染色也较困难。

合成纤维具有结实耐用、易洗快干等优点，但也有许多缺点，如吸水性差、不耐热、不易染色、易带电起毛等。这些缺点正在被不断克服，吸水纤维、耐热纤维、有色纤维等已相继问世。它们不仅为人们的生活增添了色彩，还应用到工农业、国防和科学研究的各个领域。

### 4. 涂料

涂料是一种涂覆在物体表面，能形成牢固附着的连续薄膜的材料。通常是以植物油或树脂为基料，加或不加颜料，用有机溶剂或水调制成黏稠液体，也有不用溶剂的无溶剂液状涂料和固体粉末涂料。涂料通常也叫油漆，这主要是由于最早的涂料常利用桐油和生漆（我国特产）的缘故。

涂料涂装在物体表面上，主要作用有三方面：①保护作用。涂料可在被涂物体上形成牢固附着的连续薄膜，使之免受各种腐蚀介质作用，延长使用寿命。②装饰作用。赋予鲜艳的色彩，美化物体及生活环境。③其他特殊作用。如涂料涂在工厂设备、管道、容器及道路上起着色彩标志作用；涂在电机内起绝缘作用；涂在船舶底部能防污，杀死附着于船底的海生物；涂料还可以涂在物体表面通过颜色变化表示温度；军事设施上的防红外线伪装涂料，火箭和宇宙飞船表面上的耐烧蚀涂料等都是具有特殊作用的涂料。

涂料可涂覆在各种材料的物体上，在金属、木材、水泥、砖墙、皮革、橡胶、塑料、纸张及各种纺织品表面，都可进行涂覆。

涂料产品很多，按其是否有颜料可分为清漆和色漆；按其形态可分为水性涂料、溶剂性涂料、粉末涂料、无溶剂涂料等；按其用途可分为建筑漆、汽车漆、木器漆、船舶漆等；按施工涂装方法可分为喷漆、浸渍漆、电泳漆、烘漆等；按涂装工序可分为底漆、腻子、二道底漆、面漆、罩光漆等；按使用效果可分为绝缘漆、防锈漆、防污漆、防腐蚀漆等；还可按成膜物质的化学组成分类，如酚醛树脂漆、醇酸树脂漆、环氧树脂漆等。

### 5. 胶黏剂

胶黏剂又称黏合剂、黏结剂，是指有良好的黏合性能，可把两种材料连接在一起的物质。胶黏剂的分类方法很多，常见的如下。

① 按化学成分分类　分为有机胶黏剂和无机胶黏剂。有机胶黏剂又分为合成胶黏剂和天然胶黏剂。合成胶黏剂有树脂型、橡胶型、复合型等；天然胶黏剂有动物、植物、矿物、天然橡胶等胶黏剂。无机胶黏剂按化学组分有磷酸盐、硅酸盐、硫酸盐、硼酸盐等多种。

② 按形态分类　可分为液体胶黏剂和固体胶黏剂。有溶液型、乳液型、糊状、胶膜、胶带、粉末、胶粒、胶棒等。

③ 按用途分类　可分为结构胶黏剂、非结构胶黏剂和特种胶黏剂（如耐高温、超低温、导电、导热、导磁、密封、水中胶黏等）三大类。

④ 按应用方法分类　有室温固化型、热固型、热熔型、压敏型、再湿型等胶黏剂。

## 二、高分子材料添加剂

高分子材料添加剂按所起作用的不同，可分为四种类型。

① 有助于加工的润滑剂和热稳定剂；

② 改进材料力学性能的填料、增强剂、偶联剂、抗冲改性剂、增塑剂等；

③ 改进耐燃性能的阻燃剂；

④ 提高使用过程中耐老化性的各种稳定剂。

主要的添加剂及其作用简单介绍如下。

① 填料和增强剂　填料的主要功能是降低成本和收缩率，并在一定程度上也有改善高分子材料某些性能的作用。常用的填料有碳酸钙等。为提高高分子材料的强度和刚性，可加入各种纤维状材料作增强剂，最常用的是玻璃纤维。

② 偶联剂　采用偶联剂处理填料和增强剂，可增强其与聚合物之间的作用力，更好地发挥填充和增强效果。常用的偶联剂有硅烷类、钛酸酯类等。

③ 增塑剂　为制得室温下柔软的制品或改善某些聚合物加工时熔体的流动性能，就需要加入一定量的增塑剂。工业上，80%左右的增塑剂被用于聚氯乙烯塑料。应用最广泛的增塑剂是邻苯二甲酸酯类。

④ 稳定剂　为了防止高分子材料在光、热、氧等条件下过早老化，延长制品的使用寿命，常加入稳定剂。稳定剂包括：热稳定剂、光稳定剂、抗氧剂、变价金属抑制剂等。

⑤ 润滑剂　润滑剂能有防止高分子材料在成型加工过程中黏结在成型设备或模具上，或能减少聚合物分子链间的内摩擦，避免过热而导致降解反应。前者称外润滑剂，后者称内

润滑剂。

　　⑥ 抗静电剂　抗静电剂能避免高分子材料在加工和使用中可能产生的静电危害。大多数抗静电剂是亲水性化合物（电解质），它们基本上不溶于聚合物，易渗出到表面，形成亲水性导电层。

　　⑦ 阻燃剂　大多数高分子材料在空气中被点燃后能持续燃烧。添加阻燃剂能赋予材料阻燃或自熄特性，这对于供室内建筑装饰、电工电子及一些特殊领域使用的材料是非常重要的。目前使用的添加型阻燃剂可分为无机阻燃剂和有机阻燃剂。其中无机阻燃剂的使用量占 60% 以上。常用的无机阻燃剂有氢氧化铝等，有机阻燃剂主要有磷系、氮系和卤化物阻燃剂等。

　　⑧ 其他助剂　如着色剂、发泡剂、固化剂等。

# 三、功能高分子材料

　　20 世纪 80 年代以来，在高分子材料中又增添了很多新成员。其中最为活跃的是一些功能高分子材料，它们具有特殊的光学、电学和磁学性质，具有选择渗透性、可降解性和液晶性等特异性能，对社会、经济的发展产生深远影响。

　　功能高分子可分为光敏高分子、导电高分子、高分子催化剂、可降解高分子、生物医药高分子、高分子吸附剂和高分子膜等。下面介绍几种高分子材料。

## 1. 降解塑料

　　高分子材料具有很多其他材料不具备的优异性能，但是大多数高分子材料在自然环境中不能很快降解，日益增多的废弃高分子材料已成为全球性的问题。因此研究和开发可降解高分子材料是非常有意义的。

　　降解塑料是指在塑料中加入一些促进其降解功能的助剂，或合成本身具有降解性能的塑料，或采用可再生的天然原料制造的塑料，在使用和保存期内能满足原来应用性能要求，而使用后在特定环境条件下，使其能在较短时间内化学结构发生明显变化，而引起某些性质损失的一类塑料。

　　降解塑料大致可分为：生物降解塑料、光降解塑料、氧化降解塑料和水解降解塑料等。它们之间又可以相互组合成性能更好的降解塑料，如：生物（或光）降解塑料等。

　　（1）生物降解塑料

　　生物降解塑料又可分为完全生物降解塑料和破坏性生物降解塑料两种。完全生物降解塑料主要是由天然高分子（如淀粉、纤维素、甲壳质）或农副产品经微生物发酵或合成具有生物降解性的高分子制得，如热塑性淀粉塑料、脂肪族聚酯、聚乳酸、淀粉-聚乙烯醇等均属这类塑料。破坏性生物降解塑料主要包括淀粉改性（或填充）聚乙烯、聚丙烯、聚氯乙烯、聚苯乙烯等。

　　（2）光降解塑料

　　在制备塑料时，通过向塑料基体中加入光敏剂，使其在光照条件下可诱发光降解反应，此类塑料称为光降解塑料。光降解引发剂有很多种，包括过渡金属的各种化合物如卤化物、乙酰基丙酮酸盐等一些聚合物。引发剂可以在挤出或挤出吹膜前混合于高聚物中，也可以印墨形式涂于薄膜表面。

　　还有一类重要的合成光降解高分子，即通过共聚反应将羰基型感光基团引入高分子链而赋予其光降解特性。光降解活性的控制则是通过改变羰基基团量来实现。已经工业化的此类合成光降解高分子有乙烯-乙烯酮共聚物和乙烯羰基共聚物。

光降解塑料只有在日光作用下才能降解。能降解为小分子化合物进入生态循环的塑料只是极小部分，绝大部分塑料只是逐步崩解变为碎片或者粉末，也许肉眼看不见，但它们长期在土壤中被微生物吸收的情况尚未明了。塑料废弃物部分埋在土壤中或整个作为垃圾填埋在地下时，因缺光或缺氧、缺水而不会降解，只能将污染由可见变为不可见，而且对生态环境带来更大的潜在危害。

（3）光-生物双降解塑料

光-生物双降解塑料，顾名思义，具有光、生物双降解功能，是指通过自然日光作用发生光氧化降解并在光降解达到衰变期后可继续被微生物降解的一类塑料。

光-生物降解塑料大多是聚烯烃塑料，辅以适量的光敏剂、生物降解剂、促进氧化剂和降解控制剂（包括稳定型、促进型控制剂和生物降解增敏剂）。

这类降解塑料可以分为两大类：一类是淀粉添加型光-生物降解塑料；另一类是采用金属螯合物作光敏剂，其光降解产物最终能生物降解。光-生物降解塑料实际上是光降解塑料的改进型，其应用领域与光降解塑料大体相同。

可降解塑料的一大应用领域是在农业上，中国是农业大国，每年农用薄膜等的用量很大，如果用可生物降解塑料代替，地膜可在田里自动降解，变成动植物可吸收的营养物质，这样不但减轻对环境的污染，有益于植物的生长，还可达到循环利用的目的。另外，生活中的大量塑料制品应用可生物降解塑料代替也是今后发展的主要方向之一。

目前尽管有关降解塑料的研究和报道较多，但许多具体问题不能解决，在使用上推广困难，主要因为一是可降解塑料袋承重能力低，不能满足顾客多装东西和反复使用的要求；二是可降解塑料袋色泽暗淡发黄，透明度低，给人一种不够清洁和难看之感，用起来不放心；三是价格偏高，若商家免费赠送，则成本难以接受。另外，降解塑料自身技术在更合理的工艺配方、准确的降解时控性、用后快速降解性、彻底降解性以及边角料的回收利用技术等方面还有待进一步提高和完善。

## 2. 高吸水性树脂

高吸水性树脂是一种含有羟基、羧基等强亲水性基团并具有一定交联度的水溶胀型高分子聚合物。它不溶于水，也不溶于有机溶剂，却有着奇特的吸水性能和保水能力，可吸收自身重量几百倍、上千倍，最高可以达到5300倍的水，被冠以"超级吸附剂"的桂冠。高吸水性树脂吸水速率快，可在数秒内生成凝胶，并且保水性强，即使在受热、加压条件下也不易失水，对光、热、酸碱的稳定性好，具有良好的生物降解性能。

高吸水性树脂之所以能在吸水能力上有如此大的突破，其结构特征起了决定性的作用：①分子中具有强亲水性基团，如羟基、羧基，能够与水分子形成氢键；②树脂具有交联结构；③聚合物内部具有较高的离子浓度；④聚合物具有较高的分子量。

高吸水性树脂是一种白色或微黄色、无毒无味的中性小颗粒。它是通过化学作用吸水的，一旦吸水成为膨胀的凝胶体，即使在外力作用下也很难脱水，因此可用作农业、园林、苗木移植用保水剂。

高吸水树脂由于吸水、保水性强，而且具有吸尿、吸血、吸放药等特性，所以在医疗医药、生理卫生方面得到广泛应用。可作为一次性使用的餐巾、纸帕，外科用的药布、药棉、绷带、各种衬垫、医院病人的垫褥等，还可以作为抗血栓材料。高吸水性树脂还可加工成妇女卫生巾、婴幼儿纸尿布、纸尿袋等。

高吸水性树脂还可制成外用软膏和人造皮肤。这种人造皮肤和其他材料组合后，具有良好的渗透性和药物保持能力，同时可防止细菌侵入。高吸水性树脂吸水后形成的水膜，对人体器官具有润滑和缓冲作用，因此各种导管和内窥镜涂上高吸水性树脂膜后会减轻病人的痛苦，高级隐形眼镜片也是用这种塑料制造的。

过去，人工关节的活动接合面不像天然关节那样经常有体液的润滑，久而久之就会发生磨损和掉屑。现在日本石油公司研制出一种高吸水性树脂水凝胶，将它置于人工关节活动接合面代替软骨膜，获得了满意的效果。水凝胶的弹性、变形性、复原性和润滑性等功能都与天然组织相仿。

将高吸水性树脂应用到橡胶行业，可制成具有吸水膨胀特性的密封垫、止水胶条等，有效提高橡胶的良好弹性和力学强度，克服施加较大的预形变而造成的长期使用后变形难以回复的问题，在水存在时，它即可迅速吸收水并发生体积膨胀，将缝充满。特别对于那些不规则缝，其止水堵漏效果比传统的密封材料更为可靠。

利用高吸水树脂做夹层的冰垫和夏日凉帽、冰带（发带），可在炎热的夏季长时间起到吸汗、保持凉爽、避暑的作用。其作用原理为高吸水树脂浸泡于水中 10min 左右后，可与大量水分结合产生自然膨胀，并以凝胶形式保存这些水分，然后在温度和空气的作用下缓慢地蒸发释放。由于水分的蒸发需要消耗大量热量，因此使用时能够降低人体温度，从而达到凉爽的效果。另外制冷材料水凝胶还具有一定的蓄冷作用，因此将制作成的产品在使用前于冰箱冷冻室放置一段时间再用效果会更显著。制冷材料可多次吸水和放水，所以冰帽、冰垫、冰袋等防暑产品干后重新浸于清水中即可再用。

高吸水树脂用作日用品的保湿剂如日用化妆品的保香、滋润皮肤、保水、防干等，还应用于牙膏、鞋油、肥皂、怀炉、香波、染发剂。由于牙膏、鞋油等放久了很易失水，失水后就变质，不能继续使用。在制造鞋油、牙膏之类的物品时，加少量高吸水树脂，不但使其中的油、水、固体物分散均匀，而且可提高储存稳定性，长期不失水。

利用高吸水树脂的高吸水保水性以及其无毒、无味的特性制成保鲜袋，可使干燥剂、脱氧保鲜剂使用更安全、广泛。除了食品保鲜外，还能杀灭害虫的虫卵，防霉，保持药品、衣物、纸、薄膜的品质。另外还可防止金属、精密机械等生锈。

包装材料市场是可充分利用高吸水树脂吸收并储留液体的领域。当运输和储存可能会受潮或本身可能会溢流的货物时，可用含高吸水树脂的复合材料包装，以保证货物安全，如用于化学品、食品、花和植物的包装。

## 3. 医用高分子材料

医用高分子材料是一类可对有机体组织进行修复、替代与再生的具有特殊功能的合成高分子材料，可以通过聚合等方法进行制备，是生物医用材料的重要组成之一。

高分子材料的内容很广泛，应用于医学上已有几十年历史。医用高分子材料包括生物活性高分子、生物可降解高分子、血液净化高分子、生物吸收高分子、药用高分子等。由于某些合成高分子与人体器官组织的天然高分子有着极其相似的化学结构和物理性能，因此用高分子材料做成人工器官具有很好的生物相容性，不会因与人体接触而产生排斥和其他作用。目前已知可用于制作人造器官的合成高分子材料有：尼龙、环氧树脂、聚乙烯、聚乙烯醇、聚甲醛、聚甲基丙烯酸甲酯、聚四氟乙烯、聚醋酸乙烯酯、硅橡胶、聚氨酯、聚碳酸酯等。

高分子生物材料又称高分子人工器官材料或高分子内植材料。它们必须具备适当的物理机械性能、易于成型加工、便于消毒及在体内不会引起全身性反应等性能。在生物体内的稳定性视高分子链的水解稳定性、聚合物结晶度、亲水性和交联度而定，如有机硅橡胶和聚对苯二甲酸乙二醇酯等可作为半永久性生物材料，而聚乙交酯和聚丙交酯等可作为体内吸收的生物材料，如外科缝线等。一般来说，用于软组织的如气管、喉头、膀胱、心脏、胆道、尿管等，多采用有机硅橡胶、聚四氟乙烯、聚氨酯橡胶等；若用于头盖骨，则采用聚甲基丙烯酸甲酯等。

药用高分子是在药物制剂中应用的高分子化合物。主要应用有：①载体。用以控制药物缓慢释放，一般由有机硅橡胶、聚甲基丙烯酸酯类等制成封闭细管、微囊或薄膜。②主药。有长效的特点。其结构有 3 类：在高分子侧基上连接低分子药物，这类结构最受重视；在高分子主链中含低分子药物；高分子中不含低分子药物。

医疗功能高分子材料，除了必须具有医学临床要求的优良物理、化学性能外，还必须严格地按照公认的标准和方法，通过生物学的生物相容性和毒理实验，达到"医用级"标准，以确保临床应用的安全性。所谓"医用级"标准包括：①长期植入体内具有稳定的物化性能，又有稳定的弹性、几何尺寸和机械强度，耐磨、耐曲挠；短期植入的材料要能生物降解。②材料本身无毒、无热源、无过敏反应、不致癌、不干扰机体免疫系统、不破坏血液有形成分、不影响体液电解质平衡等。

现代外科手术中使用的缝线可以长时间地留在伤口上，帮助伤口愈合，等到伤口痊愈后，它便消失了，这是因为这种手术缝线是用一种具有生物降解特性的功能高分子材料做成的，可以被人体内的一些化学物质逐渐分解掉。在这些高分子材料中，有的遇水便会分解，有的会与体内的一些酶产生化学反应而降解，降解后的产物是对人体无害的二氧化碳和水。

人生病时所服用的一些药丸不是一下子就被身体吸收的，药丸中的各种成分能在胃里缓缓释放，然后在特定的时间范围内被人体吸收。其奥秘就在于这些药丸的外面有一层"糖衣"，这种"糖衣"是一种水溶性的功能高分子材料，它的厚薄决定了药丸在胃液中被完全溶解所需的时间。

## 阅读资料

### 永不生锈的内脏——人工肾、肝、肺

医学家们发现，造成人类死亡的病因，往往只是人体中的某一器官或某一部分组织患病，如心脏出了毛病，肺、肝或肾发生病变等。而身体的其他器官是好的，还能继续工作，如果把这些生了病的器官换掉，生命不就可以延续了吗？事实正是这样。开始，医生是用其他人的器官给病人做更换手术。但随着这方面病人的增多，这种做法已不能满足需要了，人们便很自然地想到用人造的器官来代替人体的器官。现在，人体内的各种器官及骨骼都可实现人工制造了。

人工肾是利用透析原理制成的，它是研究得最早而又最成熟的人造器官。人工肾实际上是一台"透析机"，血液里的排泄物（尿素、尿酸等小分子、离子）能透过人工肾里的半透膜，而血细胞、蛋白质等半径大的有用物质都不能通过。

要制造高效微型适用的人工肾，关键在于研制出高选择性半透膜。目前研制的制膜材料多种多样，它们主要是人工合成高分子化合物。

制成的半透膜的形式也多种多样，有的制成膜，有的制成空纤维状。这些膜在显微镜下观察，上面布满了微孔，孔的直径只有百万分之二到千分之三毫米。

人工肾的研制成功挽救了千千万万肾功能衰竭的病人。现在人工肾已进入了第四代。第一代人工肾有近一间房屋大；第二代人工肾缩小到一张写字台那么大；第三代人工肾只

有一个小手提箱那么大，病人背上它能行走自如；第四代人工肾是可以植入人体的小装置，应用起来更加便利。

聚丙烯腈硅橡胶是最常用的一种医用高分子化合物。它除了可作人工肾外，由于它有极高的可选择性，还可用它制成人工肝的渗透膜。它能够把血液里的毒物或排泄物，以及血液里过量的氨迅速地渗析出来。过量的氨是肝脏发病时氨基酸转化而成的。这种人工肝可以把肝昏迷病人血液里的毒素迅速排除出去，使病情很快缓解，从而拯救肝脏危重病人的生命。

还可以用聚丙烯腈硅橡胶做成空心纤维管，然后用几万根这样的毛细管组织人工肺的"肺泡"，并和心脏相连，人工肺泡组织能够吸进氧气，呼出二氧化碳，使红细胞、白细胞、蛋白质等有用物质留在体内，完全和肺的功能一样。这种人工肺已用于临床。在日本利用这种人工肺已使很多丧失肺功能的病人获得新生。

据统计，全世界几乎每10个人中就有一个人患关节炎。这种病不仅中老年人易得，青少年中也有相当多的人患有这种病。目前的各种药物对关节炎还不能根治，最理想的办法就是像调换机器上的零件那样，用人造关节将人体上患病关节换下来。科学家们经过大量的研究和实验，最后采用金属作骨架，再在外面包上一种特殊的"超聚乙烯"，这种医用高分子材料弹性适中，耐磨性好，在摩擦时还有自动润滑效果。它有类似软骨那样的特性，移植到人体的效果非常好。

随着生物化学的发展，人工器官的研制取得了突破性进展，"克隆技术""干细胞研究"，为人工器官安全普遍的应用提供了可能。

### 思考题

1. 按性能和用途的不同，高分子材料可分为哪几类？
2. 通用塑料、工程塑料和热固性塑料的主要品种分别有哪些？
3. 合成橡胶和合成纤维的主要品种分别有哪些？
4. 举例说明高分子材料在日常生活中的应用，并分析材料性能与应用之间的联系。是否可以用别的材料替代？针对某种应用，现有材料的性能尚待改进或提高之处分别有哪些？
5. 降解塑料分哪几类？
6. 举例说明功能高分子的应用。

# 第五节

# 复合材料

近代科学技术的发展，对材料性能的要求越来越高，所要求的性能中甚至有些相互矛盾。例如：航天技术要求强度高、重量轻的材料。这使得单一种类的材料很难同时满足需要。另一方面，三大类材料都有它们本身的一些弱点，如金属材料大多不耐腐蚀，无机非金属材料性脆，有机高分子材料不耐高温。唯一行之有效的办法，就是把两种或两种以上的材料按一定方法组合起来，使它们互相取长补短，相得益彰，制成兼有几种优良性能的新材料。

# 一、复合材料简介

复合材料是由两种或多种性质不同的材料通过物理和化学作用复合，组成具有两个或两个以上相态结构的材料。该类材料不仅性能优于组成中的任意一个单独的材料，而且还可具有单组分材料不具有的独特性能。

复合材料是由基体材料和增强材料复合而成。基体材料可以是金属材料、无机非金属材料和有机高分子材料。通常，按基体材料的不同，将复合材料分为三类：金属基复合材料、陶瓷基复合材料和树脂基复合材料。不同种类的复合材料见表 4-3。复合材料的结构为多相，基体是连续相，起黏结作用，增强材料为分散相，分散相是以独立的形态分布在整个连续相中，两相之间存在着相界面。

表 4-3　复合材料的种类

| 增强体 \ 基体 | | 金属 | 无机非金属 | | | 有机材料 | |
|---|---|---|---|---|---|---|---|
| | | | 陶瓷 | 玻璃 | 水泥 | 塑料 | 橡胶 |
| 金属 | | 金属基复合材料 | 陶瓷基复合材料 | 金属网嵌玻璃 | 钢筋水泥 | 金属丝增强塑料 | 金属丝增强橡胶 |
| 无机非金属 | 陶瓷（纤维/粒料） | 金属基超硬合金 | 增强陶瓷 | 陶瓷增强玻璃 | 增强水泥 | 陶瓷纤维增强塑料 | 陶瓷纤维增强橡胶 |
| | 炭素（纤维/粒料） | 碳纤维增强金属 | 增强陶瓷 | 陶瓷增强玻璃 | 增强水泥 | 碳纤维增强塑料 | 碳纤维增强橡胶 |
| | 玻璃（纤维/粒料） | 无 | 无 | 无 | 增强水泥 | 玻璃纤维增强塑料 | 玻璃纤维增强橡胶 |
| 有机材料 | 高聚物纤维 | 无 | 无 | 无 | 增强水泥 | 高聚物纤维增强塑料 | 高聚物纤维增强橡胶 |
| | 橡胶颗粒 | 无 | 无 | 无 | 无 | 高聚物合金 | 高聚物合金 |

古代制造土坯房屋用的稻草拌泥土材料，以及现代房屋建筑用的钢筋混凝土，都属于无机非金属基复合材料。前者由有机高分子材料（稻草）与无机非金属材料（黏土）复合而成，后者则由金属材料（钢筋）与无机非金属材料（水泥、砂、石）复合而成。又如，金属比较坚韧，但大多数金属不耐高温，陶瓷能耐高温，却很脆。如果用粉末冶金的方法，把它们掺和到一起制成金属陶瓷，就既具有金属的高强度、高韧性，又具有陶瓷的耐高温特性。

# 二、复合材料增强体

复合材料按增强体的种类和形状可分为颗粒增强复合材料、纤维增强复合材料和层状增强复合材料。其中，发展最快、应用最广的是各种纤维（玻璃纤维、碳纤维、硼纤维、SiC纤维等）增强的复合材料。

增强体是复合材料中能提高材料力学性能的物质，是复合材料的重要组成部分，它起着提高机体的强度、韧性、模量、耐热、耐磨等性能的作用。用作复合材料的增强体主要有高性能的纤维、晶须、金属丝、片状物和颗粒等。其中连续长纤维具有很高的强度、模量，是现今复合材料选用的主要增强物，如玻璃纤维、碳（石墨）纤维、硼纤维、碳化硅（SiC）纤维等。其中发展最快、已大批量生产和应用的纤维是玻璃纤维和碳纤维。

## 1. 玻璃纤维

玻璃纤维（如图 4-3 所示）有较高的强度，相对密度小，化学稳定性高，耐热性好，价格低。缺点是脆性较大，耐磨性差，纤维表面光滑而不易与其他物质结合。玻璃纤维可制成长纤维和短纤维，也可以织成布，制成毡。

### 2. 碳纤维与石墨纤维

有机纤维（如聚丙烯腈）在惰性气体中，经高温碳化可以制成碳纤维和石墨纤维。在 2000℃ 以下制得碳纤维，再经 2500℃ 以上处理得石墨纤维。碳纤维的相对密度小，弹性模量高，而且在 2500℃ 无氧气氛中也不降低。石墨纤维的耐热性和导电性比碳纤维高，并具有自润滑性。

图 4-3　玻璃纤维

### 3. 硼纤维

硼纤维是用化学沉积的方法将非晶态硼涂覆到钨和碳丝上面制得的。硼纤维强度高，弹性模量大，耐高温性能好。在现代航空结构材料中，硼纤维的弹性模量绝对值最高，但硼纤维的相对密度大，延伸率差，价格昂贵。

### 4. SiC 纤维

SiC 纤维是一种高熔点、高强度、高弹性模量的陶瓷纤维。它可以用化学沉积法及有机硅聚合物纺丝烧结法制造 SiC 长纤维。SiC 纤维的突出优点是具有优良的高温强度。

### 5. 晶须

晶须是直径只有几微米的针状单晶体，是一种新型的高强度材料。晶须包括金属晶须和陶瓷晶须。金属晶须中可批量生产的是铁晶须，其最大特点是可在磁场中取向，可以很容易地制取定向纤维增强复合材料。陶瓷晶须比金属晶须强度高，相对密度低，弹性模量高，耐热性好。

### 6. 其他纤维

天然纤维和高分子合成纤维也可作增强材料，但性能较差。美国杜邦公司开发了一种叫做芳纶的新型有机纤维，其弹性模量和强度都较高，通常用作高强度复合材料的增强纤维。芳纶纤维刚性大，其弹性模量为钢丝的 5 倍，密度只有钢丝的 $1/6 \sim 1/5$，比碳纤维轻 15%，比玻璃纤维轻 45%。芳纶纤维的强度高于碳纤维和经过拉伸的钢丝，热膨胀系数低，具有高的疲劳抗力，良好的耐热性，而且其价格低于碳纤维，是一种很有发展前途的增强纤维。

作为复合材料的增强体应具有如下基本特性。

① 增强体应具有能明显提高机体某种所需特性的性能，如高的比强度、比模量、高热导率、耐热性、耐磨性、低热膨胀性等，以便赋予基体某种所需的特性和综合性能。

② 增强体应具有良好的化学稳定性。在复合材料制备和使用过程中其组织结构和性能不发生明显的变化和退化，与基体有良好的化学相容性，不发生严重的界面化学反应。

③ 与基体有良好的润湿性，或通过表面处理后能与基体良好地润湿，以保证增强体与基体良好地复合和分布均匀。

# 三、几种复合材料

### 1. 玻璃钢

玻璃纤维增强热固性塑料是指玻璃纤维作为增强材料，热固性塑料作为基体的纤维增强塑料，俗称玻璃钢。根据基体种类不同，可将玻璃钢分为三类，即玻璃纤维增强环氧树脂、玻璃纤维增强酚醛树脂、玻璃纤维增强聚酯树脂。

（1）性能

玻璃钢的相对密度为 1.6～2.0，比最轻的金属铝还轻，因而其比强度高，比高级合金钢还高。玻璃钢的名称就由此而来。

玻璃钢具有良好的耐腐蚀性，在酸、碱、有机溶剂、海水等介质中很稳定，其中环氧树脂基玻璃钢的耐腐蚀性最佳，其他的玻璃钢虽稍差，但都比不锈钢好。

玻璃钢的电阻率极高，可用作耐高压的电器元件。此外玻璃钢不受电磁作用的影响，它不反射无线电波，微波透过性好，所以可以用来制造扫雷艇和雷达罩。玻璃钢还有保温、隔热、隔音、减震等性能。

玻璃钢的最大缺点是刚性差，它的刚度比木材大二倍，是钢材的 1/10。玻璃钢的耐热性虽然比塑料高，但远低于金属和陶瓷。此外玻璃钢的基体材料是易老化的塑料，所以它也会因日光照射、空气的氧化作用、有机溶剂的作用而老化，但比塑料缓慢些。尽管玻璃钢有上述缺点，但它仍然是一种较好的结构材料。

玻璃纤维增强环氧树脂是玻璃钢中综合性能最好的一种，这是因为环氧树脂的黏结能力最强，与玻璃纤维复合时，界面剪切强度最高，机械强度高于其他的玻璃钢。由于环氧树脂固化时无小分子放出，因而玻璃纤维增强环氧树脂的尺寸稳定性能最好，它固化时的收缩率只有 1%～2%。因环氧树脂的黏度大，加工不太方便，而且成型时需要加热，因此不能制造大型部件，使用范围受到一定的限制。

玻璃纤维增强酚醛树脂是各种玻璃钢中耐热性最好的一种，在 200℃ 以下可以长期使用，甚至在 1000℃ 以上的高温下，也可以短期使用。它是一种耐烧蚀材料，因此可用它做宇宙飞船的外壳。由于具有耐电弧性，可制作耐电弧的绝缘材料。该材料的价格比较便宜，其原料来源丰富。缺点是脆性较大，其机械强度不如环氧树脂基玻璃钢。由于酚醛树脂固化时有小分子副产物放出，因而其尺寸不稳定、收缩率较大。

玻璃纤维增强聚酯树脂的优点是加工性能好，在树脂中加入引发剂和促进剂后，可以在室温下固化成型。由于树脂中的交联剂（苯乙烯）也起着稀释剂的作用，所以树脂的黏度大大降低，可采用各种成型方法进行加工成型，可制造大型构件，应用范围广。此外，它透光性能好，透光率可达 60%～80%，因而可用来制作采光瓦。不足之处是固化时收缩率大，可达 4%～8%，耐酸碱性能较差，不宜用来制作耐酸碱的设备和管件。

（2）应用

在机械工业中主要用于制造各种机器的防护罩，机器的底座、导轨、齿轮、轴承、手柄等，还可制造玻璃钢氧气瓶、液化气罐等；在电器工业中可用于制成电子仪器的各种线路底板、各种机电设备的绝缘板、电线杆、高压线架、配电盘外壳以及各种电气零件等；在采矿作业中可用于制成支柱；在农业生产方面，可用来制造温室和大棚的建筑材料，还可制作各种农机的零部件，农药喷洒装置的部件；在常规武器制造方面，可制成步枪的枪托、坦克的轮子、火焰喷射器的筒体等。此外，还可制成各种体育用品，如滑雪板、撑竿、高尔夫球棒、体育赛艇等。

目前，玻璃钢产品品种已达几万种，广泛应用于机械、汽车、化工、建筑、交通运输等部门，因此玻璃钢是第一代复合材料的代表。

2．碳纤维增强塑料

（1）碳纤维

碳（石墨）纤维是由碳元素组成的一种高性能增强纤维。具有高强度、高弹性模量、高密度的特点，并具有低热膨胀、高导热、耐磨、耐高温等优良性能，是一种很有发展前景的高性能纤维。

碳纤维是以碳元素组成的各种碳、石墨纤维的总称。碳纤维有许多品种，有不同的分类方法，一般可以根据原丝的类型、碳纤维的性能和用途进行分类。碳纤维按石墨化程度可分为碳纤维和石墨纤维，一般将小于1500℃碳化处理成的称为碳纤维，将碳化处理后再经高温石墨化处理（2500℃左右）的碳纤维称为石墨纤维。碳纤维强度高，石墨纤维模量高。以制取碳纤维的原丝分类，碳纤维可分为聚丙烯腈碳纤维、黏胶基碳纤维、沥青基碳纤维和木质素纤维基碳纤维。以其性能分类，碳纤维可分为高强度碳纤维、高模量碳纤维和中模量碳纤维等。

无论用何种原丝纤维制造碳纤维，都要经过5个阶段：拉丝、牵引、稳定、碳化和石墨化，即原丝预氧化、碳化以及石墨化等，所产生的最终纤维，其基本成分是碳。

（2）碳纤维增强塑料

碳纤维增强塑料是第二代复合材料中应用最广泛的。如碳纤维增强环氧树脂是一种强度、刚度、耐热性均好的复合材料，它的相对密度小，约为1.6，因而比强度高，它的比强度是钢材的3～4倍。它的抗冲击强度也很好，若用手枪在十步远的地方射一块不到1cm厚的碳纤维增强塑料板时，竟不能将其射穿。它的耐疲劳强度大，而摩擦系数却很小，这方面性能均比钢材强。

碳纤维增强塑料不但机械性能好，其耐热性也特别好。它可以在12000℃的高温经受10s，即使是耐高温的陶瓷都做不到。

不足之处是碳纤维与塑料的黏结性差，而且各向异性，这方面不如金属材料。但可以让碳纤维氧化和晶须化来提高其黏结性，用碳纤维编织可以解决各向异性的问题。该材料还有一个缺点是价格昂贵。因而尽管它有上述许多的优良性能，但目前还只是应用在航空航天领域。

碳纤维增强塑料是火箭和人造卫星最好的结构材料。因为它不仅强度高，而且具有良好的减震性，用它制造火箭和人造卫星的机架、壳体、无线构架是非常理想的一种材料。用它制成的人造卫星和火箭的飞行器，不仅机械强度高，而且质量比金属轻一半，这意味着可以节省大量的燃料。用它制造火箭和导弹发动机的壳体可比金属制的质量减轻45%，射程由原来的1600km增加到4000km。它也可制造飞行器的外壳，因它有防宇宙射线的作用。

碳纤维增强塑料也是制造飞机的最理想的材料。用它可以制造飞机发动机的零件，如叶轮、轴承、风扇叶片等。近年来大型客机采用该种材料制造的部件越来越多了，如"波音747"型飞机的机身上许多部件都采用了该种材料。有人估计，随着碳纤维复合材料在飞机上的应用，飞机的重量有可能减轻50%。

在机械工业中，利用碳纤维增强塑料耐磨性好的特点制造磨床上的磨头和各种零件。还可代替青铜制造中型轧钢机和其他机器上的轴承。利用碳纤维是非磁性材料的性能，取代金属制造要求强度极高并易毁坏的发电机端部线圈的护环。

碳纤维增强塑料在其他领域也同样得到了应用的重视。但由于价格昂贵，因而只在某些必要的地方应用，例如化学工业中取代玻璃和不锈钢等材料制作对耐腐蚀性和强度要求极高的设备。

## 3. 纤维增强金属基复合材料

金属基复合材料的发展与现代科学技术和高技术产业的发展密切相关，特别是航天、航空、电子、汽车以及先进武器系统的迅速发展对材料提出了日益增高的性能要求，除了要求材料具有一些特殊性能外，还要具有优良的综合性能，单一的金属、陶瓷、高分子等工程材料均难以满足迅速增长的性能要求。

金属基复合材料正是为了满足上述要求而诞生的。与传统的金属材料相比，它具有较高的强度与比刚度，而与树脂基复合材料相比，它又具有优良的导电性与耐热性，与陶瓷材料相比，它又具有较高的韧性和较高的抗冲击性能。这些优良的性能决定了它从诞生之日起就成了新材料家族中的重要一员，已经在一些领域里得到应用。

（1）金属基复合材料的种类和性能

金属基复合材料是以金属或合金为基体，以高性能的第二相为增强体的复合材料。金属基复合材料种类繁多，有各种分类方式。

按基体类型分，可分为铝基复合材料、镍基复合材料、钛基复合材料和镁基复合材料；按用途分，可分为结构复合材料（主要用做承力结构，基本上由增强体和基体组成，具有高比强度、高比模量、尺寸稳定、耐热等特点）和功能复合材料（指除力学性能外还有其他物理性能的复合材料）。

金属基复合材料的性能取决于所选用金属或合金和增强体的特性、含量、分布等。通过优化组合可以既有金属特性，又具有高比强度、高比模量，良好的导热性、导电性、耐磨性、高温性能，较低的热膨胀系数，高的尺寸稳定性等优点。它在航空、航天、电子、汽车、轮船、先进武器等方面均具有广泛的应用前景。

金属基复合材料一般都在高温下成型，因此要求作为增强材料的耐热性要高。在纤维增强金属中不能选用耐热性低的玻璃纤维和有机纤维，而主要使用硼纤维、碳纤维、碳化硅纤维和氧化铝纤维。基体金属用得较多的是铝、镁、钛及某些合金。硼纤维的强度和弹性都比玻璃纤维要高，它既可以和树脂复合，又可和金属复合。用硼纤维强化铝、钛、镍等金属，耐热温度可达 1200℃，被用作飞机上涡轮机和推进器零件。

（2）纤维增强铝基复合材料

航空航天工业中需要大型的、质量轻的结构材料。铝合金复合材料是综合性能比较优异的材料，它既具有很高的强度、质量又轻，因此被广泛地应用在飞机上，尤其是碳纤维增强铝合金复合材料。

碳纤维与很多金属基体复合，制成了高性能的金属基复合材料，其中工作做得最多的是铝基体。碳纤维增强铝具有耐高温、耐热疲劳、耐紫外线和耐潮湿等性能，适合于在航空、航天领域中作飞机的结构材料。但是由于碳（石墨）纤维与液态铝的浸润性差，高温下相互间又容易发生化学反应，生成严重影响复合材料性能的化合物，人们采取了多种纤维表面处理方法来解决这个问题，比如在碳纤维表面镀铬、铜或镍等。

纤维增强铝基复合材料具有比强度和比模量高、尺寸稳定性好等一系列优异性能，但价格昂贵，目前主要用于航天领域作为航天飞机、人造卫星、空间站等的结构材料。用这种材料制成的卫星抛物面天线骨架，热膨胀系数低，导热性好，可以在较大温度范围内保持尺寸稳定。石墨纤维增强铝基复合材料还被制成卫星上的波导管，其不但轴向刚度高、膨胀系数小，导电性能好，而且质量轻。

碳纤维增强铝基复合材料还用在飞机上，如使用在 F-15 战斗机上，使其质量减轻 20%～30%。碳纤维增强铝合金管材还可制作网球拍架。

4. 纤维增强陶瓷基复合材料

现代陶瓷材料具有许多优良性能，但也有致命的弱点，即脆性，这是目前陶瓷材料的使用受到很大限制的主要原因。因此，陶瓷材料的强韧化问题便成了研究的重点问题。其中往陶瓷材料中加入增韧、增强作用的第二相而制成陶瓷基复合材料即是其中一种重要方法。基体陶瓷

大体有 $Al_2O_3$，$MgO \cdot Al_2O_3$，$SiO_2$，$Al_2O_3 \cdot ZrO_2$，$Si_3N_4$，$SiC$ 等。增强材料有碳纤维、碳化硅纤维和碳化硅晶须。其中在陶瓷中加入纤维（晶须）是提高韧性比较有效的方法。

纤维增强陶瓷基复合材料与陶瓷材料相比，具有较好的韧性和力学性能，保持了基体原有的优异性能，比高温合金密度低，是比较理想的高温结构材料。

### 💡 思 考 题

1. 何谓复合材料？举例说明复合材料构成及各自名称。
2. 何谓复合材料增强体？品种主要有几类？
3. 简述玻璃钢的分类、性能及应用。
4. 何谓碳纤维？何谓碳纤维增强塑料？简述其应用。
5. 简述纤维增强铝基复合材料的构成、性能及应用。
6. 复合材料是如何分类的？举例说明复合材料在日常生活中的应用。

# 第六节
# 其他新材料

新材料（或先进材料）是指新出现或正在发展中的、具有传统材料所不具有的优异性能或特殊功能的材料。新材料与传统材料之间并没有明显的界限。传统材料经过组成、结构、设计和工艺上的改进，从而提高现有材料性能或出现新的性能都可发展成为新材料；新材料在经过长期生产与应用之后也就成为传统材料。

## 一、形状记忆合金

有些材料在发生了塑性变形后，经过合适的热过程，能够回复到变形前的形状，这种现象就是形状记忆效应。具有形状记忆效应的金属一般是由两种以上金属元素组成的合金，称为形状记忆合金。

1963 年，美国海军军械研究所的比勒在研究工作中发现，在高于室温较多的某温度范围内，把一种镍-钛合金丝烧成弹簧，然后在冷水中把它拉直或铸成正方形、三角形等形状，再放在 40℃ 以上的热水中，该合金丝就恢复成原来的弹簧形状。后来陆续发现，某些其他合金也有类似的功能。这一类合金被称为形状记忆合金。每种以一定元素按一定重量比组成的形状记忆合金都有一个转变温度，在这一温度以上将该合金加工成一定的形状，然后将其冷却到转变温度以下，人为地改变其形状后再加热到转变温度以上，该合金便会自动地恢复到原先在转变温度以上加工成的形状。

1969 年，镍钛合金的"形状记忆效应"首次在工业上应用。人们采用了一种与众不同的管道接头装置。为了将两根需要对接的金属管连接，选用转变温度低于使用温度的某种形状记忆合金，在高于其转变温度的条件下，做成内径比待对接管子外径略微小一点的短管（作接头用），然后在低于其转变温度下将其内径稍加热到该接头的转变温度时，接头就自动收缩而扣紧被接管道，形成牢固紧密的连接。美国在某种喷气式战斗机的油压系统中便使用了一种镍钛合金接头，从未发生过漏油、脱落或破损事故。

1969 年 7 月 20 日，美国宇航员乘坐"阿波罗 11 号"登月舱在月球上首次留下了人类的脚印，并通过一个直径数米的半球形天线传输月球和地球之间的信息。这个庞然大物般的天线是怎么被带到月球上的呢？就是用一种形状记忆合金材料，先在其转变温度以上按预定要求做好，然后降低温度把它压成一团，装进登月舱带上天去。放置于月球后，在阳光照射下，达到该合金的转变温度，天线"记"起了自己的本来面貌，变成一个巨大的半球。

科学家在镍钛合金中添加其他元素，进一步研究开发了钛镍铜、钛镍铁、钛镍铬等新的镍钛系形状记忆合金；除此以外还有其他种类的形状记忆合金，如：铜镍系合金、铜铝系合金、铜锌系合金、铁系合金（Fe-Mn-Si、Fe-Pd）等。

## 二、超导金属

1911 年，荷兰物理学家昂尼斯（1853—1926）发现，水银的电阻率并不像预料的那样随温度降低逐渐减小，而是当温度降到 4.15K 附近时，水银的电阻突然降到零。某些金属、合金和化合物，在温度降到绝对零度附近某一特定温度时，它们的电阻率突然减小到无法测量的现象叫做超导现象，能够发生超导现象的物质叫做超导体。超导体由正常态转变为超导态的温度称为这种物质的转变温度（或临界温度）。现已发现大多数金属元素以及数以千计的合金、化合物都在不同条件下显示出超导性。如钨的转变温度为 0.012K，锌为 0.75K，铝为 1.196K，铅为 7.193K。科学家又做到了把在液氦温度（4.2K）下才能使用的超导体变到了很容易在液氮温度（77K）使用。为了与原有的、在液氦温度下的超导体相区别，人们把氧化物超导体（T≥77K）称为高温超导体。

超导材料可分为氧化物超导材料和金属超导材料两大类型。氧化物超导材料具有高临界温度和上临界磁场，金属超导材料可提供优越的抗阻性和抗应变能力。目前已发现的高温超导材料都属于氧化物陶瓷材料，不易加工成材。

近年来，随着材料科学的发展，超导材料的性能不断优化，实现超导的临界温度越来越高。科学家正努力合成在室温下具有超导性能的复合材料，室温超导材料的研制成功使超导的实际应用成为可能。

正常导体（如金属）有电阻，通过电流时就会发热，这不仅浪费电能，而且还会使设备性能变差，过量的电流甚至会烧坏设备，所以大容量的输变电设施，须将导线做得很粗，以减少电阻，并且往往还配有各种冷却装置。如果应用超导技术，使用超导材料制成导线，因为没有电阻，不会发热，这就可以节省大量电能，也使设备轻巧。如果用超导储能来调节电网的负荷、超导磁体约束的等离子体和由此可能产生的核聚变，那么高温超导在能源工业上应用前景不可限量。

高温超导体在电子学方面的应用是最现实、也是最具吸引力的，其应用范围不仅限于医学、探矿等方面，也极有可能会渗入人们的家庭生活。例如超导微带线可以用在大规模集成电路中传送微波信号；用超导电子学器件来制造计算机，可以使个人计算机具有超级计算机的性能；安装超导滤波器可以使电视或音响上的音乐更动听；超导量子干涉器件可以探测地下矿藏，甚至可以探查人脑思维之谜。利用高温超导体产生的强磁场可以使药物导弹运动到人体的患处，更有效地进行诊断和治疗，在先进国家，这一想法正在变成现实。而强超导磁体在核磁共振计算机断层诊断装置上的应用使其分辨本领大大提高，人们能够诊断出更早期的癌症。

## 三、光导纤维

光纤是光导纤维的简称，是一种把光能闭合在纤维中而产生导光作用的纤维。光纤实际是指由透明材料做成的纤芯和在它周围采用比纤芯的折射率稍低的材料做成的包层组成，它是将射入纤芯的光信号经包层界面反射，使光信号在纤芯中传播前进的媒体，是近几十年来蓬勃兴起的一种用来传输信息的新材料。光纤不是通过电流来传输信息，而是利用光脉冲来传输信息的。其通信容量之大，是一切金属导体所无法比拟的。

光导纤维的特性决定了其广阔的应用领域。由光导纤维制成的各种光导线、光导杆和光导纤维面板等，广泛地应用在工业、国防、交通、通信、医学和宇航等领域。

# 四、导电陶瓷

众所周知，通常陶瓷不导电，是良好的绝缘体。然而，某些氧化物陶瓷加热时，处于原子外层的电子可以获得足够的能量，克服原子核对它的吸引力，成为可以自由运动的自由电子，这种陶瓷就变成导电陶瓷。

现在已经研制出多种可在高温环境下应用的高温电子导电陶瓷材料：碳化硅陶瓷的最高使用温度为 $1450℃$，二硅化钼陶瓷的最高使用温度为 $1650℃$，氧化锆陶瓷的最高使用温度为 $2000℃$，氧化钍陶瓷的最高使用温度高达 $2500℃$。

此外，还有离子导电陶瓷和半导体陶瓷，各有千秋，各具不同的功能。

具有质子导电性的陶瓷目前已发现许多种，但作为实用材料，要求在较宽的温度和湿度范围内具有稳定的物理和化学性能，导电率高、适于高温工作及成本低等。目前有实用价值的主要是 $SrCeO_3$ 系高温型质子导电陶瓷。

氧化锆陶瓷是一种耐高温、抗氧化的复合氧化物，是在纯氧化锆中加进 $10\%$ 的氧化钇制成的导电陶瓷。它能像金属那样把电能转变成热能，并能发光。

把导电陶瓷做成圆棒，作为在高温氧化中的发热元件，是再好不过的材料了。导电陶瓷在空气中十分稳定，不与氧发生反应，最高的发热温度高达 $2000℃$ 以上，而且可以长时间使用，寿命超过 $1000h$。因此，导电陶瓷已成为现代冶金、陶瓷、玻璃工业中广泛采用的高温发热体。

导电陶瓷材料可用各种方法涂覆在电极材料上，例如真空喷涂、等离子喷涂等，或采用溅射喷涂方法，在基片上进行导电陶瓷材料的涂覆工艺。采用导电陶瓷材料涂覆于电极表面，既耐腐蚀，又耐高温。电池中采用这种类型的电极后，电极表面具有足够的电流密度，涂层的电阻率也相当稳定，陶瓷和金属表面接触紧密，电极不发生腐蚀现象。电池运行性能良好。

# 五、导电高分子材料

2000 年 10 月 10 日瑞典皇家科学院将化学最高荣誉授予美国加利福尼亚大学物理学家黑格（Heeger）、宾夕法尼亚大学化学家马克迪尔米德（Macdiarmid）和日本筑波大学化学家白川英树（Shirakawa），以表彰他们研究导电有机高分子材料的杰出成就。

无论是天然高分子还是合成高分子，它们的不导电性是众所周知的。100 年前，第一个完全人工合成的高分子——酚醛树脂问世之后，其最主要的用途就是用作绝缘材料。长期以来，高分子材料一直扮演着绝缘材料的角色。让高分子材料也能导电，简直就是一个"神话"。1970 年，神话变成了现实。这项在高分子材料发展史上具有划时代意义的发现，却是一次错误导致的奇迹。

乙炔是一种很特别的小分子化合物。它的分子有 3 根共价键，两根是 π 键，一根是 σ

键。如果能够像对烯类单体那样，把乙炔的 π 键"切断"，再让乙炔小分子"手拉手"地连接起来，也可以聚合成大分子。如果这种大分子能聚合出来，那么其中碳原子之间既有用两根键（双键）连接的，也有用一根键（单键）连接的，而且在这个分子长链中，双键和单键交替排列。这种结构形式叫作共轭结构。按照有机化学的知识，有这种共轭结构的大分子肯定会表现出许多特殊的性质。这一奇思妙想，令全世界众多化学家为之心动，并付出了不懈努力。

日本的白川英树教授从 1960 年开始，也投入了这个课题的研究。经过整整 10 年的坚持不懈的努力，收获却很小。1970 年的一天，白川教授的一位朝鲜籍研究生，按照导师的指示进行着这个聚合实验。这位研究生的日语不太好，他把导师要求的催化剂浓度听错了，试验用的催化剂浓度比要求的大了近 100 倍。然而这一错误竟然导致了奇迹——一张聚乙炔的薄膜合成出来了！白川教授欣喜若狂，多年的愿望竟这样意外地成了现实。

科学家对聚乙炔的性能展开了全面的测定，结果表明，它的性能中最突出的是导电性能。电导率比一般高分子材料高了 8 个数量级，加上材料易成型，使得聚乙炔一下子成了材料科学家的"宠儿"。

导电高分子是由含 π 电子的共轭高聚物通过化学或电化学掺杂使其由绝缘体转变为导体。导电高分子材料按结构和制备方法不同，可分为复合型与结构型两大类。复合型导电高分子材料是以有机高分子材料为基体，加入一定数量的导电物质（如炭黑、石墨、碳纤维、金属粉、金属纤维、金属氧化物等）组合而成，该类材料兼有高分子材料的易加工特性和金属的导电性。结构型导电高分子是指高分子材料本身或经少量掺杂后具有导电性的高分子物质，一般由电子高度离域的共轭聚合物经过适当电子给体或受体掺杂后制得。

尽管人们对导电高分子材料的研究起步较晚，但由于导电高分子具有如下特点：①与金属相比，重量轻。②成型性好，用浇铸、模压等比较简易的方法就能使其纤维化、薄膜化，制成涂料，以及得到人们所需要的其他形状，而且易于加工成轻质的大面积的薄膜，以其大的面积/厚度比来补偿它的电导率较低不足。③易于合成和进行分子设计、材料设计，从而能较好地满足科学技术对这类功能材料提出的各种要求。④原料来源广。故可以把它们应用于以下几个方面。

（1）电磁波屏蔽

随着各种商用和家用电子产品数量的迅速增加，电磁波干扰已成为一种新的社会公害，对电子仪器、设备进行电磁波屏蔽是极为重要的。直接使用混有导电高分子材料的塑料做外壳，因其成型与屏蔽一体，较其他方法更为方便。

（2）电子元件（二极管、晶体管、场效应晶体管等）

导电高分子材料在掺杂状态具有半导体或金属的电导性，去掺杂时表现为绝缘体或半导体，而原来禁带宽度较大的仍为绝缘体，所以可以利用这些性质来制作各种类型的元件，如二极管、晶体管及场效应晶体管等。

（3）微波吸收材料

由于可以对导电高分子的厚度、密度和导电性进行调整，从而可以调整微波反射系数、吸收系数，基吸收系数可达 $10^5 \mathrm{cm}^{-1}$。导电高分子作为微波吸收材料，其薄膜重量轻、柔性好，可作任何设备（包括飞机）的蒙皮。

（4）防腐涂料

有人认为导电聚合物的防腐机理是金属与导电聚合物的界面产生电场，阻止了电子从金属向外部氧化层迁移。也有人认为金属与导电聚合物相互作用在金属表面形成一层氧化保护膜，由于导电聚合物与氧发生的氧化还原反应是可逆的，从而阻止了金属的腐蚀。

（5）隐身材料

隐身材料是指能够减少军事目标的雷达特征、红外特征、光电特征及目视特征的材料的总称。由于雷达是军事目标侦查的主要手段，所以雷达波吸收材料的研制是关键。自从导电聚合物出现，就作为新型的雷达波吸收材料成为研究的热点。如新研制的雷达隐身材料导电性可以在绝缘体、半导体、金属导体之间变化，因而具有不同的吸波性能，具有密度小——轻、加工性能好——薄、稳定性较好——高温使用的特点。

（6）其他

在最前沿的导电聚合物生命科学研究上，发现 DNA 也具有导电性，可将导电聚合物与 DNA 相结合，利用导电高分子来制造人造肌肉和人造神经，以促进 DNA 生长和修饰 DNA，这将是导电聚合物高分子研究在应用上最重要的一个发展趋势。

近年来，随着纳米材料的兴起，导电高分子-纳米复合材料研究已成为热点。纳米粒子的存在可使高分子材料具有特殊的光、电、磁性能。如纳米碳管-聚吡咯的合成使导电高分子具有更加优异的导电率和电磁性能。其中，复合型导电高分子材料有尼龙 6-石墨纳米导电复合材料，聚甲基丙烯酸甲酯-石墨纳米导电复合材料及石墨-聚苯乙烯纳米复合材料等。

另外，将来高分子聚合物电池还可应用在电动汽车上，使汽车真正实现"零污染"；高分子电线可深入到各个家庭；高分子 IC 芯片的使用也将成为可能；生物传感器、气体传感器、电显示材料等也将研制成功。

尽管导电分子材料向世界预示了一个美好的未来，但开发过程中还存在许多问题：如虽然导电高分子的导电系数已经非常接近于金属铜，但是其综合电学性能与铜还有差距，离合成金属的要求也还比较远；导电高分子在理论研究上还不完善，基本上仍沿用无机半导体理论和掺杂概念；未完全达到金属态，需要从分子设计的角度考虑实现合成金属的途径等。

# 六、纳米材料

纳米是一个比微米小得多的长度计量单位。纳米材料，由纳米粒子（也称超微颗粒）组成。纳米粒子一般是指尺寸在 $1\sim100nm$ 间的粒子，是处在原子簇和宏观物体交界的过渡区域。由于纳米微粒具有小尺寸效应、表面效应、量子尺寸效应和宏观量子隧道效应等使得它们在磁、光、电、敏感等方面呈现常规材料不具备的特性。纳米科学所研究的领域是人类过去从未涉及的非宏观、非微观的中间领域，从而开辟人类认识世界的新层次，也使人们改造自然的能力直接还原到分子、原子，这标志着人类的科学技术进入了一个新时代——纳米科技时代。

自 20 世纪 90 年代初开始兴起的纳米技术，将导致信息、能源、交通、医药、食品、纺织、环保等诸多领域的新变革，并极大提升人类生活的质量。

纳米粒子表面活性中心多，纳米微粒作催化剂比一般催化剂的反应速率提高 $10\sim15$ 倍，甚至使原来不能进行的反应也能进行。纳米 $TiO_2$ 能够强烈吸收太阳光中的紫外线，产生很强的光化学活性，可以用光催化降解工业废水中的有机污染物，具有除净度高、无二次污染、适用性广泛等优点，在环保水处理中有着很好的应用前景。

在涂料中加入纳米材料，可进一步提高其防护能力，实现防紫外线照射、耐大气侵害和抗降解、变色等，在卫生用品上应用可起到杀菌保洁作用。如抗菌内衣、抗菌茶杯等，就是将抗菌物质进行了纳米化处理。在标牌上使用纳米材料涂层，可利用其光学特性，达到储存太阳能、节约能源的目的。在建材产品如玻璃、涂料中加入适宜的纳米材料，可以达到减少光的透射和热传递效果，产生隔热、阻燃等效果。如果在玻璃表面涂一层掺有纳米氧化钛的涂料，那么普通玻璃马上具有自己清洁功能，不用人工擦洗了。而电池使用纳米材料制作，则可以使很小的体积容纳极大的能量，届时汽车就可以像目前的玩具汽车一样奔驰了。

在橡胶中加入纳米二氧化硅（$SiO_2$），可以提高橡胶的抗紫外线辐射、红外反射能力、耐磨性和介电特性，而且弹性也明显优于普通的填充橡胶。塑料中添加一定的纳米材料，可以提高塑料的强度和韧性，而且致密性和防水性也相应提高。国外已将纳米 $SiO_2$ 作为添加剂加入密封胶和胶黏剂中，使其密封性和黏合性都大为提高。

纳米粒子使药物在人体内的传输更为方便。用数层纳米粒子包裹的智能药物进入人体，可主动搜索并攻击癌细胞或修补损伤组织；在人工器官外面涂上纳米粒子可预防移植后的排异反应。美国麻省理工学院已制备出以纳米磁性材料作为药物载体的靶定向药物称为"定向导弹"，即在磁性三氧化二铁纳米微粒包敷蛋白质表面携带药物，注射进入人体血管，通过磁场导航输运到病变部位释放药物，可减少由于药物产生的副作用。

在电子领域，可以从阅读硬盘上读取信息的纳米级磁读卡机，以及存储容量为目前芯片千倍的纳米级存储器芯片都已投入生产。计算机在普遍采用纳米材料后，可以缩小成为掌上电脑，体积将比现在的笔记本式电脑还要小得多。可以预见，未来以纳米技术为核心的计算机处理信息的速度将更快，效率将更高。

纳米合成为发展新型材料提供新的途径和思路。纳米尺度的合成为人们设计新型材料，特别是为人类按照自己的意愿设计和探索所需要的新型材料打开了新的大门。例如，在传统相图中根本不共溶的两种元素或化合物，在纳米态下可以形成固溶体，制造出新型的材料，如铁铝合金、银铁和铜铁合金等纳米材料已在实验室获得成功。

纳米材料的诞生也为常规的复合材料的研究增添了新的内容。把金属的纳米颗粒放入常规陶瓷中可大大改善材料的力学性质；纳米氧化铝粒子放入橡胶中可提高橡胶的介电性和耐磨性；放入金属或合金中可以使晶粒细化，大大改善力学性质。

## 阅读资料

### 储氢合金的应用

目前，能源问题已受到世界各国的高度重视。氢是一种高能量密度、清洁的能源，是最有吸引力的能源形式之一。在氢能的开发与应用技术中，除了光分解水的技术问题之外，氢的储存问题也有待解决。

从科学家发现 $LaNi_5$ 和 $FeTi$ 等金属间化合物的可逆储氢作用以来，储氢合金及其应用的研究得到迅速发展。从理论上讲，相当于氢气瓶重量 1/3 的某些金属，就能"吸收"与氢气瓶储氢容量相当的氢气，而它的体积却不到氢气瓶体积的 1/10。也就是说它可以储存相当于合金自身体积上千倍的氢气，其吸氢密度超过液态氢和固态氢密度，轻便安全，引起了人们极大的关注，所以储氢合金又被形象地称为"氢海绵"。

（1）电池材料

镍-氢化物新型二次电池因比能量高、无污染等优点已开始取代传统的镍镉电池在信息产业、航天领域等大规模应用。储氢合金作为镍-氢化物电池的负极材料，既是电池制备的关键材料，也是目前储氢合金应用最成熟的领域。

（2）氢制冷取暖设备

化学热泵是由两种不同的储氢材料制成的储气罐，以带开关的阀门相连。开启阀门时低温形成氢化物的高压罐 A 将释放氢，并为高温形成氢化物的低压罐 B 吸收而放出大量热，可供取暖之用。如要制冷，则可用储氢材料吸热而达到降温的目的。

（3）氢的分离精制

高纯度氢在电子工业、光纤生产方面有重要应用。利用储氢合金对氢的选择性吸收特性，可制备 99.9999% 以上的高纯氢。如将 Ar、$N_2$、$CO_2$、CO、$CH_4$ 和 $H_2$ 的混合气体与 $LaNi_5$、$MnNi_5$ 多元素合金在加压下反应，氢被选择吸收，杂质则被吸附于合金表面。除去杂质后，再加热使之解吸，便可获得精制的高纯氢气。

此外，储氢材料可进行能量变换驱动机器，已在氢-空气燃料电池中得到应用，还可作合成氢的催化剂和促进氢的分离和回收等。总之，储氢材料的应用领域是十分广阔的，且有不断扩大之势。

## 思考题

1. 新材料与传统材料的关系如何？
2. 除了书中介绍的，再列举数例说明新材料的性能与应用。

# 第五章

## 化学与食品

人类离不开食品，也离不开化学。在化学工业快速发展的今天，食品行业也在快速发展。科学家们从化学的角度和分子水平上研究食品的组成、结构、理化性质、营养和安全性，分析食品在生产、加工、贮藏、运输、销售过程中发生的化学变化，以及这些化学变化对食品品质和安全性的影响，并利用化学手段改善食品品质，开发新的食物资源，革新食品加工工艺和贮运技术，科学调整膳食结构，改进食品包装，加强食品质量控制及提高食品原料加工和综合利用水平。例如，食品贮存时间变长了，颜色更好看了，气味更诱人了，营养也更丰富了，可见化学给食品行业带来了很多有益的影响；但随着近年来食品安全问题的频出，化学也给食品产业带来一定的负面影响。例如，有些人滥用工业化学用剂添加到食品里，严重危害人们的身体健康。因此，发展绿色食品工程，将食品的化学污染遏制在源头，将对食品的化学污染的治理从治标转化为治本，是我们每个有责任感的公民应承担的责任。

# 第一节

# 化学与食品安全

国以民为本，民以食为天，食以安为先。2015 年版新《食品安全法》第十章附则第一百五十条对食品安全的释义：食品无毒、无害，符合应当有的营养要求，对人体健康不造成任何急性、亚急性或者慢性危害。

食品安全关乎人民健康和生命，能否保障食品安全，让人吃得健康、吃得安全是关系国计民生的重大问题。

## 一、化学与食品产业

### 1. 食品产业离不开化学

众所周知，人体所需的六大营养素：糖、脂肪、蛋白质、维生素、水和无机盐，它们本身就是化学物质，其名称也是典型的化学名词。我们熟悉的食品和食品配料，如氯化钠（食盐）、蔗糖、葡萄糖、果糖、木糖醇、碳酸氢钠（小苏打）、谷氨酸钠（味精）、氯化镁（卤水的主要成分）等都是典型的化学物质。因此，化学是食品产业发展的基础，食品的生产与加工与化学有着不可分割的关系，如果食品产业离开了化学，那恐怕很难成就现代规模庞大的食品工业。

### 2. 化学研发和成果转化是食品行业发展的新动能

随着化学行业整体研发能力的不断提升，化学与食品产业将在原料生产、加工制造和消费的全产业链上实现无缝对接，化学研发和成果转化日益成为食品行业发展的新动能。近年来，食品工业与化学的融合日益加深，食品工业增加值在全国工业增加值的占比稳定在 12％左右，食品工业对全国工业增长贡献率连续 4 年超过 10％。食品工业在保障民生、拉动内需、带动相关产业和县域经济发展、促进社会和谐稳定等方面做出了巨大贡献，中国食品工业已成为我国现代工业体系中的首位产业，也是全球第一大食品产业。

## 二、化学对食品安全的影响

多数的食品安全问题是食品中危害性化学物质导致的，这些危害性的化学物质包括天然存在的化学物质、残留的化学物质、加工过程中人为添加的化学物质、偶然污染的化学物质等。食品中的化学性危害可能对人体造成急性中毒、慢性中毒、过敏、影响身体发育、影响生育、致癌、致畸、致死等后果。常见的化学性危害有重金属危害、自然毒素危害、农用化学药物危害、洗消剂危害、食品添加剂危害、食品包装材料危害、食品中的放射性污染危害及其他化学性危害。

### 1. 重金属

重金属，如汞、镉、铅、砷等，均为对食品安全有危害的金属元素。食品中的重金属主要来源于三个途径：①农用化学物质的使用、工业"三废"的污染；②食品加工过程所使用的不符合卫生要求的机械、管道、容器以及食品添加剂中含有毒金属；③作为食品的植物在生长过程中从含重金属的土壤中吸取了有毒重金属。

### 2. 自然毒素

不少食品含有自然毒素，例如发芽的马铃薯（土豆）含有大量的龙葵毒素，可引起中毒或致人死亡；鱼胆中含的 $5\alpha$-鲤醇，能损害人的肝肾和心脑，造成中毒和死亡；霉变甘蔗中含 3-硝基丙醇，可致人死亡。自然毒素有的是食物本身就带有，有的则是细菌或霉菌在食品中繁殖过程所产生的。

### 3. 农用化学药物

食品植物在种植生长过程中，使用了农药杀虫剂、除草剂、抗氧化剂、抗生素、促生长素、抗霉剂以及消毒剂等，或畜禽鱼等动物在养殖过程中使用的抗生素、合成抗菌药物等，这些化学药物都可能给食物带来危害。世界各国对农用化学药物的品种、使用范围以及残留量作了严格限制。例如欧盟规定，中国出口到欧洲的蜂蜜中氯霉素的残留不得超过 0.1ng/mL。

### 4. 洗消剂

洗消剂危害是一个常被忽视的食品安全危害。问题产生的原因有：①使用非食品用的洗消剂，造成对食品及食品用具的污染；②不按科学方法使用洗消剂，造成洗消剂在食品及用具中的残留。例如，有些餐馆使用洗衣粉清洗餐具、蔬菜或水果，造成洗衣粉中的有毒有害物质（如增白剂等）对食品及餐具的污染。

### 5. 食品添加剂

合理使用食品添加剂可以防止食品腐败变质，保持食品的营养。但滥用食品添加剂会对人身体产生危害。滥用食品添加剂包括食品添加剂的超剂量、超范围使用等。

### 6. 食品包装材料

食品包装材料包括塑料、橡胶、涂料、陶瓷、搪瓷及其他材料使用不当会给人体带来危害。

### 7. 食品中的放射性污染

各种放射性同位素会对污染食品原料造成危害。鱼类等水产品对某些放射性核素有很强的富集作用，因此需特别引起重视。

### 8. 其他化学性危害

化学性危害情况比较复杂，污染途径较多，上面讲的是一些常见的、主要化学性危害，还包括一些其他情况引入的化学性危害，如 N-亚硝基化合物、多氯联苯、多环芳族化合物等的危害。

## 三、化学与食品安全检测

加强食品安全检测是解决食品安全的重要措施，食品安全的检测方法日益受到关注，其中化学分析法和仪器分析法已成为现代食品安全检测的重要手段。

1. 化学分析法

化学分析法又称为化学检验法。食品中某些危害物质的特性要通过化学反应才能显示出来，这种特性称为化学性质，采用化学分析法能够检测其化学性质。

（1）容量法

又称滴定分析法，按反应类型不同，可分为以下四种。

① 酸碱滴定法 以质子传递反应为基础的滴定分析法。其反应实质可表示为：

$$H_3O^+ + OH^- \Longrightarrow 2H_2O$$
$$HA + OH^- \Longrightarrow A^- + H_2O$$
$$A^- + H_3O^+ \Longrightarrow HA + H_2O$$

② 配位滴定法 以配位反应为基础的滴定分析法。目前常用 EDTA 作标准溶液，测定各种金属离子，即 EDTA 法。其反应为

$$M^{n+} + Y^- \Longrightarrow MY^{n-1}$$

③ 氧化还原滴定法 以氧化还原反应为基础的滴定分析法。根据使用标准溶液的不同，可分为高锰酸钾法、重铬酸钾法、碘量法、溴酸盐法、铈量法等。

④ 沉淀滴定法 以沉淀反应为基础的滴定分析法。最常用的是银量法，即用 $AgNO_3$ 标准溶液测定卤化物含量的方法。

（2）质量法

质量法是通过称量物质的质量来测定被测组分含量的一种方法。一般是将被测组分从试样中分离出来，转化为一定称量的形式，然后称重，由称得的质量计算被测组分的含量。

质量法可分为沉淀法、气化法、电解法和萃取法。

① 沉淀法 利用沉淀反应使被测组分以难溶化合物的形式沉淀出来，然后将沉淀过滤、洗涤、烘干或灼烧成一定的物质，称其质量，最后计算其含量。

② 气化法 也称挥发法，一般是通过加热或其他方法使试样中某些被测组分气化逸出，然后根据试样质量的减轻计算出该组分的含量；或者在该组分逸出后选用某种吸收剂来吸收它，可根据试剂的增重来计算被测组分的含量。适用于挥发性组分的测定。

③ 电解法 利用电解原理使被测离子在电极上析出，然后根据电极的增重来求得被测组分的含量。

④ 萃取法 利用萃取原理，用萃取剂将被测组分从试样中分离出来，然后进行称重的方法。

2. 仪器分析法

近年来，随着物理化学、光谱学、免疫学等学科的迅速发展，一些先进技术不断渗透到分析化学中，形成日益增多的仪器分析法，并在现代食品安全检测中发挥重要作用。

（1）色谱分析法

色谱分析法实质上是一种物理化学分离方法，即当两相作相对运动时，由于不同的物质在两相（固定相和流动相）中具有不同的分配系数（或吸附系数），通过不断分配（即组分在两相之间进行反复多次的溶解、挥发或吸附、脱附过程）从而达到各物质被分离的目的。目前，色谱技术已经发展成熟，具有检测灵敏度高、分离效能高、选择性高、检出限低、样品用量少、方便快捷等优点，已被广泛应用于食品工业的安全检测中。色谱分析法中常用的方法有气相色谱法、高效液相色谱法、薄层色谱法和免疫亲和色谱法。

① 气相色谱法　气相色谱法是英国科学家 1952 年创立的一种极有效的分离方法，是色谱技术仪器化成套化的先驱。近年来毛细管气相色谱法以其分离效率高、分析速度快、样品用量少等特点，在食品农药残留等分析检测上独树一帜。随着人们对气相色谱的改进，测定的种类和范围也随之增加和扩大。

② 高效液相色谱法　高效液相色谱法是在 20 世纪 60 年代末期，在经典液相色谱和气相色谱的基础发展起来的新型分离分析技术，高效液相色谱技术以其独特的优势广泛用于食品中糖类、氨基酸、维生素、脂肪酸、添加剂、激素、毒素以及农药残留等项目检测中。国际上已将高效液相色谱法作为酒类糖分含量测定的仲裁法。

③ 薄层色谱法　薄层色谱法是 20 世纪 30 年代发展起来的一种分离分析方法。仪器操作简单、方便、应用广泛，但灵敏度不高。目前，薄层色谱广泛应用于农药、毒素、食品添加剂等方面的检测，在定性、半定性以及定量分析中发挥着重要的作用。

④ 免疫亲和色谱法　免疫亲和色谱法是一种根据抗原抗体的特异性可逆结合，从复杂的待测样品中捕获目标化合物的方法，能够快速检测食品中的诸如农药等化合物，且成本较低。基于可以生产出任何一种化合物的抗体，免疫亲和色谱成为最流行的纯化方法。目前，免疫亲和色谱技术可以作为样品前处理手段，也可以与一些常规仪器的色谱分析法结合，应用于化合物残留分析。

（2）光谱分析法

光谱分析法是利用物质发射、吸收电磁辐射以及物质与电磁辐射的相互作用而建立起来的一种方法，通过辐射能与物质化学组成和结构之间的内在联系及表现形式，以光谱测量为基础形成的方法。光谱分析是一种无损的快速检测技术，分析成本低。其中，拉曼光谱、红外光谱、近红外光谱以及荧光光谱等在食品安全检测中应用广泛。

① 拉曼光谱法　拉曼光谱技术是一门基于键的延伸和弯曲的振动模式，利用散射光的强度与拉曼位移作图获取信息。在食品安全检测分析中，可以定性分析待测物质，也可以定量检测食品成分中含量的多少。

② 红外光谱法　红外光谱由于特征性强，预处理比色谱法简单、便捷，普适性强，并可对微量样品进行测试，因此它是分析鉴定的有效方法。该技术应用于食品安全检测虽然较短，但由于它在鉴定食品中有害物质等化合物的结构方面的特点，尤其是气相色谱-傅里叶变换红外光谱（GC-FTIR）技术的出现，使得红外光谱技术在食品安全检测中的应用越来越广泛。

③ 近红外光谱法　近红外光是指介于可见光和中红外光之间的电磁波，波长范围是700～2500nm，是近年发展起来的一种快速检测技术，它已在农业和食品工业等多个领域中得到了广泛的应用，尤其在食品分析检测中的应用有着重大意义。由于近红外测定方法具有方便快捷、无污染的特点，在粮食加工及科研中获得了广泛的应用，且近红外测定结果的准确性也已得到众多验证。另外，近红外技术在检测大麦不同成熟时期营养元素的组成及膳食纤维含量方面也有较广泛的应用。

④ 荧光光谱法　荧光光谱法是近年来发展迅速的痕量分析方法，具有专一性强、灵敏度高的特点，在食品分析领域逐渐得到应用。根据荧光光谱和原子荧光光谱建立起来分子荧光光谱分析法和原子荧光光谱分析法。分子荧光光谱法是基于荧光物质的含量与其荧光强度或荧光淬灭强度建立起来的分析方法。原子荧光光谱法具有检出限低、灵敏度高、谱线比较简单、干扰少、线性范围宽等特点。在食品分析中，主要是应用该项技术检测食品中的痕量元素。

（3）质谱分析法

质谱分析是通过制备、分离、检测气相离子来鉴定化合物的一种专门技术，是一种与光谱并列的谱学方法。在众多的分析测试方法中，质谱学方法被认为是一种同时具备高特异性和高灵敏度且得到了广泛应用的普适性方法。质谱仪种类非常多，工作原理和应用范围也有很大的不同，从应用角度，质谱仪可以分为有机质谱仪和无机质谱仪。有机质谱仪根据应用特点不同又分为：气相色谱-质谱联用仪（GC-MS）、液相色谱-质谱联用仪（LC-MS）、基质辅助激光解吸飞行时间质谱仪（MALDI-TOFMS）、傅里叶变换质谱仪（FT-MS）等。无机质谱仪包括：火花源双聚焦质谱仪、感应耦合等离子体质谱仪（ICP-MS）、二次离子质谱仪（SIMS）等。

（4）色谱-质谱联用技术

色谱具有良好的分离能力，可以将复杂的混合物分离成单独的组分，但其定性能力一般；而其他定性分析方法（如质谱）一般只能对纯组分定性分析。因此，将色谱仪器和定性分析仪器通过接口连接，就可以将色谱仪器的分离能力和定性分析仪器的定性分析能力结合起来。质谱是采用高速电子束撞击气态分子，把分解出的离子加速导入质量分析器中，然后按质荷比大小的顺序进行收集和记录，得到质谱图。根据质谱图峰的位置可以定性和结构分析；根据质谱图峰的强度可以定量分析，其灵敏度可达到 $10^{-8}$ 级，甚至 $10^{-12}$ 级，特别是串联质谱的使用，可以提供丰富的样品结构信息。因此，色谱-质谱联用技术是一种检测分析食品中违禁药物常用的手段。有人曾利用高效液相-质谱联用仪检测几类食品中山梨酸、糖精钠含量，线性良好，$r=0.9999$，加标回收率在 $92\%\sim105\%$ 之间。

**阅读资料**

### 绿色食品生产

绿色食品生产是当今世界一项新兴产业。这项被称为"从土地到餐桌"实行全程质量控制的产业，近年已在国内形成一套较为完整的质量标准体系。全国经认证的绿色食品产品总数超过了 1000 种。

当前，我国进入了农产品供应相对过剩的阶段，市场价格下挫，农民增收缓慢。随着消费水平的提高，人们饮食观念正在发生变化，从填饱肚子过渡到重视营养和健康，那些纯天然、无污染的绿色食品备受青睐。世界大多数国家都很重视进口食品的安全性，药残等检测指标限制非常严格，检验手段已从单纯检测产品到验收生产基地。那种单纯追求数量型增长、不顾产品质量的老路子已走不通。

目前，经严格认证的绿色食品在农产品中的比重还很低，这一产业的发展潜力相当巨大。有关人士指出，在指导农业结构调整工作中，各级政府部门应该深刻认识到这一变化，扶持农民搞好绿色食品产业的开发，使之成为一项有益社会、造福于民的大产业。

### 💡 思 考 题

1. 简述化学与食品产业的关系。

2. 简述食品中常见化学性危害的种类。

3. 食品安全检测中常见的化学分析法有哪些？

4. 简述现代食品安全检测常用的仪器分析方法。

# 第二节

# 食品中的天然化学物

近年来，非人工培植的、未经加工的天然食品越来越受到消费者的青睐。天然的就是安全的吗？实际情况并非如此，在可作为食物的很多有机体中存在着一些对人体健康有害的化学物质，例如毒素等，如果不进行正确加工处理或食用不当，易造成食物中毒。

## 一、食品中天然化学物的种类

### 1. 苷类

苷类又称配糖体或糖苷。它们广泛分布于植物的根、茎、叶、花和果实中。其中皂苷和氰苷等常引起人的食物中毒。

### 2. 生物碱

生物碱是一类具有复杂环状结构的含氮有机化合物。有毒的生物碱主要有茄碱、秋水仙碱、烟碱、吗啡碱、罂粟碱、麻黄碱、黄连碱和颠茄碱（阿托品与可卡因）等。生物碱主要分布于罂粟科、茄科、毛茛科、豆科、夹竹桃科等 100 多种的植物中。此外，动物中有海狸、蟾蜍等亦可分泌生物碱。

### 3. 有毒蛋白或复合蛋白

异体蛋白质注入人体组织可引起过敏反应，某些蛋白质经食品摄入亦可产生各种毒性反应。植物中的胰蛋白酶抑制剂、红血球凝集素、蓖麻毒素、巴豆毒素、刺槐毒素、硒蛋白等均属于有毒蛋白或复合蛋白，处理不当会对人体造成危害。例如胰蛋白酶抑制剂存在于未煮熟透的大豆及其豆乳中，具有抑制胰脏分泌的胰蛋白酶的活性，摄入后影响人体对大豆蛋白质的消化吸收，导致胰脏肿大，抑制生长发育。血球凝集素存在于大豆和菜豆中，具有凝集红细胞的作用。此外，动物中青海湖裸鲤、鲶鱼、鳇鱼和石斑鱼等鱼类的卵中含有的鱼卵毒素也属于有毒蛋白。

### 4. 非蛋白类神经毒素

主要指河豚毒素、石房蛤毒素、肉毒鱼毒素、螺类毒素、海兔毒素等，大多分布于河豚、蛤类、螺类、蚌类、贻贝类、海兔等水生动物中。这些水生动物本身无毒可食用，但因直接摄取了海洋浮游生物中的有毒藻类（如甲藻、蓝藻），或通过食物链（有毒藻类→小鱼→大鱼）间接摄取将毒素积累和浓缩于体内。

### 5. 动物中的其他有毒物质

猪、牛、羊、禽等畜禽肉是人类普遍食用的动物性食品。在正常情况下，它们的肌肉无毒而可安全食用。但其体内的某些腺体、脏器或分泌物，如摄食过量或误食，可扰乱人体正常代谢，甚至引起食物中毒。

### 6. 毒蕈（毒蘑菇）

毒蕈系指食后能引起中毒的蕈类。毒蕈约 80 多种，其中含剧毒能将人致死的毒蕈在 10 种以下。

## 二、食品中天然化学物的危害

### 1. 人体遗传因素

食品成分和食用量都正常，却由于个别人体遗传因素的特殊性而引起不适症状。如有些特殊人群因先天缺乏乳糖酶，不能将牛乳中的乳糖分解为葡萄糖和半乳糖，因而不能吸收利用乳糖，饮用牛乳后出现腹胀、腹泻等乳糖不耐受症状。

### 2. 过敏反应

食品成分和食用量都正常，却因过敏反应而发生不适症状。某些人日常食用无害食品后，因体质敏感而引起局部或全身不适症状，称为食物过敏。各种肉类、鱼类、蛋类、蔬菜和水果都可以成为某些人的过敏原食物。

### 3. 食用量过大

食品成分正常，但因食用量过大引起各种症状。如荔枝含维生素 C 较多，如果连日大量食用，可引起"荔枝病"，出现饥饿感、头晕、心悸、无力、出冷汗，重者甚至死亡。

### 4. 食品加工处理不当

对含有天然毒素的食品处理不当，不能彻底清除毒素，食后引起相应的中毒症状。例如河豚、鲜黄花菜、发芽的马铃薯等如处理不当，少量食用亦可引起中毒。

### 5. 误食含毒素的生物

某些外形与正常食物相似，而实际含有有毒成分的生物有机体，被作为食物误食而引起中毒（如毒蕈等）。

## 三、植物性食品中化学毒素的毒性作用及其控制

植物广泛分布在自然界，是自然界不可缺少的一部分，提供给人类食物，同时有的也是重要的工业原料。它们与人们的生活息息相关。但是植物自身的化学成分复杂，其中有很多是有毒的物质，如不慎接触，可能会引起很多疾病甚至死亡。食品中常见的植物性毒素主要有皂苷毒素、氰苷毒素、龙葵素毒素等。

### 1. 菜豆和大豆

菜豆（四季豆）和大豆中含有皂苷。食用不当易引起食物中毒，一年四季皆可发生。烹调时应使菜豆充分炒熟、煮透，至青绿色消失、无豆腥味、无生硬感，以破坏其中所含有的全部毒素。

### 2. 含氰苷食物

能引起食物中毒的氰苷类化合物主要有苦杏仁苷和亚麻苦苷。苦杏仁苷主要存在于果仁中，而亚麻苦苷主要存在于木薯、亚麻籽及其幼苗，以及玉米、高粱、燕麦、水稻等农作物的幼苗中。其中以苦杏仁、苦桃仁、木薯，以及玉米和高粱的幼苗中含氰苷毒性较大。

要教育儿童不要生食各种核仁，尤其是苦杏仁与苦桃仁。由于苦杏仁苷经加热水解形成的氢氰酸遇热挥发除去，故用杏仁加工食品时，应反复用水浸泡，炒熟或煮透，充分加热，并敞开锅盖使其充分挥发而除去毒性。

### 3. 发芽马铃薯

马铃薯（土豆）发芽后可大量产生一种对人具毒性的生物碱——龙葵素，当人体摄入

0.2～0.4g 时，就能发生严重中毒。马铃薯中龙葵素一般含量为 2～10mg/100g，如发芽、皮变绿后可达 35～40mg/100g，尤其在幼芽及芽基部的含量最多。马铃薯如贮藏不当，容易发芽或部分变黑绿色，烹调时又未能除去或破坏龙葵素，食后便易发生中毒。

马铃薯应存放于干燥阴凉处或经辐照处理，以防止发芽。发芽或皮肉变黑绿者不能食用。

# 四、动物性食品中化学毒素的毒性作用及其控制

动物毒素大多是有毒动物毒腺制造的并以毒液形式注入其他动物体内的蛋白类化合物，如蛇毒、蜂毒、蝎毒、蜘蛛毒、蜈蚣毒、蚁毒、河豚毒、章鱼毒、沙蚕毒等以及由海洋动物产生的扇贝毒素、石房蛤毒素、海兔毒素等，毒液中还会有多种酶。食品中常见的动物性毒素主要有河豚毒素、青皮红鱼类毒素、贝类毒素、有毒藻类毒素等。

## 1. 河豚

河豚含有巨毒物质河豚毒素和河豚酸，0.5mg 河豚毒素就可以使体重 70kg 的人致死。其毒素主要存在于卵巢和肝脏内，其次为肾脏、血液、眼睛、鳃和皮肤。河豚毒素的含量随河豚的品种、雌雄、季节而不同，一般雌鱼中毒素较高，特别是在春夏季的怀孕阶段毒性最强。

河豚毒素为小分子化合物，对热稳定，一般的烹饪加工方法很难使之破坏。但河豚味道鲜美，每年都有一些食客吃河豚而发生中毒致死事件。因此，河豚鱼中毒是世界上最严重的动物性食物中毒之一，各国都很重视。中国的《水产品卫生管理办法》中严禁餐饮店将河豚作为菜肴经营，也禁止在市场销售。水产收购、加工、市场管理等部门应严格把关，防止鲜河豚进入市场或混进其他水产品中导致误食而中毒。

## 2. 青皮红肉鱼类

青皮红肉的鱼类（如鲣鱼、鲐鱼、秋刀鱼、沙丁鱼、竹荚鱼、金枪鱼等）可引起类过敏性食物中毒。这类鱼肌肉中含较高的组氨酸，当受到富含组氨酸脱羧酶的细菌污染和作用后，形成大量组胺，一般当人体组胺摄入量达 1.5mg/kg 以上时，极易发生中毒。但也与个体与组胺的过敏性有关。

由于大量组胺的形成是微生物的作用，因此最有效的预防措施是防止微生物的污染繁殖。在鱼类生产、加工、储运、销售各环节采取有效措施防止微生物的污染。对受过严重污染或脱冰受热的鲐、鲣等须作组胺含量检测，不合格的禁止上市销售。消费者选购青皮红肉鱼类时，应特别注意鱼的新鲜度，烹调加工时，要将鱼肉漂洗干净，充分加热，采用油炸和加醋烧煮等方法可使组胺减少。

## 3. 贝类

某些无毒可供食用的贝类，在摄取了有毒藻类后，就被毒化。因毒素在贝类体内呈结合状态，故贝体本身并不中毒，也无外形上的变化。当人们食用这种贝类后，毒素被迅速释放而发生麻痹性神经症状，称为麻痹性贝类中毒。

中国浙江、福建、广东等地曾多次发生贝类中毒，导致中毒的贝类有蚶子、花蛤、香螺、织纹螺等经常食用的贝类。

## 4. 有毒藻类

主要为甲藻类，特别是一些属于膝沟藻科的藻类。毒藻类中的贝类麻痹性毒素主要是石

房蛤毒素，是一种神经毒，毒性较强，且耐热，一般烹饪方法不易完全破坏，对人经口致死量约为 0.54～0.9mg。

此类中毒一般在特定区域和季节发生，因此要建立毒藻疫情报告和定期监测制度：定期对贝类生长水域的藻类进行检测，如毒藻大量生长，应对产地的贝类作毒素含量测定，超过标准的禁止上市销售食用。另外要做好卫生宣传，介绍安全食用贝类的方法。

# 五、真菌类食品中化学毒素的毒性作用及其控制

蕈菌一般称作蘑菇，不是分类学上的术语，是指所有具子实体（担子果和子囊果）的大型高等霉菌的伞形子实体。蕈类通常分为食蕈、条件食蕈和毒蕈三类。食蕈味道鲜美，有一定的营养价值；条件食蕈主要指通过加热、水洗或晒干等处理后方可安全食用的蕈类（如乳菇类）；毒蕈指食后能引起中毒的蕈类。中国可食用蕈近 300 种，毒蕈约 80 多种，其中含剧毒能将人致死的毒蕈在 10 种左右。

毒蕈中含有多种毒素，往往由于采集野生鲜蕈时因缺乏经验而误食中毒。毒蕈含有毒素的种类与含量因品种、地区、季节、生长条件的不同而异。中毒的发生与食用者个体体质、烹调方法、饮食习惯有关。

为做好预防措施必须制定食蕈和毒蕈图谱，并广为宣传以提高群众鉴别毒蕈的能力，防止误食中毒。在采集蘑菇时，应由有经验的人进行指导。凡是识别不清或未曾食用过的新蕈种，必须经有关部门鉴定，确认无毒后方可采集食用；对条件食蕈，应正确处理后食用。如马鞍蕈应干燥 2～3 周以上方可出售。鲜蕈则须在沸水中煮 5～7min，并弃汤汁后方可食用。

## 阅读资料

### 四季豆做不熟会中毒！

专家提醒：食用四季豆必须彻底加热、煮熟焖透，不然可引起食物中毒。

四季豆是菜豆的别名，菜豆是豆科菜豆种的栽培品种，又名芸豆、芸扁豆等，为一年生草本植物。四季豆是餐桌上的常见蔬菜之一，无论单独清炒，还是和肉类同炖，抑或是焯熟凉拌，都很符合人们的口味。

但是，四季豆中含有皂苷和凝集素，皂苷对人体消化道具有强烈刺激性；凝集素可结合细胞膜糖分子，促使红细胞凝集，肠道表面绒毛细胞病变。

四季豆的这些毒素对热极不稳定，只要加热100℃以上，就可以将其破坏掉。但如果摄入没煮熟的四季豆，会引起胃肠道中毒，出现胃痛、恶心、呕吐、腹痛、腹泻等症状，伴头晕、胸闷、心慌等。

烹饪时宜先焯后炒。一般烹饪四季豆时，应先用水焯一下，再下锅炒，以四季豆颜色不再"翠绿"，转深色或微发黄为宜。挑选和烹饪四季豆时，需注意以下四点：

1. 购买四季豆应挑选新鲜的，贮存时间越长，四季豆的皂苷等毒性含量越多；

2. 下锅前要把四季豆两头摘掉，因为这些部位含毒素较多；

3. 烹调时应减少凉拌、油炸等方式，尤其是干煸四季豆，高温短时油炸反而不易熟透；

4. 若见四季豆颜色翠绿、口感脆硬，甚至带有生味儿就不应食用。

1. 含天然有毒物质的食物有哪几种？中毒条件如何？如何防止蘑菇中毒？
2. 简述植物性食品中化学毒素的毒性作用及其控制措施。
3. 简述动物性食品中化学毒素的毒性作用及其控制措施。
4. 简述真菌类食品中化学毒素的毒性作用及其控制。

# 第三节

# 食品中的化学元素

存在于食品中的化学元素，有的是对人体有益的元素，如钾、钠、钙、镁、铁、铜、锌等，但过量摄入这些元素对人体反而有害；有的是对人体有害的元素，如铅、汞、砷、镉等。

# 一、食品中的营养元素

人体所需要的营养元素都来自食品，食品中含人体所必需的七大营养素，包括：蛋白质、糖类、脂肪、维生素、水、无机盐（矿物质）和膳食纤维。

## 1. 蛋白质类食品

蛋白质主要由碳、氢、氧、氮等化学元素组成，是生命的物质基础，机体中每一个细胞和所有重要组成部分都有蛋白质参与。蛋白质占人体重量的 $16\%\sim20\%$，即一个体重 60kg 的成年人其体内约有蛋白质 $9.6\sim12kg$。人体内蛋白质种类很多，性质、功能各异，但都是由 20 多种氨基酸按不同比例组合而成的，并在体内不断进行代谢与更新。含蛋白质多的食物有两类，一类是奶、畜肉、禽肉、蛋类、鱼、虾等动物蛋白；另一类是黄豆、大青豆和黑豆等豆类，芝麻、瓜子、核桃、杏仁、松子等干果类的植物蛋白。由于动物蛋白质所含氨基酸的种类和比例较符合人体需要，所以动物性蛋白质比植物性蛋白质营养价值高。

## 2. 糖类（碳水化合物）食品

糖类是由碳、氢和氧三种元素组成，是人类维持生命活动所需能量的主要来源。膳食中碳水化合物的主要来源是植物性食物，如谷类、薯类、根茎类蔬菜和豆类，另外是食用糖类。碳水化合物只有经过消化分解成葡萄糖、果糖和半乳糖才能被吸收，而果糖和半乳糖又经肝脏转换变成葡萄糖。血中的葡萄糖简称为血糖，少部分血糖直接被组织细胞利用与氧气反应生成二氧化碳和水，放出热量供身体需要，大部分血糖则存在人体细胞中，如果细胞中储存的葡萄糖已饱和，多余的葡萄糖就会以高能的脂肪形式储存起来，从而引起肥胖，甚至导致糖尿病和心脏病。

## 3. 脂类食品

脂类由碳、氢、氧、氮、硫及磷等元素组成，是人体需要的重要营养素之一，供给机体所需的能量、提供机体所需的必需脂肪酸，是人体细胞组织的组成成分。脂类包括脂肪、类脂和磷脂。食品中脂类含量达到总量 50％以上的食品属于脂类食品。脂类食品来源主要有两类，一类是动物性来源，如猪油、牛油、羊油、鱼油、骨髓、肥肉、鱼肝油、奶油等；另一类是植物性来源，如芝麻、葵花籽、核桃、松子、黄豆等。

### 4. 维生素类食品

（1）富含维生素 A 类食品

维生素 A 有助于提高免疫力，保护视力，预防癌症。一个成年男子每天需要摄入 $700\mu g$ 维生素 A，过量对身体也有害。含维生素 A 较多的食物有动物肝脏、乳制品、鱼类、西红柿、胡萝卜、杏、香瓜等。

（2）富含 B 族维生素类食品

含维生素 B 多的果蔬有番茄、橘子、香蕉、葡萄、梨、核桃、栗子、猕猴桃等。

维生素 B 包括维生素 $B_1$、维生素 $B_2$、维生素 $B_6$、维生素 $B_{12}$、烟酸、泛酸、叶酸等。这些 B 族维生素是推动体内代谢，把糖、脂肪、蛋白质等转化成热量时不可缺少的物质。如果缺少维生素 B，则细胞功能马上降低，引起代谢障碍，这时人体会出现怠滞和食欲不振。

含有丰富维生素 $B_1$ 的食品主要有：小麦胚芽、猪腿肉、大豆、花生、里脊肉、火腿、黑米、鸡肝、胚芽米等；含有丰富维生素 $B_2$ 的食品有：七腮鳗、牛肝、鸡肝、香菇、小麦胚芽、鸡蛋、奶酪等；含有维生素 $B_6$、维生素 $B_{12}$、烟酸、泛酸和叶酸的食品有：肝、肉类、牛奶、酵母、鱼、豆类、蛋黄、坚果类、菠菜、奶酪等。

（3）富含维生素 C 类食品

维生素 C 含量最高的食物有花椰菜、青辣椒、橙子、葡萄汁、西红柿等。维生素 C 不但可以提高免疫力，还可预防心脏病、中风，保护牙齿，同时对男性不育的治疗有辅助作用。坚持服用维生素 C 还可起到延缓衰老的作用。据研究，每人每天维生素 C 的最佳用量应为 $100\sim200mg$，最低不少于 $60\mu g$，即半杯新鲜的橙汁便可以满足每人每天维生素 C 的最低量。

（4）富含维生素 E 类食品

富含维生素 E 的食品有：果蔬、坚果、瘦肉、乳类、蛋类、压榨植物油等。果蔬包括猕猴桃、菠菜、卷心菜、菜塞花、羽衣甘蓝、莴苣、甘薯、山药。坚果包括杏仁、榛子和胡桃。压榨植物油包括葵花籽油、芝麻油、玉米油、橄榄油、花生油、山茶油等。此外，红花、大豆、棉籽、小麦胚芽、鱼肝油都有一定含量的维生素 E，含量最为丰富的是小麦胚芽。

天然维生素 E 是一种脂溶性维生素，又称生育酚，是最主要的抗氧化剂之一。溶于脂肪和乙醇等有机溶剂中，不溶于水，对热、酸稳定，对碱不稳定，对氧敏感，对热不敏感，但油炸时维生素 E 活性明显降低。生育酚能促进性激素分泌，使男子精子活力和数量增加；使女子雌性激素浓度增高，提高生育能力，预防流产，还可用于防治男性不育症，对烧伤、冻伤、毛细血管出血、更年期综合征有很好的疗效。近来还发现维生素 E 可抑制眼睛晶状体内的过氧化脂反应，使末梢血管扩张，改善血液循环。

### 5. 水

人体每天大约需水 2500mL，可通过食物（约含 1000mL 水）、饮用水或饮料（约 1200mL）、代谢水（约 300mL）获得。绝大多数食品都离不开水，水在食品中含量或多或少，存在的方式千差万别，它会与食品中的其他成分发生化学或物理作用。食品中水的含量、分布和状态对食品的结构、外观、质地、风味、新鲜度产生极大的影响，从而也使食品丰富多彩。食品中水的存在有结合水和自由水两种形式：

（1）结合水（又称束缚水或固定水）

结合水通常是指食品中存在于溶质或其他非水组分附近的与溶质分子通过化学键结合的那部分水（如蛋白质空隙中或化学水合物中的水），是食品中与非水成分结合的最牢固的水。一般说来，食品干燥后安全贮藏的水分含量要求即为该食品的单分子层水。

（2）自由水（又称体相水或截留水）

自由水是指存在于组织、细胞和细胞间隙中容易结冰的水，食品中与非水成分有较弱作用或基本没有作用的水。微生物可以利用自由水繁殖，各种化学反应也可以在其中进行，易引起食品的腐败变质，但也与食品的风味及功能性紧密相关。

## 6. 无机盐（矿物质）类食品

（1）含钠类食品

钠是人体中一种重要无机元素，一般情况下，成人体内钠含量大约为 3200（女）～4170（男）mmol，约占体重的 0.15%，体内钠主要在细胞外液，占总体钠的 44%～50%。钠离子在保证体内水的平衡，调节体内水分与渗透压，维持神经、肌肉应激性和细胞膜通透性上起重要作用。钠普遍存在于各种食物中，一般动物性食物高于植物性食物。钠和氯在人体内以氯化钠的形式出现，人体钠来源主要为食盐以及加工、制备食物过程中加入的钠或含钠的复合物（如谷氨酸、小苏打等），以及酱油、盐渍或腌制肉或烟熏食品、酱咸菜类、发酵豆制品、咸味休闲食品等。人不吃盐，就会四肢无力，食欲减退。

（2）含钾类食品

钾是人体内不可缺少的元素，一般成年人体内含钾元素 150g 左右，其作用主要是维持神经、肌肉的正常功能。人体内的钾主要来自食物。豆类（如黑豆、菜豆、新鲜豌豆）、瘦肉、乳制品、蛋类、马铃薯、茶叶、葵花子、谷物、葡萄干、绿叶蔬菜（如菠菜、甜菜等）、水果（如香蕉、橘子、柠檬、杏、梅、油桃）等含钾丰富。由于钾主要存在细胞内，组织破坏后溶解析出，因此水果汁、蔬菜汤、肉汁中含量相对丰富，缺钾的人可以多喝些用上述含钾丰富的食物熬制的美味浓汤。但是，一些肾功能衰竭致血钾偏高的病人就需要限食上述食品了。

（3）含磷类食品

磷是人体的常量元素，广泛分布在人的骨骼、牙齿、血液、脑、三磷酸腺苷（ATP）中，是人体体能的仓库。当人吃进食物后，经消化吸收，使其中的化学能转变成人体组织吸收的三磷酸腺苷，供人体随时使用。磷多存在于鱼、肉、奶、豆等食品中。

（4）含钙类食品

① 牛奶 250g 牛奶含钙 300mg，还含有多种氨基酸、乳酸、矿物质及维生素，可促进钙的消化和吸收，而且牛奶中的钙质人体更易吸取，因此，牛奶是日常补钙的主要食品；其他奶类制品如酸奶、奶酪、奶片，都是良好的钙来源。

② 海带和虾皮 海带和虾皮是高钙海产品，每天吃 25g，可以补钙 300mg，并且它们还能够降低血脂，预防动脉硬化。海带与肉类同煮或是煮熟后凉拌，都是不错的美食。虾皮中含钙量更高，25g 虾皮含 500mg 钙，用虾皮做汤或做馅是日常补钙的不错选择。

③ 豆制品 大豆是高蛋白食物，含钙量也很高。500g 豆浆含钙 120mg，150g 豆腐含钙高达 500mg，其他豆制品也是补钙的良品。豆浆需要反复煮开 7 次，才能够食用。而豆腐则不可与某些蔬菜同吃，比如菠菜。菠菜中含有草酸，它可以和钙结合生成草酸钙结合物，从而妨碍人体对钙的吸收，所以豆腐以及其他豆制品均不宜与菠菜一起烹制。但豆制品若与肉

类同烹，则会味道可口，营养丰富。

④ 动物骨头　动物骨头里 80％以上都是钙，但是不溶于水，难以吸收，因此在制作成食物时可以事先敲碎它，加醋后用文火慢煮。吃时去掉浮油，放些青菜可做成一道美味鲜汤；鱼骨也能补钙，但要注意选择合适的做法，干炸鱼、焖酥鱼都能使鱼骨酥软，更方便钙质吸收，而且可以直接食用。

⑤ 蔬菜　蔬菜中也有许多高钙品种，雪里蕻 100g 含钙 230mg；小白菜、油菜、茴香、芫荽、芹菜等每 100g 钙含量也在 150mg 左右，这些绿叶蔬菜每天吃 250g 就可补钙 400mg。

（5）含镁类食品

含镁的食品主要有：蔬菜中的油菜、慈姑、茄子、萝卜等，水果中的葡萄、香蕉、柠檬、橘子等，谷类中的糙米、小米、鲜玉米、小麦胚芽等，豆类中的黄豆、豌豆、蚕豆等，水产中的紫菜、海参、鲍鱼、墨鱼、鲑鱼、沙丁鱼、蛤蜊等，另外，松子、榛子、西瓜籽也是高镁食品。

富含镁的食品宜与富含钙的食品搭配食用，当食品中镁与钙含量的比例为 2∶1 时，不但更好地吸收镁元素，而且还有利于对钙的吸收利用。此外，多喝水能起到促进镁吸收的作用。含镁的食物不可少，镁有助于调节人的心脏活动、降低血压、提高男士的生育能力。

（6）含铁类食品

铁元素是构成血红素的主要成分，主要作用是把氧气输送到全身细胞并把二氧化碳排出体外。食品中含铁丰富的有动物肝脏、肾脏；其次是瘦肉、蛋黄、鸡、鱼、虾和豆类。蔬菜中含铁较多的有苜蓿、菠菜、芹菜、油菜、苋菜、荠菜、黄花菜、番茄等。水果中以杏、桃、李、葡萄、红枣、樱桃等含铁较多，干果有核桃，其他如海带、红糖、芝麻酱也含有铁。

食物中铁的吸收率在 1％～22％，动物性食物中的铁较植物性食物易于吸收和利用。动物血中铁的吸收率最高，在 10％～76％之间；肝脏、瘦肉中铁的吸收率为 7％；由于蛋黄中存在磷蛋白和卵黄高磷蛋白，与铁结合生成可溶性差的物质，所以蛋黄铁的吸收率还不足 3％；菠菜和扁豆虽富含铁质，但是由于它们含有植酸（小麦粉和麦麸中也有），会阻碍铁的吸收，铁的吸收率很低。现已证明维生素 C、肉类、果糖、氨基酸、脂肪可增加铁的吸收，而茶、咖啡、牛乳、植物酸、麦麸等可抑制铁的吸收，所以膳食应注意食物合理搭配，以增加铁的吸收，可吃些富含维生素 C 的水果及蔬菜（如苹果、番茄、花椰菜、马铃薯、包心菜等）。

（7）含锌类食品

锌是人体酶的活性成分，能促进性激素的生成，是人体合成生长激素的原料。儿童缺锌，生长发育会受到限制；男人缺锌可以引起精子数量减少，精子畸形增加以及性功能减退。建议每天摄入锌 11mg 左右，过量会影响其他矿物质的吸收。100g 瘦肉、鲤鱼中含锌分别为 2.3mg、2.1mg。含锌较多的食品还有粗粮、大豆、蛋、海产品等。

（8）含硒类食品

硒是人体必需的微量元素，在人体内硒和维生素 E 协同，能够保护细胞膜，防止不饱和脂肪酸的氧化，微量硒具有防癌作用及保护肝脏的作用。含硒较多的食品有富硒米、黑山药、黑芝麻、黑豆、黑花生、黑米、大蒜、猪肉等。

（9）含碘类食品

碘元素存在于人体的甲状腺及血液中。人体缺碘会造成甲状腺肿大，俗称"大脖子"

病。含碘丰富的食品有海带、紫菜等海生动植物。如果每日食用加碘食盐，基本即可满足人体对碘的需求量。

### 7. 膳食纤维

膳食纤维是一种多糖，它既不能被胃肠道消化吸收，也不能产生能量，但经常食用对人体健康有益。

自然界中大约有千种以上的膳食纤维。不同来源的膳食纤维，因其化学组成的差异很大，故生理效应差异也很大。膳食纤维的共同特点是小肠酶不能分解利用，具有较低能量值，而且在肠道菌的作用下发酵可产生短链脂肪酸，促进益生菌等发挥广泛的健康作用。膳食纤维在肠道健康、血糖调节和 2 型糖尿病预防、饱腹感和体重调节、预防脂代谢紊乱、预防某些癌症等方面有一定的健康功效。全谷物、豆类、水果、蔬菜及马铃薯是膳食纤维的主要来源，坚果和种子中的含量也很高。富含膳食纤维的食品虽然有上述种种好处，但也不可偏食。正确的饮食原则是：减少脂肪的摄入量，适当增加蔬菜和水果的比例，保持营养的均衡。

# 二、食品中对人体有害化学元素

存在于食品中的化学元素，有的是对人体有益的元素，如钾、钠、钙、镁、铁、铜、锌等，但过量摄入这些元素对人体反而有害。有的是对人体有害的元素，如铅、汞、砷、镉等。化学元素在人体内的积蓄量达到一定阈值时就会对人体产生危害，引起急、慢性中毒，致畸、致癌和致突变等。研究表明，对食品安全性影响最为严重的是镉，其次是汞、铅、砷等，本书主要介绍重金属对食品的安全性。

食品中的重金属污染主要来源于工业的"三废"，这些有害的重金属大多是由矿山开采、工厂加工生产过程中，通过废气、残渣等污染土壤、空气和水。土壤、空气中的重金属由作物吸收直接蓄积在作物体内；水体中的重金属则可通过食物链在生物中富集，如鱼吃草或大鱼吃小鱼。用被污染的水灌溉农田，也使土壤中的金属含量增多。环境中的重金属通过各种渠道都可对食品造成严重污染，进入人体后可在人体中蓄积，对人体造成潜在性危害。

### 1. 汞

（1）污染途径

未经净化处理的工业"三废"排放后造成河川海域等水体和土壤的汞污染。水中的汞多吸附在悬浮的固体微粒上而沉降于水底，使底泥中含汞量比水中高 7～25 倍，且可转化为甲基汞。环境中的汞通过食物链的富集作用导致在食品中大量残留。

（2）对人体的危害

甲基汞进入人体后分布较广。对人体的影响取决于摄入量的多少。长期食用被汞污染的食品，可引起慢性汞中毒的一系列不可逆的神经系统中毒症状，也能在肝、肾等脏器蓄积并透过人脑屏障在脑组织内蓄积。还可通过胎盘侵入胎儿，使胎儿发生中毒。严重的造成妇女不孕症、流产、死产或使初生婴儿患先天性水俣病，表现为发育不良、智力减退，甚至发生脑麻痹而死亡。

中国国家标准规定各类食品中汞含量（以汞计，mg/kg）不得超过以下标准：粮食 0.02，薯类、果蔬、牛奶 0.01，鱼和其他水产品 0.3（甲基汞为 0.2），肉、蛋（去壳）、油 0.05，肉罐头 0.1。

## 2. 镉

### （1）污染途径

镉也是通过工业"三废"进入环境，例如目前丢弃在环境中的废电池已成为重要的污染源。土壤中的溶解态镉能直接被植物吸收，不同作物对镉的吸收能力不同，一般蔬菜含镉量比谷物籽粒高，且叶菜根菜类高于瓜果类蔬菜。水生生物能从水中富集镉，其体内浓度可比水体含镉量高 4500 倍左右。据调查非污染区贝介类含镉量为 0.05mg/kg，而在污染区贝介中镉含量可达 420mg/kg。动物体内的镉主要经食物、水摄入，且有明显的生物蓄积倾向。

### （2）对人体的危害

镉也可以在人体内蓄积，长期摄入含镉量较高的食品，可患严重的"痛痛病"（亦称骨痛痛），症状以疼痛为主，初期腰背疼痛，以后逐渐扩至全身，疼痛性质为刺痛，安静时缓解，活动时加剧。镉对体内 Zn、Fe、Mn、Se、Ca 的代谢有影响，这些无机元素的缺乏及不足可增加镉的吸收及加强镉的毒性。

中国国家标准规定各类食品中镉含量（以镉计，mg/kg）不得超过以下标准：大米 0.2，面粉和薯类 0.1，杂粮 0.05，水果 0.03，蔬菜 0.05，肉和鱼 0.1，蛋 0.05。

## 3. 铅

### （1）污染途径

铅在自然环境中分布很广，通过排放的工业"三废"使环境中铅含量进一步增加。植物通过根部吸收土壤中溶解状态的铅，农作物含铅量与生长期和部位有关，一般生长期长的高于生长期短的，根部含量高于茎叶和籽实。在食品加工过程中，铅可以通过生产用水、容器、设备、包装等途径进入食品。

### （2）对人体的危害

食用被铅化物污染的食品，可引起神经系统、造血器官和肾脏等发生明显的病变。患者可查出点彩红细胞和牙龈的铅线。常见的症状有食欲不振、胃肠炎、口腔金属味、失眠、头痛、头晕、肌肉关节酸痛、腹痛、腹泻或便秘贫血等。中国国家标准规定各类食品中铅最大允许含量（以铅计，mg/kg）为：冷饮食品、蒸馏酒、调味品、罐头、火糖、豆制品等 1.0，发酵酒、汽酒、麦乳精、焙烤食品、乳粉、炼乳等 0.5，松花蛋 3.0，色拉油 0.1。

## 4. 砷

### （1）污染途径

砷在自然界广泛存在，砷的化合物种类很多，但 $^{203}$As 是剧毒物质。在天然食品中含有微量的砷。化工冶炼厂、焦化厂、染料厂和砷矿开采后的废水、废气、废渣中的含砷物质可污染水源和土壤等后再间接污染食品。水生生物特别是海洋甲壳纲动物对砷有很强的富集能力，可浓缩高达 3300 倍。用含砷废水灌溉农田，砷可在植株各部分残留，其残留量与废水中砷浓度成正比。

农业上广泛使用含砷农药，导致农作物直接吸收和通过土壤吸收的砷大大增加。

### （2）对人体的危害

由于砷污染食品或者受砷废水污染的饮水而引起的急性中毒，主要表现为胃肠炎症状，中枢神经系统麻痹，四肢疼痛，意识丧失而死亡。慢性中毒表现为植物性神经衰弱症、皮肤色素沉着、过度角化、多发性神经炎、肢体血管痉挛、坏疽等症状。

中国国家标准规定各类食品中砷最大允许含量标准为（以砷计，mg/kg）：粮食 0.7，果蔬、肉、蛋、淡水鱼、发酵酒、调味品、冷饮食品、豆制品、酱腌菜、焙烤制品、茶叶、糖果、罐头、皮蛋等均为 0.5，植物油 0.1，色拉油 0.2。

### 5. 铬

（1）污染途径

铬是构成地球元素之一，广泛地存在于自然界环境。含有铬的废水和废渣是环境铬污染的主要污染来源，尤其是皮革厂、电镀厂的废水、下脚料含铬量较高。环境中的铬可以通过水、空气、食物的污染而进入生物体。目前食品中铬污染严重主要是由于用含铬污水灌溉农田。据测定，用污水灌溉的农田土壤及农作物的含铬量随污灌年限及污灌水的浓度而逐渐增加。作物中的铬大部分在茎叶中。水体中的铬能被生物吸收并在体内蓄积。

（2）对人体的危害

铬是人和动物所必需的一种微量元素，人体中缺铬会影响糖类和脂类的代谢，引起动脉粥样硬化。但过量摄入会导致人体中毒。铬中毒主要以六价铬引起，它比三价铬的毒性大100 倍，可以干扰体内多种重要酶的活性，影响物质的氧化还原和水解过程。小剂量的铬可加速淀粉酶的分解，高浓度则可减慢淀粉酶的分解过程。铬能与核蛋白、核酸结合，六价铬可促进维生素 C 的氧化，破坏维生素 C 的生理功能。近来研究表明，铬先以六价的形式渗入细胞，然后在细胞内还原为三价铬而构成"终致癌物"，与细胞内大分子相结合，引起遗传密码的改变，进而引起细胞的突变和癌变。

## 三、食品中对人体有害化学元素的控制措施

### 1. 健全法制法规，消除污染源，防止环境污染

建立健全工业"三废"的管理制度。废水、废气、废渣必须按规定处理后达标排放。采用新技术，控制"三废"污染物的产生。对于生活垃圾，要进行分类回收，集中进行无害化处理。只有消除污染源，才能有效控制有害重金属的来源，使其对食品安全的影响减少到最低限度。

### 2. 加强化肥、农药的管理

化肥特别是磷、钾、硼肥以矿物为原料，其中含有某些有害元素，如磷矿石中，除含五氧化二磷外，还含有砷、铬、镉、钯、氟等。垃圾、污泥、污水用作肥料施入土壤中，也含某些重金属。要合理安全使用化肥和含重金属的农药，减少残留和污染，并制定和完善农药残留限量的标准。

除此之外，对农业生态环境进行检测和治理，禁止使用重金属污染的水灌溉农田。制定各类食品中有毒有害金属的最高允许限量标准，并加强经常性的监督检测工作。妥善保管有毒有害金属及其化合物，防止误食误用以及人为污染食品。

**阅读资料**

### 补硒过量危害大

硒同身体中其他的微量元素一样，具有两面性，适当的补充对人体有益，但是如果过量，非但不能起到积极作用，反而会引起反作用伤害到身体。由于人体所需要的硒含量非常低，因此要合理适量地补充，切不可一味贪多。硒元素过量的危害主要体现在几个方面：

（1）慢性中毒  如果长期大量地额外补充硒元素，身体承受不了后，就会引起慢性中毒的发生，慢性中毒可体现在神思恍惚，干什么都提不起精神，头发、指甲脆弱易断，皮肤过敏，严重者可损伤肝脏、肠胃等器官。

（2）急性中毒  身体如果在短时间内摄入大量的硒，可导致急性中毒的发生，而且急性硒中毒目前还没有针对性的解毒方法。急性硒中毒可使身体出现心肺水肿、脑水肿、溶血等严重并发症，重者可导致死亡。

（3）其他病症  因为地域和职业的原因，有些人平常接触到的硒要比其他人多很多，因此会出现地域性和职业性硒中毒，这些人以慢性硒中毒为主，如消化不良、毛发易脱落等症状。

## 思 考 题

1. 举例说明过量摄入某一化学元素对人体产生的危害。
2. 膳食纤维有哪些特点？举例说明膳食纤维的功能。
3. 食品中的重金属污染主要来源于哪些途径？
4. 简述食品中有害化学元素的控制措施。

# 第四节
# 食品中的添加剂

食品添加剂是指为改善食品品质和色、香、味，以及为防腐和加工工艺的需要加入食品中的化学合成或者天然化学物质，如酸度调节剂、抗氧化剂、漂白剂、着色剂、防腐剂、甜味剂、香料等都属于食品添加剂。食品添加剂可以是一种化学物质或多种的混合物，其大多数并不是基本食品原料本身所固有的物质，而是生产、贮存、包装、使用等过程在食品中为达到某一目的而添加的化学物质。随着社会的发展，经济水平的提高，人们接触到的食品大多是添加食品添加剂的食物。近年来，因为食品安全的问题，食品添加剂始终是人们日常生活中议论的焦点。那么食品添加剂对我们的身体健康究竟是利还是弊？

## 一、食品添加剂概述

### 1. 食品添加剂的分类

（1）按照来源分类

① 化学合成的添加剂  利用各种有机、无机物通过化学合成的方法而得到的添加剂。目前在使用的添加剂中占主要部分。如：防腐剂中的苯甲酸、护色剂中的亚硝酸钠等。

② 生物合成的添加剂  以粮食为原料，利用发酵技术，通过微生物代谢生产的添加剂。如味精、红曲色素、柠檬酸等。

③ 天然提取的添加剂  利用分离提取的方法，从天然的动、植物体等原料中分离提纯而得到的食品添加剂。如：色素中的辣椒红，香料中的天然香精油、薄荷等。

（2）按食品添加剂的功能分类

《食品安全国家标准　食品添加剂使用标准》（GB 2760—2014）规定，食品添加剂按功能类别划分为22个大类：①酸度调节剂；②抗结剂；③消泡剂；④抗氧化剂；⑤漂白剂；⑥膨松剂；⑦胶基糖果中的基础物质；⑧着色剂；⑨护色剂；⑩乳化剂；⑪酶制剂；⑫增味剂；⑬面粉处理剂；⑭被膜剂；⑮水分保持剂；⑯防腐剂；⑰稳定剂；⑱甜味剂；⑲增稠剂；⑳食用香料；㉑加工助剂；㉒其他添加剂。每类添加剂中所包含的种类不同，少则几种（如抗结剂5种），多则达千种（如食用香料1027种），总数达1500多种。

（3）按安全性分类

联合国粮食及农业组织和世界卫生组织把食品添加剂归为三大类：

① 安全类添加剂　经过毒理学评价，不需制定或已制定每人每日允许摄入量（ADI）。这类添加剂一般只要按标准使用，不会对人体造成危害、影响身体健康。

② 有争议的食品添加剂　进行过或未进行安全性评价，毒理学资料不足，有些国家的学者研究认为这类添加剂可能会对人体造成危害，影响健康，但没有准确的科学依据。这类添加剂在每个国家的要求不一样，有些国家认为无害，就允许使用，有些国家则禁用。

③ 认定的有害添加剂　根据毒理学试验证明对人体有害，但为加工某种食品不得不使用。对此类添加剂限定很严格，如火腿肠中使用的亚硝酸盐，能够与畜肉、鱼肉等发生仲胺反应生成亚硝基化合物，属于强致癌物质，但若在肉食品中不加亚硝酸盐，就不可能形成诱人的肉红色。

2. 食品添加剂的功能

食品添加剂的功能很多，概括地讲主要有以下几种。

① 改进食品风味，提高感官性能引起食欲。如松软绵甜的面包和糕点就是添加剂发酵粉的作用。

② 防止腐败变质，确保食用者的安全与健康，减少食品中毒的现象。实验表明，不加防腐剂的食品的品质显然比加防腐剂的食品的品质要差得多。如食品在气温较高的环境里保管不当时，即使想在短时间不变质也是不可能的，可以说无防腐剂的食品不安全因素反而加大。

③ 满足生产工艺的需要，例如制作豆腐必须使用凝固剂。

④ 提高食品的营养价值，如氨基酸、维生素、矿物质等营养强化剂。

3. 食品添加剂对人体的危害作用

食品添加剂对人体的毒性作用主要有急性毒性作用和慢性毒性作用。急性毒性作用一般只有在误食或滥用的情况下才会发生，慢性毒性作用表现为致癌、致畸和致突变。食品添加剂具有叠加毒性，即单独一种添加剂的毒性可能很小，但两种以上组合后可能会产生新的较强的毒性，特别是当他们与食品中其他化学物质如农药残留、重金属等一同摄入，可能使原来无致癌性的物质转变为致癌物质。另外，有资料表明一些食品添加剂如水杨酸、色素、香精等可使儿童产生过激、暴力等异常行为。

目前，各国在批准使用新的添加剂之前，首先要考虑它的安全性，搞清楚它的来源，并进行安全性评价，经过科学试验证明，确实没有蓄积毒性，才能批准投产使用，并严格规定其安全剂量。因此，食品添加剂对人体的危害，一方面是由于使用不当或超量使用，即"剂量决定危害"；另一方面是使用不符合卫生标准的食品添加剂或将化工用品用于食品生产中。例如：过多摄入苯甲酸及其盐可引起肠炎性过敏反应；腌制品、腊制品添加过量的硝酸盐、亚硝酸盐会引起急、慢性食物中毒；一些色素在人体内蓄积会使人中毒或致癌等。"苏丹红（一号）"用于食品加工事件，就属于将化工用品用于食品生产加工中，造成了极大的食品化学危害。

### 4. 食品添加剂的卫生管理

中国将食品添加剂的管理纳入食品质量管理体系，对食品添加剂的生产、经营和使用都作出了明确的管理规定，要求生产、经营企业实行卫生许可制度；对食品添加剂的新产品、新工艺、新用途实行审批程序。

作为食品生产企业，在使用食品添加剂时应遵循以下原则。

① 草不影响食品感官性质和原味，对食品原有营养成分不得有降低、破坏作用。

② 不得用于掩盖缺点（如腐败变质）或作为伪造手段。

③ 使用食品添加剂在于减少消耗，改善贮藏条件，简化加工工艺，不得降低良好的加工措施和卫生要求。

④ 未经卫生部门许可，婴儿及儿童食品不得加入食品添加剂，如色素等。

⑤ 食品添加剂的使用剂量，要严格符合《食品安全国家标准　食品添加剂使用标准》（GB 2760—2014）的要求。

⑥ 使用复合食品添加剂中的单项物质必须符合食品添加剂的各有关标准。

⑦ 使用的进口食品添加剂必须符合中国规定的品种和质量的标准，并按中国有关规定办理审批手续。

# 二、几类常见食品添加剂的性质及使用标准

### 1. 食品防腐剂

食品防腐剂是能够防止腐败微生物生长，延长食品保质期的添加剂。目前各国使用的食品防腐剂种类很多。各种防腐剂的理化性质不同，在使用时，必须注意防腐剂应与食品的风味及理化特性相容，使食品的 pH 值处于防腐剂的有效 pH 值范围内，根据环境 pH 的变化其防腐效果有所差异；另外，每种防腐剂往往只对一类或某几种微生物有抑制作用，由于不同的食品中染菌的情况不一样。需要的防腐剂也不一样；因此，防腐剂必须按添加剂标准使用，不得任意滥用。

（1）苯甲酸及其盐

苯甲酸及其盐类是最常用的防腐剂之一。苯甲酸分子式 $C_7H_6O_2$，分子量 122.12；苯甲酸钠分子式 $C_7H_5O_2Na$，分子量 144.11，苯甲酸钠的防腐效果 1.18g 相当于 1.0g 苯甲酸。

① 理化性质　苯甲酸是无味的白色小叶状或针状结晶；在冷水中溶解度较低，微溶于热水，在酒精及其他有机溶剂中较易溶解。苯甲酸是酸性防腐剂，环境的 pH 值越低，防腐的效果越强。苯甲酸钠是白色颗粒状或白色粉末，在冷、热水中均溶解，但不易溶于酒精。由于苯甲酸难溶于水，因而在实际生产中多使用其钠盐。

② 毒性作用　用添加 1％苯甲酸的饲料喂养大白鼠 4 代试验表明，对大白鼠成长、生殖无不良影响；用添加 8％苯甲酸的饲料，喂养大白鼠 12d 后，有 50％左右死亡；还有的实验表明，用添加 5％苯甲酸的饲料喂养大白鼠，全部白鼠都出现过敏、尿失禁、痉挛等症状，

而后死亡。苯甲酸的 $LD_{50}$ 为：大白鼠经口 $2.7\sim4.44g/kg$，动物最大无作用剂量（MNL）为 $0.5g/kg$。由犬经口 $LD_{50}$ 为 $2g/kg$。

③ 使用范围与限量　苯甲酸和苯甲酸钠一般只限于蛋白质含量较低的食品，如碳酸饮料、酱油、酱类、蜜饯、果蔬等及其他酸性食品的保藏。苯甲酸的动物最大无作用剂量（MNL）为每千克体重 $500mg$，一日摄取允取量（ADI）值为每千克体重 $0.5mg$。在食品中使用量可参照《食品安全国家标准　食品添加剂使用标准》（GB 2760—2014）的规定。

（2）山梨酸及其盐

山梨酸的化学名称为己二烯-[2,4]-酸；分子式 $C_6H_8O_2$，分子量 112.13，结构式 $CH_3CH=CHCH=CHCOOH$。山梨酸钾分子式 $C_6H_7KO_2$，分子量 150.22，结构式 $CH_3CH=CHCH=CHCOOK$。

① 理化性质　山梨酸为白色针状粉末或结晶，在冷水中较难溶解，在热水中有 3% 左右可溶解，易溶于酒精。在空气中长时间放置容易氧化并变色。pH 影响山梨酸的防腐能力，pH 越低，防腐能力就越强。

山梨酸钾为白色或淡黄色结晶、粉末或颗粒，易溶于水，在 20℃ 的酒精中溶解度为 25g，溶解度比山梨酸大，在空气中放置易吸潮分解。

② 毒性作用　动物实验以添加 4%、8% 山梨酸的饲料喂养大鼠，经 90d，4% 剂量组未发现病态异常现象；8% 剂量组肝脏微肿大，细胞轻微变性。以添加 0.1%、0.5% 和 5% 山梨酸的饲料，喂养大鼠 100d 后，大鼠的生长、繁殖、存活率和消化均未发现不良影响。山梨酸大鼠经口 $LD_{50}$ 为 $10.5g/kg$，MNL 为 $2.5g/kg$。山梨酸钾的大鼠经口 $LD_{50}$ 为 $4.2\sim6.17g/kg$。

③ 使用范围与限量　山梨酸及其盐可破坏微生物的脱氢酶，能抑制微生物的生长，但不具有杀菌作用。山梨酸属于酸性防腐剂，环境的 pH 值低时防腐效果好。由于山梨酸的吸湿性比其钾盐强，故常使用山梨酸钾。山梨酸一般用于肉、鱼、蛋、禽类制品，果蔬类、碳酸饮料、酱油、豆制品等的防腐。一般肉、鱼、蛋、禽类制品中，最大使用量为每千克体重 $0.075g$；果蔬类食品、碳酸饮料为每千克体重 $0.2g$；酱油、醋、豆制品、糕点等食品为每千克体重 $0.1g$；葡萄酒、果酒为每千克体重 $0.6g$。

## 2. 食品抗氧化剂

食品抗氧化剂是能阻止或推迟食品氧化变质、提高食品稳定性和延长贮存期的食品添加剂。食品在储藏及保鲜过程中不仅会出现由于腐败菌群而导致的变质，而且也会出现由于氧气作用而形成的氧化变质。特别是油脂的氧化，不仅影响食品的风味，而且产生有毒的氧化物或致癌物质、心血管疾病诱发因子等有害物质。因此，对于油脂或含油脂的食品，需要使用抗氧化剂或使用瓶、罐及真空包装等措施阻断空气与食品的接触。现用的抗氧化剂可分为两大类：一类是水溶性的，另一类是油溶性的。最常见的有柠檬酸、酒石酸、抗坏血酸（VC）等。我国允许使用的抗氧化剂有：丁羟基茴香醚（BHA）、二丁基羟基甲苯（BHT）、没食子酸丙酯和异抗坏血酸钠。现简要介绍两种。

（1）二丁基羟基甲苯（BHT）

二丁基羟基甲苯，分子式 $C_{15}H_{24}O$，分子量 220.35。

① 理化性质　BHT 为无色结晶性粉末，无臭、无味、不溶于水，可溶于乙醇或油脂中，对热稳定。在不饱和的脂肪酸中加入 BHT，可以通过氧化自身来保护油脂中不饱和键，

从而起到抗氧化作用。BHT 比其他防腐剂稳定性强，并在加热制品中尤为突出，几乎完全能保持原有的活性。

② 毒性作用 对于大白鼠经口投食的半致死量 $LD_{50}$ 值为每千克体重 2.0g，BHT 中毒的主要症状是行动失调，动物死亡的时间一般是 $12\sim24h$，并且经解剖后一般有胃出血、溃疡，肝脏的颜色变得暗红等现象。若加大 BHT 的摄入后，动物的生长就会受到抑制，肝脏的重量也会有所增加。用含 0.8% 或 1.0%BHT 的饲料喂养大白鼠，与对照组比较，处理组动物体重降低。

③ 使用范围与限量 BHT 主要用于食用植物油、黄油、干制水产品、腌制水产品、油炸食品、罐头等食品的抗氧化作用。BHT 的 ADI 值为 $0\sim0.125mg/kg$，我国规定 BHT 的最大使用量不能超过 0.2g/kg，在火腿中、香肠等肉制品中一般用量为 $0.5\sim0.8g/kg$，冷冻水产品一般为 $0.1\%\sim0.6\%$，果实类饮料一般为 $10\sim20mg/1000mL$，水果、蔬菜类罐头用量为 $75\sim150mg/kg$。

（2）异抗坏血酸与异抗坏血酸钠

异抗坏血酸的分子式 $C_6H_7O_6$，分子量 175；异抗坏血酸钠分子式 $C_6H_6NaO_6$，分子量 197。

① 理化性质 异抗坏血酸是一种白色或略带黄色的结晶状粉末，无臭，并有微酸味，易溶于水中（水中溶解度为 40g/100mL，乙醇中的溶解度为 5g/100mL），水溶液呈酸性，0.1% 水溶液的 pH 值为 3.5；化学性质近似于抗坏血酸，具有强烈的还原性，遇光可缓慢分解并着色。干燥状态下性质非常稳定，但在水溶液中容易分解。

异抗坏血酸钠也是白色或略带黄色的粉末或细粒状物质，无臭味，略带盐味，水溶性极强，100mL 水中可溶解 55g，乙醇溶液中几乎不溶，干燥状态非常稳定。

② 毒性作用 用 $0.62\%\sim10\%$ 的异抗坏血酸钠水溶液作为饮用饲料喂养小白鼠 13 周时，当浓度增大到 5% 以上时开始出现死亡，而喂养大白鼠 10 周时，只有当浓度增大到 10% 时才开始出现死亡。用 2.5% 的水溶液喂养小白鼠 104 周，各种异常现象均没有发生，也没有发现致癌作用。由此可见异抗坏血酸和异抗坏血酸钠为一种较为安全的添加剂。

③ 使用范围与限量 异抗坏血酸和异抗坏血酸钠具有强烈的还原性，常用于抗氧化剂，该制品广泛用于啤酒、果汁、果酱、水果、蔬菜、罐头、肉制品、冷冻水产品、盐藏水产品等。特别是在肉制品的加工中，异抗坏血酸和异抗坏血酸钠常和亚硝酸盐并用来提高肉制品的发色或固色效果。在水产品中常用于防止不饱和脂肪酸的氧化以及由于氧化产生的异味，果实等罐头制品中可以防止褐变。对于大白鼠经口投食的半致死量 $LD_{50}$ 值为：异抗坏血酸为 5g/kg，异抗坏血酸钠为 15.3g/kg。在火腿、香肠等肉制品中一般用量在 $0.5\sim0.8g/kg$，冷冻水产品一般为 $0.1\%\sim0.6\%$ 的水溶液浸泡或喷雾，果实类饮料一般用量为 $10\sim20mg/1000mL$，水果、蔬菜类罐头用量为 $75\sim150mg/kg$，因异抗坏血酸及其盐没有毒性，所以 ADI 值无须规定。

### 3. 食品护色剂与漂白剂

（1）食品护色剂

食品护色剂又称发色剂，是指食品加工工艺中为了使果、蔬类制品和肉制品等呈现良好色泽所添加的物质。发色剂自身是无色的，它与食品中的色素发生反应形成一种新物质，可加强色素的稳定性。硝酸钠、亚硝酸钠是一种常用的护色剂，现简介如下：

① 理化性质 硝酸钠分子式 $NaNO_3$，分子量 84.99；是无色透明结晶或白色结晶粉末，味咸、微苦，有吸湿性，溶于水，微溶于乙醇。亚硝酸钠分子式 $NaNO_2$，分子量 69.00；为白色或微黄色结晶颗粒状粉末，无臭，味微咸，易吸潮，易溶于水，微溶于乙醇。在空气中可吸收氧而逐渐变为硝酸钠。

② 毒性作用 亚硝酸钠是一种毒性较强的物质，大量摄取可使正常的血红蛋白（二价铁）变成高铁血红蛋白（三价铁），失去携氧的功能，导致组织缺氧。潜伏期仅为 0.5～1h，症状为头晕、恶心、呕吐、全身无力、心悸、血压下降等。严重者会因呼吸衰竭而死。硝酸盐的毒性主要是因为它在食物中、水或在胃肠道，尤其是在婴幼儿的胃肠道中，易被还原为亚硝酸盐所致。

③ 使用范围与限量 硝酸盐和亚硝酸盐是必须控制限量的添加剂。欧盟儿童保护集团建议亚硝酸盐不得用于儿童食品；我国规定硝酸钠（钾）和亚硝酸钠（钾）只能用于肉类罐头和肉类制品，最大使用量分别为 0.5g/kg 及 0.15g/kg；残留量以亚硝酸钠计，肉类罐头不得超过 0.05g/kg，肉制品不得超过 0.03g/kg；硝酸钠与亚硝酸钠的 ADI 值分别为每千克体重 0～3.7mg 和 0～0.06mg，FAO/WHO 1995。

（2）食品漂白剂

食品漂白剂是能使色素褪色或使食品免于褐变的食品添加剂。漂白剂可分为氧化漂白剂和还原漂白剂二类。氧化漂白剂有溴酸钾和过氧化苯甲酰，多用于面粉的品质改变，又称为面粉改良剂或面粉处理剂。还原漂白剂是当其被氧化时将有色物质还原而呈现强烈的漂白作用的物质，通常应用较广。常用的有亚硫酸钠、低亚硫酸钠（即保险粉）、焦亚硫酸钠、亚硫酸氢钠和硫黄。

亚硫酸钠分子式 $Na_2SO_3$，分子量 126.04（无水）、252.15（七水化合物）。

① 理化性质 亚硫酸钠有无水和七水物两种，两者均为无味的白色结晶或粉末。在水中易溶解，一般在 0℃ 的 100mL 水中溶解 32.8g。水溶液呈碱性，1% 的结晶溶于水后 pH 为 8.3～9.3。与酸作用产生二氧化硫，有强还原性，在空气中逐步被氧化为硫酸钠。

② 毒性作用 亚硫酸盐的兔经口 $LD_{50}$ 为 600～700mg/kg（以二氧化硫计），大鼠静脉注射 $LD_{50}$ 为 115mg/kg。食品中亚硫酸盐的毒性取决于亚硫酸盐氧化生成二氧化硫的速度、量与浓度。亚硫酸盐在生物体内氧化生成硫酸盐，硫酸盐又可以生成亚硫酸，亚硫酸十分容易刺激消化道的黏膜；在 20d 内让狗经口摄入 6～16g 的亚硫酸盐，结果发现狗的 2～3 个内脏出血，但少量的喂养均未发现异常现象。

③ 使用范围及限量 根据《食品安全国家标准 食品添加剂使用标准》（GB 2760—2014）规定：亚硫酸钠用于糖果、各种糖类（葡萄糖、饴糖、蔗糖等）、蘑菇等罐头中最大用量为 0.6g/kg；蜜饯中最大用量为 2.0g/kg；葡萄、黑加仑浓缩汁的最大用量为 0.6g/kg。残留量以二氧化硫计蘑菇罐头类不得超过 0.05g/kg，食糖等其他品种不得超过 0.1g/kg；葡萄、黑加仑浓缩汁不得超过 0.05g/kg。ADI 值为每千克体重 0～0.7mg（以二氧化硫计）。

### 4. 食品调味剂与乳化剂

（1）食品调味剂

味觉是食品中不同的呈现物质刺激味蕾，通过味神经传送到大脑后的感觉。在生理学上将味觉分为酸、甜、苦、咸四种基本味。常用的调味剂有酸味剂、甜味剂、鲜味剂、咸味剂和苦味剂等。其中苦味剂应用很少，咸味剂一般使用食盐（中国并不作为添加剂管理），最常用的是甜味剂。

甜味剂是赋予食品甜味的食品添加剂。按来源可分为天然甜味剂与合成甜味剂两大类，天然甜味剂又分为糖与糖的衍生物，以及非糖天然甜味剂二类。通常所说的甜味剂是指人工合成的非营养甜味剂、糖醇类甜味剂和非糖天然甜味剂三类。至于葡萄糖、果糖、蔗糖、麦芽糖和乳糖等物质，虽然也是天然甜味剂，因长期被人们食用，且是重要的营养素，我国通常视为食品原料，不作为食品添加剂对待。

糖精和糖精钠是我国许可使用的甜味剂。糖精钠分子式 $C_7H_4O_3NSNa \cdot 2H_2O$，分子量 241.19。

① 理化性质　糖精为白色结晶或粉末，甜度是蔗糖的 300 倍，在水中不易溶解，因此常用其钠盐。糖精钠又称可溶性糖精、水溶性糖精，为白色结晶或结晶性粉末，易溶于水也易溶于乙醇中。一般含有两分子结晶水，可形成级状结晶。若在它的水溶液中加入 HCl 即可形成游离态的糖精，其甜度随使用条件不同而有所变化，一般是砂糖的 350～900 倍。

② 毒性作用　一般认为糖精在体内不能被利用，大部分从尿中排出而且不损害肾功能，不改变体内酶系统的活性，全世界曾广泛使用糖精数十年，尚未发现对人体的毒害表现。20世纪 70 年代美国食品与药品管理局（FDA）对糖精动物实验发现有致膀胱癌的可能，因而一度受到限制，但后来也有许多动物实验未证明糖精有致癌作用。大规模的流行病学调查结果表明，在被调查的数千名人群中未观察到使用人工甜味剂有增高膀胱癌发病率的趋势。1993 年联合食品添加剂专家委员会（JECFA）重新对糖精的毒性进行评价，不支持食用糖精与膀胱癌之间可能存在联系。糖精的优势是所有甜味剂中价格最低的一种，虽然安全性基本得到肯定，但考虑到其苦味及消费者对其毒性忧虑的心理因素等，加上它不是食品中天然的成分，从长远观点看，它可能将被其他安全性高的甜味剂所逐步代替。

③ 使用范围与限量　我国规定糖精钠可用于酱菜类、调味酱汁、浓缩果汁、蜜饯类、配制酒、冷饮料、糕点、饼干和面包，最大使用量为 0.15g/kg；盐汽水的最大使用量为 0.08g/kg，浓缩果汁按浓缩倍数的 80% 加入。但是，婴儿代乳食品不得使用糖精。$LD_{50}$ 为每千克体重 17.5g 或 4～8g，ADI 为每千克体重 2.5mg。

（2）乳化剂

乳化剂是能改善乳化体中各相之间的表面张力，形成均匀分散体或乳化体的食品添加剂。乳化剂一般分为两类：一类是形成水包油（油/水）型乳浊液的亲水性强的乳化剂；另一类是形成油包水（水/油）型乳浊液的亲油性强的乳化剂。乳化剂的品种很多，其中食品乳化剂使用量最大的是脂肪酸单甘油酯，其次是蔗糖酯、山梨糖醇酯、大豆磷脂等。乳化剂能稳定食品的物理状态，改进食品组织结构，简化和控制食品加工过程，改善风味、口感，延长货架期等。乳化剂是消耗量较大的一类食品添加剂，各国允许使用的种类很多，我国允许使用的也有近 30 种。在使用过程中它们不仅可以起到乳化的作用，还兼有一定的营养价值和医药功能，是值得重视和发展的一类添加剂。但是，在食品中添加的量和方式对食品的安全有直接的影响，故正确的使用方法是非常关键的问题。

蔗糖脂肪酸酯是蔗糖与食用脂肪酸酯所生成的单酯、二酯和三酯。脂肪酸可分为硬脂酸、棕榈酸和油酸等。

① 理化性质　白色或黄色粉末状，或无色、微黄色的黏稠状的液体和软固体，无臭或稍有特殊气味。易溶于乙醇、丙酮。单酯可以溶于热水，但是二酯和三酯难溶于水。在乳化剂中单酯含量高，亲水性强；二酯和三酯含量多，亲油性强。软化温度为 50～70℃，分解温度 233～238℃。在酸性或碱性时加热可被皂化。

② 毒性作用　蔗糖脂肪酸酯的大鼠经口 $LD_{50}$ 为 39g/kg，无亚急性毒性，ADI 为每千克体重 0～20mg，属于比较安全的添加剂。

③ 使用范围和限量　根据《食品安全国家标准　食品添加剂使用标准》（GB 2760—2014）规定：用于肉制品、乳化香精、水果和鸡蛋的保鲜、冰淇淋、糖果、面包、八宝粥，最大使用量为 1.5g/kg；用于乳化天然色素，最大使用量为 10.0g/kg。

## 5. 食用色素

食用色素即着色剂，是以食品着色和改善食品色泽为目的的食品添加剂。着色剂按其来源和性质可分为食用合成色素和食用天然色素两大类。

（1）食用合成色素

食用合成色素主要指用人工合成方法所制得的有机色素，按化学结构的不同可分成两类：偶氮类色素和非偶氮类色素。偶氮类色素按溶解性不同又分为油溶性和水溶性两类，油溶性偶氮类色素不溶于水，进入人体内不易排出体外，毒性较大，现在世界各国基本上不再使用这类色素对食品着色。水溶性偶氮类色素较容易排出体外，毒性较低，目前世界各国使用的合成色素有相当一部分是水溶性偶氮类色素。此外，食用合成色素还包括色淀和正在研制的不吸收的聚合色素。色淀是由水溶性色素沉淀在许可使用的不溶性基质上所制备的特殊着色剂。其色素部分是许可使用的合成色素，基质部分多为氧化铝。我国允许使用的化学合成色素有：苋菜红、胭脂红、赤藓红、新红、柠檬黄、日落黄、靛蓝、亮蓝，以及为增强上述水溶性酸性色素在油脂中分散性的各种色素。

苋菜红亦称蓝光酸性红，为水溶性偶氮类色素，是我国允许使用的食用合成色素，现简介如下。

① 理化性质　本品为紫红色均匀粉末，无臭，可溶于水（0.01％的水溶液呈玫瑰红色）、甘油及丙二醇，不溶于油脂。耐细菌性差，有耐光性、耐热性、耐盐性。耐酸性也比较好，对柠檬酸、酒石酸等稳定，但在碱性溶液中则变成暗红色。由于耐氧化、还原性差，不适于在发酵食品中使用。

② 毒性作用　苋菜红多年来公认其安全性高，并被世界各国普遍使用。但是 1968 年报道本品有致癌性，1972 年 FAO/WHO 联合食品添加剂专家委员会将其 ADI 值从 0～1.5mg/kg 修改为暂定 ADI：0～0.75mg/kg，1978 年和 1982 年两次将其暂定 ADI 延期。1984 年该委员会根据所收集到的资料再次进行评价，并在对鼠的无作用量 50mg/kg 的基础上，规定其 ADI 为 0～0.5mg/kg。

③ 使用范围和限量　我国规定，苋菜红可用于果味型饮料（液固体）、果汁型饮料、汽水、配制酒、糖果、糕点上彩装、红绿丝、罐头、浓缩果汁、青梅、山楂制品、樱桃制品、对虾片，最大使用量为 0.05g/kg。人工合成色素混合使用时，应根据最大使用量按比例折算，红绿丝的使用量可加倍，果味粉色素加入量按稀释倍数的 50％加入。国外将本品用于果酱、果冻、调味苹果酱，最大使用量为 0.2g/kg；小虾或对虾罐头，最大使用量为 0.03g/kg，单独或与其他色素并用。

（2）食用天然色素

食用天然色素主要是从植物组织中提取的色素，也包括来自动物和微生物的色素。此外还包括少量无机色素，但后者很少应用。

食用天然色素按来源不同，主要有以下三类：植物色素，如甜菜红、姜黄、β-胡萝卜素、叶绿素等；动物色素，如紫胶红（虫胶红）、胭脂虫红等；微生物色素，如红曲红等。

按结构不同天然色素一般可分为：叶啉类、异戊二烯类、多烯类、黄酮类、醌类，以及甜菜红和焦糖色素等。

食用天然色素一般成本较高，着色力和稳定性通常不如合成色素。但是人们对它们的安全感较高，特别是对来自果蔬等食物的天然色素。因而各国许可使用的食用天然色素的品种和用量均在不断增加。我国许可使用的食用天然色素已达20多种。

β-胡萝卜素是我国许可使用的一种天然食用色素，它存在于天然胡萝卜、南瓜、辣椒等蔬菜中，水果、谷物、蛋黄和奶油中也广泛存在，过去主要是从胡萝卜中提制（胡萝卜油），现在多采用化学合成法制得。

① 理化性质　为紫红色结晶或结晶性粉末，不溶于水，可溶于油脂，色调在低浓度时呈黄色，在高浓度时呈橙红色。在一般食品的 $Q$ 值范围内（$Q$ 2～7）较稳定，且不受还原物质的影响。但对光和氧不稳定，铁离子可促进其褪色。纯 β-胡萝卜素结晶在 $CO_2$ 或 $N_2$ 中贮存，温度低于 20℃时可长期保存，但在 45℃的空气中贮存 6 周后几乎完全被破坏。其油脂溶液及悬浮液在正常条件下很稳定。

② 毒性作用　β-胡萝卜素是食物的正常成分，并且是重要的维生素 A 原。化学合成品经严格的动物试验，认为安全性高。目前世界各国普遍许可使用。ADI 为 0～5mg/kg。

人工化学合成的 β-胡萝卜素，尽管日本将此作为化学合成品对待，但欧美各国多将其视为天然色素或天然同一色素。我国现已成功地从盐藻中提制出天然的 β-胡萝卜素，产品性能可与化学合成品相媲美，已正式批准允许使用。天然 β-胡萝卜素安全性高，目前 JECFA 尚未制订 ADI。

③ 使用范围与限量　β-胡萝卜素可用于人造黄油，最大使用量 0.1g/kg；用于奶油、膨化食品，最大用量 0.2g/kg；用于面包、冰淇淋、蛋糕、饮料、果冻、糖果、雪糕、冰棍，可按正常生产需要使用；用于植脂性粉末的最大使用量为 0.05g/g；用于食用油脂的着色，以恢复其色泽，其用量可按正常生产需要添加。

---

**阅读资料**　

### 七种常见食品防腐剂的性能及应用

1. 山梨酸及其盐类

山梨酸类有山梨酸、山梨酸钾和山梨酸钙三类品种。山梨酸不溶于水，使用时须先将其溶于乙醇或硫酸氢钾中，使用时不方便且有刺激性，故一般不常用；山梨酸钙 FAO/WHO 规定其使用范围小，所以也不常使用；山梨酸钾则没有它们的缺点，易溶于水、使用范围广。

山梨酸钾为酸性防腐剂，具有较高的抗菌性能，抑制霉菌的生长繁殖；其主要是通过抑制微生物体内的脱氢酶系统，从而达到抑制微生物的生长和起防腐作用，对细菌、霉菌、酵母菌均有抑制作用；其效果随 pH 的升高而减弱，pH 达到 3 时抑菌达到顶峰，pH 达到 6 时仍有抑菌能力。

山梨酸（钾）能有效地抑制霉菌、酵母菌和好氧性细菌的活性，还能防止肉毒杆菌、葡萄球菌、沙门菌等有害微生物的生长和繁殖，但对厌氧性芽孢菌与嗜酸乳杆菌等有益微生物几乎无效，其抑止发育的作用比杀菌作用更强，从而达到有效地延长食品的保存时间，并保持原有食品的风味。其防腐效果是同类产品苯甲酸钠的5～10倍。

由于山梨酸（钾）是一种不饱和脂肪酸（盐），它可以被人体的代谢系统吸收而迅速分解为二氧化碳和水，在体内无残留。

山梨酸（钾）在密封状态下稳定，暴露在潮湿的空气中易吸水、氧化而变色。山梨酸钾对热稳定性较好，分解温度高达270℃。

## 2. 霉菌类

### （1）乳酸链球菌素（Nisin）

① 溶解性　溶于水或液体中，且于不同pH值下溶解度不同。如在水中（pH＝7），溶解度为49.0mg/mL（Nisin）；若在0.02mol/L盐酸中，溶解度为118.0mg/mL（Nisin）；在碱性条件下，几乎不溶解。

② 稳定性　与溶液的pH值有关。在pH＝6.5的体系中，经85℃巴氏灭菌15min后，活性仅损失15％，在pH＝3的体系中，经121℃15min高压灭菌仍保持100％的活性，其耐酸耐热性能优良。

③ 抑菌性　能有效抑制引起食品腐败的许多革兰阳性细菌，如乳杆菌、明串珠菌、小球菌、葡萄球菌、李斯特菌等，特别是对产芽孢的细菌如芽孢杆菌、梭状芽孢杆菌有很强的抑制作用。通常，产芽孢的细菌耐热性很强，如鲜乳采用135℃、2s超高温瞬时灭菌，非芽孢细菌的死亡率为100％，芽孢细菌的死亡率90％，还有10％的芽孢细菌不能杀灭。

④ 安全性　通过病理学家研究以及毒理学试验都证明乳酸链球菌素（Nisin）是完全无毒的。乳酸链球菌素（Nisin）可被消化道蛋白酶降解为氨基酸，无残留，不影响人体益生菌，不产生抗药性，不与其他抗生素产生交叉抗性。世界上有不少国家如英、法、澳大利亚等，在包装食品中添加乳酸链球菌素（Nisin），通过此法可以降低灭菌温度，缩短灭菌时间，降低热加工温度，减少营养成分的损失，改进食品的品质和节省能源，并能有效地延长食品的保藏时间。

⑤ 应用范围　可广泛应用于肉制品、乳制品、罐头、海产品、饮料、果汁饮料、液体蛋及蛋制品、调味品、酿酒工艺、烘焙食品、方便食品、香基香料、化妆品领域等中。

### （2）纳他霉素（Natamycin）

纳他霉素是一种由链霉菌发酵产生的天然抗真菌化合物，属于多烯大环内酯类，既可以广泛有效地抑制各种霉菌、酵母菌的生长，又能抑制真菌毒素的产生，可广泛用于食品防腐保鲜以及抗真菌治疗。纳他霉素对细菌没有抑制作用，因此它不影响酸奶、奶酪、生火腿、干香肠的自然成熟过程。

① 溶解度　微溶于水，在乙醇中溶解度较大，难溶于大部分有机溶剂。室温下水中溶解度为30～100mg/L。pH低于3或高于9时，其溶解度会有提高，但会降低纳他霉素的稳定性。

② 作用机理　纳他霉素依靠其内酯环结构与真菌细胞膜上的甾醇化合物作用，形成抗生素-甾醇化合物，从而破坏真菌的细胞质膜的结构。大环内酯的亲水部分（多醇部分）在膜上形成水孔，损伤细胞膜通透性，进而引起菌内氨基酸、电解质等物质渗出，菌体死亡。当某些微生物细胞膜上不存在甾醇化合物时，纳他霉素就对其无作用，因此纳他霉素只对真菌产生抑制，对细菌和病毒不产生抗菌活性。

### 3. 脱氢乙酸及钠盐类

脱氢乙酸及其钠盐均为白色或浅黄色结晶状粉末，对光和热稳定，在水溶液中降解为醋酸，对人体无毒，是一种广谱型防腐剂，对食品中的细菌、霉菌、酵母菌有着较强抑制作用。广泛用于肉类、鱼类、蔬菜、水果、饮料类、糕点类等的防腐保鲜。

### 4. 尼泊金酯类（即对羟基苯甲酸酯类）

产品有对羟基苯甲酸甲酯、乙酯、丙酯、丁酯等。其中对羟基苯甲酸丁酯防腐效果最好。我国主要使用对羟基苯甲酸乙酯和丙酯。日本使用最多的是对羟基苯甲酸丁酯。尼泊金酯类防腐机理是：破坏微生物的细胞膜，使细胞内的蛋白质变性，并能抑制细胞的呼吸酶系的活性。尼泊金酯的抗菌活性成分主要是分子态起作用，由于其分子中内的羟基已被酯化，不再电离，pH 值为 8 时仍有 60% 的分子存在。因此尼泊金酯在 pH4~8 时的范围内均有良好的效果。不随 pH 值的变化而变化，性能稳定且毒性低于苯甲酸，是一种广谱型防腐剂。由于尼泊金酯类难溶于水，所以使用时先溶于乙醇中。为更好地发挥防腐剂作用，最好将两种以上的该酯类混合使用。对羟基苯甲酸乙酯一般用于水果饮料中，对羟基苯甲酸丙酯一般用于水果饮料中。

### 5. 双乙酸钠

双乙酸钠是一种常用于酱菜类的防腐剂，安全、无毒，有很好的防腐效果，在人体内最终分解产物为水和二氧化碳。对黑根菌、黄曲霉、李斯特菌等抑制效果明显。在酱菜类中用 0.2% 的双乙酸钠和 0.1% 的山梨酸钾复配使用在酱菜产品中，有很好的保鲜效果。

### 6. 丙酸钙

丙酸钙，白色结晶性颗粒或粉末，无臭或略带轻微丙酸气味，对光和热稳定，易溶于水。丙酸是人体内氨基酸和脂肪酸氧化的产物，所以丙酸钙是一种安全性很好的防腐剂。ADI（每日人体每千克允许摄入量）不作限制规定。对霉菌有抑制作用，对细菌抑制作用小，对酵母无作用，常用于面制品发酵及奶酪制品防霉等。

### 7. 乳酸钠

产品为无色或微黄色透明液体，无异味，略有咸苦味，混溶于水、乙醇、甘油。一般浓度为 60%~80%，60% 的浓度最大使用限量为 30g/kg。乳酸钠是一种新型的防腐保鲜剂，主要应用到肉、禽类制品中，对肉食品细菌有很强的抑制作用，如大肠杆菌、肉毒梭菌、李斯特菌等。通过对食品致病菌的抑制，从而增强食品的安全。增强和改善肉的风味，延长货架期。乳酸钠在原料肉中具有良好的分散性，且对水分有良好的吸附性，从而有效地防止原料肉脱水，达到保鲜、保润作用。主要适用于烤肉、火腿、香肠、鸡鸭禽类制品和酱卤制品等。在肉制品中保鲜的参考配方：乳酸钠 2%，脱氢醋酸钠 0.2%。乳酸钠在咸味食品工业领域广泛应用。

## 思 考 题

1. 简述食品添加剂的种类及功能。
2. 举例说明不合理使用食品添加剂而对人体产生的危害。
3. 使用食品添加剂应坚持的原则是什么？举例说明。
4. 简述食品防腐剂苯甲酸及其盐的使用范围与限量。

# 第五节

# 食品包装中的化学知识

食品包装作为"特殊食品添加剂"，是食品的"贴身衣物"，它在原材料、辅料、工艺等化学方面的点点滴滴都将直接影响食品质量，继而对人体健康产生影响。目前，食品包装材料有塑料、纸与纸板、金属（镀锡薄板、铝、不锈钢）、陶瓷与搪瓷、玻璃、橡胶、复合材料、化学纤维等。

## 一、食品包装及化学污染

### 1. 塑料包装

（1）常用塑料包装材料的性质和用途

① 聚乙烯（PE）和聚丙烯（PP）　高压聚乙烯质地柔软，多制成薄膜，其特点是具透气性、不耐高温、耐油性亦差。低压聚乙烯坚硬、耐高温，可以煮沸消毒。聚丙烯透明度好，耐热，具有防潮性（其透气性差），常用于制成薄膜、编织袋和食品周转箱等。毒性较低，对大鼠 $LD_{50}$ 都大于最大可能灌胃量，属于低毒级物质。

② 聚苯乙烯（PS）　也属于 H 饱和烃，但单体苯乙烯及甲苯、乙苯和异丙苯在一定剂量时具毒性。如苯乙烯可致肝肾重量减轻，抑制动物的繁殖能力。

聚苯乙烯塑料有透明聚苯乙烯和泡沫聚苯乙烯两个品种（后者在加工中加入发泡剂制成，如快餐饭盒）。以聚苯乙烯容器储存牛奶、肉汁、糖液及酱油等可产生异味；储放发酵奶饮料后，可能有极少量苯乙烯移入饮料，其移入量与储存温度、时间成正比。

③ 聚氯乙烯（PVC）　是氯乙烯的聚合物。聚氯乙烯塑料的相容性比较广泛，可以加入多种塑料添加剂。聚氯乙烯透明度较高，但易老化和分解。一般用于制作薄膜（大部分为工业用）、盛装液体用瓶，硬聚氯乙烯可制作管道。

未参与聚合的游离的氯乙烯单体被吸收后可在体内与 DNA 结合而引起毒性作用，主要作用于神经、骨髓系统和肝脏，同时氯乙烯也被证实是一种致癌物质。

④ 聚碳酸酯塑料（PC）　具有无毒、耐油脂的特点，广泛用于食品包装，可用于制造食品的模具、婴儿奶瓶等。美国 FDA 允许此种塑料接触多种食品。

⑤ 三聚氰胺甲醛塑料与脲醛塑料　前者又名密胺塑料（melamine），为三聚氰胺与甲醛缩合热固而成。后者为尿素与甲醛缩合热固而成，称为电玉，二者均可制食具，且可耐 120℃ 高温。

由于聚合时，可能有未充分参与聚合反应的游离甲醛，甲醛含量则往往与模压时间有关，时间愈短则含量愈高。

⑥ 聚对苯二甲酸乙二醇酯塑料　可制成直接或间接接触食品的容器和薄膜，特别适合于制复合薄膜。在聚合中使用含锑、锗、钴和锰的催化剂，因此应防止这些催化剂的残留。

⑦ 不饱和聚酯树脂及玻璃钢制品　以不饱和聚酯树脂加入过氧甲乙酮为引发剂，环烷酸钴为催化剂，玻璃纤维为增强材料制成玻璃钢。主要用于盛装肉类、水产、蔬菜、饮料以及酒类等食品的储槽，也大量用作饮用水的水箱。

（2）塑料包装制品中污染物来源

① 塑料包装材料　用于食品包装的大多数塑料树脂材料是无毒的，但有的单体却有毒性，并且有的毒性较强，有的已证明为致癌物。如：聚苯乙烯树脂中的苯乙烯单体对肝脏细胞有破坏作用；聚氯乙烯、丙烯腈塑料的单体是强致癌物。另外塑料添加剂，包括增塑剂、稳定剂、着色剂、油墨和润滑剂等，均不同程度有一些毒性，在使用时可能转移到食品中。

② 塑料包装物表面污染　塑料易于带电，造成其表面易吸附灰尘、杂质造成包装的食品污染。

③ 包装材料回收处理不当　塑料包装材料在使用中带入大量有害污染物质，回收处理不当，极易造成食品污染。

## 2. 橡胶

橡胶也是高分子化合物，有天然和合成两种。天然橡胶系以异戊二烯为主要成分的不饱和态的直链高分子化合物，在体内不被酶分解，也不被吸收，因此可被认为是无毒的。但因工艺需要，常加入各种添加剂。合成橡胶系高分子聚合物，因此可能存在着未聚合的单体及添加剂的污染问题。

（1）橡胶胶乳及其单体

合成橡胶单体因橡胶种类不同而异，大多是由二烯类单体聚合而成的。聚丁二烯橡胶和聚异戊二烯橡胶的单体为异丁二烯、异戊二烯，有麻醉作用，但尚未发现有慢性毒性作用。苯乙烯丁二烯橡胶，蒸气有刺激性，但小剂量也未发现有慢性毒性作用。丁腈橡胶（聚丁二烯丙烯腈）耐热性和耐油性较好，但其单体丙烯腈有较强毒性，也可引起流血并有致畸作用。美国已将其溶出限量由 0.3mg/kg 降至 0.05mg/kg。氯丁二烯橡胶的单体 1,3-二氯丁二烯，有报告可致肺癌和皮肤癌，但有争论。硅橡胶的毒性较小，可用于食品工业，也可作为人体内脏器使用。

（2）添加剂

主要的添加剂有硫化促进剂、防老剂和填充剂。其中某些添加剂具有毒性，或对试验动物具有致癌作用。我国规定 $\alpha$-巯基咪唑啉、$\alpha$-硫醇基苯并噻唑（促进剂 M）、二硫化二甲并噻唑（促进剂 DM）、乙苯-$\beta$-萘胺（防老剂 J）、对苯二胺类、苯乙烯化苯酚、防老剂 124 等不得在食品用橡胶制品中使用。

## 3. 金属涂料

用于食品包装金属容器中的涂料主要有以下几种。

① 溶剂挥干成膜涂料　如过氧乙烯漆、虫胶漆等。系将固体涂料树脂（成膜物质）溶于溶剂中，涂覆后，溶剂挥干，树脂析出成膜。此种树脂涂料和加入的增塑剂与食品接触时，常可溶出造成食品污染。必须严禁采用多氯联苯和磷酸三甲酚等有毒增塑剂。溶剂也应选用无毒者。

② 加固化剂交联成膜树脂　主要代表为环氧树脂和聚酯树脂。常用固化剂为胺类化合物。此类成膜后分子非常大，除未完全聚合的单体及添加剂外，涂料本身不宜向食品移行。其毒性主要在于树脂中存在的单体环氧丙烷，与未参与反应的固化剂，如乙二胺、二亚乙基三胺、三亚乙基四胺及四亚乙基五胺等。

③ 环氧成膜树脂　干性油为主的油漆属于这一类。干性油在加入的催干剂（多为金属盐类）作用下形成漆膜。此类漆膜不耐浸泡，不宜盛装液态食品。

④ 高分子乳液涂料　聚四氟乙烯树脂为代表，可耐热 280℃，属于防粘的高分子颗粒型，多涂于煎锅或烘干盘表面，以防止烹调食品黏附于容器上。其卫生问题主要是聚合不充

分，可能会有含氟低聚物溶于油脂中。在使用时，加热不能超过其耐受温度280℃，否则会使其分解产生挥发性很强的有毒害的氟化物。

### 4. 陶瓷或搪瓷

二者都是以釉药涂于素烧胎（陶瓷）或金属坯（搪瓷）上经800～900℃高温炉搪结而成。其卫生问题主要是由釉彩而引起，釉的彩色大多数为无机金属颜料，如硫镉、氧化铬、硝酸锰。上釉彩工艺有三种，其中釉上彩及彩粉中的有害金属易于移入食品中，而釉下彩则不宜移入。其卫生标准以4%乙酸液浸泡后，溶于浸泡液中的Pb与Cd量，应分别低于7.0mg/L、0.5mg/L。

搪瓷食具容器的卫生问题同样是釉料中重金属移入食品中带来的危害，常见的也为铅、镉、锑的溶出量（4%乙酸浸泡）分别应低于1.0mg/L、0.5mg/L与0.7mg/L。但由于不同彩料中所含有的重金属不同，所以溶出的金属也不一定相同，应加以考虑。

### 5. 铝制品

主要的卫生问题在于回收铝的制品。由于其中含有的杂质种类较多，必须限制其溶出物的杂质金属量，常见为锌、镉和砷。因此我国1990年规定，凡是回收铝，不得用来制作食具，如必须使用时，应仅供制作铲、瓢、勺，同时，必须符合《食品安全国家标准 食品接触用金属材料及制品》（GB 4806.9—2016）。

### 6. 不锈钢

应控制铅、铬、镍、镉和砷量，按在4%乙酸浸泡液中分别不高于1.0mg/L、0.5mg/L、3.0mg/L及0.02mg/L、0.04mg/L。

### 7. 玻璃制品

玻璃制品原料为二氧化硅，毒性小，但应注意原料的纯度，至于在4%乙酸中溶出的金属，主要为铅。而高档玻璃器皿（如高脚酒杯）制作时，常加入铅化合物，其数量可达玻璃重量的30%，是较突出的卫生问题。

### 8. 包装纸

包装纸中污染物质主要来源于荧光增白剂；废品纸的化学污染和微生物污染；浸蜡包装纸中多环芳烃；彩色或印刷图案中油墨的污染等。

### 9. 复合包装材料

污染物来源主要是黏合剂。有的采用聚氨酯型黏合剂，它常含有甲苯、二异氰酸酯（TDI），蒸煮食物时，可以使TDI移入食品，TDI水解可以产生具有致癌作用的2,4-二氨基甲苯（TDA）。所以应控制TDI在黏合剂中的含量，按美国FAO认可TDI在食物中含量应小于0.024mg/kg。我国规定由纸、塑料薄膜或铝箔黏合（黏合剂多采用聚氨酯和改性聚丙烯）复合而成的复合包装袋（蒸煮袋或普通复合袋）其4%乙醇浸泡液中甲苯二胺应≤0.004mg/L。

## 二、包装材料的卫生管理

### 1. 对食品包装材料及容器进行安全性评价

① 工艺及配方的审查 对各种原材料、配方、工艺过程中有毒物质的来源及危害程度进行审核评价。

② 卫生检测　对包装材料和容器进行卫生检测，其检测项目要根据不同性质的材料和用途来确定。

国外大部分采用模拟食品的溶剂来浸泡，然后取浸泡液进行检测。模拟食品的溶剂有水（代表中性食品及饮料），醋酸（2%～4%代表酸性食品及饮料），乙醇（8%～60%浓度代表酒类及含醇饮料）及正己烷或正庚烷（代表油脂性食品）。浸泡条件则要根据食品包装材料、容器的使用条件来定，温度有常温 60℃或煮沸，浸泡时间可从 30min 到 24h，必要时可增加至数天或数月。在浸泡液中可测定可能迁移出的各种物质。

③ 毒性试验　食品包装材料、容器的毒性试验可选择配方中有关物质，配制后的涂料、涂制后的涂膜粉或涂膜经浸泡后的浸泡液作试验，根据毒性试验的结果进行选择。

④根据安全性评价结果制定卫生标准。

## 2. 生产许可制度

国家规定凡生产食具、容器、包装材料及其原材料的单位，必须经食品卫生监督机构认可后方能生产，且不得同时生产有毒化学物品。

## 3. 生产管理

要求凡生产塑料食具、容器、包装材料所使用的助剂应符合食品容器、包装材料用助剂使用卫生标准，加工塑料制品不得利用回收塑料。食品用塑料制品必须在明显处印上"食品用"字样。酚醛树脂不得用于制作食具、容器、包装材料、生产管道、输送带等直接接触食品的包装材料。

生产过程中必须严格执行生产工艺、建立健全产品卫生质量检验制度。产品必须有清晰完整的生产厂名、厂址、批号、生产日期的标识和产品卫生质量合格证。

另外，销售单位在采购时，要索取检验合格证或检验证书，凡不符合卫生标准的产品不得销售；食品生产经营者不得使用不符合标准的食品容器包装材料设备；食品容器包装材料设备在生产、运输、储存过程中，应防止有毒有害化学品的污染。

# 三、绿色食品包装

据相关数据统计，食品包装占整个包装行业大约 60% 的总量，目前我国食品包装材料中，金属包装占 8%～10%；纸类包装占 32%～35%；玻璃包装占 4%～6%；其他包装约占 4%；塑料包装大于 50%。其中，塑料包装材料总量居各种包装材料之首，塑料包装中 95% 只是单次使用，绝大部分塑料食品包装无法回收，这些废弃塑料处理费用是其成本的 55 倍，如自然腐烂需要 200 年以上。不可降解塑料包装的大量使用，造成了严重的白色污染，给生态环境带来了不可挽回的巨大破坏。因此，应大力发展和推行绿色食品包装。

## 1. 绿色食品包装的概念及含义

绿色食品包装又可以称为无公害包装和环境之友包装，指对生态环境和人类健康无害，能重复使用和再生，符合可持续发展的食品包装。

具体言之，绿色食品包装应具有以下含义：

① 实行食品包装减量化（Reduce）。绿色包装在满足保护、方便、销售等功能的条件下，应是用量最少的适度包装。欧美等国将包装减量化列为发展无害包装的首选措施。

② 食品包装应易于重复利用（Reuse）或易于回收再生（Recycle）。通过多次重复使用，或通过回收废弃物、生产再生制品、焚烧利用热能、堆肥化改善土壤等措施，达到再利用的目的。既不污染环境，又可充分利用资源。

③ 食品包装废弃物可以降解腐化（Degradable）。为了不形成永久的垃圾，不可回收利用的包装废弃物要能分解腐化，进而达到改善土壤的目的。世界各工业国家均重视发展利用生物或光降解的包装材料。Reduce、Reuse、Recycle 和 Degradable 即是现今 21 世纪世界公认的发展绿色包装的 3R 和 1D 原则。

④ 食品包装材料对人体和生物应无毒无害。包装材料中不应含有有毒物质或有毒物质的含量应控制在有关标准以下。

⑤ 在食品包装产品的整个生命周期中，均不应对环境产生污染或造成公害。即食品包装制品从原材料采集、材料加工、制造产品、产品使用、废弃物回收再生，直至最终处理的生命全过程均不应对人体及环境造成公害。

## 2. 绿色食品包装材料

### （1）重复再用和再生的包装材料

大地和森林是人类生态平衡的基础，木材的肆意砍伐给人类社会带来的灾难是不可估量的。针对这种现状人们可以考虑采用可重复再用和再生的包装材料，如啤酒、饮料、酱油、醋等包装采用玻璃瓶反复使用，聚酯瓶在回收之后可以用一些方法再生。再生利用包装，可用两种方法再生，物理方法是指直接彻底净化粉碎，无任何污染物残留，经处理后的塑料再直接用于再生包装容器。化学方法是指将回收的 PET（聚酯薄膜）粉碎洗涤之后，在催化剂作用下，使 PET 全部解聚成单体或部分解聚，纯化后再将单体重新聚合成再生包装材料。包装材料的重复利用和再生，仅仅延长了塑料等高分子材料作为包装材料的使用寿命，当达到其使用寿命后，仍要面临对废弃物的处理和环境污染问题。

### （2）可食性包装材料

① 可食性包装膜　这是解决食品包装废弃物与环保之间矛盾的好办法。在进行部分食品包装的设计中，可制成一种不影响被装食品原味的可食性包装膜。如澳大利亚的一家公司就研制出一种可食用土豆片包装，人们吃完土豆片后还可食用其包装。又如英国一家公司就制成了一种可食用的果蔬保鲜剂，它是由糖、淀粉、脂肪酸和聚酯物调配成的半透明的乳液，可采用喷雾、涂刷或浸渍等方法覆盖于苹果、柑橘、西瓜、香蕉、西红柿等水果蔬菜的表面。由于这种保鲜剂在果蔬表面形成了层密封膜，故能防止氧气进入果蔬内部，从而延长了熟化过程，起到保鲜作用，涂上这种保鲜剂的水果蔬菜保鲜期可长达 200 天以上。最妙的是，这种保鲜剂还可以同果蔬一起食用。

人们熟悉的糖果包装上使用的糯米纸及包装冰淇淋的玉米烘烤包装杯都是典型的可食性包装。人工合成可食性包装膜中的比较成熟的是透明、无色、无嗅、无毒、具有韧性、高抗油性薄膜，能食用，可做食品包装。其光泽、强度、耐折性能都比较好。

② 可食用保鲜膜　我国早在 12～13 世纪就已用蜡来涂覆橘子、柠檬来延缓它们的脱水失重。延长果蔬货架寿命。如今采用的可食性保鲜膜，已发展成具有多种功能性质，具明显的防水性及一定的可选择透气性，因而在食品工业，尤其在果蔬保鲜方面，具有广阔的应用前景。

### （3）可降解材料

可降解材料是指在特定时间内造成性能损失的特定环境下，其化学结构发生变化的一种塑料。可降解塑料包装材料既具有传统塑料的功能和特性，又可以在完成使用寿命之后，通过阳光中紫外光的作用或土壤和水中的微生物作用，在自然环境中分裂降解和还原，最终以无毒形式重新进入生态环境中，回归大自然。如法国一家奶制品公司从甜菜中提取的物质与矿物质进行混合从而制造成一种生态包装盒。

（4）纸材料

纸的原料主要是天然植物纤维，在自然界会很快腐烂，不会造成污染环境，也可回收重新造纸。因此许多国际大公司使用可回收纸用于年报、宣传品制作，用回收纸制成信笺、信纸以体现其关注环境的绿色宗旨，同时又树立了良好的企业形象。纸材料还有纸浆注型制件、复合材料、建筑材料等多种用途。纸浆模塑制品除具有质轻、价廉、防震等优点外它还具有优良的透气性，有利于生鲜物品的保鲜，在国际商品流通上，被广泛用于蛋品、水果、玻璃制品等易碎、易破、怕挤压物品的周转包装上。

（5）天然包装材料

天然包装材料是指天然的植物和动物的叶、皮、纤维等，可直接使用或经简单加工成板、片，再作包装材料，如各种贝壳、椰子壳、竹、木、柳、草编织品和麻织品等，被用于土特产品和礼品包装，并赋予产品一种亲切感、温馨感。

## 3. 绿色食品包装设计

绿色食品包装系统设计的第一即最大原则是使整个工程系统成为绿色系统，其总系统中的各个子系统（环节要素）为无污染环节，以此全面地保证最终产品的绿色。第二原则是生产过程中要节约能源，节省材料，充分利用再生资源。第三原则是产品的 4RID 原则，即包装产品要轻量化，包装产品可重复使用，包装产品可循环再生，包装产品可获得新的价值，包装产品可降解腐化。第四原则是产品的市场竞争能力，符合国际潮流，受人青睐。

绿色食品包装设计应该包括产品原料的采集，包装材料的生产，包装体的设计（包括造型设计、结构设计、装潢设计及工艺设计），包装产品的加工制作及流通储存，包装废弃后的回收处理与再造及包装工程的成本核算，最后是生命周期的评估。若对其整个系统划分成若干要素，则包括：产品、流通的环境条件、绿色包装材料、消费者、包装设计、包装加工制造（清洁生产-绿色生产）、包装成本、回收再利用、评估环境保护。

（1）产品

绿色食品包装设计时应考虑到产品的物理性质和化学性质，这涉及它的保护功能。从物理角度看，要使内装物完好无缺，要求包装体的强度、结构、造型要合理，其形状在常温或其他温度下保持原有状态。从化学角度看，要保证内装物不变质，也就是化学稳定性要好，即对温度、日光、湿度、气体要保持稳定。再有要考虑到包装的视觉效果；应用方便、经济；是否可重复使用或回收再造；最重要的是对人体、环境不产生损害和污染，具有绿色的实质。

（2）流通的环境条件

绿色食品包装设计时应考虑到包装件流通的环境、条件、时间，包括库存、储存与运输。其中运输的工具，仓储的设施、温度、气候条件及变化，生物环境条件，流通过程中的装卸条件，原则上应保证在流通过程中内装物完好，质量不变，不受污染。

（3）绿色包装材料

绿色食品包装材料（包装原材料和成型前的材料）首先自身无毒无害（即无氯、无苯、无铅、无铬、无镉等），对人体、环境不造成污染。制造该材料所耗用的原材料及能源少，并且生产过程中不产生对大气、水源的污染，废弃后易于回收再利用或易被环境消纳。材料具有所需的强度，与内装物不发生化学作用，性能稳定。易于加工制造，来源丰富，价格低等。

（4）消费者

绿色食品包装设计应符合消费者心理特点，尤其是当今"绿色浪潮"的兴起，有些消费者尤其偏爱绿色包装食品。绿色包装还应考虑到消费者应用的便利，好开启、好装卸、好携带。同时还应顾及人们的风俗习惯及个性偏好需要。

（5）包装设计

绿色食品包装的设计要根据最终产品的需要而设计：①要有保护功能，结构要符合力学强度，即对产品的形态完整和质量不变有保证。②产品的外观、造型要符合内装物的需要和美观，同时轻量化、材料单一化，外装潢要典雅、美观，具有很好的广告效果。加工制作工艺设计简单，经济，清洁，节能，无污染。

（6）包装加工制造（清洁生产-绿色生产）

绿色食品包装加工制造工艺要考虑采用"清洁生产"，即生产过程中不使用任何有害的辅料，不产生任何污染环境的副产物和废气废水等。节省材料，节省能源，充分利用现有设备的能力。

（7）包装成本

绿色食品包装设计应考虑到包装成本与内装产品的价值，杜绝"过分"包装，在满足使用、保护功能的前提下，应尽量减少包装材料的消耗，减少加工制造的工序，降低能源消耗，人力资源有效使用，以有效地降低包装成本，增加利润。

（8）回收再利用及可降解功能

绿色食品包装设计应考虑到包装的回收再利用及可降解功能。设计采用的原料必须是可回收再造的原料，或者是可生物降解、水降解、光降解、光/生物降解的材料，易于破碎成碎片回归自然，有效地保护环境。也可以是经清洁处理后再重复使用的包装物。

（9）生命周期评估（LCA）

绿色食品包装设计应考虑到应用生命周期评估，即从原料的采集、包装产品的制造加工、包装产品的流通、使用废弃后的回收处理、再造等全过程中对环境是否产生污染的评估系统，以达到国家及国际的绿色生产标准、环境保护标准。

---

**阅读资料**

## 食品包装新趋势

随着人们生活水平的不断提高，食品包装不断在改变，食品包装化新趋势越来越明显。

1. 小包装

（1）小包装食用油成新起之秀

自第一瓶"金龙鱼"小包装食用油出现在中国市场，此后这种安全、卫生、方便的桶装油逐渐得到消费者的青睐，散装油逐步退出国内大中城市。专家预测，未来小包装食用油增速快，市场发展前景良好，具备较强的竞争优势，未来发展潜力不可小觑。

（2）小包装榨菜占比持续提升

根据有关数据分析，榨菜在我国已进入较为成熟的发展阶段，预计未来行业销量将稳定在 $2\% \sim 6\%$ 的个位数增长水平。其中，小包装榨菜增速将超过行业。

随着行业增速的放缓，洗牌加速，同时消费者对食品安全的重视程度逐步提升，行业出现了小包装替代散装的趋势，迫使不规范的小企业退出，小包装占比持续提升。行业人士认为，未来小包装替代散装将成为行业大趋势，预计小包装榨菜销量增速将超过行业，保持 $8\%$ 左右的水平。

（3）乳制品包装向小巧、方便倾斜

不少品牌已经意识到需要缩小其包装规格，来降低包装成本，而包装在提高品牌市场份额中起到重要作用。包装能够区分产品层次并优化价值链。换句话说，小包装能够增加销售额，同时降低成本。

据了解，乳制品和乳饮料倾向于以更小巧、更方便的包装形式。市场上，你会发现酸奶用条形包装，奶酪则会用单个的形式包装，甚至还会用乳制品为原料制作包装，例如美国农业部已经研制出一种由牛奶蛋白制成的薄膜。

（4）饮料大佬专注小包装饮料

美国消费者快速变化的需求让可口可乐、百事可乐等汽水巨头都面对严峻的挑战。美国汽水销量连年下滑，消费者偏爱购买瓶装水、调味水、茶和植物饮料等创新饮品。

为此，在追求增长的过程中，可口可乐的具体计划是更改配方，即减少可口可乐饮料中糖的含量。此外，可口可乐还将专注于销售小包装的饮料。实际上，这一举措已经在市场上取得了一定的成效。

2. 升级食品包装，延长食品保质期

人们对生活水平要求越来越高，生活的消耗品越来越多，对食品的浪费已经成为社会各方关注的一个严峻问题。联合国可持续发展峰会此前通过决议，计划 2030 年前，将食物浪费总量减少一半。食品厂商积极采取措施应对，其中食品包装容器的技术革新最为引人注目。一旦超过"保质期"，不管是什么食品，人们往往都会直接扔掉，这也是食品浪费的重要原因之一。

到 2018 年 3 月为止，各家食品厂商已经取得以下成果：丘比（Kewpie）公司"研发出了高保食品包装，能吸收外部流入的微量氧气；生产过程中加大除氧力度，原本只有 7 个月保质期的"丘比蛋黄酱"现在已经延长到了 12 个月。

佐藤食品工业也改善防氧化包装工艺，将切糕的保质期从 15 个月延长到 24 个月。另一家切糕企业——"越后制果"公司也在包装工艺方面精益求精，将产品的保质期从 12 个月增加到 24 个月。

此外，诸如产品的细分、单独包装、管状食品的充分利用……食品厂商为了减少浪费，在容器包装方面颇下苦功。一家公司负责人表示："面对食物浪费这样一个宏观的问题，尽管我们的方法可能微不足道，但是我们希望可以一步一个脚印地坚持下去。"

3. 规范食品包装标签

（1）标准化、规范化

包装标签都要标注："食品接触用"或"食品包装用"标志。此外，还要标注"名称、材质、厂家、地址、联系方式、生产日期、执行标准、使用说明"等等。同时，标签不能与其最小销售包装分离。有特殊使用要求的产品应注明使用方法、使用注意事项、用途、使用环境、使用温度等。

（2）数字化、智能化

随着信息技术不断发展，食品标签也越来越数字化、智能化。为此，传统印刷已经不能满足个性化印刷和可变数据印刷的需求，所以市场对数字印刷需求的增长趋势日趋明显。一些印刷企业开启全智能包装标签生产，引进柔版印刷品、防伪产品等高端生产设备，不断开发各种防伪技术，给精美的食品包装增加防伪功能，实现美观与实用、时尚与高科技的完美结合，逐步实现精品包装产品远销海外的战略目标。

（3）绿色化、环保化

随着节能环保理念的不断推广，各领域也在积极响应，食品标签领域也不例外。了解到，标签的绿色化、环保化主要体现在标签的材料上。据悉，新加坡推出一系列绿色环保标签。与其他材料相比，这种新型标签更经济、更适合可持续发展。随着科学技术的不断进步，以及节能环保理念等双重因素影响下，食品标签将会朝着绿色化、环保化方向发展。

## 💡 思考题

1. 简述食品包装常用的材料及各材料可能带来的化学污染。
2. 简述食品包装材料卫生管理包含的环节。
3. 简要分析绿色食品包装的概念及含义。
4. 简述绿色食品包装设计的原则及应考虑的因素。

# 第六节

# 食品中化肥、农药与兽药的污染

种植业、养殖业是食品安全生产的第一关，优质安全的原料是加工生产健康合格食品的必要条件。从食物供应链源头看，农产品在种植、养殖过程中会不同程度地受到化肥、化学农药及兽药的污染，给人类生活带来很多化学危害。

## 一、化肥与食品安全

化学肥料简称化肥，是指用化学和（或）物理方法制成的含有一种或几种农作物生长需要的营养元素的肥料，也称无机肥料。它们具有以下共同的特点：成分单纯，养分含量高；肥效快，肥劲猛；某些肥料有酸碱反应；一般不含有机质，无改土培肥的作用。

1. 化肥的种类

（1）按所含养分种类多少分类

① 单元化学肥料　指只含氮、磷、钾三种主要养分之一者，也称单质化肥，如硫酸铵只含氮素，普通过磷酸钙只含磷素，硫酸钾只含钾素。

② 多元化学肥料　指化肥中含有三种主要养分的两种或两种以上的，如磷酸铵含有氮和磷。

③ 完全化学肥料　指化肥中含有作物生长发育所需的多种养分。

（2）按肥效快慢分类

① 速效肥料　这种化肥施入土壤后，随即溶解于土壤溶液中而被作物吸收，见效很快。大部分的氮肥品种，磷肥中的普通过磷酸钙等，钾肥中的硫酸钾、氯化钾都是速效化肥。速效化肥一般用作追肥，也可用作基肥。

② 缓效肥料　也称长效肥料、缓释肥料，这些肥料养分所呈的化合物或物理状态，能在一段时间内缓慢释放，供植物持续吸收和利用，即这些养分施入土壤后，难以立即为土壤

溶液所溶解，要经过短时的转化，才能溶解，才能见到肥效，但肥效比较持久，肥料中养分的释放完全由自然因素决定，并未加以人为控制，如钙镁磷肥、钢渣磷肥、磷矿粉、磷酸二钙、脱氟磷肥、磷酸铵镁、偏磷酸钙等。一些有机化合物有脲醛、亚丁烯基二脲、亚异丁基二脲、草酰胺、三聚氰胺等，还有一些含添加剂（如硝化抑制剂、脲酶抑制剂等）或加包膜肥料，前者如长效尿素，后者如包硫尿素都列为缓效肥料，其中长效碳酸氢铵是在碳酸氢铵生产系统内加入氨稳定剂，使肥效期由 30～45 天延长到 90～110 天，氮利用率由 25％提高到 35％。缓效肥料常作为基肥使用。

③ 控释肥料　控释肥料属于缓效肥料，是指肥料的养分释放速率、数量和时间是由人为设计的，是一类专用型肥料，其养分释放动力得到控制，使其与作物生长期内养分需求相匹配。如蔬菜 50 天、稻谷 100 天、香蕉 300 天等和各生育段（苗期、发育期、成熟期）需配与的养分是不相同的。控制养分释放的因素一般受土壤的湿度、温度、酸碱度等影响。控制释放的手段最易行的是包膜方法，可以选择不同的包膜材料、包膜厚度以及薄膜的开孔率来达到释放速率的控制。

（3）按酸碱性质分类

① 酸性化学肥料　酸性化肥又可分为两种，一种是化学酸性肥料，它的水溶液呈酸性反应，如普通过磷酸钙；另一种是生理酸性肥料，它在水溶液中呈中性，但施入土壤后，一部分被作物吸收，另一部分遗留在土壤中，呈酸性，如氯化铵、硫酸铵、硫酸钾等。

② 碱性化学肥料　碱性化肥分为两种，一种是化学碱性肥料，它的水溶液呈碱性反应，如液氨、氨水等；另一种是生理碱性肥料，它的水溶液呈中性，但施入土壤后，未被作物吸收的一部分遗留在土壤中呈碱性，如硝酸钠、硝酸钙等。

③ 中性化学肥料　中性化肥的水溶液既非酸性，也非碱性，施入土壤后也不呈酸性或碱性。因此可适用于任何土壤，如尿素。

（4）按形态分类

① 固体化肥　在工厂中制成结晶状、颗粒状或粉末状的固体形态的化肥，这在包装、运输和施用方面很适合我国的农业技术水平。

② 液体化肥　在工厂中制成液体形态的化肥，如液氨、氨水、溶液肥料以及胶体肥料等，既可根际土施，也可叶面施肥，它的生产成本较低，但需要相应的贮存和施用机具，适用于机械化的农田。特别是可持续农业发展，适合我国节水农业的要求。

③ 气体化肥　作物在生育盛期和成熟期，特别是设施农业（如日光温室、塑料大棚等），由于室棚内空间密闭，二氧化碳得不到补充，有阻作物光合作用，因而除设有温度、湿度的自控调节设施外，还有二氧化碳自动发生器，以及时补充二氧化碳。如每茬平均补充 5 次，可使作物普遍增产 50％，高者可达 200％。我国塑料大棚喜用碳酸氢铵，除供氮肥外，还可补充二氧化碳。

（5）按起主要作用分类

① 直接化学肥料　指直接作为作物养分来源的化肥，如氮肥、磷肥、钾肥及微肥等。

② 间接化学肥料　指首先以改善土壤物理、化学和生理性质为主要目的的肥料，如石膏、石灰、细菌肥料等。

③ 激素化学肥料　指那些对作物生长有刺激作用的化肥，如腐殖酸类肥料。

（6）按施肥时间分类

① 基肥　指为满足农作物整个生育时期对养分的要求，在播种前或定植前施入的肥料，也称底肥。

② 追肥　指为满足作物不同生育时期对养分的特殊要求，以补充基肥不足而施用的肥料。

③ 种肥　指为满足作物苗期对养分的要求，在播种时与种子同时混播或撒入的肥料。在定植时采取沾秧根的方式，所用的肥料也为种肥。

（7）按需要量和使用量分类

① 主要养分化肥　如氮肥、磷肥、钾肥。

② 次要养分化肥　如含钙、镁、硫元素的肥料。

③ 微量养分化肥　如硼肥、锌肥、铜肥、铁肥、钼肥等。

④ 超微量肥料　如稀土肥料。

## 2. 化肥对食品的污染

（1）食用农产品中重金属和有毒元素含量超标

直接危害人体健康，产生污染的重金属主要有 Zn、Cu、Co 和 Cr。化肥从原料的开采到加工生产，总会带进一些重金属元素或有毒物质，其中以磷肥为主。中国施用的化肥中，磷肥约占 20%，磷肥的生产原料为磷矿石，它含有大量有害元素 F 和 As，同时磷矿石的加工过程还会带进其他重金属 Cd、Cr、Hg、As、F，特别是 Cd。另外，利用废酸生产的磷肥中还会带有三氯乙醛，对作物造成毒害。研究表明，无论是酸性土壤、微酸性土壤还是石灰性土壤，长期施用化肥还会造成土壤中重金属元素的富集。比如，长期施用硝酸铵、磷酸铵、复合肥，可使土壤中 As 的含量达 $50\sim60mg/kg$，同时，随着进入土壤 Cd 的增加，土壤中有效 Cd 含量也会增加，作物吸收的 Cd 量也增加，从而导致食用农产品中重金属和有毒元素含量超标。

（2）食品、饲料和饮用水中有毒成分增加

中国施用的化肥以氮肥为主，而磷肥、钾肥和复合肥较少，长期施用造成土壤营养失调，加剧土壤 P、K 的耗竭，导致 $NO_3$-N 累积。$NO_3$-N 本身无毒，但若未被作物充分同化可使其含量迅速增加，摄入人体后被微生物还原为 $NO_2^-$，使血液的载氧能力下降，诱发高铁血红蛋白血症，严重时可使人窒息死亡。同时，$NO_3$-N 还可以在体内转变成强致癌物质亚硝铵，诱发各种消化系统癌变，危害人体健康。在保护地栽培条件下，即使是以施用有机肥为主的 $100cm$ 土层中 $NO_3$-N 累积量也在 $240\sim740kg/hm^2$。使用化肥的地区的井水或河水中氮化合物的含量会增加，甚至超过饮用水标准。施用化肥过多的土壤会使蔬菜和牧草等作物中硝酸盐含量增加。食品和饲料中亚硝酸盐含量过高，曾引起小儿和牲畜中毒事故。

# 二、化学农药与食品安全

化学农药是指在农业生产中，为保障、促进植物和农作物的成长，所施用的杀虫、杀菌、杀灭有害动物（或杂草）的一类人工合成化学制剂药物。化学农药种类繁多，结构复杂，大都属高分子化合物，主要原料为石油化工产品。

## 1. 化学农药的种类

（1）按化学成分分类

化学农药按化学成分可分为：有机氯类、有机磷类、有机氮类、有机汞类、有机硫类、有机砷类、氨基甲酸酯及抗谷素制剂等。

① 有机氯农药　该类化学农药其组成成分中含有有机氯元素的有机化合物，主要分为以苯为原料和以环戊二烯为原料的两大类。前者如使用最早、应用最广的杀虫剂 DDT 和六

六六，以及杀螨剂三氯杀螨砜、三氯杀螨醇等，杀菌剂五氯硝基苯、百菌清、道丰宁等；后者如作为杀虫剂的氯丹、七氯、艾氏剂等。此外以松节油为原料的莰烯类杀虫剂、毒杀芬和以萜烯为原料的冰片基氯也属于有机氯农药。

有机氯农药对人的急性毒性主要是刺激神经中枢，慢性中毒表现为食欲不振，体重减轻，有时也可产生小脑失调、造血器官障碍等。文献报道，有的有机氯农药对实验动物有致癌性。

氯苯结构较稳定，生物体内酶难于降解，所以积存在动、植物体内的有机氯农药分子消失缓慢。由于这一特性，它通过生物富集和食物链的作用，环境中的残留农药会进一步得到浓集和扩散。通过食物链进入人体的有机氯农药能在肝、肾、心脏等组织中蓄积，特别是由于这类农药脂溶性大，所以在体内脂肪中的蓄积更突出。蓄积的残留农药也能通过母乳排出，或转入卵蛋等组织，影响后代。我国于 20 世纪 60 年代已开始禁止将 DDT、六六六用于蔬菜、茶叶、烟草等作物上。

② 有机磷农药 有机磷农药，是指含磷元素的有机化合物农药。有机磷农药多为磷酸酯类或硫代磷酸酯类，其结构通式为

$$R^1 \diagdown \overset{X}{\underset{R^2 \diagup}{P}} - Z$$

，式中 $R^1$、$R^2$ 多为甲氧基（$CH_3O$—）或乙氧基（$C_2H_5O$—）；Z 为氧（O）或硫（S）原子；X 为烷氧基、芳氧基或其他取代基团。可以合成多种有机磷化合物。我国生产的有机磷农药绝大多数为杀虫剂，如常用的对硫磷、内吸磷、马拉硫磷、乐果、敌百虫及敌敌畏等，近几年来已先后合成杀菌剂、杀鼠剂等有机磷农药。实际应用中应选择高效低毒及低残留品种，如乐果、敌百虫等。

有机磷农药可经消化道、呼吸道及完整的皮肤和黏膜进入人体。职业性农药中毒主要由皮肤污染引起。吸收的有机磷农药在体内分布于各器官，其中以肝脏含量最大，脑内含量则取决于农药穿透血脑屏障的能力。

体内的有机磷首先经过氧化和水解两种方式生物转化；氧化使毒性增强，如对硫磷在肝脏滑面内质网的混合功能氧化酶作用下，氧化为毒性较大的对氧磷；水解可使毒性降低，对硫磷在氧化的同时，被磷酸酯酶水解而失去作用。其次，经氧化和水解后的代谢产物，部分再经葡萄糖醛酸与硫酸结合反应而随尿排出；部分水解产物对硝基酚或对硝基甲酚等直接经尿排出，而不需经结合反应。

③ 有机氮农药 有机氮农药是一类新的化学农药，有人称它为继有机氯、有机磷后的第三代有机农药。有机氮农药主要是氨基甲酸酯类化合物，也包括脒类、硫脲类、取代脲类和酰胺类等化合物。有机氮农药纯品多数为无色或白色结晶，一般无特殊气味，易溶于丙酮、苯、乙醇等有机溶剂。难溶于水（杀虫珠易溶于水，巴丹可溶于水），对光、热、酸较稳定，在碱性条件下不稳定，易分解。此类农药具有对害虫毒力的选择性强，杀虫效果好，对人、畜毒性低，无积累中毒，残留毒性低等优点，是当前较为理想的一类有机农药。

氨基甲酸酯类农药中有 N-甲基氨基甲酸酯类、N,N'-二甲基氨基甲酸酯类、苯基氨基甲酸酯类和硫代氨基甲酸酯类等化合物。N-甲基氨基甲酸酯类农药有很强的杀虫活性，如属于芳基 N-甲基氨基甲酸酯类的西维因、速灭威、害扑威、残杀威、呋喃丹等；属于烷基 N-甲基氨基甲酸酯类的涕灭威、灭多虫等。芳基 N-甲基氨基甲酸酯类中也包含个别的除莠剂，如芽根灵。N,N'-二甲基氨基甲酸酯类农药主要也是一些杀虫剂，如异索威、吡唑威、敌蝇威、地麦威等。苯基氨基甲酸酯类农药主要是除莠剂，如苯胺灵、氯苯胺灵、燕麦灵等。硫代氨基甲酸酯类农药主要是除莠剂，如燕麦敌、草克死、草达灭等。代森类杀菌剂属

于二硫代氨基甲酸盐类农药。

　　脒类化合物用作农药的品种不多，主要是杀虫脒。硫脲类化合物用作农药的有杀虫剂蜱蛉畏。取代脲类农药的主要品种均系除莠剂，如利谷隆、非草隆、灭草隆、敌草隆、秀谷隆等。酰胺类农药主要也是除莠剂，如敌稗、克草尔等。在硫代氨基甲酰类农药中有著名的杀虫剂巴丹。

　　有机氮农药对环境污染不像有机氯农药那样严重，但近年来也出现了有机氮农药残毒问题。例如，长期低剂量地用杀虫脒饲喂小白鼠，能使小白鼠的结缔组织产生恶性血管内皮瘤。动物实验还证明杀虫脒的代谢产物也有致癌作用，如 4-氯邻甲苯胺（也是杀虫脒工业产品中的杂质）的致癌阈值要比亲体强 10 倍左右。蜱蛉畏对大白鼠的胎鼠有致畸作用；代森类杀菌剂在厌氧条件下产生的亚乙基硫脲能使大、小白鼠产生甲状腺瘤，但并未发现代森类杀菌剂亲体有这种作用。氨基甲酸酯类经酶系代谢产生的 N-羟基氨基甲酸酯化合物能抑制脱氧核糖核酸（DNA）碱基对的交换，有致畸和致癌的潜在危险性。某些品种如西维因对小白鼠和猎犬也有实验性的致畸作用。在有机氮农药中，某些具内吸特性的品种，如杀虫脒、蜱蛉畏、呋喃丹等在作物或环境中的残留时间也较长。

　　④ 有机汞农药　有机汞农药是含有汞元素的有机化合物农药。有机汞杀菌剂由于杀菌力高、杀菌谱广，过去多年来一直被农业上应用。如赛力散、西力生、富民隆等，主要用于种子处理及防治稻瘟病。但由于汞的残留毒性很大，我国在 20 世纪 70 年代即已禁止在长期的作物上喷洒使用，并已停止生产。

　　⑤ 有机硫农药　有机硫农药，是指含硫元素的有机化合物农药。可分为三种类型：1,2-亚乙基双二硫代氨基甲酸盐，如代森锌、代森钠等；二甲基二硫代氨基甲酸盐，如福美铁、福美锰；秋兰姆类，如福美双。这类农药具有高效、低毒、杀菌范围广、对植物安全等特点。皮肤接触有机硫农药后，可产生红肿、丘疹，甚至生成水疱。口服可引起急性中毒。被机体吸收后可在体内代谢生成二硫化碳，对神经系统产生损害，并导致头晕、全身乏力，严重者可以出现心律过速、血压下降、呼吸衰竭等现象，还会对肝脏及肾脏产生损害。

　　有机硫农药是用于防治植物病害的含硫有机化合物农药，是二硫代氨基甲酸酯系杀菌剂的总称。氨基甲酸的烷基酯有二甲基型和二乙烯基型。前者在细菌体内保持氧化型和还原型平衡的状态，后者产生异硫氰酸，由于 SH 基的烷基化而钝化。稻瘟灵虽是有机硫化合物，但因其含有二氢、四氢噻吩环，作用机理不同于有机硫农药，所以不包括在内。代森锌、代森锰、福美铁、福美锌等都属于有机硫农药，这些杀菌剂高效、低毒、对植物安全，对环境的危害也小，特别是能取代有机汞杀菌剂，可减少汞进入环境的机会。

　　⑥ 有机砷农药　有机砷农药，是指含砷元素的有机化合物农药。主要品种有稻脚青、稻宁、田安、甲基硫砷等。退菌特是有机硫和有机砷杀菌剂的混合制剂。由于这类农药及其分解产物对人、畜都有较高的毒性，同时容易在土壤和农产品中积累，所以已限制生产和使用。中毒早期常见有消化道症状，如口及咽喉部有干、痛、烧灼、紧缩感、声嘶、恶心、呕吐、吞咽困难、腹痛和腹泻等。

　　（2）按作用对象分类

　　化学农药按作用对象可分为：有机杀虫剂、有机杀螨剂、有机杀菌剂、有机除草剂、植物生长调节剂等。

① 有机杀虫剂　包括有机磷类、有机氯类、氨基甲酸酯类、拟除虫菊酯类、特异性杀虫剂等。

② 有机杀螨剂　包括专一性的含锡有机杀螨剂和不含锡有机杀螨剂。

③ 有机杀菌剂　包括二硫代氨基甲酸酯类、酞酰亚胺类、苯并咪唑类、二甲酰亚胺类、有机磷类、苯基酰胺类、甾醇生物合成抑制剂等。

④ 有机除草剂　包括苯氧羧酸类、均三氯苯类、取代脲类、氨基甲酸酯类、酰胺类、苯甲酸类、二苯醚类、二硝基苯胺类、有机磷类、磺酰脲类等。

⑤ 植物生长调节剂　主要有生长素类、赤霉素类、细胞分裂素类等。

## 2. 化学农药残留

化学农药残留是化学农药使用后一个时期内没有被分解而残留于生物体、收获物、土壤、水体、大气中的微量农药原体、有毒代谢物、降解物和杂质的总称。施用于作物上的化学农药，其中一部分附着于作物上，一部分散落在土壤、大气和水等环境中，环境残存的农药中的一部分又会被植物吸收。残留农药直接通过植物果实或水、大气到达人、畜体内，或通过环境、食物链最终传递给人、畜。

（1）化学农药残留的种类

根据残留的特性，可把残留性农药分为三种：容易在植物机体内残留的农药称为植物残留性农药，如异狄氏剂等；易于在土壤中残留的农药称为土壤残留性农药，如艾氏剂、狄氏剂等；易溶于水，而长期残留在水中的农药称为水体残留性农药，如异狄氏剂等。残留性农药在植物、土壤和水体中的残存形式有两种：一种是保持原来的化学结构；另一种以其化学转化产物或生物降解产物的形式残存。

（2）化学农药残留的原因

导致和影响化学农药残留的原因有很多，其中化学农药本身的性质、环境因素以及农药的使用方法是影响农药残留的主要因素。

① 农药性质与农药残留　现已被禁用的有机砷、汞等农药，由于其代谢产物砷、汞最终无法降解而残存于环境和植物体中。

滴滴涕（DDT）等有机氯农药和它们的代谢产物化学性质稳定，在农作物及环境中消解缓慢，同时容易在人和动物体脂肪中积累。因而虽然有机氯农药及其代谢物毒性并不高，但它们的残毒问题仍然存在。

有机磷、氨基甲酸酯类农药化学性质不稳定，在施用后，容易受外界条件影响而分解。但有机磷和氨基甲酸酯类农药中存在着部分高毒和剧毒品种，如甲胺磷、对硫磷、涕灭威、克百威、水胺硫磷等，如果被施用于生长期较短、连续采收的蔬菜，则很难避免因残留量超标而导致人畜中毒。

另外，一部分农药虽然本身毒性较低，但其生产杂质或代谢物残毒较高，如二硫代氨基甲酸酯类杀菌剂生产过程中产生的杂质及其代谢物亚乙基硫脲属致癌物，三氯杀螨醇中的杂质滴滴涕，丁硫克百威、丙硫克百威的主要代谢物克百威和 3-羟基克百威等。

② 环境因素与农药残留　农药的内吸性、挥发性、水溶性、吸附性直接影响其在植物、大气、水、土壤等周围环境中的残留。温度、光照、降雨量、土壤酸碱度及有机质含量、植被情况/微生物等环境因素也在不同程度上影响着农药的降解速度，影响农药残留。

③ 使用方法与农药残留　一般来讲，乳油、悬浮剂等用于直接喷洒的剂型对农作物的

污染相对要大一些。而粉剂由于其容易飘散而对环境和施药者的危害更大。

任何一个农药品种都有其适合的防治对象、防治作物，有其合理的施药时间、使用次数、施药量和安全间隔期（最后一次施药距采收的安全间隔时间）。合理施用农药能在有效防治病虫草害的同时，减少不必要的浪费，降低农药对农副产品和环境的污染，而不加节制地滥用农药，必然导致对农产品的污染和对环境的破坏。例如，部分农户不讲究用药技术，如白粉病打叶的正面，霜霉病打叶的背面，不能在晴天正午打药等，一旦认为防治效果不佳，就加大用药量，结果使病虫害产生了抗药性；当有了抗药性的病虫害又在危害田间的蔬菜时，就施用更大的药量来防治；如此恶性循环，蔬菜的农药残留就会大大增加。

（3）化学农药残留限量

世界卫生组织和联合国粮农组织（WHO/FAO）对农药残留限量的定义为，按照良好的农业生产（GAP）规范，直接或间接使用农药后，在食品和饲料中形成的农药残留物的最大浓度。首先根据农药及其残留物的毒性评价，按照国家颁布的良好农业规范和安全合理使用农药规范，适应本国各种病虫害的防治需要，在严密的技术监督下，在有效防治病虫害的前提下，在取得的一系列残留数据中取有代表性的较高数值。它的直接作用是限制农产品中农药残留量，保障公民身体健康。在世界贸易一体化的今天，农药最高残留限量也成为各贸易国之间重要的技术壁垒。

① 最大限量　最大残留限量（Maximum Residues Limits，MRLs）指在生产或保护商品过程中，按照农药使用的良好的农业生产规范（GAP）使用农药后，允许农药在各种食品和动物饲料中或其表面残留的最大浓度。最大残留限制标准是根据良好的农业生产规范（GAP）和在毒理学上认为可以接受的食品农药残留量制定的。

最大农药残留限制的标准主要应用于国际贸易，是通过 FAO/WHO 农药残留联席会议（Joint FAO/WHO Meeting on Pesticide Residues，JMPR）的估计而推算出来的：农药及其残留量的毒性估计；回顾监控实验和全国食品操作中监督使用而搜集的残留量数据，监测中数据产生了最高的国家推荐、授权以及登记的安全使用数据。为了适应全国范围内害虫控制要求的不同情况，最大农药残留限制标准将最高水平的数据继续在监控实验中进行重复，以确定它是有效的害虫控制手段。参照日允许摄入量（ADI），通过对国内外各种饮食中残留量的计算和确定，表明与"最大残留限量标准"相一致的食品对人类消费是安全的。

② 再残留限量　再残留限量（Extraneous Maximum Residue Limits，EMRLs）指一些残留持久性农药虽已禁用，但已造成对环境的污染，从而再次在食品中形成残留，为控制这类农药残留物对食品的污染而制定的其在食品中的残留限量。

③ 每日允许摄入量　每日允许摄入量（Acceptable Daily Intakes，ADI）指人类每日摄入某物质直至终生，而不产生可检测到的对健康产生危害的量，以每千克体重可摄入的量（毫克）表示，单位为 mg/kg 体重。

④ 急性参考剂量　急性参考剂量（acute Reference Dose，acute RFD）指食品或饮水中某种物质，其在较短时间内（通常指一餐或一天内）被吸收后不致引起目前已知的任何可观察到的健康损害的剂量。

⑤ 暂定日允许摄入量　暂定日允许摄入量（Temporary Acceptable Daily Intake，TADI）指暂定在一定期限内所采用的每日允许摄入量。

⑥ 暂定每日耐受摄入量　暂定每日耐受摄入量（Provisional Tolerable Daily Intakes，

PTDI) 指对制定再残留限量的持久性农药而确定的人每日可承受的量。

### 3. 农药残留与食品污染

农药残留性愈大，在食品中残留量也愈大，对人体的危害也愈大。农药对食品的污染主要在以下方面。

① 施用农药对农作物的直接污染。农药一般喷洒在农作物表面，首先在蔬菜、水果等农产品表面残留，随后通过根、茎、叶被农作物吸收并在体内代谢后残留于农作物组织内。

② 农药使用不当。不遵守安全间隔期的有关规定。安全间隔期是指最后一次施药至作物收获时允许的间隔天数。农药使用不当，没有在安全间隔期后进行收获，是造成农药急性中毒的主要原因。

农药的利用率低于 30%，大部分使用的农药都逸散于环境之中。植物可以从环境吸收，动物则通过食物链的富集作用造成在组织中的残留。

③ 农药在运输、贮存中保管不当，也可造成食品的农药污染。

## 三、兽药与食品安全

### 1. 兽药概念及种类

兽药是指用于预防、治疗和诊断家畜、家禽、鱼类、蜜蜂、蚕以及其它人工饲养的动物疾病，有目的地调节其生理机能并规定作用、用途、用法、用量的物质（包括饲料添加剂）。兽药主要包括：血清制品、疫苗、诊断制品、微生态制品、中药材、中成药、化学药品、抗生素、生化药品、放射性药品及外用杀虫剂、消毒剂。

### 2. 兽药残留及原因

兽药残留是指动物产品的任何可食部分所含兽药的母体化合物及（或）其代谢物，以及与兽药有关的杂质。所以兽药残留既包括原药，也包括药物在动物体内的代谢产物和兽药生产中所伴生的有害杂质，一般以 $\mu g/mL$ 或 $\mu g/g$ 计量。

兽药经各种途径进入动物体后，分布到几乎全身各个器官，也可通过泌乳和产蛋过程而残留在乳和蛋中。动物体内的药物可通过各种代谢途径，随排泄物排出体外，因此进入动物体内兽药的量随着时间推移而逐渐减少，经一定时间内残留量可在安全标准范围内，此时即可屠宰动物或允许动物产品（奶、蛋）上市，这一段时间就称为休药期。休药期是依据药物在动物体内的消除规律确定的，药物在动物体内的消除规律就是按最大剂量、最长用药周期给药，停药后在不同的时间点屠宰，采集各个组织进行残留量的检测，直至在最后那个时间点采集的所有组织中均检测不出药物为止。

兽药在动物体内的残留量与兽药种类、给药方式、停药时间及器官和组织的种类有很大关系。在一般情况下，对兽药有代谢作用的脏器，如肝脏、肾脏，其兽药残留量较高。另外动物种类不同，兽药代谢的速率也不同，例如通常所用的药物在鸡体内的半衰期大多数在 12h 以下，多数鸡用药物的休药期为 7 天。

动物性食品中兽药残留量超标主要有以下几个方面的原因：

① 对违禁或淘汰药物的使用。对于有些不允许使用的药物当作添加剂使用往往会造成残留量大、残留期长、对人体危害严重。

② 不遵守休药期的有关规定。

③ 滥用药物。由于错用、超量使用兽药，例如把治疗量当作添加量长期使用。

④ 饲料在加工过程受污染。若将盛过抗菌药物的容器贮藏饲料，或使用盛过药物而没

有充分清洗干净的贮藏器，都会造成饲料加工过程中兽药污染。

⑤ 用药无记录或方法错误。在用药剂量、给药途径、用药部位和用药动物的种类等方面不符合用药规定，因此造成药物残留在体内；由于没有用药记录而重复用药等都会造成药物在动物体内大量残留。

⑥ 屠宰前使用兽药。屠宰前使用兽药用来掩饰有病畜禽临床症状，逃避宰前检验，很可能造成肉用动物的兽药残留。

## 3. 兽药残留种类

据公开数据，我国兽药残留种类主要是喹诺酮类，如氯霉素、硝基呋喃、硝基咪唑等禁用药物占有较高比例；欧盟兽药残留种类则主要为抗菌药物，如磺胺和喹诺酮的比例较高。

### （1）抗生素类

目前，在畜产品中容易造成残留量超标的抗生素主要有氯霉素、四环素、土霉素、金霉素等。有些国家动物性食品中抗生素的残留比较严重，如美国曾检出12％肉牛、58％犊牛、23％猪、20％禽肉有抗生素残留，日本曾有60％的牛和93％的猪被检出有抗生素残留。但是，许多调查结果显示，抗生素残留很少超过法定的允许量标准。

### （2）磺胺类

磺胺类药物主要通过输液、口服、创伤外用等用药方式或作为饲料添加剂而残留在动物源食品中，容易在猪、禽、牛等动物中发生。磺胺类药物根据其应用情况可分为三类：用于全身感染的磺胺药（如磺胺嘧啶、磺胺甲基嘧啶、磺胺二甲嘧啶）；用于肠道感染内服难吸收的磷胺药；用于局部的磺胺药（如磺胺醋酰）。磺胺类药物残留问题的出现已有30多年历史，并已在近15～20年内磺胺类药物残留超标现象比其他任何兽药残留都严重。磺胺类药物可在肉、蛋、乳中残留，因为其能被迅速吸收，所以在24 h内均能检查出肉中兽药残留。磷胺类药物大部分以原形态自机体排出，且在自然环境中不容易被生物降解，从而容易导致再污染，引起兽药残留且超标的现象。

英国、美国等国家对磺胺类药物在肉类食品和乳制品中的允许残留量限制为$100\mu g/kg$。欧盟对动物性食品中磺胺类兽药的最大残留量（MRL）规定为：各种肉用动物的肌肉、肝脏、肾脏和脂肪中以及牛、绵羊、山羊的乳汁中的 MRL 为 $100\mu g/kg$，且各种磺胺类残留量合计不得超过 $100\mu g/kg$。我国规定，磺胺类总计在牛、羊、猪、家禽肝、肾和脂肪中 MRL 为 $0.3mg/kg$，牛、羊、猪肌肉中为 $0.3mg/kg$，牛、羊乳中为 $0.05mg/kg$。

### （3）激素和β-兴奋剂类

在养殖业中常见使用的激素和β-兴奋剂类主要有性激素类、皮质激素类和盐酸克仑特罗等。许多研究已经表明盐酸克仑特罗、己烯雌酚等激素类药物在动物源食品中的残留超标可极大危害人类健康。其中，盐酸克仑特罗（瘦肉精）很容易在动物源食品中造成残留，健康人摄入盐酸克仑特罗超过$20\mu g$就有药效，5～10倍的摄入量则会导致中毒。中国不允许使用"瘦肉精"。

### （4）其他兽药

呋喃唑酮和硝呋烯腙常用于猪或鸡的饲料中来预防疾病，它们在动物源食品中应为零残留，即不得检出，是中国食品动物禁用兽药。苯并咪唑类能在机体各组织器官中蓄积，并在投药期，肉、蛋、奶中有较高残留。

## 4. 兽药残留与食品安全

动物性食品中的兽药残留对食品安全的影响是多方面的。人们长期食用有兽药残留的食品会破坏人体的各项机能。当人们长期食用了有兽药残留的肉、蛋、奶之后，很容易造成人体中毒，出现中毒反应，如氯霉素会导致严重的再生障碍性贫血；氨基糖苷类药物，如链霉素、庆大霉素等主要损害第八对脑神经（听神经），导致听力减退甚至耳聋；具有"三致"（致癌、致畸、致突变）作用的药物有多种，如链霉素等；并且，有的人对青霉素特别敏感，如不遵守奶牛对青霉素的休药期，很容易出现牛奶类食品中的青霉素含量超标，导致青霉素中毒，轻者出现发热、皮疹等症状，重者会引起呼吸困难，甚至死亡。动物在经常使用抗生素后会有一部分敏感菌株逐渐产生耐药性，导致了耐药菌株的产生，这些耐药菌株通过动物的肉、蛋、奶进入到人的体内，当人患有由这些耐药菌株引起的疾病时，就会给临床治疗带来很多的困难，甚至出现生命危险。

# 四、应对化学肥料、农药、兽药危害的措施

① 科学、合理地选用化肥。要加大有机肥料的施入量，提倡使用菌肥和生物制剂肥料，防治水土污染，禁止在蔬菜地上施用未经处理的垃圾和污泥，严禁污水灌溉。抑制土壤氧化-还原状况，为防止土壤的污染还可以推行粮菜轮作、水旱轮作。施加抑制剂，减少污染物的活性，这样不但可以改善土壤的 $Q$ 值，还能使作物降低对放射性物质的吸收。

② 科学、安全地使用农药。选用高效、低毒、低残留的化学农药，禁止使用剧毒、高毒和高残留农药。推广应用低污染或无污染的生物农药，如 Bt 乳剂、灭虫灵、苦参素等。

③ 严格遵守兽药使用准则，科学安全地用药。要针对畜禽疫病发生的种类和情况，合理用药，在用药剂量、给药途径、用药部位和用药动物的种类等方面严格按照用药规定，禁止滥用抗生素和激素类药物。

④ 制定和严格执行食品中农药、兽药残留限量标准，制定适合中国的农药、兽药政策。

## 阅读资料

### 土壤修复

随着工业生产规模和乡镇城市化的快速发展，土壤受到工业"三废"和农用化学品的污染日趋严重。特别是企业生产场所，由于堆积场中有害物质的渗透、物料储藏及输送设施的泄漏、工业废水违章排放等原因，土壤和地下水资源被各类污染物污染。这些化学污染物有的对人类的健康造成极大的危害，如上海世博会规划区域 5.28 平方公里，工业用地约占 70%，其中被称为"棕色地块"的部分土壤受到不同程度的污染，须进行土壤修复。

国家环保部门明确要求，所有产生危险废物的工业企业、实验室和生产经营危险废物的单位，改变原土地使用性质时，必须对原址土壤进行污染程度监测分析和环境影响分析，并据此确定土壤功能修复实施方案。

如何采用有效措施对污染土壤进行治理已引起政府部门的广泛关注。随着在该领域研究的深入以及投入力度的不断加大，土壤修复正发展成为一个新兴的环境产业。

1. 土壤修复技术的基本原理和特点

污染土壤修复是指利用物理、化学和生物的方法转移、吸收、降解和转化土壤中的污染物，使其浓度降低到可接受水平，或将有毒有害的污染物转化为无害的物质。

根据工艺原理划分，污染土壤修复的方法可分为以下几种类型。

① 物理修复  主要是通过减少土壤表层的污染物浓度，或增强土壤中的污染物的稳定性使其水溶性、扩散性和生物有效性降低，从而减轻污染物危害。

② 化学修复  向土壤投入改良剂，通过对重金属的吸附、氧化还原、拮抗或沉淀作用，以降低重金属的生物有效性。不同改良剂对重金属的作用机理不同，常用的改良剂有石灰、沸石、碳酸钙、磷酸盐、硅酸盐和促进还原作用的有机物质等。

③ 生物修复  利用生物的生命代谢活动减少土壤环境中有毒有害物的浓度或使其完全无害化，从而使污染了的土壤环境能够部分地或完全地恢复到原初状态的过程。通常的做法是将被污染的土壤挖出，在地面进行微生物堆放，在合适的温度及营养物质的条件下促进微生物繁殖，降解有机污染物，从而达到降低污染的目的。

2. 常用的土壤修复技术

① 微生物法  利用生物的生命代谢活动减少土壤环境中有毒有害物的浓度或使其完全无害化，从而使污染了的土壤环境能够部分地或完全地恢复到原初状态的过程。

② 混凝土固化法  混凝土固化法是最典型的固化稳定法，主要目的是为减少元素渗透性和其有效的扩散面。其操作流程为：土壤挖出—过滤—凝固—回填土壤。

③ 抽气/空气喷注法  根据地下土壤污染物质的挥发性，通过抽取非饱和土壤中的空气或向土壤中注入空气，使得蒸气压较大的挥发性气体随气体流动离开土体，从而达到清除的目的。

④ 热解法  利用热能切断大分子量的有机物（碳氢化合物），使之转变为含碳数更少的低分子量物质的工艺过程。

通过热分解可在一定温度条件下，从有机废物中直接回收燃料油、气等。但是并非所有有机废物都适合于热分解，在选择热分解技术时，必须充分研究废物性质、组成和数量，充分考虑其经济性。适于热分解的固体废物有废塑料（含氯者除外）、废橡胶、废轮胎、废油及油泥、废有机污染物等。

土壤是各种污染物的最终归宿，世界上90％的污染物最终滞留在土壤内。土壤中的污染物质会向水体中迁移或流失，还可以通过大气环流在全球范围内进行传播。在我国土壤污染的防治工作已被提上议事日程。针对我国土壤污染日益加剧的特点，借鉴以上土壤修复工程实例，需进一步加强土壤污染综合防治与环境管理如加强土壤污染的治理和修复技术的科研；加强土壤污染的调查，开展高污染风险区调查。

总之，在防治土壤污染的问题上，必须考虑到因地制宜，采取可行的办法，既消除土壤环境的污染，也不致引起其他环境污染问题。

## 💡 思 考 题

1. 举例说明不合理使用化学肥料对食品产生的污染。
2. 举例说明化学农药残留对食品产生的污染。
3. 举例说明兽药残留对人体产生的危害。
4. 简述应对化学肥料、农药、兽药危害的措施。

# 第七节
# 食品中其他化学污染物

食品化学污染物来源中除了前述各节化学污染物外，还包括 $N$-亚硝基化合物、多芳族化合物、二噁英类化合物等其他化学污染物。

## 一、 $N$-亚硝基化合物污染及其预防

### 1. 亚硝基化合物的种类和来源

$N$-亚硝基化合物（NOC）可分为 $N$-亚硝胺和 $N$-亚硝酰胺，其前体物是硝酸盐、亚硝酸盐和胺类物质。硝酸盐和亚硝酸盐广泛存在于人类环境中，是自然界中最普遍含氮化合物。一般蔬菜中的硝酸盐含量较高，而亚硝酸盐含量较低。但腌制不充分的蔬菜、不新鲜的蔬菜、泡菜中含有较多的亚硝酸盐（其中的硝酸盐在细菌作用下，转变成亚硝酸盐）。另外，硝酸盐作为食品添加剂广泛用于肉制品加工。

含氮的有机胺类化合物也广泛存在于环境中，尤其是食物中，因为蛋白质、氨基酸、磷脂等胺类的前体物，是各种天然食品的成分。另外，胺类也是药物、化学农药和一些化工产品的原材料（如大量的二级胺用于药物和工业原料），易于污染环境。

许多天然食品如海产品、肉制品、啤酒及不新鲜的蔬菜等都含有 $N$-亚硝基化合物，在动物体内也可合成。

### 2. 亚硝基化合物对人体的危害作用

动物试验证明，$N$-亚硝基化合物具有较强的致癌作用。可使多种动物罹患癌症，通过呼吸道吸入、消化道摄入、皮下肌肉注射、皮肤接触的动物均可引起肿瘤，且具有剂量效应关系。妊娠期的动物摄入一定量的 NOC 可通过胎盘使子代动物致癌，甚至影响到第三代和第四代。有的实验显示 NOC 还可以通过乳汁使子代发生肿瘤。

许多流行病学资料显示 $N$-亚硝基化合物的摄入量与人类的某些肿瘤的发生呈正相关。如胃癌、食管癌、结直肠癌、膀胱癌等。例如引起肝癌的环境因素，除黄曲霉毒素外，亚硝胺也是重要的环境因素。肝癌高发区的副食以腌菜为主，对肝癌高发区的腌菜中的亚硝胺测定显示，其检出率为 60%。

$N$-亚硝基化合物，除致癌性外，还具有致畸作用和致突变作用。亚硝酰胺对动物具有致畸作用，并存在剂量效应关系；而亚硝胺的致畸作用很弱。亚硝酰胺是一类直接致突变物。亚硝胺需经哺乳动物的混合功能氧化酶系统代谢活化后才具有致突变性。

### 3. 防止 NOC 危害的措施

① 减少其前体物的摄入量。如限制食品加工过程中的硝酸盐和亚硝酸盐的添加量；尽量食用新鲜蔬菜等。

② 减少 $N$-亚硝基化合物的摄入量。人体接触的 $N$-亚硝基化合物有 70%~90% 是在体内自己合成的。多食用能阻断 NOC 合成食品，如维生素 C、维生素 E 及一些多酚类的物质。

③ 制定食品中 $N$-亚硝基化合物的最高限量标准。

## 二、多环芳族化合物污染及其预防

多环芳族化合物目前已鉴定出数百种，其中苯并［a］芘研究得最早，资料最多。

### 1. 种类、来源及危害

（1）苯并［a］芘

多环芳烃主要由各种有机物如煤、柴油、汽油、原油及香烟燃烧不完全而来。食品中的多环芳烃主要有以下几个来源：

① 食品在烘烤或熏制时直接受到污染。

② 食品成分在烹调加工时经高温裂解或热聚形成，是食品中多环芳烃的主要来源。

③ 植物性食物可吸收土壤、水中污染的多环芳烃，并可受大气飘尘直接污染。

④ 食品加工过程中，受机油污染，或食品包装材料的污染，以及在柏油马路上晾晒粮食可使粮食受到污染。

⑤ 污染的水体可使水产品受到污染。

⑥ 植物和微生物体内可合成微量的多环芳烃。

动物试验证实苯并［a］芘对动物具有致癌性，能成功诱发大鼠、小鼠、地鼠、豚鼠、蝾螈、兔、鸭及猴等动物肿瘤，小鼠可经胎盘使子代发生肿瘤，也可使大鼠胚胎死亡、仔鼠免疫功能下降。许多流行病学研究资料显示人类摄入多环芳族化合物与胃癌发生率具有相关关系。

（2）杂环胺类化合物（HCA）

在烹饪的肉和鱼类中能检出杂环胺类化合物，这些物质是在高温下由肌酸、肌酐、某些氨基酸和糖形成的，为带杂环的伯胺。

HCA 具有致癌性，可诱发小鼠肝脏肿瘤，也可诱发出肺、前胃和造血系统的肿瘤，大鼠可发生肝、肠道、乳腺等器官的肿瘤。

### 2. 防止 HCA 危害的措施

① 改进烹调方法，尽量不要采用油煎、油炸、烘烤或熏制的烹调方法，避免过高温度，不要烧焦食物。

② 食品加工过程中防止受到机油的污染，禁止在柏油马路上晾晒粮食。

③ 增加蔬菜水果的摄入量。膳食纤维可以吸附 HCA。而蔬菜和水果中的一些活性成分又可抑制 HCA 的致突变作用。

④ 建立完善的 HCA 的检测方法，开展食物 HCA 含量检测，研究其生成条件和抑制条件、在体内的代谢情况、毒害作用的域剂量等，尽早制定食品中的允许含量标准。

## 三、二噁英污染及其预防

二噁英类化合物是一种重要的环境持久有机污染物，它是目前世界上已知毒性最强的化合物，也称"世纪之毒"。

### 1. 二噁英的主要污染源及污染途径

二噁英及其类似物主要来源于含氯工业产品的杂质、垃圾焚烧、纸张漂白及汽车尾气排放等。二噁英类化合物在环境中非常稳定，难以降解，亲脂性高，具生物累积性。可经空气、水、土壤的污染，通过食物链，最后在人体达到生物富集，从而使人类的污染负荷达到最高。

某些包装袋，尤其是聚氯乙烯袋、经漂白的纸张或含油墨的旧报纸包装材料等都会将二英转移至饲料或含油脂的食品中。从被二噁英污染的纸制包装袋向牛奶的转移仅需几天的时间。

人体内的二噁英 95% 来源于食品的摄入。

## 2. 二噁英的危害

二噁英具有免疫及生理毒性，致癌，一次污染可长期留存体内，长期接触可在体内积蓄，即使低剂量的长期接触也会造成严重的毒害作用，主要有：致死作用、胸腺萎缩及免疫毒性、"氯痤疮"（发生皮肤增生或角化过度）、肝中毒、生殖毒性、发育毒性和致畸性、致癌性。二噁英是全致癌物，单独使用二噁英即可诱发癌症，但它没有遗传毒性。1997 年国际癌症研究机构（IARC）将二噁英定为对人致癌的 I 级致癌物。

## 3. 预防二噁英污染的措施

① 严格执行和实施中国 1996 年 4 月 1 日发布的关于《固体废物污染环境防治法》。减少化学和家庭废弃物。禁止焚烧固体垃圾和作物秸秆。加强对垃圾填埋场的监管。

② 禁止用含氯的塑料包装物包装食品和饲料。

③ 加强对食品从原料到产品的检测，制定国家限量标准和检测方法。

④ 加强对二噁英及其类似物的危险性评估和危险性管理方面的研究。

⑤ 加强对预防二噁英污染方面的知识宣传，提高对二噁英污染中毒的自我保护意识。

**阅读资料**

### 以"四个最严"织牢食品安全防护网

2019 年 5 月 9 日《中共中央国务院关于深化改革加强食品安全工作的意见》公开发布。意见指出，必须深化改革创新，用最严谨的标准、最严格的监管、最严厉的处罚、最严肃的问责，进一步加强食品安全工作，确保人民群众"舌尖上的安全"。这"四个最严"，进一步显示了中国加强食品安全防护的坚定决心。

以最严标准，牢把准入"门槛"。进入市场流通、消费的食品是否安全，要看标准严不严。严标准，才会有高质量、好品质。在食品的生产、加工、包装、运输等各个环节，都需要设置严格、明确、实用的准入标准，牢把准入"门槛"。尤其要加快制定、修订农药残留、兽药残留、重金属、食品污染物、致病性微生物等食品安全通用标准，向国际食品法对标接轨。

以最严监管，守卫安全红线。食品安全是底线，也是红线。一方面健全覆盖从生产加工到流通消费全过程最严格的监管制度，严把产地环境安全关、农业投入品生产使用关、粮食收储质量安全关、食品加工质量安全关、流通销售质量安全关、餐饮服务质量安全关。另一方面，应将监管过程前置、下沉，加强日常监管、一线监管，将可能触碰红线的食品安全隐患和问题等及时扼杀在萌芽中。

以最严处罚，强化震慑力度。食品安全关乎人民的生命安全，容不得丝毫闪失，也容不得"宽大处理"。治理食品安全问题、惩治不法行为，必须重典治乱、猛药去疴，予以最严处罚，运用法律武器强化震慑力度，切实提高违法成本。要在推动危害食品安全的制假售假行为"直接入刑"，实行食品行业从业禁止、终身禁业，对再犯从严从重进行处罚等法律法规、规章制度的探索上多下功夫。

以最严问责，倒逼责任落实。食品安全工作要落实到位，还应扭紧责任人这个关键。我们要以最严问责制度为遵循，加大追责问责力度，用"铁腕"手段拧紧责任的"螺丝钉"，明确党委和政府主要负责人是第一责任人，倒逼地方各级党委和政府将食品安全当作重大政治任务来抓。

食品安全无小事。我们不仅要将"四个最严"写在纸上，更要真正落在地上，努力建立让人民满意的食品安全领域现代化治理体系，提高从农田到餐桌全过程的监管能力，提升食品全链条质量安全保障水平，全方位织牢食品安全网，构建"吃得好"的饮食环境，让人民吃得放心。

## 思考题

1. 简述亚硝基化合物的种类和来源。
2. 简述亚硝基化合物对人体的危害及控制措施。
3. 简述多芳族化合物的危害及控制措施。
4. 简述二噁英类化合物的危害及控制措施。

# 第六章

## 化学与日用品

随着社会的发展和人们生活水平的提高，日化用品行业的国民经济占比逐年增加，据统计，2014 年我国日化产品市场规模为 2937 亿元，同比增长 7.2%，预计 2014～2019 年总增长率达到 44%，至 2019 年，我国日化用品零售额将达到 4230 亿元。说明日化用品正逐渐走进人们的生活，给人们带来方便、洁净、卫生和美丽的同时，改善着人们的生活品质。

# 第一节

# 洗涤用品

最早出现的洗涤用品是皂角类植物等天然产物，其中含有皂素，即皂角苷，有助于水的洗涤去污作用。根据国家统计局统计，2018 年"肥皂及洗涤剂制造业"规模以上企业合成洗涤剂产量累计为 928.56 万吨，其中合成洗衣粉产量为 355.28 万吨，肥（香）皂产量为 90 万吨，位居世界第一。但我国人均消费额仅接近世界平均水平，约为 10 美元，与发达国家还有较大差距，如：日本和英国人均消费最高，超过 90 美元/人，其次为法国、意大利、美国、德国等国家，人均消费约为 70～90 美元/人。由于我国产品结构以普通型为主，使得人均消费量与消费额之比重与全球数据相差甚远。

洗涤用品是人们日常生活中时常使用的日化产品，它们的作用除了提高去污能力外，还能赋予其他功能，如织物柔软性、金属的防锈、玻璃表面防止吸附尘埃等。随着社会的不断发展进步，人们对洁净、健康和时尚的生活方式的追求也不断升级，促使洗涤用品市场产品琳琅满目，功能化、细分化、专业化产品不断涌现，不仅包括传统的肥皂、洗衣粉和洗涤剂，还发展出了各类香皂、药皂、液态洗涤剂、清洁剂、护理剂等诸多品种，这让人们的生活更加便捷、安全和时尚。

## 一、洗涤剂的去污原理

通常意义上的洗涤是指通过物理、化学作用将污垢从载体表面去除的一个完整过程。它以除去洗涤对象中的杂质或表面污垢为目的，使被洗涤物更加洁净。在日常生活中，我们用水或溶剂清洗物品表面的污渍就是洗涤的过程，而其中的水或者溶剂就可以视为一种清洗剂。但绝大多数情况下，仅仅使用水或溶剂来进行清洗是远远不够的，甚至是无效的。这就需要再洗涤过程中加入一定的添加剂来帮助清洗的完成，这种添加剂一般被称为洗涤剂。它可以是一种单一的化学物质，也可以是多种化学物质的混合物。

洗涤的过程可以分为两个部分组成，一是化学作用过程，即利用洗涤剂对污垢和基质进行润湿和渗透，使其脱落，并在溶液中乳化、分散和增溶。二是物理作用过程，即通过清水漂洗冲掉污垢，防止乳化分散后的污垢再沉积附着在物品基层表面。这个过程可简化为：

载体·污垢＋洗涤剂 ⇌ 载体＋污垢·洗涤剂

下面以洗涤剂去除底物表面油渍为例来说明去污原理。①表面活性剂的亲油基和亲水基吸附在油水两相界面上，油和水被亲油基团和亲水基团连接起来，降低其表面张力，防止它们的排斥作用，尽量增大油水的接触面积［如图 6-1(b)所示］；②油渍在含有表面活性剂的溶液中充分润湿，活性物质逐渐渗透到油渍中，使其逐渐溶解、乳化［图 6-1(c)］；③表面活性剂将乳化后的油渍分散于溶液中，形成悬浮液，最后随洗涤液一起排出［图 6-1(d)］。因此，去污作用通过表面活性剂降低界面张力，从而产生润湿、渗透、乳化、分散、排放等多种作用的综合效果。为了提高洗涤效果，常常要施加一定的机械作用力，如搅拌、搓揉、漂洗等，以使污垢与基层更容易分离脱落。

洗涤剂指以去污为目的而设计配合的产品，种类繁多，它们的化学结构、效能及相互间的协同作用各不相同，但通常洗涤剂主要由表面活性剂、助洗剂、辅助原料和洗涤介质组成。其中表面活性剂是洗涤剂中的主要活性成分；作为辅助组分的助洗剂、抗沉淀剂、酶、填充剂等，其作用是增强和提高洗涤剂的各种效能。洗涤剂的产品种类很多，基本上可分为肥皂、合成洗衣粉、液体洗涤剂、固体状洗涤剂及膏状洗涤剂几大类。

# 二、皂类洗涤剂

改革开放 40 多年来，我国洗涤用品行业得到迅速发展并取得长足进步。特别是肥皂工业从高耗能、高污染、人工操作的状态，发展成今天的连续化、自动化生产，实现了节能减排，清洁生产。洗涤用品种类繁多，数量庞大，特别是洗衣粉、液体洗涤剂快速发展，已成为洗涤用品的主角。肥皂作为最早的日化用品仍有相当多的钟爱者，即使在欧美、日本等发达国家仍有一定市场，在日本香皂还是馈赠亲朋好友的礼品，商店里各种包装精美的香

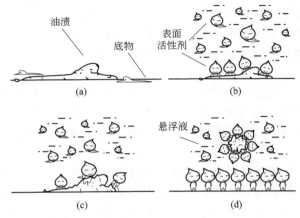

图 6-1 油渍从底物表面去除的过程

皂琳琅满目。肥皂的化学成分是长链脂肪酸的钠盐和钾盐，它可以由天然油脂在碱性条件下水解得到。日常使用的肥皂主要成分为脂肪酸钠盐，又叫硬肥皂，其中含约 60% 的脂肪酸钠、20%～25% 的助剂以及约 20% 的水分。加入香料及颜料就成为家庭用的香皂，加入甲苯酚或其他杀菌剂就成为药皂，增加了松香酸钠而成为洗衣皂。

## 1. 日常用肥皂

### （1）洗衣皂

洗衣皂通常叫肥皂，主要用来洗涤衣物。洗衣皂是块状或者条状硬皂，主要成分是脂肪酸钠盐，此外还含有助洗剂、填充料等。如泡花碱、碳酸钠、沸石、着色剂、透明剂、钙皂分散剂、香料、荧光增白剂等。将适当配合的油脂（有时加松香）与烧碱共煮，经皂化、盐析、洗涤、整理等工序制得皂基，然后经调和、冷凝（成形）、切块、打印等工序制成皂块。成型方法主要有冷板法和真空冷凝法。肥皂在硬水中使用时，会生成不溶于水的脂肪酸钙盐和镁盐，使去污能力失效；在酸性水中肥皂会水解游离出难溶于水的脂肪酸，使其去污能力降低。因此，肥皂不宜在硬水中或酸性水中使用。

### （2）香皂

香皂是一种最普通和最广泛使用的个人洗涤用品，质地细腻，主要用于洗手、洗脸、洗澡等。香皂是以脂肪酸钠和其他表面活性剂为主要原料，添加一定量的香精及其它改良物质，经过加工成型后制成的产品。包括细研香皂（又叫法国香皂）、浮水香皂、油性香皂、透明香皂、特殊形态香皂、精油香皂等诸多品种。用香皂洗涤衣物能在一定时间内保持衣物芳香；香皂洗面的清洁能力优于一般的洗面奶，而且实惠耐用。但洗后一定要用清水冲洗干净，否则易导致皮肤酸碱失去平衡，变得粗糙、干燥，甚至出现严重的应激反应。

（3）透明皂

透明皂的外官好，既可以当肥皂用，也可以当香皂使用。它的脂肪酸盐含量介于肥皂和香皂之间，使用精炼的、色泽非常浅的油脂，如牛油、椰子油、棕榈油，还有蓖麻油等原料，另外还要加入作透明剂的乙醇、甘油、蔗糖等。通过溶剂法或机制法在适当温度下制造而成。

（4）药皂

药皂也叫抗菌皂或去臭皂，是在肥皂的制造过程中加入一定量的杀菌剂。药皂除了具有清洁去污的功能外，还有杀菌的作用，多用于洗手或洗澡。药皂因其强大的清除和杀灭效果，成为家庭对付细菌保卫自身的最佳武器，但由于一般传统的药皂具有强烈的刺激气味，致使实际生活中，药皂并未被家庭广泛采用。

（5）复合皂

复合皂克服了肥皂在硬水中洗涤效果差的缺点，具有较强的去污能力。市场上常见的复合皂有复合洗衣皂和复合香皂，其主要成分为烯基磺酸盐、羟乙基磺脂肪酸酯钠盐、甘油醚磺酸盐等表面活性剂以及钙皂分散剂。它的制法和用途与洗衣皂、香皂相同。

（6）液体皂

液体皂是液体剂型的清洗剂，易溶于水，使用方便。是皂、椰子油等混合油与氢氧化钾水溶液皂化制得。液体皂碱性较低，要求脱脂性较差，去污力适中，目前主要用于公共场所洗手、洗发和沐浴，也可用于洗涤织物、水果、器皿和炊具。

（7）洁面皂

洁面皂又称美容皂、洁肤皂、滋养皂，是具有保湿、控油、抗痘、美白等功效的美容护肤类香皂。一般添加了高级香精和营养润肤剂，如牛奶、蜂蜜、人参提取液、磷脂、硅油、珍珠粉、维生素 E、芦荟等。

## 2. 肥皂的生产

肥皂一般是由油脂和苛性碱溶液反应制得的，所以油脂和苛性碱是制造肥皂的主要原料，同时再加入适量的辅助材料，如泡花碱、碳酸钠、抗氧化剂、杀菌剂、消炎剂、香精、着色剂、透明剂、钙皂分散剂、富脂剂等。油脂是脂肪酸的甘油酯，包括动物油脂，如猪油、牛油、羊油、鱼油等，以及植物油脂，如椰子油、棕榈油、花生油、菜籽油、棉籽油、玉米油等。

一般油脂在生产制造肥皂前需经过预处理，以去除一些不必要的杂质，如泥沙、胚料、纤维素、色素、特殊气味的不皂化物等。根据不同的情况可采用脱胶（去除胶性黏液质）、脱色（消除有色物，尤其是香皂）、脱臭（挥发性物质）、加氢（提高凝固点）等各种处理手段，来保证用于制皂的油脂的质量。

不同品种的肥皂生产工艺大多各不相同，但皂基是它们统一的原料，也是肥皂生产的关键。制皂工艺先将油脂制成皂基，然后再经配料调和、挤压、切割、成型等工序得到肥皂成品。

（1）油脂皂化法制备皂基

皂化法是将油脂与碱直接进行皂化反应而制取皂基，可用以下化学反应式表示：

$$\begin{array}{l}CH_2OOCR^1 \\ CHOOCR^2 \\ CH_2OOCR^3\end{array} + 3NaOH \longrightarrow \begin{array}{l}CH_2OH \\ CHOH \\ CH_2OH\end{array} + \begin{array}{l}R^1COONa \\ R^2COONa \\ R^3COONa\end{array}$$

　　　　油脂　　　　　　　　　　　甘油　　　　　肥皂

皂化法可分为间歇式皂化盐析法和连续式皂化法两种生产工艺。间歇式皂化盐析法是最基本的制皂方式，也是我国目前绝大多数厂家采用的生产工艺。这种方法生产的肥皂质量与操作工的技术水平和经验有很大的关系，而且生产的周期比较长，效率低。连续式皂化法是现代化的生产方式，连续化的设备能使油脂与碱充分接触，在短时间内完成皂化反应，不仅生产效率高而且产品质量稳定，是比较成熟的工业生产方法。

（2）脂肪酸中和法

这是一种将油脂先水解成脂肪酸，然后用碱将脂肪酸中和成皂的方法，包括油脂脱胶、油脂水解、脂肪酸蒸馏及脂肪酸中和四个工序。这个方法不仅简化了皂化工艺，而且可利用各种脂肪酸来进行科学的配方，另外，因为低级油脂经过水解和蒸馏过程，其中的杂质较彻底地分离，仍能制得优质肥皂，所以中和法可以使用低级油脂原料。

（3）甲酯皂化法

这是日本的狮子油脂公司开发成功的一条新型的制皂生产工艺。先将油脂与甲醇进行反应，通过酯交换生产脂肪酸甲酯和甘油，分离回收甘油后，用碱使脂肪酸甲酯皂化，生产肥皂和甲醇，并回收甲醇作循环使用。这种方法甘油的回收率高，脂肪酸甲酯可蒸馏精制，皂化速度快且完全，适合大规模生产。

## 3. 肥皂可能带来的危害

日常生活中，洗脸、洗手、洗澡、洗衣等都经常会使用肥皂，那么肥皂是否会对人们的皮肤产生危害呢？织造肥皂的主要原料来自天然的动植物脂肪，因此，单纯因使用肥皂引起损伤极为罕见，可能引起的肌肤过敏的事例及其严重程度也远不如使用合成洗涤剂。但如果使用不当，少数人也会发生程度不同的皮肤应激反应。

（1）使用过于频繁

人体皮肤上的皮脂腺经常分泌油性物质皮脂，而肥皂的除脂能力很强，过于频繁地使用肥皂就会把皮肤表层的皮脂保护膜洗掉。缺少这层保护膜，皮肤会显得干燥、粗糙，甚至出现皲裂、脱屑，容易遭受外界各种刺激。

（2）加重皮肤疾病

对于患有湿疹、皮炎、带状疱疹、瘙痒等症状一类皮肤病的人，肥皂（包括香皂）的碱性会使这类皮肤疾病加重、恶化，或者刚刚痊愈的皮肤病再度复发。

（3）肥皂中的添加剂过敏

由于肥皂的应用功能不断增多，肥皂中添加剂的品种也不断增加，这些添加剂大多以辅料的形式改善肥皂的各种性能。对于一些个体人群反复使用肥皂后出现皮肤过敏现象，如皮肤出现瘙痒、红斑、皮疹、丘疹，大多是肥皂中的此类添加剂造成的，尤其是杀菌剂造成的。如暗红色药皂中的石炭酸（酚类物质）可以使人过敏；肥皂中的透明剂、抗氧化剂、富脂剂等都可能成为诱发皮肤过敏的致敏原。

（4）使用劣质原料或管理不善

尽管肥皂在制造时要求使用的原料对人体无害，毒性小。但如果存在管理不善或使用了劣质原料的情形，加之使用者的个体差异，也会给一些使用者造成不同的伤害。①制皂过程中烧碱残留过量，其强碱性必然会对皮肤造成灼伤等刺激性损害。②过量的乙醇、食盐对皮肤也产生一定的刺激作用。③某些香精成分也是常见的致敏原，可能会引起皮肤瘙痒、丘疹、湿疹、过敏性皮炎等症状。④苯酚对皮肤的刺激性很大，可引起刺激损伤；三溴水杨酸、苯胺被怀疑为光敏性物质；对氯苯酚和六氯酚也是致敏物质。不过这些物质在肥皂中的比例很小，按照通常的洗涤习惯，涂抹肥皂后，经过一定程序的抹洗，再用大量清水冲洗，这些物质在皮肤上的残留量是很少的。

4. 肥皂的健康使用

（1）合理选择肥皂种类

目前，市场上的肥皂种类繁多，有洗衣皂、香皂、透明皂、药皂等。从皂类产品的配方设计来讲，这些肥皂的功能是完全不一样的。洗衣皂更注重其去污能力，碱性极强，pH 值在 10 左右；香皂强调其对人体肌肤的温和型，侧重于去除汗液、皮脂等轻污垢，呈弱碱性，pH 值在 8 左右；透明皂中一般加入少量的滑石粉或润滑剂，泡沫丰富，对皮肤刺激性低，保湿性好，pH 值介于洗衣皂和香皂之间，属于弱碱性皂品；药皂根据其功能性不同，会加入一定量的消炎剂或消毒剂，具有去污能力的同时更加强调其功能性。

洗衣皂含碱较多，一般用于洗涤衣物。在洗衣皂中添加适量荧光增白剂，可用于白色和浅色织物的洗涤，有较好的增白效果。有些洗衣皂除含有一般动植物油脂外，还添加了较多的透明剂甘油，宜用于洗涤普通衣物，但不宜洗丝、毛和化纤纺织品。用洗衣皂洗衣物时，应先将衣物放在水里浸湿后再擦肥皂，最好将衣服放在 0.2%～0.5% 的皂液中浸泡 2h，让肥皂水渗入纤维，使衣服上的污垢分散，脱落，然后再搓洗。

药皂是在肥皂中加入少量药物和消毒剂，除洗涤去污作用外，还有一定消毒作用。药皂的种类较多，可根据最终用途不同进行合理选择。如煤酚皂主要成分为甲基苯酚（化学式 $C_7H_8O$，是常用的一种消毒剂），刺激性大，常作为医疗药品使用，也可用于洗衣消毒；添加硫黄的硫黄皂，对头皮痒和头皮屑多者有特效；硼酸皂刺激性很小适用于儿童洗浴。但药皂也有可能会刺激皮肤甚至致敏，使用时要小心。

香皂含碱较少，用来洗脸最为合适。但皮肤极易过敏的人也应注意少用或不用。香皂中油脂含量比普通肥皂多一倍，对皮肤刺激性小。但过多使用香皂洗脸，对皮肤也有不利之处，因为香皂大多是弱碱性，而人体的正常皮肤是弱酸性的，这就会导致香皂去污力强，使皮肤失去较多的水分和养分，使面部皮肤变得干燥，影响血液循环和皮层组织的营养，造成皮肤干裂、粗糙，甚至使面部出现皱纹致使皮肤松弛。所以，洗脸时宜用香皂，但不宜经常使用。另外，香皂不要轻易更换，在换用另一种香皂时，有可能对其中添加的色素、香料等过敏。香皂的用量多少则视皮肤的具体情况而定。一般是粗糙处、肥厚处、油腻处、皮屑处和较脏的地方多擦一点。打上香皂后要均匀揉搓全身各处，油大汗多处要多搓几下，既不要一打上香皂不加搓擦就冲掉，也不要等香皂沫消散或香皂水干透再冲洗。香皂的清洁作用和它产生的泡沫分不开，但并不是泡沫越多越好。

（2）正确鉴别肥皂质量优劣

在人们日常生活中，肥皂的质量优劣将直接影响自身的身体健康，往往劣质的肥皂会含有过量的毒性物质，如苯酚、甲苯酚、三溴水杨苯胺、硫黄等。这些物质会对皮肤有强烈的刺激作用，容易引起各类皮肤疾病。

现在工业皂基再熔皂（简称再熔皂）大量生产，这种皂外观艳丽，香气扑鼻。但却是用工业皂基再熔生产的，其生产工艺与手工冷制皂截然不同，不是用高档植物油直接生产加工而成的，失去了许多对皮肤有益的成分，不能称为手工冷制皂。目前一些网上卖家为了赚钱，大量销售皂基再熔皂，并谎称是手工冷制皂。下面介绍三个步骤识别真正高质量的手工冷制皂。

第一步看香皂外观和闻味道，皂基再熔皂大多数为半透明，表面细致，但是没有质感，有比较鲜艳的颜色和浓重的日化香精的味道，而冷制皂不透明，质感强烈，不加香精色素，所以颜色不鲜艳也无香味，即使加了少量贵重的植物精油，但也不至于有浓烈的香味。现在也有的香皂，为了让人无法辨别，用白色皂基添加色素或炭粉做成完全不透明颜色的，这就为外观辨别增加了难度，需要用第二种火烧或微波炉加热方法来辨别。

第二步火烧或微波炉加热方法来辨别。有营养的有机植物用火烧后都会炭化变黑，无营养的无机矿物质，不怕火烧，比如石蜡用火烧熔化后不会变色。而有营养的大米馒头，用火烧后会炭化变黑。工业皂基再熔皂的原料，由于不是天然植物油，所以加热熔化后不会变色、变味，但是取材于天然植物油的冷制手工皂，火烧后会变黑甚至烧焦。方法很简单，取一小块，放入耐热容器内，然后再添加少量的水并加热。不变色、不变味的，就是工业香皂。而真正的冷制皂，微波炉加热后不能与水溶化在一起，而是焦黄卷曲或起燎泡不成形状。

　　第三步拉丝辨别。上面两点是辨别工业皂与真正手工皂的区别，这一步是手工皂中质量高低鉴别。高质量的冷制皂，对温度、原料、植物原油的选材、工艺配比、搅拌的过程中都有严格要求，由于用的高档软油多，所以才能拉丝（橄榄油、酥梨油、月见草油、榛果油等为软油，价格较高；椰子油、棕榈油、猪油等为硬油，价格便宜），如果用的高档软油少，便宜的硬油多就不会拉丝。

---

**阅读资料**

### 巧用肥皂

　　1. 去霉去味留清新，净味好帮手

　　梅雨季节，抽屉、壁橱和衣服上常会有霉味，这时，在里面放一块去掉包装的小肥皂，霉味很快就能消除。将碎香皂放入瓶中，加入沸水。变软的香皂会散发出香味，将这样的瓶装香皂水放在厕所里，可以去味。

　　2. 顺滑拉链和抽屉，一拉很轻松

　　用肥皂在难拉的拉链上来回划几下，即可变得顺滑好用；家里的抽屉不太容易拉动时，可以用肥皂直接涂在轨道处，能起到很好的润滑作用。

　　3. 浆糊肥皂一起用，省心又牢固

　　往墙上贴纸（贴春联）前，在浆糊中兑入少许肥皂液，充分搅拌后再贴，既省力，又牢固。

　　4. 高效清洁油烟机，省力又环保

　　把肥皂切碎加热，制成稀糊状，涂到油烟机的叶轮表面。在下一次清洗油烟机的时候，不用洗洁精，只用水浸泡，抹布一擦就干净了。

　　5. 镜片雾气巧祛除

　　当我们去浴室洗浴或者在雾天骑车时，眼镜的镜片上往往会产生雾气，影响视力。可以用手指蘸点肥皂液，在镜片两面摩擦数次，镜片上就不会产生雾气了。

　　6. 墨汁加点肥皂水，墨迹更清晰

　　当我们在木箱或白布上写毛笔字时，不容易写得明显。如果在墨汁中加入少量的肥皂水，或者在要写字的地方用肥皂水擦一下，干后再用毛笔蘸墨汁写，字迹就会清晰明显。

# 三、洗衣粉

　　洗衣粉是一种碱性的合成洗涤剂，是用于洗衣服的化学制剂，最早由德国汉高于1907年用硼酸盐和硅酸盐为主要原料发明。由于肥皂在硬水中会生成钙盐、镁盐而沉积在织物和洗衣机零件上，因此 20 世纪 40 年代以后，随着化学工业的发展，人们利用石油中提炼出的化学物质——四聚丙烯苯磺酸钠，制造出了比肥皂性能更好的洗涤剂。后来人们又把具有软化硬水、提高洗涤剂去污效果的磷酸盐配入洗涤剂中，这样洗涤剂的性能就更完美了。人们为了使用、携带、存储、运输等的方便，就把洗涤剂制造成了粉状洗涤剂——洗衣粉。

1. 洗衣粉中的成分组成

洗衣粉的主要成分有织物纤维防垢剂、阴离子表面活性剂、非离子表面活性剂、水软化剂、污垢悬浮剂、酶、荧光剂及香料等，表面活性剂在洗衣粉中的作用是使洗衣粉有可溶、乳化、浸透、洁净、杀菌、柔化、起泡、防止衣物静电等功能。

（1）表面活性剂

在洗衣粉中发挥主要的洗涤作用，故被称为主剂。它的作用就是减弱污渍与衣物间的附着力，在洗涤水流以及手搓或洗衣机的搅动等机械力的作用下，使污渍脱离衣物，从而达到洗净衣物的目的。

（2）助洗剂

洗衣粉中的助洗剂是用量最大的成分，一般会占到总组成的 $15\%\sim40\%$。助洗剂的主要作用就是通过束缚水中所含的硬度离子，使水得以软化，从而保护表面活性剂使其发挥最大效用。所谓含磷、无磷洗涤剂，实际是指所用的助洗剂是磷系还是非磷系物质。

（3）缓冲剂

衣物上常见的污垢，一般为有机污渍，如汗渍、食物、灰尘等。有机污渍一般都是酸性的，使洗涤溶液处于碱性状态有利于这类污渍的去除，所以洗衣粉中都配入了相当数量的碱性物质。一般常用的是纯碱和水玻璃。

（4）增效剂

为了使洗涤剂具有更好的和更多的与洗涤相关的功效，越来越多的洗涤剂含有特殊功能的成分，这些成分能有效地提高和改善洗涤剂的洗涤性能。如酶制剂（蛋白酶、脂肪酶、淀粉酶等）、漂白剂、漂白促进剂等可提高洗净效果；加入抗再沉积剂、污垢分散剂 LBD-1、酶制剂（纤维素酶）、荧光增白剂、防染剂改善织物白度保持性；柔软剂、纤维素酶、抗静电剂、护色剂等改善织物手感。

（5）辅助剂

这类成分一般不对洗涤剂的洗涤能力起提高改善作用，但是对产品的加工过程以及产品的感官指标起较大作用，比如使洗衣粉颜色洁白、颗粒均匀、无结块、香气宜人等。

2. 日常用洗衣粉

（1）普通洗衣粉

普通洗衣粉是把洗涤剂液体泵至高塔顶部，通过莲蓬喷头喷成液滴，在与干燥空气接触过程中汽化其中水分而得到的粉状洗涤产品。通常包含有表面活性剂（阴离子和非离子为主），水软化剂（三聚磷酸钠），碱剂（纯碱、硅酸钠等），漂白剂等成分。此类洗衣粉颗粒大而疏松，水中溶解快，泡沫较为丰富，但去污力相对较弱，不易漂洗，一般适用于天然和合成纤维织物的手洗。

（2）浓缩洗衣粉

浓缩洗衣粉主要由高含量的表面活性剂为主要活性物并配以纯碱、硅酸盐、抗再沉积剂等助剂组成。普通洗衣粉一般是空心的颗粒，所以相对密度较小。而浓缩洗衣粉是用附聚成型、吸收中和法制造，为实心颗粒，密度大，体积小，活性物含量高，去污力更强，特别适用于机洗。适用于棉织物、化纤织物等日常织物的洗涤，洗后干净、亮丽、清香。

（3）加酶洗衣粉

加酶洗衣粉中添加了多种酶制剂，如碱性蛋白酶制剂和碱性脂肪酶制剂等。这些酶制剂不仅可以有效地清除衣物上的污渍，而且对人体没有毒害作用，并且这些酶制剂及其分解产物能够被微生物分解，不会污染环境。目前市场上常见的加酶洗衣粉有蛋白酶、脂肪酶、淀粉酶和纤维素酶。这些酶制剂的活性高，去污效果好，有效期长。能催化分解一般洗衣粉难以清除的血渍、奶渍、果渍、巧克力渍等蛋白质混合污渍。泡沫适中，机洗手洗均适宜。加酶洗衣粉和普通洗衣粉的性能比较见表 6-1。

**表 6-1　加酶洗衣粉和普通洗衣粉的性能比较**

| 项　目 | 普通洗衣粉 | 加酶洗衣粉 |
|---|---|---|
| 成分 | 表面活性剂、聚磷酸盐、碱剂、漂白剂、荧光增白剂等 | 普通洗衣粉成分＋酶制剂 |
| 种类 | 根据含磷量分为含磷和无磷洗衣粉 | 根据加入的酶制剂种类分为单一加酶洗衣粉和复合加酶洗衣粉 |
| 作用 | 亲油基与油污相互融合，形成亲水的微小胶团悬浮在洗涤液中，然后一起被清水冲掉 | 将大分子有机物分解为易溶于水的小分子有机物，使污染物与纤维分开 |
| 环境影响 | 导致水体发生富营养化，破坏水质，污染环境 | 污染轻甚至无污染 |
| 相同点 | 表面活性剂产生泡沫，将油脂分子分散开，水软化剂可以分开污垢。 | |

### 3. 洗衣粉的生产工艺流程

（1）配料

洗衣粉生产中，一般需将各种洗衣粉原料与水混合成料浆，这个过程称为配料。配料工艺要求料浆的总固体含量要高而流动性要好，但总固体含量高时黏度大，流动性就受到一定影响，反之亦然，因此必须正确处理两者的关系，力求在料浆流动性较好的前提下提高总固体含量。

（2）料浆后处理

配制好的料浆需进行过滤、脱气和研磨处理，以使料浆符合均匀、细腻及流动性好的要求。

① 过滤　料浆配制过程中或多或少会有一些结块，一些原料中会夹杂一些水不溶物，需过滤除去。间歇配料可采用筛网过滤或离心过滤方式，连续配料一般采用磁过滤器过滤。

② 脱气　料浆中常夹带大量空气，使其结构疏松，影响高压泵的压力升高和喷雾干燥的成品质量，因此，必须进行脱气处理。目前均采用真空离心脱气机进行脱气。当采用复合配方时，由于加入了非离子表面活性剂，料浆结构紧密而不进行脱气处理。

③ 研磨　脱气后的料浆，为了更加均匀，防止喷雾干燥时堵塞喷枪，还要对料浆进行研磨。常用的研磨设备是胶体磨。

（3）成型

将配方中的各组分均匀混合成型是生产洗衣粉的重要环节。目前常用的粉状洗涤剂成型方法主要有喷雾干燥法、附聚成型法及干式混合法等几种。要求成型后的粉剂保持干燥、不结块，颗粒具有流动性，并具有倾倒时不飞扬、入水溶解快等特点。

### 4. 洗衣粉使用中的常见危害

洗衣粉是当今人们清洗衣物的必需用品。由于使用方便，去污力强，它们很受广大消费者的欢迎。据介绍，2018 年我国洗衣粉的年产量已达 355 万吨左右，而消耗量也不会低于这一数字。按平均含量计算，洗衣粉中约含有 15% 的无机磷酸盐。我国年耗数百万吨含磷洗涤用品，将会有几十万吨含磷无机化合物源源不断地排入地表水中。这些含磷污水，对水域和水质的污染已相当严重。

洗衣粉不仅引发种种环境污染，还引发各种疾病。洗衣粉中的烷基苯磺酸钠具有一定的毒性，即使少量进入人体，也会对体内多种酶类的活性起到强烈的抑制作用。洗衣粉侵入人体，在血液循环中破坏红细胞的细胞膜，发生溶血，侵犯胸腺，使胸腺发生损伤，导致人体抵抗力下降。洗衣粉还能引起腹泻、体重下降、脾脏萎缩、肝硬化等症状。

洗衣粉中除了含有织物纤维防垢剂、阴离子表面活性剂、非离子表面活性剂、水软化剂、污垢悬浮剂、酶、荧光剂、香精等主要成分外，还常伴有磷、铝、碱等有害物质的存在。表面活性剂在洗衣粉中的作用是使洗衣粉有可溶、乳化、浸透、洁净、杀菌、柔化、起泡、防止衣物静电等功能，但同时也会破坏皮肤角质层，使皮肤变得粗糙；荧光增白剂本身是一种有毒物质，过多地侵入人体，也会对健康造成很大危害。另外，洗衣粉中的磷、铝、碱，尤其是磷在一些发达国家早已被禁止使用在洗衣粉中，然而我国不少化工企业仍在生产含磷洗衣粉。

### 5. 合理选择洗衣粉

我们经常在商家广告宣传片上看到，前一个镜头，孩子把衣服弄脏了；后一个镜头，衣服洗衣粉水中泡一下，一甩就非常干净。真能达到这样的效果吗？曾有人做过这样的实验，分别将每千克 9 元、11.2 元、16 元的洗衣粉各取一勺分别倒在 3 个水盆里，然后将 3 条白毛巾滴上墨汁，再将毛巾泡在洗衣粉水里各搓揉 15 下。结果发现：这三个价位的洗衣粉洗涤效果差不多，所以至今没有一种洗衣粉能像广告里那样，衣服泡一下就能干净如新。

（1）越贵的洗衣粉洗涤效果不一定越好

洗衣粉里最主要的原料叫表面活性剂，是去污作用的关键物质。理论上说，越贵的洗衣粉表面活性剂含量越高，但实际上，经检测发现越贵的洗衣粉表面活性剂反而越低，这是怎么回事呢？专家指出："贵的洗衣粉可能采取复配的方法，含有多种表面活性剂，同时还有很多助剂和添加物，洗衣粉里的成分多了，价格自然就贵了。"但不能理解为贵的洗衣粉洗涤效果就好或者不好。所以，消费者在选择时不能只看价格高低来判断洗衣粉的优劣。

（2）不要选择香味太重的洗衣粉

现在，很多的商家为了吸引用户，给洗衣粉增加了很多的其它功能，甚至各种香味。这么做大多是商家的营销手段，没有任何实际意义，而且，太重的香味，说明洗衣粉中被添加了各种含量较高的香精，这些物质大多都是对人体有危害的，严重的话会刺激皮肤导致皮肤疾病。因此，回归自然，能清洁就好。

# 四、液态洗涤剂

液态洗涤剂行业是肥皂及合成洗涤行业的子行业，经过 20 多年的发展，液态洗涤剂逐渐替代洗衣粉进入一个新的时期。与传统的肥皂、洗衣粉相比，液态洗涤剂使用方便，溶解迅速，低温洗涤效果好，附加功能多，对织物和肌肤更加温和，同时还具有配方灵活、制造工艺简单、设备投资少以及节能等优点。

根据国家统计局数据分析，截至 2018 年底，我国规模以上企业（营业额 2000 万元以上）合成洗涤剂总产量达到 928.56 万吨，其中液体洗涤剂产量超出 573.28 万吨。从对 2000 年至 2018 年国内主要合成洗涤剂产品结构产量统计分析（见图 6-2），近年液体洗涤剂的产量逐年递增，尤其是以洗衣液为代表的衣服液体洗涤剂逐渐取代了传统洗衣粉成为行业发展的主流，预计至 2020 年我国液体洗涤剂产出将首次突破 1000 万吨。

### 1. 液态洗涤剂的成分组成

液态洗涤剂的主要成分除了前面介绍的洗涤剂主要成分以外，因为液体剂型的存储稳定

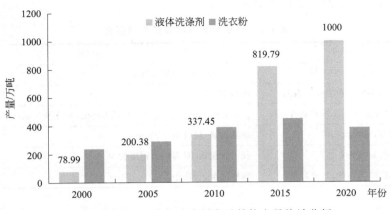

图 6-2 国内主要合成洗涤剂产品结构产量统计分析

及特殊功能的要求，还需要加入一系列的辅助物质。包括增溶剂、增稠剂、增泡剂、柔软剂、抗静电剂、杀菌防腐剂、香精以及色素等。

① 增溶剂　也叫助溶剂。在制造液态洗涤剂时，为了将各种配比的洗涤剂原料全部溶解，防止助剂之间发生相分离和沉淀析出，需使用某些增溶剂以提高各种配伍的溶解度，如尿素、异丙醇、乙二醇、异丙苯磺酸等。

② 增稠剂　为了使一些不溶性的洗涤原料均匀地悬浮在液体中，方便使用，同时增加商品的稠厚感，在液态洗涤剂的生产中需要加入一定量的增稠剂，如羧甲基纤维素、聚乙烯醇、氯化钠、芒硝等。

③ 增泡剂　洗涤剂的起泡能力是消费者选择时重要的因素，为了迎合这一需求，通常在洗涤剂中加入增泡剂，它的作用是通过增强空气或水界面上表面活性剂膜的强度，使泡沫更丰富和致密。但并不是泡沫越多的洗涤剂，洗涤效果就越好。

④ 柔软剂和抗静电剂　衣物洗涤后有时候会发硬，有刺痒感，另外，大多合成纤维织物还会产生静电，严重影响消费者的穿着体验。为了使织物更加柔软、蓬松、手感好，并且具有抗静电作用，通常在液态洗涤剂中加入柔软剂和抗静电剂来改善衣物的服用性能。

⑤ 杀菌防腐剂　液态洗涤剂在运输、存储、使用等过程中易被细菌感染，呈现白色霉菌群落斑点，甚至发臭、变质。因此，液态洗涤剂中会适当添加一些无毒、无刺激的杀菌防腐剂。

⑥ 香精和色素　在洗涤剂中加入一定量的香精，可以使得洗后的衣物散发出宜人的香气，让人心情愉悦；对于某些液体洗涤剂，为了让洗涤剂本身颜色更加纯正和柔和，商品具有良好的外观，也会加入一些色素调和产品的颜色，刺激消费者的购买欲望。

## 2. 衣物用液态洗涤剂——洗衣液

洗衣液的工作原理与传统的洗衣粉、肥皂类同，有效成分都是表面活性剂。区别在于传统的洗衣粉、肥皂大都采用的是阴离子型表面活性剂，是以烷基磺酸钠和硬脂酸钠为主，碱性较强，进而在使用时对皮肤的刺激和伤害较大。而洗衣液多采用非离子型表面活性剂，pH 接近中性，对皮肤温和，并且排入自然界后，降解较洗衣粉快，所以成了新一代的洗涤剂。

用于衣物洗涤的产品中，洗衣粉一直占着主要的地位。但是，细心的人会发觉，洗衣液主要成分是非离子表面活性剂，去污能力强，刺激性更低，特别适用于内衣以及儿童衣物的洗涤。洗衣粉与洗衣液的主要区别见表 6-2。

表 6-2　洗衣粉与洗衣液的主要区别

| 项　目 | 洗衣粉 | 洗衣液 |
|---|---|---|
| 形态 | 固体粉末,可溶性一般 | 液态,原料和辅料溶解性强 |
| 沉积性 | 固体助剂易沉积于衣物表面 | 沉积少,易冲洗 |
| 去污力 | 碱性强,去污力高,对皮肤有刺激 | pH 值中性甚至呈弱酸性,去污力略低,对皮肤无刺激 |
| 便捷性 | 起泡多,难冲洗 | 漂洗容易,适合机洗,易清洁 |
| 高档性 | 残留物易损伤衣物 | 技术含量高,对高档衣物损伤少 |
| 环保性 | 废液自然降解难,污染环境 | 降解完全,污染小 |

### 3. 液态洗涤剂的生产工艺

液态洗涤剂生产一般采用间歇式批量化生产工艺,而不宜采用管道化连续生产工艺,这主要是因为生产工艺简单,产品品种繁多,没有必要采用投资多、控制难的连续化生产线。液体洗涤剂生产工艺所涉及的化工单元操作和设备,主要是带搅拌的混合罐、高效乳化或均质设备、物料输送泵和真空泵、计量泵、物料储罐、加热和冷却设备、过滤设备、包装和灌装设备。把这些设备用管道串联在一起,即组成液体洗涤剂的生产工艺流程。虽然其生产过程比较简单,但工艺条件和产品计量控制要求比较严格。主要控制手段是物料质量检验、加料配比和计量、搅拌、加热、降温、过滤、包装等。

（1）原料准备

液体洗涤剂的原料种类多,形态不一,使用时,有的原料需预先熔化,有的需溶解,有的需预混。用量较多的易流动液体原料多采用高位计量槽,或用计量泵输送计量。有些原料需滤去机械杂质,水需进行去离子处理。

（2）混合或乳化

对一般透明或乳状液体洗涤剂,可采用带搅拌的反应釜进行混合,一般选用带夹套的反应釜。可调节转速,可加热或冷却。对较高档的产品,如香波、浴液等,则可采用乳化机配制。乳化机又分真空乳化机和普通乳化机。真空乳化机制得的产品气泡少,膏体细腻,稳定性好。大部分液体洗涤剂是制成均相透明混合溶液,也可制成乳状液。但是不论是混合,还是乳化,都离不开搅拌,只有通过搅拌操作才能使多种物料互相混溶成为一体,把所有成分溶解或分散在溶液中。可见搅拌器的选择是十分重要的。一般液体洗涤剂的生产设备仅需要带有加热和冷却用的夹套并配有适当的搅拌配料罐即可。液体洗涤剂的主要原料是极易产生泡沫的表面活性剂,因此加料的液面必须没过搅拌桨叶,以避免过多的空气混入。

（3）调整

在各种液体洗涤剂制备工艺中,除上述已经介绍的一般工艺和设备外,还有一些典型的工艺问题,如加香、加色、调黏度、调透明度、调 pH 等。

（4）后处理过程

① 过滤　从配制设备中制得的洗涤剂在包装前需滤去机械杂质。

② 均质老化　经过乳化的液体,其稳定性往往较差,如果再经过均质工艺,使乳液中分散相中的颗粒更细小,更均匀,则产品更稳定。均质或搅拌混合的制品,放在储罐中静置老化几小时,待其性能稳定后再进行包装。

③ 脱气 由于搅拌作用和产品中表面活性剂的作用，有大量气泡混于成品中，造成产品不均匀，性能及储存稳定性变差，包装计量不准确。可采用真空脱气工艺，快速将产品中的气泡排出。

（5）灌装

对于绝大部分液体洗涤剂，都使用塑料瓶小包装。因此，在生产过程的最后一道工序，包装质量是非常重要的，否则将前功尽弃。正规生产应使用灌装机包装流水线。小批量生产可用高位槽手工灌装。严格控制灌装量，做好封盖、贴标签、装箱和记载批号、合格证等工作。袋装产品通常应使用灌装机灌装封口。包装质量与产品内在质量同等重要。

（6）产品质量控制

液态洗涤剂产品质量控制要强调生产现场管理，确定几个质量控制点，找出关键工序，层层把关。首先把好原料关。对于不符合要求的原料应不进入生产过程，应调整配方，保证产品质量。检验时至少要分批抽样。关键工序是配料工段。应严格按配比和顺序投料。计量要准确，温度、搅拌条件和时间等工艺操作要严格，中间取样分析要及时、准确。成品包装前取样检测是最后一道关口，不符合产品标准绝不灌装出厂。为保证生产出高品质的洗涤剂产品，应有效地控制原材料、中间产品及成品的质量，因此洗涤剂分析包括原材料、中间产品及成品检验。

4. 液态洗涤剂的健康使用

① 购买包装上标明有生产许可证、卫生许可证编号、品牌信誉度高的企业生产的产品；散装的、不合格的液态洗涤剂大多为生产管理不规范的小作坊企业生产的，其中部分产品的甲醛严重超标，直接或间接地影响身体健康。

② 液态洗涤剂保管时要告诫家里的老人和孩子，不可滥用，更不可食用。需放置在儿童接触不到的地方进行妥善保存。另外，各类洗涤剂要分开存放，单独使用，不可混合使用。

③ 按照产品说明书规范使用，特别是不可超量使用，需谨遵说明书的洗涤条件和程序，不可随意改变用途。即使安全无毒的洗涤剂，若使用不当，也会给健康带来不良影响。

## 阅读资料

### 洗衣液的选购技巧

洗衣液作为洗涤用品市场的新宠，很多消费者不知道如何选购洗衣液，在没有专业的检测仪器的情况下，还可以通过"望闻问切"的方式"把脉"好洗衣液的标准。

① "望" 外观质量上乘的产品肉眼看去无杂质或分层；而次品有下浓上稀的分层。同时，色泽好的洗衣液颜色稳定，长期放置也不变色；较差的会有色散、褪色现象。选购时，注意看标签，合格洗衣液包装上应该有产品名称、净重、产品使用说明、厂名厂址、保质期等，产品标签上商标图案清楚，无脱墨现象。

② "闻" 好的洗衣液香味纯正，持久。

③ "问" 在选购时要多问关于生产企业的历史背景、是否专业、品牌美誉度如何等。

④ "切" 好的洗衣液用手摸过去黏度适中，成分均匀，而较差的洗衣液，手感极黏或极稀，底部有沉淀。

# 五、清洁剂与护理剂

## 1. 家用清洁剂

家庭日用品清洗剂品种繁多，其中有硬表面清洁剂、餐具洗洁精、厕卫清洁剂以及地毯类清洁剂等，还有专门清洗浴盆、冰箱、瓷砖、首饰、炉灶等的各种洗涤剂。

（1）硬表面清洁剂

这类洗涤剂的清洗对象多为结构紧凑的硬质表面，具有一定的物理、化学稳定性，且对洗后物品的表面光泽有一定的要求，因此配方中除了表面活性剂和助洗剂的使用外，还需要加入一些特殊的组分（如酸、氧化剂等）来帮助完成清洗的目的。日常生活中的常见品种有玻璃清洁剂、地板清洁剂、墙砖洗洁剂、家具清洗剂等。

日用化工企业生产的硬表面清洁剂主要是由渗透剂、乳化剂、溶剂、水和少量的碱调配而成的，其去污原理与其他洗涤剂类同。

（2）餐具洗洁精

洗洁精作为家庭最常用的餐具清洗剂之一，对餐具、灶台、抽油烟机等位置残存的油渍、油脂、肉汁等有着极强的清洁能力，且成本低廉，深受消费者的青睐。

洗洁精的主要成分是烷基磺酸钠、脂肪醇醚硫酸钠、泡沫剂、增溶剂、香精、水、色素和防腐剂等。直链烷基苯磺酸钠具有良好的去污和乳化力，耐硬水和发泡力好，生物降解性极佳，是绿色表面活性剂；脂肪醇聚氧乙烯醚硫酸钠（又称脂肪醇醚硫酸钠）是阴离子表面活性剂，易溶于水，有优良的去污、乳化、发泡性能和抗硬水性能，温和的洗涤性质不会损伤皮肤。此外部分功能性洗洁精还含有消毒灭菌的成分，清洁的同时，还能消毒杀菌。

有时用洗洁精洗涤餐具后，餐具表面会形成斑纹或斑点，原因是水中的不溶性钙、镁盐类物质形成的沉淀，在洗涤剂中加入一定量的蔗糖可去除这些斑点，还可以加入一些釉面保护剂，如醋酸钠、甲酸钾等。

（3）厕卫清洁剂

厕卫清洁剂一般又称卫浴清洁剂，是专门针对快速清洁卫生间顽固污垢、尿渍、黑斑等而开发的一类液体洗涤剂。它的洁厕原理是将有机酸与尿碱结合成可溶性盐，用助溶剂及络合剂将不溶性钙盐和其他无机盐迅速溶解，并将重金属络合后随水冲走。主要成分为氨基磺酸、烷基苯磺酸、壬基酚聚氧乙烯醚、乙二胺四乙酸二钠、草酸尿素等，正常使用对皮肤无刺激。

（4）地毯清洁剂

地毯的清洁是地毯表面去除污垢的过程，在此过程中，借助于化学物质减弱污物与固体表面的黏附并施以机械力，使污垢与表面分离并悬浮于介质中。地毯是一种高等的铺底材料，一般是由毛、麻、腈纶、丙纶及混纺等纤维通过针织、机织工艺织制而成，具有表面粗糙、吸附力强、渗透力强等特点。另外，地毯的多层结构，极易藏匿污垢、滋生细菌，因此，选择正确的清洁剂和护理方法，对于地毯的高效清洁保养具有至关重要的作用。市场上的地毯清洁剂品种较多，大体可分为地毯香波、气溶胶型地毯清洁剂、地毯干洗剂以及泡沫型地毯清洁剂等，其中泡沫型地毯清洗剂能对多种地毯进行清洁，去污能力以及抗再沉积效果较好，应用较为广泛。

## 2. 日用护理剂

现在家庭使用最多的护理剂就是皮革护理剂，如皮革的保养油、光亮剂、防霉剂等。这类产品是主要用于护理皮衣、皮包、皮沙发和皮鞋等真皮制品的日用化学品，它可以增强真皮的各种功能，如机械强度、抗张强度、撕裂强度、粒面崩裂强度等，延长真皮的使用时间。其基本原理主要是通过增加皮内纤维之间的油脂来保持皮革的柔软度。因其具有快速清洁、保养皮革的双重功效，深受众多家庭的喜爱。

（1）皮革保养油

该产品主要用于皮革的无水保养、护理、抗皱、防裂、上光、增亮等，可以增强皮革的耐受性，延长使用寿命。其主要成分包括动植物油、硬质羊毛蜡、有机硅化合物、渗透剂、稳定剂等。与皮革清洁剂共同使用，效果更佳。

（2）皮革光亮剂

皮革光亮剂适用于各种服装革、鞋面革、箱包革、手套革的喷浆使用，使皮革光面滑爽、革身柔软、丰满而富有弹性，改善皮革的防水性、防油性和耐磨性能。使用优质有机硅制备而成，为水溶油性光亮剂，具有稳定的化学性能以及优良的附着力和防水抗污染能力。

（3）皮革防霉剂

真皮制品在环境潮湿、存在动物体污垢及温度高的条件下，往往会由于霉菌和酵母菌的滋生，使其质量受到严重影响。皮革防霉剂是能防止皮革及制品出现霉菌斑，延长其使用寿命的一类化学品，主要包括无机防霉剂、有机防霉剂和天然防霉剂。但由于无机防霉剂含有超量的毒性物质，现已被禁用。现在的皮革防霉剂主要是新型有机高分子材料加皮革表面光滑剂以及各类高效杀菌剂复配而成。

---

**阅读资料**

### 如何选购皮革护理剂？

对使用过皮具的人来说，有时候纠结于没有买到好的护理剂，有时候愁于护理剂使用不当而破坏了皮具的美观。那如何选购皮革护理剂呢？

① 皮革护理剂必须含油脂。含有油脂的皮革护理剂，用手搓时，有油感，但不油腻，当温度达到 $450\sim750℃$ 时，在易燃物的帮助下，可以起火燃烧，因此可用燃烧法检验，即把少量护理剂均匀喷涂于卫生纸，放在蚊香架上，先点燃卫生纸，烧至护理剂时，则护理剂可起火燃烧。

② 用酸碱度 pH 值检测。皮革护理剂合格的酸碱度 $pH=5\sim7$ 之间。酸碱度 pH 值试纸在一般的化工教学商店有售。

③ 不容易挥发、没有气味。气味浓，证明含有容易挥发的成分，大多含有溶剂。如果皮革不是很干燥，在皮革表面涂上护理剂后很快即干，也说明含有挥发性溶剂，护理时会通过呼吸系统进入人体内；使用皮具时，会通过人体毛孔进入人体内，不利于人的健康。还有，把含有容易挥发成分的皮革护理剂，注入真皮内部时，由于它的挥发还会带走制革时注入的原有油脂，使皮革变得更硬、更脆。大部分化工产品都有不好闻的味道，所以常加香掩盖。

④ 具有适宜的渗透力及结合力。优质的皮革护理剂，能均匀地渗透入皮革内部各部位的纤维表面，并且与皮内纤维很好地结合在一起。而蜡与真皮内部纤维的结合力差，还由于蜡燃点低，容易挥发，所以蜡进入皮革内会很快走失，由于它的走失还会同时带走真皮内的原有油脂，使皮革变得更硬、更脆，并且蜡还会堵塞毛眼，因而纯蜡不适宜用于护理真皮。

⑤ 水性。皮革护理剂可与水结合（即水性），水性皮革护理剂一般不含毒性或毒性很低。

---

**思 考 题**

1. 简述洗涤剂的去污原理。

2. 说说肥皂的化学组成。

3. 表面活性剂在洗涤剂中起到什么作用？

4. 简述洗衣粉和洗衣液在去污能力上的区别。

5. 洗洁精洗涤餐具后，餐具表面常会出现斑纹或斑点，其原因是什么？

6. 说一说皮革上光剂和防霉剂的作用。

# 第二节

# 护肤美容用品

美容护肤是指通过某些方法和习惯达到美容加护肤的效果。随着人们对健康的追求日益高涨和皮肤医学的高速发展，带有更高安全性和有效性的医学护肤品已经成为不可阻挡的一股潮流。

## 一、人体皮肤的认识

对人体而言，皮肤不仅是人体最大的器官（约占人们体重的 16%），也是包覆我们全身的保护膜，外界的任何物质都需要由皮肤来隔绝，如阻隔阳光和空气、阻止细菌和病菌的入侵等。皮肤还具有吸收、排泄、感觉、调节体温以及参与物质代谢等作用，它是人体重要的一部分。

### 1. 皮肤的结构

皮肤覆盖于全身表面，分为表皮、真皮，并借皮下组织与深部组织相连。皮肤的表皮主要由复层扁平上皮构成，由外至内依次为角质层、颗粒层、有棘层和基底层（图 6-3）。

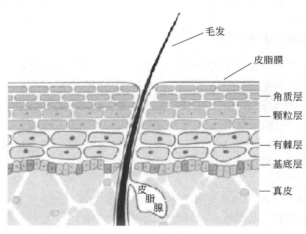

图 6-3　人体皮肤结构图

其中角质层是由多层角化上皮细胞构成，无生命，不透水，具有防止组织液外流、抗摩擦和防感染等功能。其含水程度的多少将会影响皮肤的光泽度，正常的角质层是呈弱酸性的保护膜层，作为皮肤的第一道防线。颗粒层是由扁平状的脂肪细胞构成，含有透明胶质颗粒，能反射光线，防止异物的入侵。有棘层为表皮中最厚的一层，富含大量水分和营养成分，具有细胞分裂增殖能力，维持表皮层皮肤弹性。基底层是最靠近真皮的，能吸收血液输送的养分，能不断分裂产生新生细胞，把原有细胞往上推移，成为不具细胞核的死细胞，也就是最外层的角质层，所以基底层又被称为"表皮之母"。基底层含黑色素生长细胞，产生黑色素，保护真皮层。

真皮主要由胶原纤维及弹性纤维所构成，是与肌肤老化有直接关系的重要部位。胶原纤维和弹性纤维交叉形成一张弹性网，如同弹簧一样，保持肌肤的弹性和张力。该类网状结构一旦遭受紫外线或其他自由基的破坏，肌肤就会出现皱纹和松弛现象。因真皮层新陈代谢慢，自我修复能力极弱，所以一旦受损，很难复原。这也是为什么小时候皮肤上留下的伤疤，即使十几年过去了，依然看得见，这就是由于当时伤及真皮层导致的。

## 2. 皮肤的功能

① 保护作用　皮肤覆盖身体表面，表皮坚韧柔软，真皮有弹性，皮下组织起软垫作用，能缓冲外来的机械性冲击力。能抵抗轻度碱的刺激和阻止细菌向体内侵入。还能折射日光，保护身体免受日光的损害。

② 感觉作用　皮肤内有感觉神经末梢，对外界刺激，能通过神经传导和大脑皮层的分析，产生冷、热、触、压、痛、痒等感觉。

③ 调节体温　皮肤是温热的不良导体，故能保持体温恒定，通过皮肤毛细血管的收缩与扩张和汗液分泌减少与增加来调节对外界气温的适应。

④ 分泌与排泄作用　通过汗液的分泌和皮脂的排泄，能调节体温和排泄一定量的废物。

⑤ 吸收作用　吸收途径是通过角质细胞，经表皮到达真皮。由于脂溶性物质、激素类物质易被吸收，故应注意药物被吸收而引起中毒。

⑥ 代谢作用　皮肤能储存大量水分、脂肪、蛋白质、糖、维生素等物质，并参与人体的代谢。

⑦ 免疫作用　皮肤是人体与外界环境直接相连的组织器官，与体内又有密切联系。由于其结构和功能的特殊性，它具有很强的非特异性免疫防御能力，是人体抵御外界环境有害物质的第一道防线。近年来的研究表明皮肤是一独特的免疫器官，具有独特的免疫功能，皮肤免疫系统（SIS）的概念已经确立，在免疫学领域中有着十分重要的作用。

## 3. 皮肤的类型

根据皮肤的特点，人们把皮肤分为几种不同的类型，分别是中性、干性、油性、混合型（混合偏干、混合偏油）以及敏感性皮肤五大类。要想保护好自己的皮肤，就得先搞清自己皮肤属于哪一种类型，然后根据各种类型皮肤的特点，科学地使用化妆品进行美容或保养。

（1）中性皮肤

中性皮肤的组织紧密，厚薄适中，平滑细腻，有光泽，毛孔较细，油脂水分适中，看起来显得红润、光滑、没有瑕疵且富有弹性。对外界刺激不太敏感，不宜起皱纹，化妆后不易掉妆。这是最理想的皮肤类型，但在成年人中不多见，仅在青春期少女中可见。

（2）干性皮肤

肤质细腻，较薄，毛孔不明显，皮脂腺分泌较少，因为比较干燥，但却显得清洁、细嫩。这种皮肤不易生痤疮，且附着力强，化妆后不易掉妆。但干性皮肤经不起外界刺激，易老化起皱纹。常因环境变化和情绪波动而发生变化，易起皮屑，冬季易发生皲裂。因此，干性皮肤最需要美容保养。

（3）油性皮肤

此类皮肤的特征是毛孔粗大，油脂分泌多，容易毛孔堵塞和长痘，皮肤容易暗黄。但这种皮肤更能经受风吹日晒，也不易老化，面部皱纹比干性皮肤出现得晚一些。油性皮肤的人要特别注意皮肤的清洁，美容前要用香皂洗去过多的油脂，洗涤后不宜涂擦油脂含量较多的化妆品，以防止油脂堵塞毛孔，诱发粉刺和毛囊炎。

（4）混合型皮肤

混合型皮肤是人体里有油性和干性特点的皮肤，在面部 T 区（额、鼻、口、下颌）呈油性，其余部位呈干性，多见于 25～35 岁之间的人。我国大部分人都属于此类肤质。此类皮肤的人群最容易出的问题就是夏天油性部位更容易冒油，冬天干性的地方又特别干燥甚至脱皮，因此保养方式自然会比单纯的干性或油性肌肤来得繁杂，但唯有对症下药，才能有效改善肤质，进而达到完美肤况的鲜明效果。

（5）敏感性皮肤

皮肤过敏从医学角度讲，主要是指当皮肤受到各种刺激如不良反应的化妆品、化学制剂、花粉、某些食品、污染的空气等，导致皮肤出现红肿、发痒、脱皮及过敏性皮炎等异常现象。现今，由于环境污染的严重、工作压力的增大以及各种不良情绪的滋生，导致敏感性皮肤的人群逐年增加。皮肤过敏后，皮肤会变得非常脆弱，外界轻微的变化都有可能导致面部皮肤过敏，因此在平常的养护中一定要注意小心呵护。

# 二、化妆品

改革开放 40 多年来我国化妆品市场销售额平均以每年 23.8％的速度增长，最高的年份达 41％，增长速度远远高于国民经济的平均增长速度，具有相当大的发展潜力。

根据 2007 年 8 月 27 日国家质量监督检验检疫总局发布的《化妆品标识管理规定》，化妆品是指以涂抹、喷洒或者其他类似方法，散布于人体表面的任何部位，如皮肤、毛发、指（趾）甲、唇齿等，以达到清洁、保养、美容、修饰和改变外观，或者修正人体气味，保持良好状态目的的化学工业品或精细化工产品。它具有清洁、护肤、营养、美容以及特殊疗效等作用。

## 1. 化妆品的种类及其作用

一般来讲，用于化妆的物品都可以称为化妆品，其分类有多种形式，按使用对象可分为男用、女用、儿童用和老年人用；按添加有效成分种类可分为芦荟系列、植物美白系列、海藻系列等；按使用部位不同可分为护肤、发用、美容修饰等；按产品形态分为液体、乳液、膏霜、粉状、块状以及笔状等。以下主要介绍按使用目的分类，如清洁化妆品、基础化妆品、美容化妆品、疗效化妆品等。

（1）清洁化妆品

该类产品是以去除和洗净皮肤上的污物、皮脂、分泌物等为主要功能的化妆品，主要产品有清洁皂类、沐浴液、清洁霜（洁肤霜）、洁面乳（洗面奶）、磨面膏、清洁面膜等。

（2）基础化妆品

化妆前，对面部头发的基础处理或日常保护和护理用的化妆品，如各种面霜、蜜、化妆水、面膜、发乳、发胶、膏等。广义上讲，除美容修饰类化妆品外，其他都属于基础化妆品，它们的功能主要在于补充和调整皮脂膜以求保护皮肤。

（3）美容化妆品

用于面部及头发的美化用品。这类化妆品指胭脂、口红、唇膏、眼影、粉饼、眉笔、发型处理及固定等用品，目的在于造成视觉上的美化效果。

（4）疗效化妆品

介于药品与化妆品之间的日化用品，常具有一些特殊的功效，如祛汗、除臭、漂白、防晒、美黑、健美等。这类化妆品如清凉剂、除臭剂、育毛剂、除毛剂、染毛剂、驱虫剂、粉刺灵、防裂霜、去屑香波等。

## 2. 化妆品的主要成分

化妆品的主要成分是基质和辅料。基质是油脂、蜡、滑石粉类、水、有机溶剂（如乙醇、甲苯等）；辅料有乳化剂、助乳剂、香精、色素、防腐剂、抗氧化剂、营养成分。可制成液状、水状、乳状、合剂、胶冻状、膏状、块状、笔状、气溶胶状等。

### 3. 化妆品中的有害（有隐患）物质

近年来，化妆品在帮助爱美女性装点美丽的同时，其越来越复杂多样的成分，也逐渐引起业界对其安全性的广泛关注，随着化妆品、护肤品的种类和功能不断增加，对于每天在脸上涂抹几十种化学物质的女性来说，安全问题变得极为重要。

（1）酒精

酒精在化妆品中可以促进皮肤吸收，并且有助于活性成分穿透皮肤，提升化妆品的使用效果。此外，酒精成分有助于控油，促进废旧角质的脱落，让面部肌肤更加紧致，所以很多男士护肤品中都会添加酒精成分，或者一些功能性、疗效性化妆品中也会添加酒精。但是过度使用高浓度的酒精类化妆品，也会给皮肤带来很大的安全隐患，如皮肤干裂、泛黄、易过敏等。

（2）水杨酸（简称 BHA）

水杨酸具有脂溶性的特征，可以轻松瓦解肌肤表面多余的皮脂，在美容化妆品中可以起到控油抗痘、缩小毛孔、减缓肌肤衰老以及美白淡斑等多重功效，因此，绝大部分的化妆品中都或多或少含有水杨酸的成分。但需要注意的是水杨酸类化妆品切不可长期使用，否则会导致角质层过薄，皮肤得不到角质的保护会变得脆弱敏感。

（3）果酸（简称 AHA）

果酸对皮肤的作用因浓度不同而稍有差异，其功效和水杨酸较为类似。低浓度的果酸可减少皮肤角质的聚合力，降低角质层的厚度，促进皮肤的新陈代谢。一般护肤品所含的果酸都在低浓度范围（15％以下），使用比较安全。但是美国食品与药物管理局（FDA）曾发表的一份关于果酸的研究报告表明：化妆品中的果酸成分，长期使用可能会减弱皮肤对紫外线的抵抗力，导致皮肤老化，加速细胞的破坏或死亡，导致皮肤发红、起泡及灼伤，可能给皮肤造成永久性的伤害，其长期的安全性无法得到保障。

（4）汞及其化合物

汞及其化合物为化妆品成分中禁用的化学物质，但常被一些不正规的小型化妆品作坊添加到增白、美白和祛斑的产品中。如果长期使用此类产品，汞及其化合物都可以穿过皮肤的屏障进入机体所有的器官和组织，对身体造成伤害，尤其是对肾脏、肝脏和脾脏的伤害最大，从而破坏酶系统的活性，使蛋白凝固，组织坏死，产生易疲劳、乏力、嗜睡、淡漠、情绪不稳、头痛、头晕、震颤等症状，同时还会伴有血红蛋白含量及红细胞、白细胞数降低且肝脏受损等，此外还有末梢感觉减退、视野向心性缩小、听力障碍及共济性运动失调等不良反应，危害人们的身体健康。

（5）砷及其化合物

砷及其化合物被认为是致癌物质，长期使用含砷高的化妆品可引起皮炎、色素沉积等皮肤病，最终导致皮肤癌。

（6）铅及其化合物

铅及其化合物通常被添加到染发剂中，按照国家规定，染发制品中铅的含量必须小于0.6％（Pb 计），否则会产生毒副作用。铅及其化合物通过皮肤吸收，有可能危害人体健康，特别会影响到造血系统、神经系统、肾脏、胃肠道、生殖系统、心血管、免疫与内分泌系统等，对于孕妇，还有可能影响胎儿的健康。

（7）镉及其化合物

镉（铬）及其镉（铬）化物一般不会作为化妆品原料加入化妆品中，但化妆品的生产设备如搅拌器、压饼机等合金钢材往往会掺杂一些镉、铬微量元素，从而混入到化妆品中。此类重金属元素的毒性很强，对人们的心脏、肝脏、肾脏、骨骼肌及骨组织有损害，还有可能诱发高血压、心脏扩张、早产儿死亡和肺癌等。

### 4. 化妆品的健康使用

（1）化妆品的使用顺序

① 洗脸是化妆品使用前的第一步，去除脸部表面的污渍，才能使化妆品更加服帖。脸部皮肤最外一层的角质层细胞在洗涤时会膨胀，使得沉积在皮肤上的灰尘、污垢、油渍和汗渍等容易被洗掉。一般选择 40℃左右的温水轻轻搓揉面部皮肤，再用冷水冲洗，使面部毛孔收缩，增强皮肤弹性。使用的洁面品主要有香皂、洗面奶和清洁霜。

温水洗净之后，要迅速拍上化妆水，一方面补充水分，一方面紧致肌肤。稍后用双手轻轻拍打面部肌肉，然后用吸水性强的毛巾覆盖在脸部，吸干水分。

涂上湿润无油的护肤乳液，让肌肤在彩妆之前达到最大的保水量，这样持妆效果才会长久些。

② 水质、霜质、油质化妆品的基本使用顺序

以护肤品为例，一般为"先水、中乳、最后油。"当你分不清是该先用哪个后用哪个时，可看一下该护肤品的质地，如果是水质，就一定在乳霜质之前使用，而油质的通常是在最后。这一方法可依次用在确定一整套护肤品的顺序，以及同种产品的面霜使用顺序上。若两种护肤品都属于同种质地的，可按照具体的护肤机理来区分顺序。如美容液和柔肤水，两种都属于水质护肤品，通常美容液具有调理皮层角质，提高下一步吸收的功效，应该在柔肤水之前。所以正确的使用顺序是：化妆水→精华液→凝胶→乳液→乳霜→防晒霜。

（2）装饰类化妆品的化妆步骤

① 先使用隔离霜或者妆前乳涂抹全脸，注意要点涂上脸后轻轻抹开，均匀地抹在脸部。

② 在需要遮瑕的地方涂上遮瑕产品，然后借助海绵蛋轻轻按压至与皮肤充分融合。

③ 先将底妆产品挤在手上，然后同样使用海绵蛋，少量多次上妆，确保脸部每一个位置都能覆盖到。针对瑕疵比较多的地方可以进行二次叠加，提高遮瑕效果，使妆容轻透无瑕。

④ 上完底妆如果觉得瑕疵还比较明显的话可以二次叠加遮瑕产品。

⑤ 用刷子蘸取定妆产品快速扫在脸上，如果是油皮可以在脸部 T 区多扫几层定妆粉，使妆容更加持久。

⑥ 用眉笔勾勒出眉形，不会画眉的可以借助画眉卡画眉，注意眉笔颜色要与头发颜色一致。

⑦ 在颧骨处扫上一层腮红，使肌肤看起来更加红润有气色。

⑧ 涂抹口红前先使用润唇膏打底，而后选择一个喜欢的口红色号，均匀涂抹在嘴唇上，涂抹完可以用纸巾抿掉一层，口红能更加持久。

# 三、香水

### 1. 香水的种类

香水是由各种芳香组分（或香精油）、固香剂与溶剂（多数为乙醇）组成的一种混合液，它能散发出令人愉快的芳香气味。主要作用是喷洒于衣襟、手帕及发际等部位，是重要的化妆品之一。自然界中含有芳香气味的物质种类繁多，香气差异也比较大，但大体可基本划分为以下几类：

（1）花香型

一般是以单一的花香为主体香调。这种类型的香水多应用于女用香水中，常以花名作为商品名称，例如：蔷薇香水、茉莉香水、玫瑰香水等。这类香水闻起来很清新自然，很有初夏的味道，让人感觉身处大自然之中。不过，在近代，这些以花香型为特点的各种香水，实际上大多也不只是一种花香了，而是稍加复合，但以其中一种花香为主，与其名称所标香气也是符合的。

（2）百花型

百花型的香水以几种花香的混合香气作为主体，给人的感觉是花香，但难以形容是哪一种具体的花香。属于自然界几种花混在一起的花束香气，又名花束香。其成分比花香型复杂，在配制时，可以根据调香师的灵感来进行创造性的发挥，制成香气优雅、令人喜爱的香水。

（3）现代型

这种类型的香水以 $C_8 \sim C_{12}$ 脂肪族醛类的气味为其香气特点。又可根据香气的特点分为两类：一类是花醛型，在百花型中加入多量脂肪醛即可产生这种香气特征，是一种具有很强现代气息的产品，市场上这类香水很多；另一类是花醛青香型，在花醛型的香水中再加入青香型香料制成，现代品味的香水大多属于这种类型。多用于女士香水中。

（4）青香型

这类香水具有绿色植物的青香气。根据香气特点又可分为：青香型、复合青香型、药草型。药草型特指有药草般的香气的类型。在花香型中，许多香水也加入了青香气，但香水的主调仍为花香型。青香型香水则不然，它以青香香气为主体，并且强调这种香气。一般男、女均可使用。

（5）水果型

水果型香水种类很多，如柠檬、桃子、芒果等气味香水，也不乏混合水果香型。但都有一个共同的特征：带有水果香气。

## 2. 香水的调制

市场上大部分的香水都属于溶剂类香水，此类香水的调配非常简单，只需将香料溶解在溶剂（一般为乙醇）里成为均匀透明溶液，再加入一定量的稳定剂就可组成产品。也正因为制作简单，所以对每种原料的选择就更加讲究。

（1）香料

香料一般占香水的 $15\% \sim 25\%$，多数采用天然的植物精油如茉莉精油、玫瑰精油等。高级香水所用香料更加名贵，除了植物精油外，往往加入资源十分稀少的天然动物性香料如麝香、灵猫香、龙涎香等配制而成，这些天然动物性香料为油蜡类物质，沸点很高，留香时间长久，香气深沉幽远，特别适合女士使用。

（2）溶剂

乙醇是配制香水类产品的主要溶剂之一，其浓度一般比较高（$75\% \sim 85\%$），若浓度太低，香精不易溶解，溶液将产生浑浊现象。乙醇对皮肤有一定刺激性，特别是皮肤上有伤口或者暗疮时更甚，所以使用时要尽量避开伤患处。此外，异丙醇也是经常使用的溶剂，与乙醇组成混合溶剂，香水留香时间更长，对人体刺激性更小，这种配方在现代已被广泛应用。

（3）水

香水调配时，要求水质是经高精密过滤和灭菌处理的去离子水，不得存在钙、镁、铁、铜及其他金属离子。此外，还需加入柠檬酸钠或 EDTA 等螯合剂，以清除水中游离的金属离子，稳定产品的色泽和香气。

（4）其他助剂

为保证香料在乙醇内的溶解度，一般还需加入一些表面活性剂增溶。以聚氧乙烯类非离子表面活性剂为佳，比如吐温系列、AEO-9、聚氧乙烯（20）硬化蓖麻油等。香料以油性成分为主，容易被空气氧化变味，一般需加入 0.02％ 的抗氧化剂，如 BHA、BHT 等。

香水的配制工艺流程通常包括：精油、预处理、混合、陈化、冷冻、过滤、调色、成品检验和装瓶（如图 6-4 所示）。

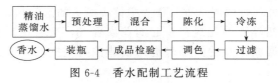

图 6-4　香水配制工艺流程

## 3. 香水使用的注意事项

据调查显示，香水中的酒精和柠檬等成分在阳光的照射下，可能会分解为有害物质，引起皮肤灼痛、长疹子甚至发炎等症状。此外，香水中的化学成分会通过人的口、鼻、皮肤进入人体，再通过血液到达人体各部分器官，会使体质敏感者出现头痛、打喷嚏、流眼泪、头晕、胸闷等症状。所以生活中应该注意香水的一些健康使用方法。

① 流汗处不要使用。在夏天的时候，很多人会出现流汗的现象，所以，当自己出现流汗的时候不要使用香水，因为香水和汗混合在一起，会产生非常难闻的味道。

② 香水不要混合使用。平时应该注意不要将不同的香水混合使用，因为它们的香料不同，掺杂在一起，可能会产生化学反应，对身体的健康造成非常大的伤害。

③ 香水应避免使用在一些宝石上面。香水中的化学成分接触宝石或皮革，会使宝石或皮革的颜色发生变化。

④ 孕妇不要使用。怀孕的女性应该注意，因为香水中含有一些成分，比如麝香会对胎儿造成非常大的影响，所以，怀孕的时候不要使用香水。

⑤ 避免接触光源。平时香水的保存方式也是非常重要的，应该放于干燥和阴凉的地方，不要让香水长久接触光源，比如太阳的直接照射，这样会对香水造成伤害。

⑥ 香水不要喷在头发上。平时喷香水的时候应该注意，不要将香水喷在头发上，因为它会损害发质，使头发出现脱发的现象，并且也会产生一些异味儿，对头皮造成非常大的刺激，阻塞毛孔。

# 四、洗发水

## 1. 洗发水概述

洗发水是用于洗净附着在头皮和头发上的人体分泌的油脂、汗垢、头皮上脱落的细胞以及外来的灰尘、微生物等，是应用最为广泛的头发和头皮基础护理化妆用品。其主要是由三乙醇胺与氢氧化铵的混合盐、十二酸异丙醇酰胺、甲醛、聚氧乙烯、羊毛脂、香料、色料和水组成。

市场上出现的洗发水种类繁多，大体可分为以下几大类：

① 透明洗发水　其出现最早，配方简单，主要为清洁作用。

② 珠光洗发水　珠光洗发水即在透明洗发水的基础上加上珠光剂，该产品对透明度没有要求，目前添加珠光剂有两种方式，一为直接使用珠光剂，二是使用珠光浆。

③ 调理洗发水　此产品为目前最受欢迎的一种洗发水，人们熟悉的二合一洗发水就是其中一种，结合了洗发和护发为一体，一次完成。调理洗发水是在普通洗发水的基础上加上各种调理剂，以达到期望的功效。

④ 去屑洗发水　头皮屑是由头皮功能失调引起的，如细菌滋生、溢脂性皮炎、胶质细胞异常增生等。而头皮屑过多又会滋生更多的细菌真菌，引起头皮发痒等症状。因此常在洗发水中添加一些抑菌杀菌功效的活性物来有效控制头皮屑。

⑤ 防晒洗发水　头发长期暴露于紫外线的辐射后，会产生一些光化学反应，对头发的物理和化学性能都有很大的影响，因此，常在洗发水中添加一些防晒剂，以适当防止紫外线对头发的损伤。

2. 洗发水的选择

市面上的洗发水琳琅满目，质量更是参差不齐，这给消费者选择合适的洗发水带来了很多的困难，一旦洗发水选择不当，带来的就是一系列的问题，如头皮痒、头屑、掉发、干燥、分岔等。因此，选择一款适合自己的洗发水显得尤为重要。

（1）判断自己的发质

头发可根据干燥及油腻程度分为油性、干性、中性以及混合型发质。

① 油性发质　皮脂分泌能有效地保护头发不受损伤，但过多地分泌皮脂，会使皮脂供大于求，水小于油，头发出现油腻感，从而产生头屑，严重者甚至出现头皮炎症。形成原因一方面是皮脂腺活力旺盛，分泌油脂过多；二是护理不当，不经常清洗头发，也可能受遗传因素及精神压力、性激素的影响。

② 干性发质　干性发质相对来说比较干燥，易受损。它的皮脂分泌少，头发无弹性、黯淡无光，容易断裂、缠绕。形成原因主要是由于缺乏油脂或毛发缺水导致。另外，长期缺乏护理、精神压力、内分泌失衡等，也会对发质产生影响。

③ 中性发质　中性发质与其他发质来比是较为理想的发质。它的水油适中，柔滑光亮，不油腻也不干枯，更容易打理造型，但可能会有少量的头屑。

④ 混合型发质　此类头发头皮油而头发干，头发根部（靠近头皮 1cm 左右）比较油腻，越往发梢越干，甚至还会分叉。这类发质多出现在经期和青春期的少年。此阶段的体内激素相对不稳定，皮脂腺分泌也会出现紊乱。此阶段如理不当（如经常拉、烫、染等），就会加深头发油腻、发尾干枯症状。

（2）根据发质选择洗发水

① 油性发质　经常清洗头发，保持头部干燥清爽，宜使用性质温和或清爽型的无硅油洗发。

② 干性发质　需经常喷用营养水或润发乳来补充头发的水分和养分。为防止发丝内水分流失，应尽量避免使用电吹风、卷发器、烫发器具等。宜使用焗油滋润型洗发水。

③ 中性发质　可适当喷洒一些营养水或润发乳进行适当的护理，对洗发水的要求没那么严格，一般选用中性、微酸性洗发水，含简单护理成分的即可。

④ 混合型发质　对于混合型发质来说，由于发根比较油腻，而发梢又比较干燥，所以要特别注意发根部和头部肌肤的清洁，这样的发质需根据自身情况来选择洗发水的类型。如果有落发、头皮屑或是头皮油脂分泌过多、头发容易塌陷等问题，那么可选择使用油性发质专用洗发水或油性头皮专用的精油、按摩油等产品。但是如果头皮问题不严重，即使有出油现象，头发还是蓬松厚卷，可选择干性发质用洗发水，并加强护发和润丝产品。

# 五、护发素

一般与洗发水或洗发露相伴使用，洗发后将适量护发素均匀涂抹在头发上，轻揉 1min 左右，再用清水漂洗干净，属于发用化妆品。护发素主要是由表面活性剂、辅助表面活性剂、阳离子调理剂、增脂剂（羊毛脂、橄榄油等）、油分、螯合剂、防腐剂、色素、香精及其他活性成分组成。

## 1. 护发素的作用

（1）调节头发的酸碱性

一般洗头发时所用的洗发水是呈碱性的。所以，当我们用洗发水清洗掉头发上的污垢、灰尘和油脂后，头发整个环境也就会呈碱性，这种碱性就会引起头发的毛鳞片翻起，头发干燥、不光滑。而护发素一般是显酸性，此时用护发素涂抹在头发的表面，就能很好地中和这种碱性环境。碱性中和后，就抚平了毛鳞片的表面，头发就会恢复到很顺滑、有光泽的状态。

（2）消除静电

一般认为，头发带有负电荷。用洗发水（主要是阴离子洗涤剂，肥皂也属于此类）洗发后，会使头发带有更多的负电荷，从而产生静电，致使梳理不便。护发素中的阳离子调理剂可以中和残留在头发表面的阴离子微粒，并形成一层均匀的单分子膜，而让缠结的头发顺服，易于梳理。

（3）修复头发损伤

护发素中除了阳离子活性剂外，一般还会加入某些易被毛发吸收并对毛发起修补作用的成分，如胶原水解物、果实的提取物（如霍霍巴果实的油），此外还加入了一些油分子化合物，如动植物油脂、碳氢化合物、高级脂肪酸酯、高级醇等。这些成分可使头发的机械损伤和化学烫、电烫、染发剂所带来的损伤受到一定程度的修复。

## 2. 护发素的使用方法

① 使用护发素之前需用毛巾吸干头发的水分，以使护发素能有效地吸收。

② 涂抹护发素时，应抹在头发中部或是发梢，并且用梳子充分地梳理头发使护发素均匀分布。

③ 轻轻按摩 1min，之后用一条温毛巾包裹，再裹上浴帽，等待 5min 后洗净。

## 3. 使用护发素的注意事项

（1）不可用免洗护发素代替营养护发素

通常情况下，免洗护发素只拥有抗静电功能，只能在头发表面形成保护，根本无法深入发根，养护受损发质。所以，在洗头时，千万不能略去营养润泽的护发素。

（2）护发素过量使用

油性头发使用护发素时，一定要当心，过多使用护发素，会让头皮屑滋生，在使用时，只要涂抹在较为干燥的发梢部即可，头皮部分尽量少使用护发素。

（3）护发素一定要清洗干净

护发素可以让头发变得柔顺，但不能让其残留在头发或头皮上。护发素内的化学物质与空气接触后，会堵塞毛孔或造成头皮屑的产生。因此，在用完护发素后，一定要将其彻底冲洗干净。

（4）涂抹护发素要小心

护发素应当涂抹在头发中部或末梢，切记不可涂抹在头发根部或头皮上，否则可能会堵塞头发的毛囊，导致脱发。

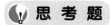

**思 考 题**

1. 说说人体皮肤的作用。

2. 化妆品中都包含哪些常见的化学物质？

3. 化妆品中常含有哪些有害物质？它们对人体健康有什么危害？

4. 什么是香水？一般含有哪些化学组成？

5. 如何根据自己的发质，选择合适的洗发水？

6. 护发素的作用是什么？

# 第三节

# 口腔卫生用品

口腔是人体的重要组成部分，是消化系统的起端，主要由唇、颊、舌、腭、涎腺、牙和颌骨等组成，具有咀嚼、吞咽、言语和感觉等功能，并维持着颌面部的正常形态。

口腔健康直接或间接影响人的全身健康。2007 年世界卫生组织提出口腔疾病是一个严重的公共卫生问题，需要积极防治。2017 年 9 月，国家卫生计生委公布了第四次全国口腔健康流行病学调查结果，数据显示，我国 5 岁和 12 岁儿童每天两次刷牙率分别为 24.1% 和 31.9%，龋患率分别为 70.9% 和 34.5%；成年人口腔牙石检出率 96.7%，牙龈出血率 87.4%。说明口腔疾病已经成为影响我国居民健康的常见病、多发病，它不仅影响口腔的咀嚼、发音等生理功能，还与脑卒中、心脏病、糖尿病、消化系统疾病等全身系统疾病密切相关。

# 一、牙膏

中国牙膏工业协会将牙膏定义为是和牙刷一起用于清洁牙齿，保护口腔卫生，对人体安全的一种日用必需品。因此，牙膏应当满足安全性、无毒性、清洁性、化学稳定性和物理稳定性等要求。

牙膏是由多种化学物质组成的混合物，一般包括：摩擦剂（如碳酸钙、磷酸氢钙、焦磷酸钙、二氧化硅、氢氧化铝）、保湿剂（如甘油、山梨醇、丙二醇、聚乙二醇和水）、表面活性剂（如十二醇硫酸钠、2-酰氧基磺酸钠、月桂酰肌氨酸钠）、增稠剂（如羧甲基纤维素、鹿角果胶、羟乙基纤维素、黄原胶、瓜尔胶、角叉胶等）、甜味剂（如甘油、环己胺磺酸钠、糖精钠等）、防腐剂（如山梨酸钾盐和苯甲酸钠）、活性添加物（如叶绿素、氟化物），以及色素、香精等。

## 1. 功效型牙膏

牙膏市场巨大，使得各大日化用品公司的竞争日趋激烈。他们一方面研发新材料以降低成本，另一方面向牙膏中加入各种功效成分，使得市场上出现了越来越多的功效型牙膏。

（1）防龋防蛀类牙膏

我国龋齿患者人数众多，大约 70% 的国人都患有不同程度的龋齿。主要原因是变形链球菌在牙面上黏附、定居和繁殖所致。因此人们往牙膏里添加含氟元素的物质，来抑制牙齿表面变形链球菌的进一步扩大，甚至清除，达到可以消除牙齿表面的菌斑，提高牙齿的抗龋能力的目的。含氟牙膏主要添加氟化钠、氟化亚锡等化合物。

（2）消炎止血类牙膏

口腔疾病中牙周病是国人发病率极高的一种，调查显示，我国中年人近 90% 的人都患有牙周疾病。消炎止血类牙膏加入洗必泰、季铵盐、叶绿素铜等化学成分和中草药，能有效抑制菌斑生成，达到消炎止血的功效。中草药牙膏极具中国特色，有刺激小、毒性低、安全性高等特点，大多数中国的牙膏企业纷纷推出含有中草药的牙膏。

（3）防酸脱敏阵痛牙膏

牙龈随着年龄增长而萎缩，暴露牙本质，容易产生过敏和疼痛，会大大降低人们的生活质量。牙齿敏感的人在食用酸、甜、冷、热等食物时，牙齿会产生疼痛感。如果能够降低牙体硬组织的渗透性就能降低牙周部位对刺激的敏感程度。研究发现氧化锶、氯化锌、甲醛、硝酸银等化合物以及传统的中草药可以实现这一作用，而向普通牙膏中加入这类物质就制成了脱敏牙膏。

（4）口腔黏膜修复牙膏

复发性口腔溃疡是口腔黏膜疾病中发病率最高的一种，每一个人都曾受它的困扰。目前人们还不清楚引起口腔溃疡的直接原因，精神压力、消化不良、免疫力低下等都有可能引起该疾病。牙膏中如果添加了生物酶等物质能够有效止痛并消炎，能促进创面快速愈合，减缓疼痛。近年来，市面上出现了多款宣称对口腔黏膜有修复功效的牙膏。

（5）苏打牙膏

苏打牙膏是将食品级小苏打作为牙膏摩擦剂的主要成分，再添加其他基本成分和功效成分而制成的功效型牙膏。碳酸氢钠晶体能够帮助牙刷从物理层面清除菌斑，同时能对牙菌斑在牙齿上的形成和黏附起到破坏作用。该牙膏利用小苏打来增强对牙齿的清洁效果，利用小苏打的弱碱性中和牙齿表面的酸性物质，保护牙齿，有预防龋齿、清新口气的作用。

（6）竹炭牙膏

竹炭牙膏是将竹炭作为牙膏中主要摩擦剂而制成的牙膏。竹炭的一大特点是孔隙非常多，表面积大，具有很强的吸附能力，能够吸收牙齿表面的细菌、污垢、色素和口腔异味，能够有效清洁口腔，消除异味。加入了竹炭的牙膏膏体呈天然黑色，具有超强的吸附、调湿和抗菌能力。

（7）益生菌牙膏

益生菌牙膏是将益生菌作为主要功效成分的牙膏。这类牙膏中加入了活性微生物，完全不同于传统的无生命物质。活性微生物能够抑制有害细菌繁殖，帮助口腔形成平衡的微生态环境，从而实现祛除口腔异味、保护牙龈的作用。

2. 牙膏的选择

口腔的清洁是身体健康的重要环节。要保持口腔有健康的环境，刷牙是每天必不可少的事，那么一支适合自己的牙膏就非常重要了。

（1）选择合适的含氟量

大量研究证实，氟化物是一种安全有效的牙齿保健物质，每天用含氟牙膏刷牙两次，患龋齿的危险性降低近 40％。由于有效氟在牙膏膏体中的含量会随时间递减，国标《牙膏》（GB/T 8372—2017）将成人的含氟防龋牙膏的氟含量要求范围设定在 0.05％～0.15％，并规定儿童含氟防龋牙膏的氟含量范围在 0.05％～0.11％之间。此外，国标规定牙膏中二甘醇含量（气相色谱法）不得超过 0.05g/kg，三氯甲烷含量必须低于 0.5mg/kg。

（2）仔细阅读成分表

在牙膏新国标中，对牙膏的生产、检测、成分、包装等有严格的要求，市面上出现的正品牙膏都必须符合国标要求才能进入消费者市场。消费者在购买牙膏时对于牙膏的成分标签要仔细阅读，以避免敏感人群使用特定化学物质。例如常患有口腔溃疡的人群要避免使用含十二烷基硫酸钠（SLS）的产品；牙齿较脆弱的人，要尽量选择含氢氧化铝和碳酸氢钙的研磨材料，少用二氧化硅，避免含碳酸钙和含大颗粒物质的牙膏。此外，新标准规定牙膏中的二甘醇含量（气相色谱法）不得超过 0.05g/kg，三氯甲烷含量必须低于 0.5mg/kg。

（3）结合自身牙齿情况，选择特定牙膏

对于经常或已经患有牙齿疾病的人，在选择牙膏时应该选择满足其特定需求的牙膏。如敏感型牙齿选择脱敏牙膏；患有牙周炎或牙龈出血的人选择消炎止血类牙膏；牙齿泛黄且有牙石的人选择清洁增白类牙膏等。

（4）尽量避免含糖类牙膏

尤其对于儿童，含甜味剂或糖的牙膏，虽然刷牙时会觉得更加"美味"，但却会大大增加蛀牙的风险。此外，还需关注此类牙膏中是否添加了阿斯巴甜（苯丙氨酸）等"调味剂"，据研究发现，阿斯巴甜可能属于致癌性物质，最好选择含天然木糖醇或甜叶菊等天然甜味剂牙膏。

（5）经常更换牙膏种类

在日常生活中，长期使用同一种牙膏刷牙，会使某些有害的口腔病菌产生耐药性和抗药性，使牙膏失去灭菌护齿的作用。最好 3 个月左右换一次，几种牙膏交替使用。

# 二、其他口腔清洁用品

## 1. 固齿膏

属于中药方剂的一种，主要由何首乌、生地、白牛膝以及旱莲草（取汁）按照中药制剂设计原理制备而成。具有益肾固齿、活血消肿的功效，主要用于牙周病的治疗，可起到抗炎、抑菌、止血、镇痛和促进组织再生的作用，在临床上已取得了满意的疗效。

## 2. 漱口水

漱口水也叫口腔清洗剂。它洗漱方便，可以不需要牙具，并且具有杀菌、祛除口腔异味、保持口腔清洁、洁净牙齿、强壮牙龈等多重功效。

漱口水是近年来在欧美等国家新兴的一种口腔护理用品，欧美消费者已经建立起成熟的消费观念，漱口水和牙膏一样成为日常口腔护理的必备品，在这些地区，漱口水和牙膏在市场上的比例不相上下。而在我国，口腔护理的主流产品仍然是牙膏和牙刷，虽然漱口水的发展一直被人忽略，但其市场需求却在不断地扩大。一方面是由于它所含的成分能有效地杀灭口腔中的有害细菌，保护口腔清洁；另一方面是由于它使用起来比牙膏牙刷方便，特别受生活节奏快的都市人的钟爱。

（1）漱口水的主要成分及其作用

① 西吡氯铵、氟化物等化学制剂 西吡氯铵是一种常见的杀菌、抑菌物质。其对异养菌、铁细菌和硫酸盐还原菌的杀灭率均优于十二烷基二甲基苯甲基氯化铵、十二烷基二甲基苯甲基溴化铵及其他常用的季铵盐杀菌剂（普通牙膏的主要成分）。氟化物是最常用的护牙物质，可与牙齿表面物质结合形成坚固的表层，有效保护牙齿健康。市面上的此类产品较为常见，如贝齿系列漱口水、孕妇专用漱口水等都含有这两种物质。

② 麝香草酚、桉叶油素等复方制剂 具有清洁和杀菌、抑菌以及预防牙龈炎等疾病的功效。

③ 一些植物提取物 此类成分在诸多的清香型产品中常见，如樱花、柑橘、柠檬等精华液或提取物。具有祛除口腔异味、保持口腔清洁的作用。

④ 香精、表面活性剂以及水 除了上述三种类型的有效成分外，很多漱口水产品还会使用乙醇（酒精）、丙二醇、甘油等作为溶剂或调和剂，再加入各种香精、甜味剂等营养物质，也有可能含有甲硝唑、替硝唑等具有广谱抗菌作用的物质。此外，还会添加一些表面活性剂用以清洁去污。

（2）漱口水的正确使用方法

使用漱口水前最好先用清水漱口，帮助食物残渣从牙齿间隙中冲刷出来，之后使用漱口水可以最大面积接触牙龈，帮助清新口气和杀菌。将漱口水含在口内，鼓动两腮与唇部，使漱口水在口腔内能充分与牙齿、牙龈接触，并利用水力反复地冲洗口腔各个部位，这样就尽可能清除掉存留在牙齿的小窝小沟、牙间隙、牙龈、唇颊沟等处的食物残渣和软垢，使口腔内的细菌数量相对减少，从而达到清洁口腔的目的。

漱口水的种类有很多，每种漱口水成分是不同的，需要根据自己的需求使用漱口水，比如一般可以使用含氟化物的漱口水，可以起到防蛀牙的作用；牙齿敏感的人可以选用防敏感的漱口水，可以保护牙齿；患有口臭的人，可以选用一些清新口气的漱口水，可以使口腔保持清香，去除口臭。

3. 口腔喷雾剂

口腔喷雾剂是一种富含天然植物活性酶的药剂，主要用于口腔或喉咙的抑菌消炎。口腔黏膜给药具有药物吸收快、酶活性低、可避免肝脏首过效应、给药方便等特点，口腔喷雾剂通过与黏膜接触而快速吸收，特别适于需迅速起效的药物，以及不便吞咽的患者、儿童用药。

## 阅读资料

### 巧用牙膏

① 水龙头上面留下的水锈和水垢，涂上牙膏后进行擦洗，很快就能清理干净并且光亮如新。

② 夏天人们出汗多，衣领、袖口等处的汗渍不易洗净，只要搓少许牙膏，汗渍即除。

③ 衣服染上动植物油垢，挤些牙膏涂在上面，轻擦几次，再用清水洗，油垢可清除干净。

④ 擦皮鞋时，将少许牙膏和在鞋油中擦拭，皮鞋会更光亮。

⑤ 玻璃茶杯中留下的茶垢和咖啡渍，可涂上牙膏后反复擦洗，很容易就可以去除。

⑥ 如果手上沾了食用油、签字笔油、汽车蜡或机油等难洗的油污，用牙膏搓洗就能很容易清除了。

⑦ 用牙膏刷白球鞋。先将球鞋用清洁剂洗净，再用牙膏刷一刷，用水洗净。这样可以使鞋面变得很光洁，而且这样洗过的球鞋也不容易弄脏，下次清洗时会更轻松。

⑧ 清洗鱼后，手上总会留下难以去除的腥味儿，可以先用肥皂将手洗净，再抹上牙膏反复搓擦，用清水洗净后腥味儿就比较容易祛除了。

### 💡 思 考 题

1. 牙膏作为生活必需品，有哪些性能要求？

2. 在牙膏中添加氟元素的作用是什么？

3. 市场上的牙膏种类繁多，我们应如何选择合适的牙膏？

4. 漱口水中加入西吡氯铵的作用是什么？

# 第四节

# 穿戴用品

化学在人们的日常生活中无处不在，其工业产品与人们的衣食住行息息相关，正悄无声息地改变着人们的生活品质。人们的日常穿戴用品无不和化学产品有着紧密的联系，如合成染料让服饰色彩更加丰富；化工精密工艺优化让首饰更加美轮美奂；各种油脂的提取让皮革更加光亮舒适……

## 一、服装材料及其制品

### 1. 纺织纤维

纺织材料是纺织纤维及其制品，包括纤维、纱线、织物及其复合物。纤维是纺织产品的最小基本单元，一般可分为天然纤维（棉、麻、丝、毛等）和化学纤维。随着化学工业的发展，化学纤维种类逐渐增加，又被分为再生纤维和合成纤维两大类。例如黏胶（俗称人造棉或富强纤维）、竹纤维、牛奶蛋白纤维、天丝（Tencel）、莫代尔等属于再生纤维；而涤纶（聚酯）、腈纶、丙纶、氨纶（弹力丝）等是合成纤维一类。

（1）天然纤维

① 棉纤维　棉纤维是由天然采摘的籽棉（棉花）经过一系列棉纺加工工序而成的纺织原料，属于纤维素纤维的一种，常见品种分为细绒棉和长绒棉两类。其中细绒棉是我国的主要种植品种，长绒棉主要分布于我国的新疆地区。

② 麻纤维　麻纤维是指从各种麻类植物中取得的纤维的总称，隶属于纤维素纤维的范畴。通常所说的麻纤维一般是指苎麻和亚麻纤维。我国的苎麻种植历史悠久，距今已 4700年以上，多产于我国的西南热带地区；亚麻是人类最早使用的天然植物纤维，可追溯至 1 万年以上。在我国东北、内蒙古、山西、陕西、山东等大部分地区均有栽培。

③ 真丝　真丝一般指桑蚕丝，是唯一得到实际应用的天然长丝纤维，由蚕分泌黏液凝固而成。属于天然的蛋白质纤维。丝织制品种类繁多，大小可分为 43 种，其中较为人们熟知的有电力纺、塔夫绸、提花绸、双绉等。丝织物具有手感滑爽、轻薄舒适、高雅华贵等特点，尤其是真丝独特的"丝鸣感"，深受消费者的追捧。在很多的高档外套、礼服、婚纱、唐装、家纺等产品上都有广泛的应用。

④ 毛纤维　毛纤维是从动物身上取得的纤维，属蛋白质纤维类。常见品种有羊毛、兔毛、马海毛、狐狸毛等。在服装和家纺领域应用最多的是羊毛制品，一般包括绵羊毛和山羊绒两类。现今市面上的羊毛产品非常之多，如各类精纺呢绒（华达呢、哔叽呢、薄毛呢等）、粗纺呢绒（大衣呢、法兰绒、麦尔登等）、骆驼绒（美素驼、花素驼等）以及羊毛（绒）衫等。

（2）化学纤维

① 再生纤维　再生纤维一般是利用不能或不宜直接纺织的天然高聚物作原料，经过化学加工、提纯、去除杂质后制成的纺织纤维。包括再生纤维素纤维和再生蛋白质纤维两大类。因其具有与天然纤维（纤维素或蛋白质）相同的化学组成，又有其自身的特征，所以该类纤维制品既继承了天然纤维的特点，又具备了很多其它的优良特性。

随着人们环保意识的加强以及自身健康的重视，再生纤维的应用重新出现了迅猛的增长，尤其是以短纤天丝（Tencel）、竹纤维、长丝（Newcell）为代表的环保性纤维更被越来越多地应用于高档服装的面辅料中。

② 合成纤维　合成纤维是将一些高分子的成纤聚合物，利用纺丝成形工艺而制得的化学纤维。具有强度高、质轻、易洗快干、弹性好、不怕霉蛀等诸多优点，在 20 世纪 90 年代，被誉为完美的纤维制品。但随着人们对生活品质的追求，该类纯纺面料的缺点逐渐难以被消费者接受，如吸湿性差、易产生静电、舒适性差等。因此，合成纤维与其他纤维的混纺产品居多。

2. 纤维制品

（1）纱线

纱线的定义：以各种纺织纤维为原料制成的连续线状物体，它细而柔软，并具有适应纺织加工和最终产品使用所需的基本性能。通常所说的纱线，实际上是代表了两种不同的纺织制品，一种叫单纱（多根纺织纤维沿轴向加捻而成），另一种叫股线（由两根或以上单纱合捻而成）。

按照组成纱线的纤维种类，可以将纱线分为纯纺纱和混纺纱。

① 纯纺纱　是由单一纤维原料纺织加工而成的纱线，如纯棉纱、纯毛纱等。由纯纺纱织制成的面料也被人们称为纯纺面料，如纯棉布、纯麻布等。

② 混纺纱　由两种或两种以上的纤维纺制成的纱。一般综合了两种或多种纤维的优良特性，如涤棉纱、麻棉纱等。

纱线的生产要经过一系列的纺纱加工工艺，具体流程包括除杂、开松、普梳、精梳、牵伸、并条、加捻、卷绕和络筒，有色纱的加工还需要经过染色工艺。最终形成类似圆台型的筒子纱，以供后期织造工序使用。

（2）面料概述

面料是由纺织纤维织造而成的片状物体，按照其加工方式的不同分为机织物、针织物和非织造物三大类。

① 机织物　是指由经纬两个系统的纱线按照一定的浮沉规律形成的结构牢固的织物（图 6-5 所示）。通常由织机上生产出来，因此又被称为梭织物。

② 针织物　织针将纱线构成线圈，再把线圈相互串套而成的织物（图 6-6 所示），分为纬编和经编两大类。

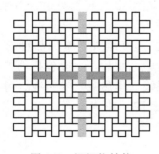

图 6-5　机织物结构

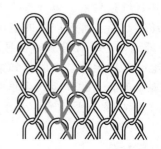

图 6-6　针织物结构

③ 非织造物　先将纺织纤维制成纤维网，再将其黏合、缝合或热压而成的片状物。因其不需经过纺织加工，又被称为"无纺布"。如人造革底布、包装用布、服装衬垫等。

（3）面料的生产过程

不同的织物类型有其不同的加工工艺，下面以机织物为例，介绍织物的生产过程。机织物要经过织前准备（络筒、整经、浆纱和穿结经）和上机织造两个阶段，其中织造是将纱线织制成织物（布）的关键阶段，在这里发生了纱线向布转化的过程。

通常，将经、纬纱按织物的组织规律在织机上相互交织构成机织物的加工称为织造。织机是由完成开口、引纬、打纬、送经、卷取等运动的机构组成，各机构遵循规定的时间序列，相互协调，完成经纬交织和织物成形。具体的形成过程如图 6-7 所示，织轴上退解出来的经纱，绕过后梁，再依次穿过停经片、综丝和钢筘到达织造区，当综框按照组织规律完成上下开口（图示状态）时，经纱被分成了上下两层，此时，梭子带动纬纱穿过梭口（上下两层经纱的夹角处），完成引纬动作，然后上下层经纬闭合并交换位置，同时钢筘将纬纱推向织口，使经纬纱相互交织一次，初步形成织物。织轴不断发出经纬，卷布辊及时将织物卷离织口，以使织造过程持续进行。

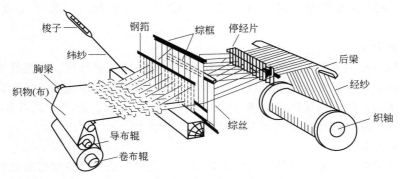

图 6-7　织物在织机上的形成过程

## 3. 面料的特点与保养方法

（1）纯棉面料

棉有吸湿性好、色泽鲜艳、手感柔软、穿着卫生舒适等优良特性，因其分子结构中含有大量的羟基基团，故耐碱而不耐酸，此外，由于棉纤维本身的结构特点，导致纯棉面料的尺寸稳定性较差，尤其在湿热条件下，变性很难回复且易缩水。

此类面料或服装不宜暴晒和在潮湿环境下长期储存；洗涤时不可使用热水（温度超过 50℃）浸泡；洗涤剂无要求。

（2）纯麻面料

麻织物透气凉爽、吸湿性好、色泽优良且不粘身，在夏季以及春秋季服装上应用较多。但其缺点同样较为明显，如手感粗糙、悬垂性差、易起皱等。麻纤维的分子结构与棉纤维相似，所以保养方式可参考纯棉织物，值得注意的是麻织物在洗涤时要较棉织物更忌强力搓揉。

（3）真丝面料

真丝织物自问世以来，一直是高贵华丽的代名词，具有轻盈、滑爽、透气透湿、舒适以及光泽优良等诸多优秀特性，但因其分子结构中含有氨基基团，与蛋白质成分相近，所以保养真丝面料时应注意：①不宜暴晒，否则会泛黄、褪色。②避免与碱性物质接触，以免出现变色、破损等现象。③储存时尽可能避免与潮湿空气接触，宜采用抽真空保存，以防虫蛀和腐败。④选用中性或专用洗涤剂，不宜使用碱性洗涤剂。另外，洗涤时需轻轻搓揉，切忌拧绞。

（4）纯羊毛面料

羊毛织物的手感柔软蓬松、富有弹性、抗折皱、保型性优，与人体皮肤亲和度高，因此常作为内衣和衬衣贴身穿着。在高档外套服饰上应用也较为广泛。因其分子结构也隶属于蛋白质结构，故保养方式与真丝类似，此外储存时不宜放樟脑丸。

（5）麻棉混纺面料

麻棉混纺面料结合了麻和棉两者的优良特性，外观不如纯棉织物光滑但光泽柔和，柔软度和舒适性略逊于纯棉，有一定的硬挺度和保型性，另外散热性佳，不易褪色。保养和洗涤方式与棉相似。

（6）涤棉混纺

涤纶属于聚酯纤维，坚韧耐用且有优良的弹性和回复性，与棉混纺后，改善了棉织物尺寸稳定性差的缺点，但一定程度上牺牲了纯棉的优良特性，如吸湿性、保暖性、柔软度以及穿着舒适性情况。保养和洗涤要求没有纯棉织物高，可手洗或机洗，洗涤剂无要求。

（7）纯棉弹力面料

弹力面料中一般加入具有极强弹性的弹力丝，如氨纶或莱卡纤维。此类纤维具有手感滑爽、化学稳定性好、柔软度佳、吸湿性差等特点。一般以包芯纱或包缠纱的形式与棉纤维混纺，避免了直接与人体皮肤接触，对纯棉的舒适性无明显影响。保养方式可参考纯棉面料，注意此类面料对温度更加敏感，切记不可暴晒和高温烘干。

（8）丝光棉面料

丝光棉与纯棉的原料是一致的。人们通常说的丝光棉只是一个特殊的后处理工艺，即丝光整理。棉经过浓烧碱（NaOH）处理后，使其既具有棉原有的特性，又具有真丝一般光泽。所以此类面料的特性和保养方式与纯棉织物相同。

# 二、珠宝首饰

我国珠宝首饰行业起步于 20 世纪 80 年代初，当时的世界珠宝首饰产业逐步向亚洲地区转移。与此同时，随着我国经济的高速发展和消费者消费观念的转变，人们对于珠宝首饰的追求也更加热烈起来，这给国内的珠宝首饰制造业创造了前所未有的商机。据统计，我国珠宝玉石首饰的行业规模从 2009 年的 2200 亿元增长到 2017 年的 6707 亿元，成为全球珠宝玉石首饰行业增长最为明显的国家之一。

我国珠宝产业主要分布在以深圳为代表的珠三角，以上海为代表的长三角和以北京为代表的环渤海地区。这三大区域拥有庞大的珠宝生产力和消费潜力。

## 1. 珠宝首饰的分类

在遥远的石器时代，人类最原始的首饰形式主要为项饰、腰饰、臂饰、腕饰、头饰等几种，没有明确的分类。随着首饰新材料以及制作工艺的不断发展，现代珠宝首饰的种类更加繁多，由此而来的珠宝首饰类别区分方式也五花八门，如按制作原料分类、首饰价值分类、佩戴部位分类以及按宝石镶嵌与否分类等。

目前市场上的珠宝首饰主要由珠宝玉石和贵金属两大类组成，一般按其材质和品种进行分类。根据人们的思维习惯，为便于理解，以下只介绍国标《珠宝玉石及贵金属产品分类与代码》（GB/T 25071—2010）中对珠宝玉石及贵金属产品按材质分类情况

（表 6-3、表 6-4）。

**表 6-3　珠宝玉石分类情况**

| 名称 | 主要品种 |
|---|---|
| 天然宝石 | 钻石、红宝石、蓝宝石、祖母绿、金绿宝石、海蓝宝石、绿柱石、碧玺、尖晶石、锆石、托帕石、橄榄石、石榴石、石英、水晶、长石、方柱石、柱晶石、辉石、红柱石、空晶石、蓝晶石、鱼眼石等 |
| 天然玉石 | 翡翠、软玉(闪石玉)、欧泊、玉髓、玛瑙、木变石、石英岩、岫玉(蛇纹石)、孔雀石、葡萄石、大理石、萤石、天然玻璃、鸡血石、寿山石、青田石、砚石等 |
| 天然有机宝石 | 珍珠、珊瑚、琥珀、天然树脂、煤精、象牙、猛犸牙、龟甲、贝壳等 |
| 合成宝石 | 合成钻石、合成红宝石、合成蓝宝石、合成祖母绿、合成尖晶石、合成欧泊、合成水晶等 |
| 人造宝石 | 人造钇铝榴石、人造钆镓榴石、人造钛酸锶、塑料、玻璃、其他人造宝石 |
| 拼合宝石 | 拼合翡翠、拼合祖母绿、拼合欧泊、其他拼合宝石 |

**表 6-4　贵金属及其合金分类情况**

| 贵金属及其合金 | 主要规格 |
|---|---|
| 金及其合金 | 9K 金、14K 金、18K 金、22K 金、足金、99.5 金、千足金、99.95 金、99.99 金、其他金及其合金 |
| 银及其合金 | 银 800、银 925、银 990(足银)、银 999(千足银)、银 999C5、银 999.9、其他银及其合金 |
| 铂(白金)及其合金 | 铂 850、铂 900、铂 950、铂 990、铂 999(千足铂)、铂 999.5、其他铂(白金)及其合金 |
| 钯及其合金 | 钯 500、钯 950、钯 990、钯 999(千足钯)、其他钯及其合金铑、其他贵金属及其合金 |
| 铑、其他贵金属及其合金 | — |

## 2. 贵金属及其合金

（1）黄金首饰

此类首饰的主要成分是黄金（化学符号为 Au，相对密度为 17.4，摩氏硬度为 2.5），黄金的含量和成分体现黄金首饰的价值。黄金首饰从其含金量上可分为纯金和 K 金两类。

① 纯金首饰　是指含金量在 99% 以上（最高可达 99.99%）的黄金首饰，人们常称其为"九九金""十足金""千足金""足金""赤金"等。市场上销售的黄金首饰，多数都配有质检机构的检验标识，标识明确标注首饰的金含量、重量。因此我们在购买黄金首饰时，一定要认清黄金的质量检验标识。如 999 金，又称千足金，其中含金量不小于 999‰，标识印记是"千足金"或"999 金"或"G999"等；990 金，又称足金，指含金量大于或等于 99% 的黄金，俗称"二九金"，标识印记是"足金"或"99 金"或"G99"等。

② K 金首饰　为了克服黄金硬度低、颜色单一、易磨损、花纹不细巧等缺点，通常在纯金中加入一些其它的金属元素（如银、铜金属）以增加其硬度、变换其色调以及降低其熔点，这样就出现成色高低有别、含金量明显不同的合金首饰，冠之以"Karat"一词。根据其加入其它金属量的多少，形成了 K 金首饰的不同 K 数。K 金制是国际流行的黄金计量标准，K 金的完整表示法为"Karat Gold"，并赋予 K 金以准确的含金量标准（1K 的含金量约是 4.166%），如 24K 的含金量为 99.99%（纯金），18K 含金量为 75%。在各国的黄金首饰中，18K 和 14K 是使用最多的一种首饰原料。

（2）铂金首饰

铂金的主要成分是铂族元素，如铂（Pt）、钯（Pd）、钌（Ru）、锇（Os）、铑（Rh）和铱（Ir）。人们通常说的铂金首饰是主体成分以铂为主的正铂金（Pt999.5）、足铂金（Pt990）、铂金（Pt950、Pt900、Pt850）的首饰。铂金的物理化学性质非常稳定，抗腐蚀性极强且不易被氧化，无论佩戴多久，铂金能够始终保持其天然纯白的光泽，永不变质和褪色。因此，被广泛应用于首饰制造行业，尤其是高品质的铂金钻戒更被视为表达忠贞爱情的信物。

（3）银首饰

银首饰是一种以金属银打造的饰品，质地光滑，富有光泽。但银的性质非常不稳定，容易受外界因素的影响而变黄变黑，因此，市面上的银首饰一般都经过了镀金处理，也有的使用银铜合金的方法制作而成。银首饰一般应打上银的英文缩写（"S"或"Sterling"）的印记，如 S925 纯银、S990 足银等。

（4）普通金属首饰

由不锈钢、铜、铁、钛、钨、铝等各种合金制成，主要用于流行首饰或前卫首饰中。

（5）非金属材料首饰

主要指各种皮革、塑料、石材、木材等制成的首饰，通常只是作为一种工艺品来体现艺术的美。

## 3. 珠宝玉石

宝石是岩石中最美丽而贵重的一类石。它们颜色鲜艳，质地晶莹，光泽灿烂，坚硬耐久，同时赋存稀少，是可以制作首饰等用途的天然矿物晶体，如钻石、翡翠、水晶、祖母绿、红宝石、蓝宝石和金绿宝石（变石、猫眼）、绿帘石等。

（1）钻石

钻石号称"宝石之王"，是世界上公认的最珍贵的宝石，也是最受人们喜爱的宝石之一。钻石基本化学元素是 C，是一种由碳原子组成的等轴晶系的天然矿物，为均质体，其中也多含有 N、B、H 等一些微量元素。钻石的密度为 $(3.52 \pm 0.01)$ g/cm$^3$，摩氏硬度为 10，有典型金刚光泽，色散值为 0.044，折射率为 2.417。钻石最常见的微量元素是 N 元素，N 以类质同象形式替代 C 进入晶格。氮原子的含量和存在形式对钻石的性质有重要影响，同时也是钻石分类的依据。

钻石具有发光性，日光照射后，夜晚能发出淡青色磷光。X 射线照射，发出天蓝色荧光。钻石的化学性质很稳定，在常温下不容易溶于酸和碱，酸碱不会对其产生作用。

世界各地均有钻石产出，已有 30 多个国家拥有钻石资源，年产量一亿克拉左右。产量前五位的国家是澳大利亚、扎伊尔、博茨瓦纳、俄罗斯、南非。这五个国家的钻石产量占全世界钻石产量的 90% 左右。

评价钻石的质量好坏依据钻石的 4C 标准，即钻石评价标准。它包括钻石的卡、净度、色级和切工。卡是我们常说的克拉，表示钻石的大小。净度是指钻石中瑕疵的多少，瑕疵少的级别就高，可以反射出耀眼的光芒。如果钻石的瑕疵多，就可能造成钻石的表面非常暗淡。色级是指钻石的颜色级别，钻石的颜色由最罕贵的完全无色至黄、褐色，色泽越浅的钻石，光线越易于穿透，这是 4C 中最直观的。

（2）翡翠

翡翠是女性们非常喜欢的首饰，也是市场上最珍贵的收藏品之一。据统计，世界上 90% 以上的翡翠玉石产于缅甸。其矿床位于缅甸北部山地，北纬 24°～28°，东经 96° 线左右。由于此地离我国云南的瑞丽很近，所以瑞丽、盈江、腾冲、大理曾一度是翡翠玉石集散地。瑞丽的翡翠市场是我国翡翠交易市场最繁荣、最具代表性的市场，高中低档货应有尽有。

翡翠是以硬玉矿物为主的辉石类矿物组成的纤维状集合体，它是在地质作用下形成的达到玉级的石质多晶集合体，主要由硬玉（Jadeite）、绿辉石、钠铬辉石、钠长石、角闪石、透闪石、透辉石、霓石、霓辉石、沸石，以及铬铁矿、铁矿、赤铁矿和褐铁矿等组成。翡翠被称为多晶质集合体矿物，化学成分一般不纯，主要以钠铝硅酸盐 $NaAl(Si_2O_6)$ 为主，还常含有 Ca、Cr、Ni、Mn、Mg、Fe 等微量元素。

翡翠的颜色以绿色为主，另有红色、黄色、白色等。红色者称翡，绿色者谓翠。其优劣标准在于色和地。论色当以绿色为贵，越浓越鲜越佳；而地则要透、净，具有水分感，俗称"玻璃地"，也有人称之为"种水"，一般认为质地越好的翡翠，价值越高。而翡翠的质量特征除了质地之外，还有硬度、翠性、相对密度（比重）、色泽等，所以衡量翡翠的优劣是一项比较繁琐的鉴别过程。

（3）红宝石和蓝宝石

在悠久的历史长河中，红宝石和蓝宝石曾被做成各种各样的高档宝石饰品，由于红蓝宝石的硬度仅次于钻石，而且有美丽的颜色，在所有宝石中是仅次于钻石的宝玉，它们与钻石、祖母绿一起称为世界上"四大珍贵宝石"。

红宝石和蓝宝石的主要化学成分为 $Al_2O_3$，矿物学名称叫刚玉（Corundum）。当刚玉纯净无杂质时呈现无色，当含有 $Cr_2O_3$ 时呈现红色调，随着 $Cr_2O_3$ 的含量不同，红色调的深浅不同，这种刚玉称为红宝石，英文名是 Ruby。当刚玉中含有其他杂质元素（Ti、Fe 等）时呈现非红色的其他色调，这种刚玉称为蓝宝石。微量杂质元素一般以机械混入或离子形式代替晶格中的铝离子形式存在。

颜色是决定红、蓝宝石价值最重要的因素。通常红宝石内含一些气液或矿物包裹体，当其中的针状矿物包裹体沿三个特定方向生长时，就会产生"星光效应"，人们将这种红宝石称为"星光红宝石"。根据红色的好坏依次将红宝石分为鸽血红、鲜红、紫红、深紫红；蓝宝石最理想的颜色是中深色调的蔚蓝和墨水蓝色，色调太淡或太暗的蓝宝石价值低。人们对于优质深橙色和似金绿宝石颜色的蓝宝石评价很高，主要因它可做首饰以外，还是收藏家的珍品。

（4）祖母绿

祖母绿是绿色宝石之王，也是绿柱石家族的魁首，它是一种非常"高端"的宝石，最早产于红海西岸的埃及。我国也称之为"子母绿""助水绿"等。祖母绿的主要产地有哥伦比亚、俄罗斯、巴西、赞比亚、印度、南非、津巴布韦、中国等。国际市场上目前最多见的祖母绿来自三个产地：哥伦比亚、巴西和赞比亚。

祖母绿是一种含铍铝的硅酸盐，其分子式为 $Be_3Al_2[Si_6O_{18}]$，属六方晶系。晶体单形为六方柱、六方双锥，多呈长方柱状，集合体呈粒状、块状等。翠绿色，玻璃光泽，透明至半透明。折射率 $1.564\sim1.602$，双折射率 $0.005\sim0.009$，多色性中等至强（蓝绿，黄绿），非均质体。硬度 7.5，密度 $2.63\sim2.90g/cm^3$。解理不完全，贝壳状断口。X 射线照射下，祖母绿发很弱的纯红色荧光，吸收光谱：683nm 和 680nm 强吸收线，662nm 和 646nm 弱吸收线，$630\sim580nm$ 部分吸收带，紫区全吸收。

由于裂缝过多，祖母绿一般要经过优化处理，最著名的处理方式为浸油处理，浸注方法多种多样。早期人们主要采用各种油来浸渍祖母绿，如各种植物油、雪松油等，通常尽量采用与祖母绿折射率相近似的油，所浸注的油可分为有色和无色两种。近年来，也有用加拿大树脂来浸注的。

## 4. 首饰的保养和护理

（1）黄金首饰的养护

黄金作为一种贵金属，有良好的物理和化学特性，如在一般火焰下黄金不容易熔化、在高温条件下不会被硫和氧侵蚀变色等。但若在生活中佩戴不当也会使黄金表面出现脱色、变色等现象，失去其原有的纯金黄色光泽。一般来说黄金饰品佩戴应注意以下事项。

① 黄金属贵金属类，应尽量避免接触香水、化妆保养品、酸性物质、家用清洁剂或杀虫剂等化学品，以免引起化学作用，产生变色或损坏现象。

② 强烈的碰撞会令金饰变形，因此在搬运重物、做运动或睡觉时不宜佩戴黄金饰品。长期不佩戴的黄金首饰应放置于首饰盒或绒布包裹后收藏，避免与其他物品相互接触和摩擦，尤其是含汞或铅的化学品，长期接触会导致黄金饰品表面出现白色斑点，难以清除。

③ 纯金具有艳丽的黄色，但掺入其他金属后颜色变化较大，如金铜合金呈暗红色，含银合金呈浅黄色或灰白色。因此应避免黄金首饰与其他金属类物品长期接触。

（2）珠宝玉石的养护

珠宝玉石以其美观、耐久以及稀有性深受广大消费者的欢迎，但如果保养不善，很容易造成珠宝失去光泽、主石松脱、掉落或遗失，甚至造成毁灭性的灾难。因此正确的佩戴珠宝玉石以及有效的保养方法，能极大程度地避免珠宝受到无意的损坏。

① 适时取下，防止碰撞。珠宝玉石类首饰在穿戴时应视不同的情况适时取下，如洗手、洗衣、洗澡、做家务、装卸重物等。大部分珠宝玉石都是多晶质集合体，具有很高的脆性，在遇到物理外力碰撞时极易造成断裂。再加上很多珠宝玉石本身的内部结构就比较松散，暗纹较多，如翡翠、和田玉等，因此避开与其他硬物的强力接触是珠宝玉石保养的基础。

② 注意酸碱性物质的侵蚀。我们日常生活中经常会接触到一些浓度不一的酸性或碱性物质，这些不同浓度的酸碱物质对珠宝玉石会有一定程度的侵蚀作用，使其表面变得暗淡，影响美观度。尤其像珍珠、琥珀等有机宝石，穿戴时应尽量避免与酸碱性化学物质接触，如洗涤剂、高浓度香水以及其他含有酸碱性的化妆品。

③ 清洗珠宝要谨慎。珠宝玉石的种类多，成分杂，清洗时应根据类别采用不同的清洗方式，如钻石使用中性洗涤剂溶液浸泡去油污、翡翠需用清洗冲净并用软布轻擦、红蓝宝石和祖母绿要使用温和肥皂水轻柔擦洗等。对于绝大多数贵重珠宝最好使用专业的洗涤剂和洗涤工具进行清洗，亦可至正规的珠宝店进行专业的珠宝保养，以防洗涤方式不当造成不必要的损失。

## 阅读资料

### 和田玉与仿制品的鉴别

和田玉出产于中国新疆和田地区，是世界上发现最早的软玉，也是中国四大名玉（软玉、绿松石、岫玉和独山玉）之首。其细腻、温润、纯净以及雕刻所表现的题材都能充分体现中国悠久的历史文化和深厚的文化底蕴，因此，苏联地球化学家费尔斯曼称软玉为中国玉。软玉在世界上产地众多，但由于在新疆和田一带出产的软玉最有名，因而软玉又称为和田玉。

由于软玉和石英岩、岫玉、玉髓、大理石、玻璃等玉石材料较为相似，因而市场上常出现以假乱真的和田玉产品，大多采用的仿制品有石英岩、大理岩、蛇纹岩和玻璃雕件及手镯。

1. 石英岩

与软玉最为相似的是白色石英岩，一般感官鉴别后的区别主要有以下几个方面。

① 软玉大部分为油脂光泽，而石英岩具玻璃至油脂光泽。

② 软玉具纤维交织结构，十分细腻，其断口为参差状，而石英岩具粒状变晶结构，其断口为粒状。

③ 一般情况下软玉的透明度低于石英岩。同样大小的制品首饰，软玉较重，而石英岩较轻。

2. 岫玉

黄绿色软玉的外观与岫玉较为相似，岫玉的结构也同样细腻，肉眼鉴定时应更加仔细。

① 大部分情况下，软玉的透明度低于岫玉，而硬度却明显高于岫玉。岫玉制品的棱角更趋于圆滑。

② 软玉制品往往颜色单一，而大块的岫玉常出现灰、黑、黄、绿等几种颜色间杂的现象。在实验设备下，软玉和岫玉的折射率、密度、硬度都有较大的区别。

### 3. 玉髓

绿色玉髓外观上和绿色软玉极为相似，这是因为玉髓本身为隐晶质石英，颗粒极为细小，但肉眼观察时仍有明显的差别。如玉髓制品多为玻璃光泽，有较高的透明度；玉髓制品的质量较轻，且折射率和密度低于软玉，而硬度却大于软玉。

### 4. 玻璃

仿玉玻璃制品的特点是乳白色、半透明至不透明，常有大小不等的气泡，贝壳状断口，折射率在 1.51 左右，相对密度 2.5 左右，均明显低于软玉。

### 5. 大理石

质地细腻、洁白的大理岩常常用来仿白玉，但大理岩的密度、硬度均低于软玉，二者的折射率、光泽和结构也有很大的区别。

## 💡 思 考 题

1. 说说纺织纤维的种类及其特点。
2. 面料是如何在织机上形成的？
3. 真丝服装在保养时应注意哪些方面？
4. 人们常说的 K 金首饰是什么意思？
5. 世界上的四大珍贵宝石是指哪四种？

# 第七章

## 绿色化学

20世纪，化学工业的发展对人类的生存、生活质量的提高起着重要的作用，然而许多化学品的生产和使用也对生态环境造成严重的破坏。面对日益恶化的生存环境，传统的"先污染后治理"的方案往往难以奏效，因为其不仅消耗了大量的资源和能源，而且在解决这一环境问题的同时又带来新的环境问题。20世纪90年代后期绿色化学的兴起，为人类解决化学工业对环境污染问题，实现经济与社会的和谐发展提供了有效手段。

# 第一节

# 绿色化学的研究背景

化学科学与化学工业为人类进步做出了卓越的贡献，它从自然资源中制取了大量的化肥、药品、金属、塑料、化纤、橡胶等，在交通、通信、医疗、住房等物质生活方面都扮演着极其重要的角色，极大改善了人类的生活。然而，化工产品的生产消耗了大量的资源，一些有毒有害物质的随意排放也造成了严重的环境污染和生态破坏。

20世纪中期，由于对化学物质的毒害时间性、生物富集性认识不够，对废水、废气和废渣的排放没有严格立法来限制，人们普遍认为只要把废水、废渣和废气稀释后排放就可以做到无害于环境。

后来，由于对化学品的环境危害有了更深入的了解，环保法规就开始限制废物的排放总量，特别是废物排放的浓度。于是对一些废水、废气和废渣不得不进行后处理才能进行排放，这样就开发了一系列废物的后处理技术，如废水处理，洗涤废气，焚烧废渣等。

1990年美国通过了"污染防止条例（PPA）"成为全国环境保护的政策，指出环境保护的首选对策是在源头防止废物的生成，这样可避免对化学废物的进一步处理与控制。

从化学工业自身发展的要求来看，目前绝大多数的化工技术都是几十年前开发的，当时的加工费用主要包括原材料、能耗和劳动力的费用。近二十年来，化学工业向大气、水和土壤等排放了大量有毒有害的物质，以1993年为例，美国仅按365种有毒物质排放估算，化学工业的排放量为136万吨。因此，加工成本又增加了废物控制、处理和埋放，环保监测、达标，人身保险、事故责任赔偿等费用。1992年，美国化学工业用于环保的费用为1150亿美元，清理已污染地区花去7000亿美元。1996年美国杜邦公司的化学品销售总额为180亿美元，环保费用为10亿美元。所以，从环保、经济和社会的要求看，化学工业不能再承担使用和产生有毒有害物质的相关治理费用，需要大力研究和开发新的绿色化工技术。

---

**阅读资料**

### 美国"总统绿色化学挑战奖"

美国"总统绿色化学挑战奖"（PGCCA：Presidential Green Chemistry Challenge Award），是1995年由美国总统克林顿设立的，是总统绿色化学挑战计划（President Green Chemistry Challenge）的一个重要组成部分，旨在奖励在研究、开发和应用绿色化学技术方面获得杰出成就的个人、集体或组织。所谓绿色化学技术是指将绿色化学的基本观念应用于化学研究、化工制备以及化学品的利用等方面。这些技术还必须有环境保护的应用前景。所获

得的成就必须是在过去的 5 年内在美国具有开创性的、起到里程碑意义的工作。该奖共分 5
类，即：小企业奖，学术奖，设计安全化学品奖，更新合成路线奖，改进溶剂和反应条件
奖，其中的学术奖又要求达到公认的、极高的学术水平。2006 年这个项目已执行了十一届，
一些奖项在名称上做了修改，即将"更新合成路线奖"改为"绿色合成路线奖"；将"改进
溶剂和反应条件奖"改为"绿色反应条件奖"；将"设计安全化学品奖"改为"绿色化学品
设计奖"，更加体现"绿色"。2015 年起，新增了一个奖项——气候变化奖。

该奖每年对五个个人和组织进行奖励，评选依据下列标准：

(1) 获提名的技术必须是绿色化学计划中的项目且属于三个关注领域。

(2) 获提名的技术有益于人体健康，有助于环境保护。获奖技术必须具备：减少毒性
(急性和慢性)，减少疾病和伤害，减少火灾和爆炸的可能性，减少排放物，减少危险物的
运输，或在生产过程中减少污染物的使用；提高自然资源的利用率，如使用可再生原料；
增加生物的多样性。

(3) 技术能够被大量的化学生产厂商、产品用户和社会广泛使用。获提名的技术必须
具备：实现绿色化学的可行性；对现有环境问题的补救；具有向其他设备、地区和工业转
移的特性。

(4) 获提名的技术具有创新性和科学性：创新性是指技术以前未被使用，科学性是指
技术经得住科学的检验，新的制造方式有坚实的科学基础。

评审小组将依据上述标准，对提名的技术进行评定。申请人列明技术的特点有助于专家小
组的评定并增加获奖的可能性。这些特征包括：提名技术同现有技术的比较，毒性数据，减少
的危险物的数量，在商业中的应用范围，其他有益于人类健康和环境保护的数据等。

2010～2018 年美国"总统绿色化学挑战奖"获奖项目

| 获奖年份 | 绿色合成路线奖 | 绿色反应条件奖 | 绿色化学品设计奖 | 小企业奖 | 气候变化奖 | 学术奖 |
|---|---|---|---|---|---|---|
| 2010 | 美国陶氏化学公司和德国巴斯夫公司共同研发了利用过氧化氢作为氧化剂制备环氧丙烷的新路线（HPPO） | Merck&CoInc 和 Codexis Inc 公司共同研制了一种使II型糖尿病的治疗药物西他列汀合成条件更绿色的转氨酶。 | 克拉克（Clarke）公司开发的一种可杀灭蚊子幼虫的改进型多杀菌素（Spinosad） | LS9，Inc 石油公司利用生物技术研制了可用作燃料和化学品的 Renewable Petroleu™ 产品 | | 加州大学廖俊智教授开发了利用二氧化碳合成长链醇的方法 |
| 2011 | Genomatica 公司开发了利用再生原料生产基础化学品 1,4-丁二醇（BDO）的方法 | Kraton Performance Polymers 公司研发出 NEXA-RTM 聚合物膜技术 | Sherwin-Williams 公司研发出含挥发性有机物较少的水基丙烯酸醇酸树脂的生产技术 | BioAmber 公司开发出了微生物发酵法生产"生物基琥珀酸"的生产技术 | | 加利福尼亚大学的 Bruce H. Lipshutz 教授设计了一种在水中形成微小液滴的安全的表面活性剂 |
| 2012 | Codexis 公司开发出更有效的生物催化剂 LovD 生产辛伐他汀 | Cytec 工业公司研发了一种 MAXHT^A 拜耳法方钠石积垢抑制剂 | Buckman 国际公司用酶制剂来降低生产高品质纸和纸板的能耗和木质纤维使用量 | Elevance 公司采用了获得诺贝尔奖的催化技术来裂解原油，并高效合成新的绿色化学品 | | 斯坦福大学的 Waymouth 教授和 IBM 研究中心 Hedrick 博士研发了高活性、环境友好的有机催化剂 |

续表

| 获奖年份 | 绿色合成路线奖 | 绿色反应条件奖 | 绿色化学品设计奖 | 小企业奖 | 气候变化奖 | 学术奖 |
|---|---|---|---|---|---|---|
| 2013 | 美国生命技术公司更安全。可持续地生产聚合酶链式反应试剂所需的化学品 4, 4′-二吡啶基二硫醚 | 陶氏公司用于改善 $TiO_2$ 分散度及减少 $TiO_2$ 的添加量技术 | 美国嘉吉公司研制了一种不易燃、性能优质、毒性低且碳排量更低的植物油基绝缘绝热变压器用油 | 法拉第公司开发低毒性的三价铬生产高性能铬涂层加工技术 | | 特拉华大学 Richard P. Wool 教授从事可持续大分子聚合物与复合材料的优化设计 |
| 2014 | Solazyme 公司研制了不受季节、地点、原料来源影响且性能稳定的微藻油 | QD Vision 公司更绿色的量子点合成法生产高效显示器件和照明产品 | Solberg 公司发明高效浓缩、不含卤素的 RE-HEAL-ING™（RF）泡沫灭火剂 | Amyris 利用自己的专利菌株，工业化规模地把糖类发酵成达到石油燃料标准的可再生柴油 | | 威斯康星大学 Stahl 教授改进了将氧气作为氧化剂用于有机氧化合成的催化方法 |
| 2015 | LanzaTech 公司发展的微生物发酵法将 CO、$CO_2$ 转化为乙醇、2, 3-丁二醇等重要燃料 | Soltex 公司通过 BF3 与醇的络合后固定在氧化铝载体上解决合成聚异丁烯产生等量废水问题 | Hybrid Coating Tec-hnologies 和 Nanotech Industries 公司合成聚氨酯涂料和绝缘泡沫的新方法 | Renmatix 公司用超临界水将植物纤维的水解为糖的工艺技术 | Algenol 公司开发出了一种可以高效地减少空气和工业废气等碳排放的燃料 | Eugene Y.-X. Chen 教授设计的有机小分子催化剂在无金属催化的条件下实现了 HMF 的自身缩合以及二甲基丙烯酸酯的聚合反应 |
| 2016 | CB&I 以及 Albemarle 两家公司的 Alky-Clean® 技术 | Dow Agro-sciences LLC 高效利用氨肥的 Instinct 技术 | Sherwin-Wil-liams 公司研究出了一种水基醇酸丙烯酸涂料制备技术 | Verdezyne 公司发明的发酵技术平台，提供一种利用可再生物质代替现在石化产品的二羧酸 | Newlight Technologies 公司因用生物催化剂将空气中的甲烷制成高性能热塑性 AirCar-bon™ 材料 | 普林斯顿大学的 Paul J. CHIRIK 教授发现在空气中稳定性高、易合成、活性高以及选择性高的铁钴催化剂 |
| 2017 | 默克公司改进了正处于三期临床实验阶段抗病毒药物 Letermovir 合成路线 | 安进公司与瑞士巴赫公司通过开发固相肽合成技术，改进药品 Parsabiv™ 的活性成分 Etelcalcatide 生产的工艺 | 陶氏化学品公司与科勒公司开发了一种不用显影剂的热敏纸专利技术 | UET 公司开发了用于电网储能的先进的全钒氧化还原液流电池 | | 宾夕法尼亚大学的 Eric J. SCHELTER 教授发明了一种通过定制金属复合物以循环利用稀土元素的技术 |
| 2018 | 默克公司 HIV 药物的新合成工艺 | Mari Signum Mid-Atlantic 公司开发了甲壳素大规模生产的使用方法 | DowDuPont 公司开发了一种提高水稻产量并降低环境污染的新兴除草剂灵斯科 | Chemetry 公司开发的降低聚氯乙烯供应链中环氧丙烷和 $CO_2$ 排放量的 eShuttle™ 技术 | | 弗吉尼亚联邦大学 Frank Gupton 教授和 Tyler McQuade 教授通过新工艺增加全球获取大量 HIV 药物奈韦拉平的途径 |

## 💡 思考题

1. 试举例分析化学工业的发展对人类生产生活的影响。
2. 近代化学工业的发展与全球环境污染的关系如何？
3. 化学工业持续发展的出路在哪？

# 第二节

# 绿色化学概述

化学工业的发展所导致的严重环境污染问题，越来越受到各国政府、企业和学术界的关注。人们迫切要求一种新的发展模式来改变当前的工业生产现状，绿色化学便由此开始出现。

## 一、绿色化学的定义

绿色化学又称环境无害化学、环境友好化学、清洁化学。绿色化学即是用化学的技术和方法去消灭或减少那些对人类健康、社区安全、生态环境有害的原料、催化剂、溶剂和试剂在生产过程中的使用，同时也要在生产过程中不产生有毒有害的副产物、废物和产品。

绿色化学的理想在于不再使用有毒、有害的物质，不再产生废物。从科学观点看，绿色化学是化学科学基础内容的更新；从环境观点看，它是从源头上消除污染；从经济观点看，它合理利用资源和能源，降低生产成本。可以说，绿色化学的研究具有深远而广泛的价值。

此外，绿色化学与环境治理是完全不同的概念。环境的治理是对已污染的环境进行治理，使之恢复到被污染前的面目，而绿色化学则是从源头上阻止污染物生成的新策略，即所谓污染预防。污染治理的最好办法就是不产生污染。既然没有污染物的使用、生成和排放，也就没有环境被污染的问题。因此，只有通过绿色化学的途径，发展环境友好的、绿色的化工技术，才能解决环境污染与经济可持续发展的矛盾。

## 二、绿色化学的基本原理（双十二条原则）

要达到无害环境的绿色化学目标，在制造与应用化工产品时，要有效地利用原材料，最好是再生资源；减少废弃物量，并且不用有毒与有害的试剂与溶剂。为此目标，R. T. Anastas 和 J. C. Waner 曾提出了著名的 12 条绿色化学原则，作为开发环境无害产品与工艺的指导，这些原则涉及合成工艺的各个方面。

① 预防环境污染　防止废物的产生比产生废物后进行处理更好。

② 提高原子经济性　设计的合成方法应当使工艺过程中所有的物质都用到最终的产品中去。

③ 提倡无害的化学合成方法　设计的合成方法中所采用的原料与生成的产物对人类与环境都应当是低毒或无毒的。

④ 设计更安全的化学品　设计生产的产品性能要考虑限制其毒性。

⑤ 使用更安全溶剂和助剂　如有可能就不用辅助物质（溶剂、分离试剂等），必须用时也要用无毒的。

⑥ 提高能量的使用效率　化工过程的能耗必须节省，并且要考虑其对环境与经济的影响。如有可能，合成方法要在常温、常压下进行。

⑦ 使用可再生的原料　使用可再生资源作为原料，而不是使用在技术与经济上可耗尽的原料。

⑧ 减少衍生物的生成　如有可能，减少或避免运用生成衍生物的步骤（如用封闭基因、保护或脱保护、暂时修饰的物理或化学过程）。因为这些步骤要用外加试剂并且可能产生废弃物。

⑨ 开发新型催化剂　催化剂（选择性）优于计量反应试剂。

⑩ 设计可降解材料　化学产物应当设计成在使用之后能降解为无毒害的降解产物而非

残存于环境之中。

⑪ 加强预防污染中的实时分析　要进一步开发分析方法，使其可及时现场分析，并且能够在有害物质生成之前就予以控制。

⑫ 防止意外事故的安全工艺　在化学过程中，选用的物质以及该物质使用的形态，都必须能防止或减少隐藏的意外（包括泄漏、爆炸与火灾等）事故发生。

利物浦大学化学系 Leverhulm 催化创新中心的 Neil Winterton 提出另外的绿色化学原则十二条，简称后十二条，以帮助化学家们评估每个工艺过程的相对绿色性。后十二条的主要内容如下。

① 鉴别与量化副产品。

② 报道转化率、选择性与生产率。

③ 建立整个工艺的物料衡算。

④ 测定催化剂、溶剂在空气与废水中的损失。

⑤ 研究基础的热化学。

⑥ 估算传热与传质的极限。

⑦ 向化学或工艺工程师咨询。

⑧ 考虑全过程中选择化学品与工艺的效益。

⑨ 促进开发并应用可持续性量度。

⑩ 量化和减用辅料与其他投入。

⑪ 了解何种操作是安全的，并与减废要求保持一致。

⑫ 监控、报道并减少实验室废弃物的排放。

这些原则为国际化学界所公认，它反映了近年来在绿色化学领域中所开展的研究内容，同时也指明了未来绿色化学的发展方向。图 7-1 概括了目前绿色化学的主要研究领域情况。

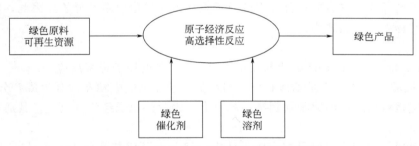

图 7-1　绿色化学主要研究领域示意图

# 三、绿色化学的研究内容

化学工业的发展多着眼于开发新材料、新产品、新工艺，注重的是新材料的性质、新产品的功能、新工艺的效率，追求的是产品的产量、质量以及寿命，同时也考虑产品成本，以便获取更大的利润；而工业产品本身及工业生产过程对环境的破坏和危害，却长期被忽略。因此造成了资源的大量消耗，污染物的大量排放，甚至还使用或生产了很多有毒有害物质，对人类危害深重。要把绿色化学原则付诸实践，化学家必须发展新的合成方法，使用其他合适的替代材料，找出具备更高原子经济性和选择性的反应条件及溶剂，以及生产、使用毒性较低的安全化学品。

## 1. 原子经济反应

绿色化学的核心内容之一是采用原子经济反应，而反应的原子经济性概念最早是由美国 Stanford 大学的 M. M. Trost 教授提出的，针对一般仅用经济性来衡量工艺是否可行的传统作法，他明确指出应用一种新的标准来评估化学工艺过程，即选择性和原子经济性两个概念，后者是考虑在化学反应中究竟有多少原料的原子进入了产品之中。这一标准要求尽可能充分地利用原料分子中的原子，使之结合到目标分子中，从而最大限度地减少废物排放量，甚至是零排放。原子经济反应的重要性目前已被普遍承认。要实现反应的高原子经济性，就要通过开发新的反应途径。

$$原子利用率 = \frac{预期产物的分子量}{反应物质的原子量总和} \times 100\%$$

原子利用率越高，反应产生的废弃物越少，对环境造成的污染也越少。在一般的有机合成反应中：

$$A + B \longrightarrow \underset{主产物}{C} + \underset{副产物}{D}$$

反应产生的副产物 D 往往是废物，因此可成为环境的污染源。绿色有机合成应该是原子经济性的，即原料的原子 100% 转化成产物，不产生废弃物。如 Diels-Alder 反应就是一个原子经济性的反应：

$$原子利用率 = \frac{82}{28 + 54} \times 100\% = 100\%$$

影响化学合成反应原子经济性的因素主要有化学反应类型和衍生化过程。

（1）不同的化学反应类型具有不同的原子经济潜力

① 重排反应　重排反应是构成分子的原子通过改变相互的位置、连接、键的形式等产生一个新分子的反应。它将原料分子中的原子重新组合以形成新的分子。因此，所有的反应物均转化至产物中，其通式为：

$$A \longrightarrow B$$

如 Claisen 重排和 Beckmann 重排反应等都是 100% 的原子经济反应。

② 加成反应　加成反应是不饱和分子与其他分子在反应中相互加合生成新分子的反应。由于加成反应是将反应物的原子加到某一基质上，因此是原子经济性反应。其通式为：

$$A + B \longrightarrow C$$

比如，丙烯催化加氢生成丙烷；六氯环戊二烯与双环戊二烯的 Diels-Alder 加成反应生成有机氯杀虫剂的中间体艾氏剂（Aldrin），它们的原子利用率均为 100%。

③ 取代反应　取代反应是有机化合物分子中的原子或基团被其他原子或基团所取代的反应。它是用某一基团取代离开的基团，因而被取代的基团不出现在产物中而成为废弃物，所以取代反应不是原子经济反应，其效益取决于所用的试剂及基质。其通式为：

$$A-B + C-D \longrightarrow A-C + B-D$$

如丙酸乙酯与甲胺的取代反应生成丙酰甲胺和乙醇，由于部分原子未进入目的产品丙酰甲胺而生成了副产品乙醇，其原子利用率仅为 65.41%。

④ 消除反应　消除反应是在有机化合物分子中除去两个原子或基团而生成不饱和化合物的反应。通过消去基质的原子来产生最终产物，所使用的任何未转化至产品的试剂与被消去的原子都成为废弃物。因此，消除反应是原子经济性较差的合成方法。

例如，季铵碱氢氧化三甲基丙基铵的热分解反应生成丙烯、三甲胺和水，如以丙烯为目的产物，其原子利用率仅为 35.30%。

（2）衍生化过程影响到合成反应的原子经济性

在化学合成过程中，有时为了使一个特别转换发生，需要进行分子修饰或者产生所需物质的衍生物来辅助实现。这将影响到合成反应的原子经济性。

保护基团是用来保护敏感部分避免发生化学反应，否则会危害其功效。这种形式的衍生物在精细化学品、制药及一些染料的合成中广泛地使用。该方法消耗了额外的化学试剂，产生了需要处理的废弃物。所以应在一切可能的条件下，尽量避免使用保护基团的方法。

在设计一个合成方法时，化学家总是追求高选择性。当一个分子存在几个反应位置时，必须适当地设计合成方法以使反应发生在所需要的位置。实现这种目标的方法之一是先使这个位置产生一个易于同反应物反应的衍生物基团，而该基团又容易离开。这就需要消耗化学试剂来产生衍生物，而该化学试剂最终将成为一种废弃物。

衍生化过程不仅消耗资源，而且必然产生废弃物，有时所需要的试剂或所产生的废弃物具有较大的毒性，需要特殊的处理。因此，在化学过程中应最大限度地避免衍生步骤，以降低原料的消耗及对人类健康与环境的影响。

在精细化工和药物化学中，有些化合物往往需要多步合成才能得到，尽管有时单步反应的收率较高，但整个反应的原子经济性却不理想。若改变反应途径，简化合成步骤，就能大大提高反应的原子经济性。布洛芬（一种镇痛药）的生产就是一个很好的例子。起初的布洛芬合成是采用 Boots 公司的 Brown 合成方法，从原料到得到产品中间要通过六步反应，每步反应中的原料只有一部分进入产物，而其他部分则变成废物，合成的原子利用率只有 40.03%。后来，德国 BASF 公司与 Hoechst Celanesee 公司合资的 BHC 公司发明了生产布洛芬的新方法，只用三步反应即可得到产品，原子利用率达到 77.44%。

## 2. 绿色化学的实现途径

化学品的种类和化学转化的种类千变万化，因此，对某一化学合成问题的解决方案可能是多种多样的。当化学合成处于设计阶段的时候，就应开始考虑一个化学品或者化学过程对环境和健康的影响。对于一个非传统的绿色合成设计来说，我们往往不是看最终分子而是看用于获得该分子的合成路线。通过对合成路线的设计，可以获得同源的最终产物，但却减少了或者消除了有毒的原材料、副产物和废物。构成化学合成的两个主要组成部分是原材料和反应条件，其中之一或者两者皆可能被改变以形成非传统的（改进）的绿色化学合成。

（1）采用无毒、无害的绿色原料

产品目标确定后，就要选择原料与中间体。一个反应类型或一个合成路线在很大程度上是因原料物的最初选择而定的。原料的选择无论对合成路线的效率，还是该过程对环境和健康的影响都是一个重要的因素。选择制造某一产品的原料决定着从事该物质作业的工人、生产该原材料的工作人员和运输该物质的运输人员所面对的危害。因此，原料的选择在绿色化学的决策过程中是非常重要的。

在传统的化学产品生产中，采用光气、氢氰酸以及它们的衍生物等作原料在工业上已有较长的历史，由它们可以生产多种有机化工产品，而且用量相当大。但光气和氢氰酸这类剧毒性原料在生产使用中一旦不慎，就将造成难以估量的环境灾难，历史上的悲剧告诉我们无毒、无害的绿色原料才是化工合成的首要选择。

一般来说，农业性原材料和生物性原材料是很好的绿色原材料。由于这些起始原料的分子中多数都含有大量的氧原子，用它来取代石油为起始原料可以消除污染严重的氧化过程，而且，基于这些起始原料的合成与基于石化原料的合成相比，操作起来危害性也小得多。研究结果表明，许多农产品能够转化成日用消费品。采用一系列化学过程可使农产品，如玉米、土豆、大豆和糖蜜转化成纺织品、尼龙等日用消费品。

（2）采用无毒、无害的绿色试剂

在把一个指定的原料转化成目标分子的合成过程中，化学家已经确定了所需要的结构修饰。尽管每一个合成步骤的目的是明确的，但在设计该步合成时，并没有确定所需的试剂。因此，正是在这个时候，化学家必须均衡效率、原料易得及影响等各方面的因素以评定出进行该步合成转化的最佳试剂。

在评估某个化学转化时，需要考察它是化学计量的还是催化的，是不是原子经济的，以及因使用某种试剂而产生废弃物的特性是什么。对于一个完全一样的净转化步骤，某一特殊试剂或其他试剂的选用会影响到以上所有的因素。

（3）采用无毒、无害的绿色溶剂

化学合成主要是基于溶剂化学。许多常用的溶剂中有一些是易挥发的有机化合物，当被排放到大气时，将会造成危害。目前，绿色化学的研究人员正在寻找在各种无溶剂条件下进行的化学过程，而这些过程以往是在溶剂中完成的。

超临界二氧化碳技术是目前在化工合成中应用较多的方法。超临界二氧化碳和液体二氧化碳可以很好地溶解一般的、分子量比较小的有机化合物，如碳原子数在 20 以下的脂肪烃、卤代烃、醛、酮、酯等；若再加入适当的表面活性剂，又可以使许多工业材料，如聚合物、重油、石蜡、油脂、蛋白质等溶解。因此，超临界二氧化碳和液体二氧化碳可以代替一些工业有机溶剂，从而避免了环境污染。

（4）采用无毒、无害的绿色催化剂

化学中，尤其是化学工业中的一些重大的进展是发生在催化领域里的。催化剂不仅提高了合成效率而且也带来了与此相关的环境效益。利用一些新的催化剂，化学家们找到了避免使用大量试剂的各种办法。如果没有这些催化剂，将需要使用大量的化学试剂来进行化学转化并最终导致废弃物的增加。

然而催化剂本身也是化学物质，它们的使用也有可能对环境构成危害。特别像无机酸、碱、金属卤化物、金属羰基化合物、有机金属配合物等均相催化剂，具有强烈的毒性、腐蚀性，甚至有致癌作用。因此，研究开发环境友好的催化剂及工艺已成为催化研究工作者的一致目标。目前，包括固体超强酸、无机有机复合材料、离子液体等一系列新兴催化材料的研究正在紧张进行之中，有些则应用到实际生产工艺上，取得了较大的成功，如分子筛技术等。

（5）绿色化学品的设计

在传统的功能化学品的设计中，只重视了功能的设计，而忽略了对环境及人类危害的考虑，而在绿色化学品的设计中，要求产品功能与环境影响并重。

在设计更安全化学品时，需要找到分子中不想要的和有毒性的那一部分，然后在保持该分子原功能的前提下减轻和消除其毒性。但在许多情况下，毒性部分和功能部分相互交叠，给研究合成的化学家带来相当大的挑战。

通过科研人员的努力，绿色化学品的设计方面取得较大的成绩。例如，为了对付塑料的白色污染，人们研究了可生物降解的塑料；为了消除农药对人类的危害，人们研究了高选择性的、不含氯的新型杀虫剂。

（6）在线分析化学合成

计算机辅助的绿色化学设计是绿色化学的又一特点。随着分子结构与性能数据库的建立及分子模拟技术的发展，使得人们在化学分子设计、合成设计、实验控制与模拟中有了得力的助手和工具，利用大量实验数据进行综合分析，建立结构—活性关联的分子模型，为绿色化学品的设计提供保障，从而避免了茫然无边的实验探索，减少了能源和材料浪费以及由此造成的对环境的污染。当前，利用计算机辅助设计有机合成的方法已经越来越成熟。

**阅读资料**

### 涂料发展的"绿色化"

20 世纪 70 年代以前，传统的涂料几乎都是溶剂型的，存在溶剂价格昂贵和 VOC（挥发性有机化合物）排放量大的缺点，且对环境和人体健康产生较大的不利影响，因此迫切要求发展一种新型安全的"绿色涂料"。所谓"绿色涂料"是指节能、低污染的涂料，在生产和使用过程中要体现节约能源、保护生态、经济和高效率的原则。绿色涂料的研究和发展方向十分明确，就是要寻求 VOC 不断降低直至为零的涂料，而且其使用范围要尽可能宽，使用性能优越，设备投资适当等。因而涂料的"绿色化"是将来涂料发展的主要方向。

以下是几种开发较好的新型"绿色涂料"：

(1) 高固含量溶剂型涂料

该类型涂料主要特点是在可利用原有的生产方法、涂料工艺的前提下，降低有机溶剂用量，从而提高固体组分。20 世纪 80 年代初由美国人研究开发。通常的低固含量溶剂型涂料固体含量为 30％～50％，而高固含量溶剂型涂料要求固体达到 65％～85％，从而降低日益严格限制的 VOC 的量。在配方过程中，利用一些不在 VOC 之列的溶剂作为稀释剂是一种对严格的 VOC 限制的变通，如丙酮等。

(2) 水基涂料

水有别于绝大多数有机溶剂的特点在于其无毒无臭和不燃，将水引进到涂料中，不仅可以降低涂料的成本和施工中由于有机溶剂存在而导致的火灾，也大大降低了 VOC。因此水基涂料从其开始出现起就得到了长足的进步和发展。目前水基涂料主要有水溶性、水分散性和乳胶性三种类型。中国环境标志认证委员会颁布了《水性涂料环境标志产品技术要求》，其中规定：产品中的挥发性有机物含量应小于 250g/L；重金属总含量应小于 500mg/kg（以铅计）；甲醛和一些聚合物的含量应小于 500mg/kg。事实上，现在水基涂料使用量已占所有涂料的一半左右。

(3) 粉尘涂料

粉尘涂料是国内比较先进的涂料。粉尘涂料理论上是绝对的零 VOC 涂料，具有其独特的优点，是涂料发展的最主要方向之一。但其制造工艺相对复杂一些，涂料制造成本高，粉尘涂料的烘烤温度较高，难以得到薄的涂层，涂料配色性差，不规则物体的均匀涂布性差等，使得在应用上会有较大的限制。这些都需要进行广泛而深入的研究加以改善。

(4) 液体无溶剂涂料

不含有机溶剂的液体无溶剂涂料有双液型、能量束固化型等。液体无溶剂涂料的最新发展动向是开发单液型，且可用普通刷漆、喷漆工艺施工的液体无溶剂涂料。

### 💡 思 考 题

1. 什么是绿色化学？

2. 简述绿色化学及其与环境污染治理的异同。

3. 举例说明原子经济反应是不产生污染的必要条件。

4. 怎样在反应过程中使化学反应绿色化？

5. 自选一条目前使用的有机化学合成路线，用绿色化学原理对其进行评价并设计一条更佳的新路线。

# 第三节

# 绿色化学在化工实践中的研究进展

绿色化学涉及化学的有机合成、催化、生物化学、分析化学等学科，内容广泛。美国化学界已把"化学的绿色化"作为迈向 21 世纪化学进展的主要方向之一，美国"总统绿色化学挑战奖"则代表了在绿色化学领域取得的最高水平和最新成果，从中可以看出绿色化学与技术的主要内容和发展动向。

## 一、传统化学过程的绿色化学改造

这是一个很大的开发领域，如在烯烃的烷基化反应生产乙苯和异丙苯生产过程中需要用酸催化反应，过去用液体酸 HF 催化剂，而现在可以用固体酸——分子筛催化合成，并配合固定床烷基化工艺，解决了环境污染问题。在异氰酸酯的生产过程中，过去一直是用剧毒的光气作为合成原料，而现可用 $CO_2$ 和胺催化合成异氰酸酯，成为环境友好的化学工艺。

目前烃类的烷基化反应一般使用氢氟酸、硫酸、氯化铝等液体酸催化剂，这些液体催化剂存在着共同缺点，它们对设备腐蚀严重，对人体有危害，产生的废渣又污染了环境。为了克服这些缺点，国外研究人员试图从分子筛、杂多酸、超强酸等新催化材料中开发固体酸烷基化催化剂。其中采用新型分子筛催化剂的乙苯液相烃化技术引人注目，这种催化剂选择性很高，乙苯收率超过 $99.6\%$，而且催化剂寿命长。固体酸烷基化催化剂虽然在环保方面比液体酸催化剂有优势，但也还存在着一些问题。在今后的研究中，还应进一步提高催化剂的选择性，以降低产品中的杂质含量；提高催化剂的稳定性，以延长运转周期；降低原料中的苯烯比，以提高经济效益。

## 二、资源再生和使用技术研究

自然界的资源有限，因此人类生产的各种化学品能否回收并再生循环使用也是绿色化学研究的一个重要领域。塑料大部分是由石油裂解成乙烯、丙烯，经催化聚合而成的，塑料制品中约有 $5\%$ 经使用后当年就作为废物排放，如包装袋、地膜、饭盒、汽车垃圾等。西欧各国提出"三 R"原则：首先是降低塑料制品的用量；第二是提高塑料的稳定性，倡导塑料制品尤其是塑料包装袋的再利用；第三是重视塑料的再资源化，回收废弃塑料，再生或再生产其他化学品、燃料油或焚烧发电供气等。同时在矿物资源方面亦有"三 R"原则的问题，开矿提炼和制造金属材料亦是消耗能源和大量劳动力的工业，例如铝材现已广泛用于建材、飞机和日用品等方面，而纯铝要电解法制备，是一个大量耗电的工业，应该做好铝废弃物的回收和再利用的技术研究。

　　生物质是可再生性的资源，而且取之不尽，永不枯竭，用来代替矿物质资源可大大减轻对资源和环境的压力，这已逐渐引起人们的重视。1996 年 Texas A & M 大学的 M. Holtzapple 教授，开发了一系列技术，把废弃的生物质转化成动物饲料、工业化学品和燃料。1999 年，BioIine 公司，开发了一种将廉价的废弃纤维素转化为乙酰丙酮及其衍生产品的新技术，乙酰丙酮是生产重要化工产品的关键中间体。

# 三、设计绿色化工产品研究

　　绿色化学的另一个重要方面是设计、生产和使用环境友好产品，这种产品在其加工、应用及功能消失之后均不会对人类健康和生态环境产生危害。Rohm & Haas 公司开发成功对环境安全的 Sea-Nine$^{TM}$ 海洋生物防垢剂，用于阻止海洋船底污物的形成；美国的 Albright & Wilson 公司基于新的抗微生物的化学原理，发明了全新的低毒性、能快速降解的 THPS 杀菌剂。Rohm & Haas 公司发明和应用安全高效、具有选择性杀虫效果的 Confirm$^{TM}$ 杀虫剂系列；Dow AgroScience LLC 公司发明的新型天然杀虫剂产品 Spinosad，它在环境中不积累、不挥发，现已被美国环保署作为减小危害农药来推广。此外，1996 年 Donlar 公司，开发了两个高效工艺来生产用于替代聚丙烯酸、可生物降解的热聚天冬氨酸产品。

　　21 世纪工业化城市化继续发展，人口持续增加，对化学工业的需求也将增多，而人类对改善环境、提高生活质量的要求又越来越强烈。为此，绿色化学以其"原子经济性"为基本原则，一方面充分利用资源防止浪费，另一方面实现"零排放"，达到不污染环境的效果。

　　由学术界和企业界在绿色化学研究中取得的最新成就和政府对绿色化学奖励的导向作用可以看出，绿色化学从原理和方法上给传统的化学工业带来了革命性的变化，在设计新的化学工艺方法和设计新的环境友好产品两个方面，通过使用原子经济反应，绿色原料、绿色催化剂和绿色溶（助）剂等来实现化学工艺的清洁生产，通过加工、使用新的绿色化学品使其对人身健康、社区安全和生态环境无害化。

**阅读资料**

### 绿色农药的发展

　　农药对人类的贡献有目共睹。但随着科学研究不断深入和农业技术不断进步，农药的负面影响也逐渐被人们所认识，尤其是不合理用药而危害食品安全的事例已引起社会高度关注，施用高效无毒绿色农药的呼声越来越强烈。

　　绿色农药是指对防治病菌、害虫高效，而对人畜、害虫天敌、农作物安全，在环境中易分解、在农作物中低残留或无残留的农药。目前在以下几个方面取得了一定的发展。

　　1. 高效低毒化学农药

　　化学农药见效快、能耗低及容易大规模生产等特点，至今仍是防治病虫害的主要手段。专家预测，21 世纪 50 年代以前，化学合成农药仍是农药的主体。所以，超高效、低毒害、无污染的专一性化学农药就成为目前绿色农药的主攻方向之一。所谓高效低毒化学农药，就是指新开发的农药对靶标生物活性高，施用量小，且对人畜基本上无毒，对害虫天敌和益虫无害，易在自然界中降解，无残留或低残留的农药。

但也有学者认为既然农药对靶标动物、植物、微生物有杀灭或抑制作用，就很难避免对其他动物、植物、微生物和人类的伤害。20世纪广泛使用的有机氯农药，结果发现其有严重的生态危害，而取而代之的是有机磷农药和除虫菊酯类各种系列的新农药。目前来说新的化学农药被认为是"对人畜无害"的，但再经过若干年月，人们会不会发现新农药的新危害呢？

2. 生物农药

生物农药活性成分是自然存在的物质，因其不污染环境，不伤害天敌，害虫难以产生抗药性，对人和动物安全，广受世界各国的高度重视。生物农药主要分为植物源、动物源和微生物源三大类型。

植物源农药以在自然环境中易降解、无公害的优势，现已成为绿色生物农药首选之一，主要包括植物源杀虫剂、植物源杀菌剂、植物源除草剂及植物光活化霉毒等。目前，自然界已发现的具有农药活性的植物源杀虫剂有除虫菊素、烟碱和鱼藤酮等。

动物源农药主要包括动物毒素，如蜘蛛毒素、黄蜂毒素、沙蚕毒素等。目前，昆虫病毒杀虫剂在美国、英国、法国、俄罗斯、日本及印度等国已大量施用，国际上已有几十种昆虫病毒杀虫剂注册、生产和应用。根据沙蚕毒素的化学结构衍生合成的杀虫剂巴丹或杀螟丹等品种，已大量用于实际生产中。

微生物源农药是利用微生物或其代谢物作为防治农业有害物质的生物制剂。其中，苏云金杆菌属于芽孢杆菌类，是目前世界上用途最广、开发时间最长、产量最大、应用最成功的生物杀虫剂。

3. 转基因抗性作物

使农作物自身就具备抗虫害能力一直是科学家的梦想。20世纪80年代末，基因工程在农药领域的应用取得突破性的进展。进入90年代，基因工程在农药行业显示出强大的生命力。自从1994年美国环保署将转基因作物列入农药范畴，并建立相应的法规和登记程序以来，至今已登记了数百种转基因作物，并开始进入商品化。

中国的农业基因工程研究于20世纪80年代初启动，并于80年代中期开始将生物技术列入国家高科技发展规划。

2019年2月农业农村部印发的《2019年农业农村科教环能工作要点》中明确提出要加强现代农业生物技术研究。生物技术是推动现代农业产业发展的核心动力，是提升国家农业竞争力的战略利器。

## 💡 思 考 题

1. 简述绿色化学技术的主要发展动向。

2. 简述反应原料的重要性及绿色化学对反应原料的选择原则。

3. 简述生物质作为反应原料的优缺点。

4. 改变反应溶剂的方法有哪些，各有何特点？

# 参 考 文 献

[1]　陈阅增 . 生命科学通论 [M] . 北京：高等教育出版社，2004.

[2]　戴尧仁 . 现代生物学概论 [M] . 北京：中央广播电视大学出版社，1988.

[3]　顾德兴 . 普通生物学 [M] . 北京：高等教育出版社，1998.

[4]　胡玉佳 . 现代生物学 [M] . 北京：高等教育出版社，2002.

[5]　张惟杰 . 生命科学导论 [M] . 北京：高等教育出版社，1999.

[6]　王镜岩 . 生物化学 [M] . 3 版 . 北京：高等教育出版社，2003.

[7]　阎隆飞 . 分子生物学 [M] . 北京：中国农业大学出版社，1997.

[8]　北京大学 . 生命科学导论 [M] . 北京：高等教育出版社，2002.

[9]　瞿礼嘉 . 现代生物技术导论 [M] . 北京：高等教育出版社，1998.

[10]　何忠效 . 现代生物技术概论 [M] . 北京：北京师范大学出版社，1999.

[11]　陈诗书 . 医学细胞与分子生物学 [M] . 上海：上海医科大学出版社，1999.

[12]　高文和 . 医学细胞生物学 [M] . 天津：天津大学出版社，2000.

[13]　汪堃仁 . 细胞生物学 [M] . 2 版 . 北京：北京师范大学出版社，1998.

[14]　王金发 . 细胞生物学 [M] . 北京：科学出版社，2003.

[15]　辛华 . 细胞生物学实验 [M] . 北京：科学出版社，2001.

[16]　瞿中和 . 细胞生物学 [M] . 北京：高等教育出版社，2000.

[17]　瞿中和 . 细胞生物学动态：第 2 卷 [M] . 北京：北京师范大学出版社，1998.

[18]　瞿中和 . 细胞生物学动态：第 3 卷 [M] . 北京：北京师范大学出版社，1999.

[19]　瞿中和 . 细胞生物学动态：第 1 卷 [M] . 北京：北京师范大学出版社，1997.

[20]　郑国昌 . 细胞生物学 [M] . 2 版 . 北京：高等教育出版社，1992.

[21]　汪大晖，徐新华，杨岳平 . 化工环境工程概论 [M] . 2 版 . 北京：化学工业出版社，2002.

[22]　刘静玲 . 环境污染与控制 [M] . 北京：化学工业出版社，2003.

[23]　肖斌权 . 零污染 [M] . 广州：广东经济出版社，2003.

[24]　江元汝 . 生活中的化学：环境与健康 [M] . 北京：中国建材工业出版社，2001.

[25]　唐有琪，王夔 . 化学与社会 [M] . 北京：高等教育出版社，1997.

[26]　闵恩泽，吴巍 . 绿色化学与化工 [M] . 北京：化学工业出版社，2001.

[27]　张敦信，于志辉，陈莎，任仁 . 化学与环境 [M] . 2 版 . 北京：化学工业出版社，2001.

[28]　谢守宗 . 我们周围的化学 [M] . 上海：上海科技出版社，2003.

[29]　沈耀良，汪家权 . 环境工程概论 [M] . 北京：中国建筑工业出版社，2000.

[30]　赵由才 . 环境工程化学 [M] . 北京：化学工业出版社，2003.

[31]　张希衡 . 水污染控制工程 [M] . 北京：冶金工业出版社，1992.

[32]　陈军，袁华堂 . 新能源材料 [M] . 北京：化学工业出版社，2003.

[33]　申泮文 . 21 世纪的动力：氢与氢能 [M] . 天津：南开大学出版社，2000.

[34]　中国科学院化学学部国家自然科学基金委化学科学部 . 展望 21 世纪的化学 [M] . 北京：化学工业出版社，2000.

[35]　中华人民共和国国家发展计划委员会基础产业发展司 . 中国新能源与可再生能源 [M] . 北京：中国计划出版社，2000.

[36]　朱清时，阎立峰，郭庆祥 . 生物质清洁能源 [M] . 北京：化学工业出版社，2002.

[37]　马隆龙，唐志华，等 . 生物质能研究现状及未来发展策略 [J] . 中国科学院院刊，2019 (4)：433-435.

[38]　欧阳雨祁，倪达辰 . 中国沼气能发展现状与应用中的问题及对策 [J] . 能源与节能，2019 (6)：68-69.

[39]　高峰 . 太阳能开发利用现状与发展 [J] . 科技前沿与学术评论，2002，23 (4)：35-39.

[40]　杨金焕，陈中华 . 21 世纪太阳能发电展望 [J] . 上海电力学院学报，2001.17 (4)：23-28.

[41]　侯逸民 . 走进核能 [M] . 北京：科学出版社，2002.

[42]　刘静霞，孙树萍 . 核能技术发展的回顾与展望 [J] . 化学教育 . 2000 (3)：21-24.

[43]　尹栋，刘文洲 . 风力发电 [M] . 北京：中国电力出版社，2002.

[44]　周善元 . 21 世纪新能源：风能 [J] . 江西能源，2001 (1)：37-38.

[45]　袁玉琪，杨校生 . 风、风能、风力发电 [J] . 太阳能学报，2002 (2)：7-9.

[46]　谢守宗 . 我们周围的化学 [M] . 上海：上海科学技术出版社，2003.

[47] 李湘洲. 材料与材料科学［M］. 北京：科学出版社，1984.

[48] 戈晓岚，杨兴华. 金属材料与热处理［M］. 北京：化学工业出版社，2004.

[49] 吴承建，陈国良，强文江. 金属材料学［M］. 北京：冶金出版社，2000.

[50] 卢安贤. 无机非金属材料导论［M］. 长沙：中南大学出版社，2004.

[51] 张留成，瞿雄伟，丁会利. 高分子材料基础［M］. 北京：化学工业出版社，2002：261-2631.

[52] 周志华，金安定，赵波，等. 材料化学［M］. 北京：化学工业出版社，2006：1-173.

[53] 张立德. 纳米材料［M］. 北京：化学工业出版社，2000：1-70，114-136.

[54] 姚康德，成国祥. 智能材料［M］. 北京：化学工业出版社，2001：1-203.

[55] 周曦亚. 复合材料［M］. 北京：化学工业出版社，2000：1-36，23-50，90-104.

[56] 迟玉杰. 食品化学［M］. 北京：化学工业出版社，2012.

[57] 奚振邦. 现代化学肥料学［M］. 北京：中国农业出版社，2008.

[58] 周海梦. 生物化学［M］. 北京：高等教育出版社，2017.

[59] 吴酉芝，邓代君，吴巨贤. 食品添加剂［M］. 北京：中国质检出版社，2018.

[60] 孙宝国. 躲不开的食品添加剂：院士、教授告诉你食品添加剂背后的那些事［M］. 北京：化学工业出版社，2017.

[61] 万素英，李琳，王慧君. 食品防腐与食品防腐剂［M］. 北京：中国轻工业出版社，2008.

[62] 顾佳丽，赵刚. 农药残留分析技术［M］. 北京：中国石化出版社，2014.

[63] 赵笑虹. 食品安全学概论［M］. 北京：中国轻工业出版社，2010.

[64] 王利兵. 食品安全化学［M］. 北京：科学出版社，2012.

[65] 章建浩. 食品包装学［M］.4 版. 北京：中国农业出版社，2017.

[66] 宋欢. 食品接触材料及其化学迁移［M］. 北京：中国轻工业出版社，2011.

[67] 张妍、赵欣. 食品安全认证［M］.2 版. 北京：化学工业出版社，2017.

[68] 熊琳，李维红，杨晓玲，等. 肉制品中药物残留风险因子概述［J］. 食品安全质量检测学报，2016，7（4）：1572-1577.

[69] 袁华平，徐刚，王海，等. 食品中的化学性风险及预防措施［J］. 食品安全质量与检测学报，2018，9（14）：3598-3602.

[70] 贺帅. 食品中常见天然毒素对人体健康的危害［J］. 食品安全导刊，2016，11（33）：14-16.

[71] 张彰，杨黎明. 日用化学品［M］. 北京：中国石化出版社，2014.

[72] 熊远钦，邱仁华. 日用化学品技术及安全［M］. 北京：化学工业出版社，2016.

[73] 陈少东，赵武. 日用化学品检测技术［M］. 北京：化学工业出版社，2009.

[74] 赵永杰.2018 年我国洗涤用品行业发展现状［J］. 日用化学品科学，2019（3）：2.

[75] 黄淑豪. 浅谈牙膏的历史、现状和趋势［J］. 中国科技投资，2018（30）：280-281.

[76] 蒋少军，吴红玲，等. 地毯清洁剂的研制［J］. 印染助剂.2005（3）：34-35.

[77] 秦淑琪，刘秀辉. 干洗剂型地毯清洁剂的研制［J］. 西北师范大学学报.2002.

[78] 郭梦君，王富军，等. 化妆品与环境健康［C］. 环境健康，2004.

[79] 王健，王伟. 口腔喷雾剂的研究概况［J］. 中国医药科学杂志，2011（9）：704.

[80] 林宇超. 和田玉与仿制品的鉴别方法［J］. 学术研究，2016（18）：229.

[81] 吴定. 红宝石和蓝宝石的基本特征［J］. 环球人文地理，2017（10）：165.

[82] 徐麟. 钻石和合成钻石的鉴定［J］. 学术研究，2016（9）：111.

[83] 韩明汉，金涌. 绿色工程原理与应用［M］. 北京：清华大学出版社，2005.

[84] 杨家玲. 绿色化学与技术［M］. 北京：北京邮电大学出版社，2001.

[85] P. T. 阿纳斯塔斯，J.C. 沃纳. 绿色化学理论与应用［M］. 李朝军，王东，译. 北京：科学出版社，2002.

[86] 徐汉生. 绿色化学导论［M］. 武汉：武汉大学出版社，2002.

[87] 梁朝林，谢颖，黎广贞. 绿色化工与绿色环保［M］. 北京：中国石化出版社，2002.

[88] 袁晓燕. 绿色化学［J］. 长沙大学学报，2005，19（5）：43-48.

[89] 潘一，杨双春，徐霖. 绿色化学的研究现状及进展［J］. 化学工业与工程技术，2005，26（5）：26-29.

[90] 朱清时. 绿色化学的进展［J］. 大学化学，1997，12（6）：7-11.

[91] 熊丽萍，章家立，刘棉玲，等. 绿色化学化工的研究进展［J］. 华东交通大学学报，2003，20（5）：126-130.

[92] 侯宏卫，贺启环. 绿色化学进展［J］. 上海化工，2001，9：4-7.

[93] 季胤. 绿色化学与循环经济［J］. 化工时刊，2005，19（1）：40-44.